组合数学及其应用

曾 光 魏福山 杨本朝 王 洪 马 智 编著

科学出版社

北 京

内 容 简 介

本书以组合数学中的存在问题和计数问题为主线展现理论之美,从满足一定条件的排列组合的存在性入手,介绍计数方法和计数工具,将组合数学运用到与生活密切相关的网络安全实例中,展现其应用之美.全书分为 7 章,介绍了排列组合概念与方法、特殊计数、母函数原理与应用、递推关系和容斥原理计数方法,以及鸽笼原理和 Polya 计数定理.本书将合理分类与一一对应的思想贯穿全书,通过常见组合方法的使用呈现组合思想,力求深入浅出、通俗易懂.本书适合 40 至 60 学时课程讲授,书中还设计了与应用结合的拓展阅读,配有数字化资源,扫描二维码可观看学习.

本书可作为数学、计算机、信息安全、网络空间安全、密码科学与技术等相关专业的本科生教材或参考书.

图书在版编目(CIP)数据

组合数学及其应用/曾光等编著.—北京:科学出版社,2023.3
ISBN 978-7-03-075081-5

I. ①组… II. ①曾… III. ①组合数学-高等学校-教材 IV. ①O157

中国国家版本馆 CIP 数据核字(2023)第 037844 号

责任编辑:梁 清 孙翠勤 / 责任校对:杨聪敏
责任印制:张 伟 / 封面设计:蓝正设计

斜 学 出 版 社 出版
北京东黄城根北街 16 号
邮政编码:100717
http://www.sciencep.com
北京建宏印刷有限公司印刷
科学出版社发行 各地新华书店经销
*
2023 年 3 月第 一 版 开本:720×1000 1/16
2024 年 11 月第三次印刷 印张:18 1/4
字数:368 000
定价:79.00 元
(如有印装质量问题,我社负责调换)

序

组合数学起源于数学游戏, 随着科学研究的发展和科学技术的进步, 组合数学逐渐从游戏走向了科学, 逐步建立起完整的理论体系, 其内涵不断丰富, 在科学、技术、生产、管理等方面的应用越来越广泛, 并深入到航天、生物、信息安全等前沿领域.

组合数学的内涵日益丰富. 1920 年英国统计学家 Ronald Fisher 和 Frank Yates 关于实验设计的统计理论研究, 提出了许多有趣的组合问题, 如编码就是其中之一, 这些问题的解决后来得到了广泛应用. 信息论和图论在 20 世纪中叶兴起, 也成为组合数学的丰富来源. 20 世纪下半叶计算机技术的发展提升了人们对组合数学的兴趣, 不仅在数字分析方面, 而且在计算机系统的设计和计算机的应用方面, 出现了诸如信息存储和检索等问题. 代数组合学是组合数学中一个重要的研究内容, 它主要是运用代数学中的方法或结论来研究组合数学中的问题. 极值组合学也是近几十年来组合数学发展最为蓬勃的一个分支, 自从天才数学家 Erdös 在组合学的研究中引入概率方法以来, 在一批数学家的推动下, 极值组合学已经发展成为组合数学乃至整个数学领域中最为重要的分支之一. 组合数学和代数、数论、分析、几何、拓扑等联系越来越多, 极大地拓展了组合数学的内涵.

组合数学的应用深入推进. 在信息安全领域, 通信网络需要信息安全传输, 这推动了密码学和网络安全的发展. 加密过程涉及对字符的操作, 这与组合数学密切相关. 在计算机领域, 计算机芯片的设计需要考虑输入输出引脚的可能排列, 使得逻辑门的排列成为计算机体系结构的研究问题之一, 也是组合数学的用武之地. 在语言处理领域, 语言可计算性的研究, 即讨论能计算什么以及它是如何实现的, 主要依赖于组合数学、自然语言和计算机技术. 除此之外, 组合数学广泛应用于智能计算, 如通信数据中的性能分析、信息组合序列的关联分析等, 其在国家安全方面同样具有深刻应用.

组合数学是密码学等专业的核心基础课程之一, 历经 30 余年时间, 该专业的组合课程教学内容不断更新, 与专业知识基础紧密契合. 在密码科学与技术列入普通高等学校本科专业目录之际, 该书的出版对更大范围的人才培养具有重要意义, 也祝愿密码科学与技术专业人才把握机遇, 大有作为!

（清华大学） 冯克勤

2022 年 10 月 25 日

前　　言

组合数学是数学的一个分支, 它既古老又新颖, 是属于离散数学的范畴. 它研究的主要内容是离散对象的关系, 也就是根据特定的规则来安排或者配置方法的数学. 组合数学刚开始以游戏的形式出现, 后来在娱乐和美学中出现了很多的组合问题, 到目前为止不仅是纯粹的研究, 而且在诸多应用科学上它都有极其重要的价值. 由于社会的发展存在各种各样的需要, 所以组合数学便有了贴近实际应用的新方向, 甚至还与诸如生物数学、运筹学、统计学、规划理论、人工智能以及计算机科学应用等学科有着非常密切的联系, 从而推动着组合数学更快更好的发展.

实际上, 组合数学是在计算机出现以后迅速发展起来的一门数学分支. 缘由是计算机科学就是算法的科学, 而计算机所处理的对象是离散的数据, 所以离散对象的处理就成了计算机科学的核心, 而研究离散对象的数学分支恰恰就是组合数学. 组合数学的发展改变了传统数学中分析和代数占统治地位的局面. 现代数学可以分为两大类: 一类是研究连续对象的, 如分析、方程等, 另一类就是研究离散对象的组合数学. 组合数学不仅在基础数学研究中具有极其重要的地位, 在其他的学科中也有重要的实际应用, 如计算机科学、编码和密码学、物理、化学、生物等. 如果说微积分和近代数学的发展为近代的工业革命奠定了基础, 那组合数学的发展则是奠定了计算机革命的基础.

组合数学不仅在信息技术中有重要的应用价值, 在企业管理、交通规划、战争指挥、金融分析等领域也都有重要的应用. 例如, 有用组合数学的方法来提高企业管理的效益, 用组合设计解决工业界中的试验设计问题, 用组合数学方法研究药物结构等. 近年来组合数学之中也存在着问题, 对这些问题的研究促使它不断地向前发展, 组合数学这一具有悠久历史的数学分支不仅没有衰老、消失, 反而有异常丰富的成果, 它的研究前景无限广阔. 伴着社会的进步、计算机科学的不断发展, 组合数学的价值在方方面面有了越来越多的体现.

组合数学中有存在问题、计数问题和优化问题这三个基本问题. 本书以理论学习为主, 重点对满足一定条件的排列组合的存在性和这些方法的计数问题展开, 力争概念清晰, 思想方法明确, 推导更加严谨, 做到深入浅出、通俗易懂, 通过常见组合方法的使用领悟组合思想, 将组合方法运用到实际生活中, 应用到网络空间安全的研究中. 本书是在笔者所在课程组多年讲授的组合数学基础课程讲义和其他内部教材基础上补充修改而成的, 内容适合 40 至 60 学时的课程讲授, 并设计了与应用结合的拓展阅读, 适合作为数学、计算机、信息安全、网络空间安全、密码科学与技术等相关专业的本科生教材.

　　本书的编写参考了国内外众多组合数学的优秀教材与专著, 它们给笔者很多启发, 在此特向这些著作的作者致以敬意. 本书是在内部教材《组合数学基础》上修改而来, 该内部教材于 2005 年编写第一版, 2012 年编写第二版, 在此向组合数学的前辈致敬. 在本书的编写过程中, 朱明亮、蔡光英、蔡柳佳、徐王忠、慎梦圆、蔡小峰、杨帆、邢旭洋、曾新皓、刘一诺、李欣恺、陈仁凯、蒋宗岳、韩孟琦、冯叶等同学也做出过贡献, 在此一并感谢.

　　科学出版社的梁清编辑为本书的出版给予了许多帮助, 特此感谢.

编著者

2021 年 6 月于郑州

目　　录

序

前言

第 0 章　引言 ·· 1

　0.1　什么是组合数学 ······························· 1

　0.2　组合问题举例 ································· 2

　　0.2.1　配置的存在性 (存在性问题) ················ 2

　　0.2.2　配置的计数 (计数问题) ··················· 3

　　0.2.3　配置的构造或分类 (构造性问题) ············ 3

　　0.2.4　配置的优化 (优化问题) ··················· 4

　0.3　典型组合问题举例 ··························· 5

　　0.3.1　棋盘的完全覆盖 ······················ 5

　　0.3.2　Königsberg 七桥问题 ··················· 5

　　0.3.3　四色猜想 ·························· 6

　　0.3.4　36 军官问题 ························· 6

　　0.3.5　Kirkman 女学生问题 ··················· 7

　　0.3.6　一个奇怪的函数 ······················ 7

　　0.3.7　Nim 取子游戏 ······················· 7

第 1 章　排列与组合 ································· 9

　1.1　预备知识 ································ 9

　　1.1.1　集合 ···························· 9

　　1.1.2　映射 ···························· 11

　　1.1.3　重集 ···························· 12

　　1.1.4　四个法则 ·························· 13

　1.2　排列与组合 ······························ 14

　　1.2.1　集合的排列 ························· 14

　　1.2.2　集合的环状排列 ······················ 15

　　1.2.3　重集合的排列 ······················· 16

　　1.2.4　集合的组合 ························· 18

　　1.2.5　重集合的组合 ······················· 21

　　　1.2.6　一一对应技巧 ·······································23

　1.3　排列与组合的生成 ···25
　　　1.3.1　全排列的生成 ···25
　　　1.3.2　组合与排列的生成 ·····································28

　1.4　二项式系数与组合恒等式 ···································29
　　　1.4.1　二项式系数 ···29
　　　1.4.2　Newton 二项式定理 ···································32
　　　1.4.3　组合恒等式 ···34

　1.5　分配问题 ···39
　　　1.5.1　12 种分配问题 ··39
　　　1.5.2　杂类分配问题 ···41

　1.6　反演公式 ···44
　　　1.6.1　Möbius 反演 ··44
　　　1.6.2　二项式反演 ···47

　1.7*　拓展阅读——手势密码计数 ·······························51
　习题 1 ··52

第 2 章　特殊计数 ··55
　2.1　格路径基础 ···55
　　　2.1.1　增路 ···55
　　　2.1.2　折线与 T 路 ··57

　2.2　Catalan 数 ···61
　　　2.2.1　Catalan 数的定义 ·····································61
　　　2.2.2　更多形式模型 ···63

　2.3　正整数的分拆 ···65
　　　2.3.1　有序分拆计数公式 ·····································65
　　　2.3.2　无序分拆与 Ferrers 图 ·································67
　　　2.3.3　整数分拆与分配问题 ···································71

　2.4　集合分拆和第二类 Stirling 数 ·····························71
　　　2.4.1　集合有序分拆 ···71
　　　2.4.2　分拆的组合与解析定义 ·································72
　　　2.4.3　递归关系与计数公式 ···································74
　　　2.4.4　集合的分拆与分配问题 ·································77

　2.5　置换和第一类 Stirling 数 ·································78
　　　2.5.1　置换中的轮换 ···78
　　　2.5.2　组合定义与解析定义 ···································80

　　　　2.5.3　递归关系与计数公式 ·· 83

　　　　2.5.4　两类 Stirling 数的三角矩阵 ······························· 85

　　2.6*　拓展阅读——格路径及其应用 ······································87

　　习题 2 ··· 89

第 3 章　母函数 ··· 92

　　3.1　母函数与形式幂级数 ·· 92

　　　　3.1.1　母函数的概念 ·· 92

　　　　3.1.2　形式幂级数 ·· 93

　　　　3.1.3　闭公式 ··· 95

　　3.2　母函数的性质 ··· 97

　　3.3　普通型母函数 ·· 102

　　3.4　指数型母函数 ·· 110

　　3.5　母函数应用举例 ·· 116

　　　　3.5.1　母函数与 Stirling 数 ·· 116

　　　　3.5.2　母函数与组合恒等式 ··· 120

　　3.6　分拆数的母函数 ·· 122

　　　　3.6.1　分拆数的母函数 ·· 122

　　　　3.6.2　分拆数的 Euler 公式 ·· 124

　　3.7*　拓展阅读——伯努利数 ··· 128

　　习题 3 ··· 130

第 4 章　递推关系 ·· 133

　　4.1　基本概念与递推关系的建立 ·· 133

　　　　4.1.1　递推关系的基本概念 ··· 133

　　　　4.1.2　递推关系的建立 ·· 134

　　4.2　常系数线性齐次递推关系 ·· 139

　　4.3　常系数线性非齐次递推关系 ·· 149

　　4.4　母函数法解常系数线性递推关系 ··································· 156

　　　　4.4.1　齐次线性递推关系的求解 ····································· 156

　　　　4.4.2　非齐次线性递推关系的求解 ·································· 161

　　4.5　其他类型递推关系的求解 ·· 163

　　　　4.5.1　迭代法求解递推关系 ··· 163

　　　　4.5.2　卷积型递推关系的求解 ······································ 168

　　　　4.5.3　线性常系数递推关系组 ······································ 174

　　　　4.5.4　错位排列 ·· 180

　　4.6　差分方程 ··· 182

　　　　4.6.1　差分 ·· 182

　　　　4.6.2　差分表 ·· 186

　　　　4.6.3　差分方程 ······································ 189

　　4.7*　拓展阅读——递推与分治算法 ············ 196

　　习题 4 ··· 197

第 5 章　容斥原理 ··· 200

　　5.1　容斥原理 ··· 200

　　5.2　容斥原理的推广形式 ······························ 207

　　5.3　应用举例 ··· 213

　　5.4*　容斥原理在 RSA 公钥加密算法中的应用 ············ 217

　　习题 5 ··· 219

第 6 章　鸽笼原理 ··· 221

　　6.1　鸽笼原理的简单形式 ······························ 221

　　6.2　鸽笼原理的推广形式 ······························ 224

　　6.3　Ramsey 定理 ·· 226

　　6.4　应用举例 ··· 234

　　6.5*　Ramsey 定理在通信中的应用 ··················· 241

　　习题 6 ··· 243

第 7 章　Polya 计数定理 ····································· 245

　　7.1　Polya 计数问题导入 ······························· 245

　　7.2　置换群及其计数模式 ······························ 247

　　　　7.2.1　群与置换群 ··································· 247

　　　　7.2.2　循环与置换的性质 ························· 251

　　　　7.2.3　共轭类与循环指标多项式 ················ 255

　　7.3　Polya 计数定理 ····································· 257

　　　　7.3.1　置换群诱导的等价关系 ··················· 257

　　　　7.3.2　Burnside 定理 ······························ 259

　　　　7.3.3　Polya 定理 ·································· 263

　　　　7.3.4　Polya 定理的推广 ························· 265

　　7.4　应用举例 ··· 270

　　7.5*　拓展阅读——棋盘游戏 ························· 274

　　习题 7 ··· 280

参考文献 ··· 282

第 0 章 引　言

组合数学, 又称组合论、组合分析、组合学, 在数学游戏和博弈中有它的历史渊源, 在工程学、化学、生物学、统计学、运筹学、密码学、计算机科学等学科都有广泛的应用. 同时兼顾纯粹数学和应用数学两个领域, 是组合数学的特色之一. 内容的离散性、问题的趣味性、解决问题方法的多样性, 是组合数学的独有特色.

组合数学是一个古老而又年轻的数学分支. 说它古老, 是因为早在 4000 多年前我国的 "河图洛书" 的传说就与组合数学有关, 历史上许多著名的数学难题与组合数学有关, 诸如 Königsberg 七桥问题、四色问题、Kirkman 女学生问题、正交拉丁方问题等. 这些问题吸引了一代又一代青年学子, 把他们引进了组合数学研究的殿堂, 使得组合数学这门学科不断完善和发展. 由于这门学科在自然科学的众多学科里、管理科学的很多分支中及工程学的许多技术领域里, 尤其在计算机科学的理论和应用上近几十年得到迅猛飞速的发展, 所以在信息时代的今天人们越来越认识到组合数学的重要性. 组合数学是一块充满珍花异草的圣地, 足以使观赏者流连忘返, 更能激发观赏者研究的欲望和热情.

0.1　什么是组合数学

我们先举一个典型例子来了解组合数学探讨的到底是什么: 把一张白纸划分成 n 个区域, 称两个区域是相邻的如果它们有公共线段, 现在把每一个区域都染上一种颜色, 条件是相邻的两个区域都不能同色, 对这 n 个区域染色是否用四种颜色就够了? 组合数学的问题常常是如此, 先规定一件要做的事情, 如用四种颜色给区域染色, 这件事多半都是很容易做到, 而且有各种各样的做法, 但我们同时加上了一些约束条件, 如相邻区域不得同色, 情形就大不一样了. 现在有些做法符合条件有些不符合条件, 我们问符合条件的做法有多少种, 或者问有没有符合条件的做法, 或者要找出一种好的做法.

组合数学是研究离散结构的存在、计数、构造和优化等问题的一门学科. 组合数学所研究的问题是按照一定的模式将集合的元素进行配置 (安排), 通常反复出现的是以下四种类型的问题:

(I) 配置的存在性;

(II) 配置的计数或近似估计;

(III) 配置的构造或分类;

0.1　什么是组合数学

(Ⅳ) 配置的优化.

如上述例子中集合的元素是 n 个区域, 配置是用四种颜色染 n 个区域, 规定的模式是相邻的两个区域都不能同色. 当配置并非显然存在或不存在时, 首要的问题是证明或否定它的存在; 当配置显然存在或已证明存在时, 需要无重复、无遗漏地求出这种配置的个数, 当配置个数的计数存在困难时可对其进行近似估计, 随着计算机科学的迅猛发展, 为了充分利用计算机资源, 需要对配置的计数问题给出算法, 因此组合数学成了算法的理论基础; 如有可能还要给出配置的构造或按照某种性质对配置进行分类. 按照一定的模式将集合的元素进行配置可看作是一种组合结构, 组合结构又可看作一种数学模型, 社会实践中的一些实际问题可抽象为数学模型, 因此对数学模型的研究是十分有意义的. 当组合结构确定后, 能否进一步优化是组合优化的重要研究内容.

0.2　组合问题举例

0.2.1　配置的存在性 (存在性问题)

如果研究对象在满足某些条件下才能进行下一步安排, 当对象是否符合条件并非显然存在或者显然不存在时, 首要解决的就是证明存在或者否定存在.

例如, 分组密码算法扩散层设计时, 经常用到矩阵作为基本单位. 设 A 为 n 阶方阵, I 为 n 阶单位阵, 则满足 $A^2 = I$ 的方阵 A 称为对合矩阵. 由于对合矩阵的逆矩阵就是本身, 所以为了加密和解密过程的一致性, 对合矩阵自然被重点关注. 那么对于二元域上的 n 阶方阵, 是否一定存在对合矩阵呢? 这个问题似乎容易回答, 利用穷举方法或者利用特征值构造方法可以容易构造出二元域上 n 阶对合矩阵. 但扩散层设计还有一个性质, 就是要求不动点越少越好, 也就是点经过矩阵乘积作用后的结果仍是该点, 具有这种性质的点的数量越少越好, 此时问题变成对于二元域上的 n 阶对合矩阵, 其不动点个数能否达到最低? 通过下面简单的证明, 我们知道这种要求是完全不存在的.

性质 0.1　设 A 为二元域上的 n 阶对合矩阵, 则其不动点个数不小于 $2^{n/2}$.

证　因为 A 为对合矩阵, 所以 $A^2 = I$, 其中 I 为 n 阶单位阵. 矩阵不动点的集合即为 $(A - I)x = 0$ 的解空间, 所以解空间的维数为 $n - \mathrm{rank}(A - I)$. 另一方面有 $(A - I)(A + I) = 0$, 因为是二元域上的矩阵, 从而 $(A - I)(A - I) = 0$, 这说明 $(A - I)$ 的列向量都是 $(A - I)x = 0$ 的解, 所以 $\mathrm{rank}(A - I) \leqslant n - \mathrm{rank}(A - I)$, 即 $\mathrm{rank}(A - I) \leqslant n/2$. ■

这个性质说明二元域上的 n 阶对合矩阵的不动点个数相当多, 几乎占空间的一半, 要求同时满足对合性质和不动点个数低, 这种配置不存在. 从这个例子可以看出, 满足一定条件的配置并不总是存在的, 这就给我们提出了新的问题: 什么条件下配置才是存在的? 这就是配置的存在性研究的根本问题, 有些时候这些问题的回答并不显而易见.

0.2.2 配置的计数 (计数问题)

如果所要求的配置存在, 则可能有多种不同的配置, 这又经常给我们提出这样的问题: 有多少可能的配置方案? 如何对配置方案进行合理分类?

例如, 银行卡在操作的时候都需要输入 6 位数字的口令, 这里口令个数一共是 10^6 个. 我们在利用 RAR 加密一个压缩文档时, 同样输入 6 位口令, 这时要求必须有 1 个小写字母、一个大写字母、一个特殊字符, 这时可能的口令又是多少个呢?

这个时候可以输入的小写字母 26 个, 大写字母 26 个, 数字 10 个, 特殊字符 32 个, 若没有特殊限制此时 6 位口令共计 $(26 \times 2 + 10 + 32)^6 = 94^6$. 加上限制之后, 计数变为 $10 \times 26 \times 26 \times (94)^3$.

对于一般的计数问题, 多数情形需要研究两个配置是否属于同一个等价数学模型, 也就是先研究清楚同类配置判定的数学方法, 再给出配置方案分类的计算公式. 虽然任何组合问题的计数都有方法可循, 但有时需要做大量研究, 此时其计数的难度也是巨大的, 如果问题有明显的特解, 则可以追寻特解的规律进行分类并计算出解的个数.

例如, 手机的九宫格图案解锁总共能绘出多少种图案? 这个问题相当于把先行后列标记为 1, 2, 3, 4, 5, 6, 7, 8, 9 这九个数字的 9 个点排成 3 阶矩阵, 且合法的密码要求如下:

√ 密码的长度至少为 4, 最长为 9;

√ 密码中不能有重复的数字出现, 比如不能同时出现两个 2;

√ 密码相邻的数字必须在图形上是相连的, 这样才符合手的滑动.

这个问题的计数就复杂得多, 需要进行细致的分类研究, 其最终结果是 389112 种, 1.7 节会详细讨论计算方法.

0.2.3 配置的构造或分类 (构造性问题)

幻方是古老且流行的数学游戏之一, 一个 n 阶幻方是由数字 $1, 2, \cdots, n^2$ 构成的 $n \times n$ 矩阵, 满足每行每列及两个对角线上的元素之和均为 S, 这个和数 S 称为**幻和**. 因为 $1+2+\cdots+n^2 = n^2(n^2+1)/2$, 所以 $S = n(n^2+1)/2$. 与此相关的组合问题是确定可以构造 n 阶幻方的 n 的值以及寻找构造幻方的一般方法. 不难验证不存在 2 阶幻方, 而对于其他任意的 n 值, 都可以构造出 n 阶幻方. 容易给出 3 阶幻方.

有很多种特殊的幻方构造方法, 这里介绍 de la Loubére 在 17 世纪发现的构造方法. 当 n 为奇数时, 有一种简单的方法来构造 n 阶幻方. 首先把 1 放在最上面

8	1	6
3	5	7
4	9	2

一行的中间位置, 然后按下面规则把 $2, 3, \cdots, n$ 这些数字沿一条由左下至右上的斜线相邻放置.

(1) 当一个数放在最上面一行的 $(1, k)$ 位置, 下一个数放在最下面一行的 $(n, k+1)$ 位置.

(2) 当一个数放在最右边一列 (k, n) 位置, 下一个数放在最左边一列的 $(1, k-1)$ 位置.

(3) 当遇到一个位置已经放置, 或已经放在右上角位置, 则下一个数就放在前一个数的正下方位置.

下面是一个 5 阶幻方

17	24	1	8	15
23	5	7	14	16
4	6	13	20	22
10	12	19	21	3
11	18	25	2	9

1992 年, 丁宗智在《幻方》一书中分别介绍了奇数阶、单偶数阶、双偶数阶幻方的多种构造方法, 而且分别给出了这三种幻方的构造模型, 然后利用构造模型分别构造出相应的 $2k+1$ 阶、$4k$ 阶、$4k+2$ 阶幻方, 有兴趣的读者可以参见该书.

在中国数学的发展历程中, 我们能够看到有趣的数学、计算工具、棋类游戏都与幻方有着内在的联系. 幻方对于近代科学的发展起着很大的作用, 可应用到 "建路" 和 "Jordan 曲线" 等的位置解析学及组合解析学. 幻方在密码科学中也发挥着作用. 例如, 按幻方的置乱变换技术, 可以将需保密的图像置乱后, 再按幻方原理复原, 这种置乱变换可以进行多次.

0.2.4 配置的优化 (优化问题)

很多应用问题有多种配置方案, 不同的配置方案考虑的因素和产生的结果并不完全相同, 在实际中我们多希望降低因素个数并提高结果精度, 这就需要在一些方案中构造或者发现一些较优的方案配置. 这类都是优化问题.

例如, 在密码算法利用 MILP 方法分析时, 会碰到用不等式刻画成本的问题. 设 n 为正整数, $Z_2 = \{0, 1\}$, $Z_{2n} = Z_2 \times Z_2 \times \cdots \times Z_2$ 为所有分量均在 Z_2 上取值的 n 元组组成的集合. 对任意给定集合 Z_{2n} 的非空子集 A, 我们总可以用一组整系数线性不等式 L 完全刻画, 也就是说, 该线性不等式组在限制变元取值为 0 和 1 时, 其解所构成的集合恰好等于 A. 例如, $n=3$, $A=\{(000), (101), (011), (110)\}$. 我们可以构造一线性不等式组 L:

$$\begin{cases} x_1 + x_2 \geqslant x_3, \\ x_1 + x_3 \geqslant x_2, \\ x_2 + x_3 \geqslant x_1, \\ x_1 + x_2 + x_3 \leqslant 2, \end{cases}$$

其由 4 个不等式组成. 容易验证, 上述线性不等式组 L 关于 (x_3, x_2, x_1) 的解集恰好为 A. 给定 Z_{2n} 上的非空子集 A, 求一整系数线性不等式组 L, 使得该线性不等式组在 Z_{2n} 上的解集恰好等于 A 且要求 L 中不等式个数尽可能少. 当集合 A 规模增大时, 不等式组 L 并不容易发现, 可以用逻辑条件模型和凸闭包的方法进行优化.

本书作为组合数学的基础教材, 只涉及前三类问题, 并且以计数方法为重点介绍组合数学的基本理论和方法, 重点介绍数学归纳法、迭代方法、一一对应方法、组合含义法等基本计数方法. 关于上面提到的优化问题, 有兴趣的读者可以参考运筹学方面的教材.

0.3 典型组合问题举例

0.3.1 棋盘的完全覆盖

考虑一个 8×8 的棋盘, 假设有足够多的形状相同的骨牌, 骨牌的大小恰好能盖住棋盘的两方格. 是否能用 32 张骨牌盖住棋盘的 64 个方格? 如果能, 称这样的配置为棋盘的完全覆盖. 一般地, 当 m 和 n 为何值时, $m \times n$ 的棋盘能完全覆盖?

0.3.2 Königsberg 七桥问题

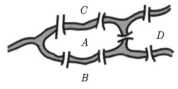

图 0.1 七桥问题

Königsberg 这座城市被河流划分为 A, B, C, D 四区, 有七座桥连接这四个区. 问能否从某一区出发, 每一座桥经过一次且仅一次回到原区 (图 0.1)?

0.3.3 四色猜想

在组合数学 (图论) 中, 也许是在全部数学中, 最出名的没有 (用数学方法) 解决的问题是著名的四色猜想. 1872 年, 著名数学家凯利正式向数学学会提出四色猜想问题, 从此四色猜想席卷全球, 吸引了大量的数学家为之痴迷. 任何一个数学家可以在五分钟之内将这个非凡的问题 (也称为四色问题) 向马路上的任何一个普通人讲清楚. 在讲清楚之后, 虽然两个人都懂得了这个问题, 但是要想解决它却也无能为力.

四色猜想是: "在一个平面或球面上的任何一张地图只用四种颜色着色, 使得具有一段公共边界的两个国家染上不同的颜色. 每个国家必须由一个单连通的区域构成."

1976 年 6 月, 两位数学家在两台不同的电子计算机上, 用了 1200 个小时, 作了 100 亿个判断, 结果没有一张地图是需要五色的, 最终证明了四色定理, 轰动了世界. 当两位数学家发表他们的研究成果后, 当地的邮局在当天发出的所有邮件上都加盖了 "四色足够" 的特制邮戳, 以庆祝这困扰了人们一个多世纪的难题最终得到了解决. 不过该方法就像是穷举法, 姑且不论这两位数学家是否真的穷举了所有可能情况, 相比严谨的理论证明, 这种证明无法让人真正信服. 四色猜想的理论证明还在继续 ⋯⋯

0.3.4 36 军官问题

有 36 名军官, 来自 6 个不同的团队, 他们有 6 种不同的军衔. 问能否把这 36 名军官排成一个 6×6 的方阵, 使得每行和每列都是不同团队的军官并且军衔互不相同?

这个问题是欧拉 (Euler) 在 18 世纪作为一个数学游戏提出来的. 每名军官可用一个有序对 (i, j) 来表示, 这里 i 表示他的军衔, j 表示他所在的团队, $i, j = 1$, $2, \cdots, 6$. 这样 36 名军官对应 36 个有序对 (i, j). 于是上述问题可表述为: 排列这 36 个有序对 (i, j) 为一个 6×6 方阵, 使得每行和每列的有序对中第一个坐标和第二个坐标上数字 1, 2, $\cdots$, 6 都出现. 这样的方阵可以分成两个 6×6 的方阵, 一个由有序对的第一个坐标的元素构成, 另一个由有序对的第二个坐标的元素构成, 并且这两个方阵的每行和每列的元素都不重复出现. 我们称这样的方阵为**拉丁方**. 一般定义 n 阶拉丁方为由 n 个不同元素构成的方阵, 满足每行和每列的元素都不重复出现.

称两个 n 阶拉丁方 $A = (a_{ij})$ 和 $B = (b_{ij})$ 是**正交**的, 如果这个 n 阶方阵 (a_{ij}, b_{ij}) 的 n^2 个有序对 (a_{ij}, b_{ij}) 是互不相同的. 由正交拉丁方的定义可知, 36 军

官问题等价于是否存在两个 6 阶正交拉丁方. Euler 猜想不存在两个 6 阶正交拉丁方, 进一步他还猜想, 不存在两个 $n = 2k+2$ 阶正交拉丁方, $k = 1, 2, \cdots$. 1901 年, Tarry 证明了 $n = 6$ 时, Euler 猜想为真. 1960 年前后, 由三位数理统计学家证明了 $n > 6$ 时, Euler 猜想不真.

0.3.5 Kirkman 女学生问题

1850 年, Kirkman 提出下述问题: 一位女老师每天都带着她班上的 15 名女学生散步, 这 15 名学生排成 5 行, 每行 3 人, 每个学生都有两个同学与她在同一行. 问是否可以设计一种散步方案, 使得连续 7 天中, 每个学生与其他同学在同一行中的次数不超过一次?

0.3.6 一个奇怪的函数

设 $f(x)$ 是值域和定义域都是正整数集的函数, 定义如下:

$$f(x) = \begin{cases} x - a, & x > n, \\ f(f(x + a + 1)), & x \leqslant n, \end{cases}$$

其中 a 和 n 都是正整数, 且 $a \leqslant n$. 事实上, $f(x)$ 是一个分段函数, 当 $x > n$ 时, 容易确定 $f(x)$ 的函数值; 有趣的是, 当 $x \leqslant n$ 时, $f(x)$ 是一个固定的值 $n + 1 - a$. 例如: 对于 $a = 5, n = 5$ 有

$$f(6) = 1; \ f(5) = f(f(11)) = f(6) = 1; \ f(4) = f(f(10)) = f(5) = 1;$$

$$f(3) = f(f(9)) = f(4) = 1; \ f(2) = f(f(8)) = f(3) = 1;$$

$$f(1) = f(f(7)) = f(2) = 1.$$

你能发现一般规律吗? 试证明当 $x \leqslant n+1$ 时, 所给的函数 $f(x) = n + 1 - a$.

0.3.7 Nim 取子游戏

在组合博弈论中, 取子游戏是一个非常经典的问题, 一类取子游戏可描述如下.

有 3 堆石子, 每堆石子数分别为 3, 4, 5. 现有两人轮流从这 3 堆中取石子, 每次必须从某一堆中取任意多的石子, 至少要取一个, 必须从同一堆中取石子, 并且不能超过这一堆石子的总数. 如果某一方没有石子可取, 那么他就输了. 请问有没有哪一方有必胜的策略? 其实先手的人有必胜的策略, 他只需要在数量为 3 的一堆石子中取出 2 个即可. 同学们可以玩一玩, 看看后续游戏中先手的人如何才能一直保持优势, 并最终获取胜利呢?

甲先取, 从第一堆中取走 2 个.

(1) 如果乙从第一堆中取走剩下的 1 个子, 则甲从第三堆中取走 1 个, 于是剩下的两堆都是 4 个, 显然甲有必胜策略.

(2) 如果乙从另外两堆的任意一堆中取走 m 个子, 则甲从这两堆中的另外一堆优先取走 $8-m$ 个棋子, 其次取走 $4-m$ 个棋子.

与上面两步同样的策略, 则甲必胜.

将上述问题推广到 k 堆棋子, 每堆的数量任意, 此时是否还有必胜策略呢? Nim 取子游戏的关键是如何定义两种状态, 各堆棋子数都表示为二进制数, 所有数的二进制表示中第 i 位的和为偶数时就称第 i 个数位为平衡的, 为奇数时就称为不平衡的. 如果所有数位都是平衡的, 就称为平衡游戏, 如果至少有一个数位是不平衡的, 就称为非平衡游戏. 结论是甲方能在非平衡的游戏中取胜, 乙方可以在平衡的游戏中取胜.

第 1 章 排列与组合

排列与组合是组合数学的基础内容, 要想完美地解决一个有关排列和组合的问题, 往往需要较强的 "组合思维"、巧妙的 "组合方法" 和熟练的 "组合技巧". 排列和组合这一课题既有丰富的挑战性, 又展示了组合数学迷人的魅力. 本章中重点学习 "一一对应" 论证方法. 为求有限集 A 的元素个数 $|A|$, 设法建立从 A 到某个集合 B 的一个双射, 这里 $|B|$ 容易求得或已知, 由双射可知 $|A| = |B|$, 这就是所谓的 "一一对应" 论证方法.

1.1 预 备 知 识

1.1 预备
知识

为了读者阅读方便, 本节介绍一些必要的基础知识和常用符号, 并回顾基本的计数方法.

1.1.1 集合

集合简称集, 是数学中一个基本概念, 也是集合论的主要研究对象.

定义 1.1 集合是指具有某种特定性质的具体的或抽象的对象汇总而成的集体, 组成集合的这些对象称为这一集合的元素 (简称为**元**).

我们一般用大写的拉丁字母表示一个集合, 如果需要列出集合里的元素, 我们可以把一个集合写成 $A=\{a_1, a_2, \cdots\}$, 这里 a_i 是 A 的元素, 记作 $a_i \in A$. 有时我们用性质 P 来刻画一个集合, 具有性质 P 的所有元素的集合表示为 $\{x|\ x$ 具有性质 $P\}$. 例如, $\{x|\ x$ 是能被 2 整除的整数$\}$ 表示所有偶数的集合. 不含任何元素的集合叫做**空集**, 用符号 $\varnothing$ 表示.

定义 1.2 给定集合 A, 称 A 中的元素个数为集合 A 的**基数**, 记作 $|A|$, 如果 $|A| = k$, 则称 A 为一个 k **元集**.

若 A 是有限集, 则 $|A|$ 是一个非负整数. $|A|=0$ 当且仅当 A 是空集.

定义 1.3 集族是一种特殊的集合, 以集合为元素的集合称为**集族** (简称为**族**).

定义 1.4 设 A 和 B 都是集合, 若 B 的任意一个元素都是 A 的元素, 则称 B 是 A 的**子集**, 记作 $B \subseteq A$ 或 $A \supseteq B$.

根据子集的定义, 我们知道 $A \subseteq A$. 也就是说, 任何一个集合是它本身的子集. 对于空集 $\varnothing$, 我们规定 $\varnothing \subseteq A$, 即空集是任何集合的子集.

定义 1.5 若 $A \subseteq B$ 且 $A \neq B$, 则称 A 是 B 的**真子集**, 可记作 $A \subsetneqq B$.

对于任何的集 A, B, C 有

(1) **自反律** $A \subseteq A$;

(2) **反对称律** 从 $A \subseteq B$, $B \subseteq A$, 可推出 $A = B$;

(3) **传递律** 若 $A \subseteq B$, $B \subseteq C$, 则 $A \subseteq C$.

这个命题说明: 包含是一种偏序关系.

定义 1.6 给定集合 A, 称 A 的所有子集构成的集合为 A 的**方幂集**, 记作 2^A.

定义 1.7 设 A 和 B 都是集合, 所有属于 A 但不属于 B 的元素的全体构成一个集合, 称为 A 和 B 的**差集**, 记作 $A \backslash B$ 或 $A - B$.

定义 1.8 设 $\{A_i | i \in I\}$ 是一个集族, 其中 I 为指标集, 则 $\{x |$ 存在一个 A_i 使得 $x \in A_i\}$ 为这个集族的**并集**, 记作 $\bigcup_{i \in I} A_i$.

定义 1.9 设 $\{A_i | i \in I\}$ 是一个集族, 其中 I 为指标集, 则 $\{x |$ 对每一个 A_i 都有 $x \in A_i\}$ 为这个集族的**交集**, 记作 $\bigcap_{i \in I} A_i$.

定义 1.10 设 A 和 B 都是集, 属于 $A \cup B$ 但不属于 $A \cap B$ 的元素的全体是一个集合, 称为 A 和 B 的**对称差**, 记作 $A \Delta B$.

事实上, 对称差相当于两个相对补集的并集, 即 $A \Delta B = (A - B) \cup (B - A)$, 也可以表示为两个集合的并集减去它们的交集, 即 $A \Delta B = (A \cup B) - (A \cap B)$.

定义 1.11 由两个元素 x 和 y 按一定的顺序排列成的二元组叫做**有序对** (或**有序偶**), 记作 $\langle x, y \rangle$, 其中 x 称为**第一坐标**, y 称为**第二坐标**.

有序对可以表示有一定次序关系成对出现的事物, 如平面直角坐标系中点的坐标就是有序对, 都代表平面直角坐标系中不同的点. 在有序对中两个元素的次序是十分重要的. 有序对 $\langle x_1, y_1 \rangle$ 与 $\langle x_2, y_2 \rangle$ 相等, 当且仅当 $x_1 = x_2$ 和 $y_1 = y_2$. 在实际问题中有时会用到有序 3 元组, 有序 4 元组, $\cdots$, 有序 k 元组, 可以用有序对来定义有序 k 元组.

定义 1.12 如果 k 个元素按照一定的先后顺序排列成一个序列 $\langle x_1, x_2, \cdots, x_k \rangle$, 则称这 k 个元素构成一个**有序 k 元组**, 记为 $\langle x_1, x_2, \cdots, x_k \rangle$. 称 x_i 是 $\langle x_1, x_2, \cdots, x_k \rangle$ 的第 i 个坐标.

例如, n 维空间中点的坐标或 n 维向量都是有序 n 元组, 有序 k 元组 $\langle x_1, x_2, \cdots, x_k \rangle$ 与 $\langle y_1, y_2, \cdots, y_k \rangle$ 相等, 当且仅当 $x_i = y_i$, 对每个 $i = 1, 2, \cdots, k$.

定义 1.13 设 A 和 B 为两个集合, 则 $\{\langle x, y \rangle | x \in A$ 且 $y \in B\}$ 是一个集合, 称为 A 和 B 的**笛卡儿积**, 记作 $A \times B$. 一般地, 设 $A_1, A_2, \cdots, A_k$ 是 k 个集, 则

$$\{\langle x_1, x_2, \cdots, x_k \rangle | x_i \in A, i = 1, 2, \cdots, k\}$$

是一个集合, 称为 $A_1, A_2, \cdots, A_k$ 的**笛卡儿积**, 记作 $A_1 \times A_2 \times \cdots \times A_k$.

定义 1.14 设 A 是集合, $A \times A$ 的一个子集 R 称为 A 上的一个**二元关系**. $\langle x, y \rangle \in R$ 也可记作 xRy, 称 x 和 y 有关系 R.

定义 1.15 若 A 上的一个二元关系 R 满足下面三条性质, 则称 R 是**等价关系**. 对于 A 的任何元素 x, y, z 有

1° **自反律** xRx;

2° **对称律** 若 xRy, 则 yRx;

3° **传递律** 若 xRy, yRc, 则 xRc.

集合的运算规则有很多, 常用的有以下四种. 例如设 A, B, C 都是集合, 则

交换律 $A \cup B = B \cup A, A \cap B = B \cap A$;

结合律 $A \cup (B \cup C) = (A \cup B) \cup C, A \cap (B \cap C) = (A \cap B) \cap C$;

分配律 $A \cap (B \cup C) = (A \cap B) \cup (A \cap C), A \cup (B \cap C) = (A \cup B) \cap (A \cup C)$;

德摩根律 $C \backslash (A \cup B) = (C \backslash A) \cap (C \backslash B), C \backslash (A \cap B) = (C \backslash A) \cup (C \backslash B)$.

符号 $\mathbb{N}, \mathbb{Z}, \mathbb{Q}, \mathbb{R}, \mathbb{C}$ 分别表示正整数、整数、有理数、实数和复数的集合; $\mathbb{N}_0$ 表示非负整数的集合. 若 $n \in \mathbb{N}$, $\mathbb{N}_n$ 表示 $1, 2, \cdots, n$ 这 n 个数的集合, 即 $\mathbb{N}_n = \{1, 2, \cdots, n\}$. 设 A 是一个实数的集合, 记号 $(a_1, a_2, \cdots, a_k)_\leqslant$ 表示 A 上以 a_1 为首项的长为 k 的递增序列; 记号 $(a_1, a_2, \cdots, a_k)_<$ 表示 A 上以 a_1 为首项的长为 k 的严格递增序列.

1.1.2 映射

定义 1.16 设 A 和 B 是两个集合, A 到 B 的一个**映射**是一个确定的二元关系, 它使 A 中每一个元素 a 都与 B 中一个唯一确定的元素 b 对应.

若 π 是 A 到 B 的映射, 则记 $\pi: A \to B$. 若映射 π 使元素 $b \in B$ 与元素 $a \in A$ 对应, 则记

$$\pi: a \mapsto b \quad \text{或} \quad \pi(a) = b.$$

b 称为 a 在映射 π 下的**象**, 而 a 称为 b 在映射 π 下的一个**原象**.

定义 1.17 设 π 是 A 到 B 的一个映射, 若 $B = \{\pi(a) | a \in A\}$, 则称 π 是 A 到 B 的**满射**; 若在映射 π 下, A 中任意两个元素的像都是不同的, 即由 $a \neq a'$ 一定有 $\pi(a) \neq \pi(a')$, 则称 π 是 A 到 B 的**单射**.

若 $|A| = m, |B| = n$, 则 A 到 B 的映射有 n^m 个. 对于映射 π, 如果 π^{-1} 也是映射, 则称 π 是**双射**. 双射又叫做**一一对应**. 显然, π 是双射当且仅当 π 既是满射又是单射.

定理 1.1 设 A 和 B 为两个基数相同的有限集, π 是 A 到 B 的映射, 则 π 是单射当且仅当 π 是满射.

1.1.3 重集

多重集或重集是数学中的一个概念, 是集合概念的推广. 在一个集合中, 相同的元素只能出现一次, 因此只能显示出有或无的属性. 在研究一些问题的时候, 有时需要把多个相同的对象放在一起进行研究, 这就需要考虑同一个元素可以出现多次的集合.

定义 1.18 元素可以重复的集合称为**重集合**或**重集**. 元素出现的次数称为该元素的**重数**.

我们也用大写的拉丁字母表示一个重集, 如果需要列出重集的元素, 我们可以把一个重集写成 $A = \{n_1 \cdot a_1, n_2 \cdot a_2, \cdots \}$, 这里 a_i 是 A 的元素, 记作 $a_i \in A$, n_i 是非负整数并称其为**元素 a_i 在 A 中的重数**, 记作 $n_i = l_A(a_i)$.

设重集 $X = \{a, a, a, b, b, c, d, d\}$ 是有 8 个元素的重集, 包含了 3 个 a, 2 个 b, 1 个 c 和 2 个 d. 这里 3, 2, 1, 2 分别是元素 a, b, c, d 在 X 中的重数, 因此 X 又可写成 $X = \{3 \cdot a, 2 \cdot b, 1 \cdot c, 2 \cdot d\}$.

注 1.1 当重集的一个元素的重数是 1 的时候, 该元素的重数可以不必写出; 当重集的一个元素的重数是 0 的时候, 意味着这个元素不在这个重集之中, 该元素和它的重数都不必写出. 例如: $X = \{3 \cdot a, 2 \cdot b, 1 \cdot c, 2 \cdot d, 0 \cdot e\}$ 又可写成 $X = \{3 \cdot a, 2 \cdot b, c, 2 \cdot d\}$.

注 1.2 当一个重集的每个元素的重数都是 1 的时候, 则这个重集是一个集合. 注意重集和集之间的关系, 集的元素互不相同, 而重集的元素有可能相同.

定义 1.19 设 X 是一个重集, $a \in X$, 若 a 在 X 中的重数可以是任意大的非负整数, 称 a 在 X 中具有**无限重数**, 记为 $l_X(a) = \infty$.

例如: 重集 $X = \{\infty \cdot a, 2 \cdot b, c, \infty \cdot d\}$ 中 a, d 具有无限重数, b 的重数为 2, c 的重数为 1.

定义 1.20 由 k 个元素构成的重集叫做 **k-重集**, 即若重集 $\{n_1 \cdot a_1, n_2 \cdot a_2, \cdots, n_m \cdot a_m\}$ 是 k-重集, 则 $n_1 + n_2 + \cdots + n_m = k$.

定义 1.21 设 A 和 B 都是重集, 若 B 的每个元素 b 都是 A 的元素且 b 在 B 中的重数不大于 b 在 A 中的重数, 则称 B 是 A 的**子重集**, 也记作 $A \supseteq B$ 或 $B \subseteq A$, 读作 "A 包含 B" 或 "B 包含于 A".

对于任何的重集 A, B, C 也有

(1) **自反律** $A \subseteq A$;

(2) **反对称律** 从 $A \subseteq B$, $B \subseteq A$, 可推出 $A = B$;

(3) **传递律** 若 $A \subseteq B$, $B \subseteq C$, 则 $A \subseteq C$.

这三个性质说明, 对于重集合来说包含也是一种偏序关系.

定义 1.22 对于重集 A 和 B, 若 $A \subseteq B$ 但是 $A \neq B$, 则称 A 是 B 的**真子**

集, 记为 $A \subset B$.

定义 1.23 设 A 是一个集合, X 是一个重集, 若 X 的所有不同元素构成的集合是 A, 则称 A 是 X 的**基础集**, 若 X 的基础集是 A 的子集, 称 X 是 A **上的重集**.

例 1.1 设 $A = \{a, b, c, d\}$, 则 $\{3 \cdot a, 2 \cdot b, 1 \cdot c, 2 \cdot d\}$, $\{a, b, c, d\}$ 和 $\{3 \cdot a\}$ 都是 A 上的重集, 而 $\{2 \cdot a, b, c, e\}$ 不是 A 上的重集. A 上的所有 2-重集是 $\{2 \cdot a\} = \{a, a\}$, $\{2 \cdot b\} = \{b, b\}$, $\{2 \cdot c\} = \{a, c\}$, $\{2 \cdot d\} = \{d, d\}$, $\{a, b\}$, $\{a, c\}$, $\{a, d\}$, $\{b, c\}$, $\{b, d\}$, $\{c, d\}$, 共有 10 个.

定义 1.24 设 A 和 B 都是重集, A 的基础集上的一个重集称为 A 和 B 的**差重集**, 若它的每个元素 a_i 的重数 $l_{A-B}(a_i) = l_A(a_i) - l_B(a_i)$, 这里当 $l_A(a_i) \leqslant l_B(a_i)$ 时, $l_{A-B}(a_i)$ 记为 0. A 和 B 的差集记作 $A \backslash B$ 或 $A - B$.

定义 1.25 设 $\{X_i | i \in I\}$ 是一个族, 对于 $i \in I$, X_i 是重集, A_i 是 X_i 的基础集, 称 $\bigcup_{i \in I} A_i$ 上的每个元素 a 的重数是 $\max\{l_{A_i}(a) | i \in I\}$ 的重集为这个族的**并重集**, 记作 $\bigcup_{i \in I} X_i$.

定义 1.26 设 $\{X_i | i \in I\}$ 是一个族, 对于 $i \in I$, X_i 是重集, A_i 是 X_i 的基础集, 称 $\bigcap_{i \in I} A_i$ 上的每个元素 a 的重数是 $\min\{l_{A_i}(a) | i \in I\}$ 的重集为这个族的**交重集**, 记作 $\bigcap_{i \in I} X_i$.

定义 1.27 设 $\{X_i | i \in I\}$ 是一个族, 对于 $i \in I$, X_i 是重集, A_i 是 X_i 的基础集, 称 $\bigcup_{i \in I} A_i$ 上的每个元素 a 的重数是 $\sum_{i \in I} l_{A_i}(a)$ 的重集为这个族的**和重集**, 记作 $\sum_{i \in I} X_i$.

例 1.2 设 $A = \{4 \cdot a, 2 \cdot b, c, 3 \cdot d\}$, $B = \{2 \cdot a, 3 \cdot b, c, 2 \cdot d\}$ 则

$$A - B = \{2 \cdot a, d\}; \qquad A \cup B = \{4 \cdot a, 3 \cdot b, c, 3 \cdot d\};$$

$$A \cap B = \{2 \cdot a, 2 \cdot b, c, 2 \cdot d\}; \quad A + B = \{6 \cdot a, 5 \cdot d, 2 \cdot c, 5 \cdot d\}.$$

1.1.4 四个法则

等则 若两个有限集 A 和 B 之间存在一个双射, 则 $|A| = |B|$.

差则 若 A 和 B 是两个有限集, 则 $|A \backslash B| = |A| - |A \cap B|$.

和则 若两个有限集 A 和 B 是不交的, 则 $|A \cup B| = |A| + |B|$.

积则 若 A 和 B 是两个有限集, 则 A 与 B 的笛卡儿积 $A \times B$ 所含元素的个数是 $|A \times B| = |A||B|$.

和则又称**加法原理**, 还可叙述为两个独立的事件 A 和 B 分别有 a 种和 b 种方法出现, 则 A 和 B 出现其一的方法数是 $a+b$. 积则又称**乘法原理**, 还可叙述为两个独立的事件 A 和 B 分别有 a 种和 b 种方法出现, 则 A 和 B 依次同时出现的方法数是 $a \cdot b$. 在求解复杂问题时, 常用的方法是将复杂的问题分解成一些简单的子问题, 上述四个法则非常直观, 在组合计数中经常会用到.

1.2   排列与组合

排列与组合是集合元素的一种非常简单的配置, 即便如此, 有经验的读者都知道, 即使看起来是很简单的排列与组合问题, 解决起来也会遇到困难. 因此熟练掌握排列与组合的思想、方法和技巧是学好组合数学的良好开端.

1.2.1 集合的排列

1.2.1   集合的排列

设 S 是一个 n 元集, S 的一个 k-排列是指先从 S 中选出 k 个元素 x_1, $x_2, \cdots, x_k$, 然后将其按次序排列 $\langle x_1, x_2, \cdots, x_k \rangle$, S 上的所有 k-排列的个数称为 S 的 k-**排列数**, 记为 $P(n,k)$.

定理 1.2 n 元集的 k-排列数是 $P(n,k) = n(n-1) \cdots (n-k+1)$.

证   设 S 是一个 n 元集, 则 S 上的一个 k-排列是一个元素互不相同的有序 k 元组. 这个有序 k 元组的第一个元素在 S 中有 n 种取法, 当第一个元素取定后, 第二个元素在 S 中有 $n-1$ 种取法, 又当第二个元素取定后, 第三个元素在 S 中有 $n-2$ 种取法, 一般地, 当 $r>1$ 且前 $r-1$ 个元素取定之后, 第 r 个元素在 S 中有 $n-r+1$ 种取法. 由乘法原理, S 上的有序 k 元组的个数是 $n(n-1) \cdots (n-k+1)$.

设 A 是一个 n 元集, A 上的一个 n 元排列称为 A 的一个**全排列**. 由定理 1.2, A 上全排列的个数是 $P(n,n) = n!$. 我们规定 $0!=1$. 记 $(n)_k = n(n-1) \cdots (n-k+1)$, 读作 "$n$ 的降 k 阶乘", 则 $n! = (n)_n$, 读作 "n 阶乘". 于是

$$P(n,k) = \frac{n!}{(n-k)!} = (n)_k.$$ ■

例 1.3   定理 1.2 的另一种证法.

证   设 S 是一个 n 元集. 首先对 n 作归纳法证明 $P(n, n) = n!$.

当 $n=1$ 时, $P(1, 1)=1=1!$, 结论成立.

现在设 $n>1$ 且 $P(n-1,n-1) = (n-1)!$. 为了给出 S 的所有全排列, 我们可以指定 S 的一个特殊元 a 而 $S-\{a\}$ 的全排列数是 $P(n-1,n-1)$. 对 $S-\{a\}$ 的每个全排列都有 n 个位置可插入 a, 从而 $S-\{a\}$ 的每一个全排列能得到 n 个 S 的全排列. 由乘法原理和归纳法假设,

$$P(n,n) = n \cdot P(n-1, n-1) = n \cdot (n-1)! = n!.$$

假定 n 个位置分成两组, 则 S 的所有全排列还可以按下述方法得到: 先从 S 中选出 k 个元安排在前 k 个位置, 相当于 S 的一个 k 元排列, 共有 $P(n,k)$ 种方法; 当上述 k 个元的安排后再把剩余 $n-k$ 的个元素安排在后 $n-k$ 个位置, 有 $P(n-k, n-k)$ 种方法. 由乘法原理,

$$P(n,n) = P(n,k) \cdot P(n-k, n-k).$$

于是 $P(n,k) = \dfrac{P(n,n)}{P(n-k, n-k)} = \dfrac{n!}{(n-k)!} = n(n-1)\cdots(n-k+1).$ ■

1.2.2 集合的环状排列

前面考虑的排列是在直线上进行的, 有时也称为线排列. 如果在圆周上进行排列, 那结果又如何呢?

1.2.2 环状排列

定义 1.28 设 S 是一个集合, S 上的一个 k **元环状排列**是把 S 的一个 k-排列 $x_1 x_2 \cdots x_k$ 依次排成圆周形状所得, 记为 $\odot x_1 x_2 \cdots x_k$, 而且

$$\odot x_1 x_2 \cdots x_k, \quad \odot x_2 x_3 \cdots x_k x_1, \quad \cdots, \quad \odot x_k x_1 x_2 \cdots x_{k-1}$$

都表示同一个环状排列. 称 $\odot x_k x_{k-1} \cdots x_1$ 是 $\odot x_1 x_2 \cdots x_k$ 的**逆环状排列**.

定理 1.3 n 元集上的 k 元环状排列的个数是 $P(n,k)/k$.

证 由定义, 一个 k 元环状排列对应 k 个 k-排列 $x_1 x_2 \cdots x_k$, $x_2 x_3 \cdots x_k x_1, \cdots, x_k x_1 x_2 \cdots x_{k-1}$, 而 n 元集上的 k-排列数是 $P(n,k)$, 所以 n 元集上的 k 元环状排列的个数是 $P(n,k)/k$. ■

推论 1.1 n 元集上的 n 元环状排列的个数是 $(n-1)!$.

例 1.4 围绕在圆桌旁有 10 个男生和 10 个女生就餐, 请问任意两个女生不相邻的坐法有多少种?

解 先把 10 个男生排成圆形, 有 $\dfrac{1}{10} \times 10!$ 种方法. 固定一个男生后, 将 10 个女生安排在男生中间, 每两个男生之间只能有 1 个女生, 而这 10 个女生之间还存在着排序问题, 有 10! 种方法, 由乘法原理知, 共有 $\dfrac{1}{10} \times 10! \times 10!$ 种坐法.

还存在一种特殊的环状排列就是**项链排列**, 有时翻转对于项链属于同一种排列, 比如如图 1.1 所示对 5 个元素的两种环状排列, 对应的是一种项链排列.

例 1.5 用 n 个不同的珠子, 每次取 k 个珠子串成一个项链, 能串成多少个项链?

解 n 个不同的珠子的 k 元环状排列的个数是 $P(n,k)/k$. 但是分别把它们串成项链就可能到两个相同的项链, 这是因为项链可以翻转. 事实上, n 个不同的

珠子的 k 元环状排列 $\odot x_1 x_2 \cdots x_k$ 和它的逆环状排列 $\odot x_k x_{k.-1} \cdots x_1$ 分别依次串成项链后, 是同样的项链. 而两个非互逆的环状排列分别依次串成项链后是不同的项链. 故用 n 个不同的珠子, 每次取 k 个珠子串成一个项链, 能串成项链的个数是 $P(n,k)/2k$.

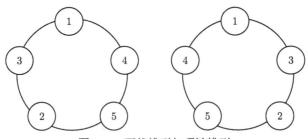

图 1.1　环状排列与项链排列

1.2.3　重集合的排列

定义 1.29　设 S 是一个集合, $\langle x_1, x_2, \cdots, x_k \rangle$ 是 S 上的一个有序 k 元组. 若 x_1, x_2, $\cdots$, x_k 允许有些彼此相同, 则称 $\langle x_1, x_2, \cdots, x_k \rangle$ 是 S 的 k 元**可重复排列**.

1.2.3 重集合的排列

关于 k 元可重复排列的概念有以下三种常见的等价表述.

(1) 字母取自 S 的一个长为 k 的字 $x_1 x_2 \cdots x_k$ 简称为 S 上的一个 k 元**字**.

(2) 从集合 $\{1, 2, \cdots, k\}$ 到集合 S 的一个映射 π, 其中 $\pi(i) = x_i$, $i = 1, 2, \cdots, k$. 记 $\pi = \pi(1)\pi(2)\cdots\pi(k)$.

(3) 设 X 是重集, 从 X 中有序选出 k 个元素排成一列, 称为 X 的 k-排列.

第一种等价表述是直观的. 所谓 k 元字就是由 k 个字母组成的一个单词. 因为一个单词的字母可以重复出现而且字母不同的顺序所组成的单词含义不同, 所以一个由 k 个字母组成的单词是字母集上的一个 k 元可重复排列.

第二种等价表述颇有数学味道. 由映射的定义, $\{1, 2, \cdots, k\}$ 中两个元素在映射 π 下的像可能相同, 所以 $\pi = \pi(1)\pi(2)\cdots\pi(k)$ 是集合 S 上的一个 k 元可重复排列. 这样的映射 π 也有如下表示:

$$\pi = \begin{pmatrix} 1 & 2 & \cdots & k \\ x_1 & x_2 & \cdots & x_k \end{pmatrix}.$$

特别地, 若 π 是 S 到自身的双射, 则称 π 为 S 上的**置换**.

第三种等价表述也是直观的. 从 X 中有序选出 k 个元素排成一列就构成一个有序 k 元组. 因为 X 是重集, 所以这个有序 k 元组的元素可能有些彼此相同.

故从 X 中有序选出 k 个元素排成一列是一个 k 元可重复排列.

定义 1.30 集合 S 的所有 k 元可重复排列的个数称为 S 的 k-**字数**, 重集 X 上的所有 k-排列的个数称为 X 的 k-**排列数**.

下面的定理说明集合的 k-字数等于其无穷重数重集的 k-排列数, 其数值见定理 1.5.

定理 1.4 设 X 是每个元素都有无限重数的重集. 若 S 是 X 的基础集, 则 X 的 k-排列数是 S 的 k-字数.

证 由定义, X 上的每个 k-排列都是某些元素可能彼此相同的排列. 因为 S 是 X 的基础集, 所以 X 上的每个 k-排列都是 S 上的一个 k-字. 反之, S 上的每个 k-字都是一个有序 k 元组. 因为 S 是 X 的基础集, 所以 S 上的每个 k-字都是 X 上的一个 k-排列. 因此 X 上的 k-排列集合与 S 上的 k-字的集合相等, 故 X 的 k-排列数是 S 的 k-字数. ∎

定理 1.5 n 元集 S 的 k-字数是 n^k.

证 设 S 是一个 n 元集, 则 S 上的一个 k-字是一个元素可以相同的有序 k 元组. 因此, 这种有序 k 元组的每个元素在 S 中都有 n 种取法. 由乘法原理, S 上的这种有序 k 元组的个数是 $n \cdot n \cdots n = n^k$. ∎

如果重集是有限元素的集合, 那其 k-排列数由如下定理给出.

定理 1.6 设 $X = \{\, m_1 \cdot a_1, m_2 \cdot a_2, \cdots, m_n \cdot a_n \,\}$ 是 k-重集, 则 X 的全排列的个数, 即 X 的 k-排列数是

$$\frac{k!}{m_1! m_2! \cdots m_n!}. \tag{1-1}$$

证 因为 $X = \{m_1 \cdot a_1, m_2 \cdot a_2, \cdots, m_n \cdot a_n\}$ 是 k-重集, 所以

$$m_1 + m_2 + \cdots + m_n = k.$$

把 X 中 m_i 个相同的字母 a_i 用 m_i 个不同的新字母 $x_{i_1}, x_{i_2}, \cdots, x_{i_{m_i}}$ 代替, 其中 $i = 1, 2, \cdots, n$, 可得到一个有 k 个不同字母集合 X', 有 $k!$ 个全排列. 再把 X' 的每个全排列中的字母 $x_{i_1}, x_{i_2}, \cdots, x_{i_{m_i}}$ 用 a_i 替换, 则在上述 $k!$ 个全排列中能产生 X 上的所有全排列, 然而 X 的一个全排列中的字母 a_i 重复出现 m_i 次, 所以 X 的一个全排列对应 X' 的 $m_1! m_2! \cdots m_n!$ 个排列, 故有公式 (1-1). ∎

请思考定理 1.5 和定理 1.6 的异同, 注意前者没有对重集中元素的重数做限制.

如果多重集 X 只有种元素 a_1 和 a_2, 重数分别为 m_1 和 m_2, 则由定理 1.6, X 的全排列数

$$\frac{m!}{m_1! m_2!} = C(m, m_1).$$

其中 $m_1 + m_2 = m$, 它正好代表了 m 元集合的 m_1-组合数, 这说明可以在这两个问题之间建立一一对应的关系, 而定理 1.6 的证明过程就体现了这种一一对应.

例 1.6 元素是 0 或 1 的序列称为 (0,1)-序列. 由 5 个 0 和 4 个 1 能组成

$$\frac{9!}{4!5!} = 126$$

个长为 9 的 (0,1)-序列, 即重集 $\{5 \cdot 0, 4 \cdot 1\}$ 的全排列数是 126. 而重集 $\{5 \cdot 0, 4 \cdot 1\}$ 的 7-排列数是

$$\frac{7!}{5!2!} + \frac{7!}{4!3!} + \frac{7!}{3!4!} = 21 + 35 + 35 = 91.$$

定理 1.7 (多项式定理) 设 n 是正整数, 则对 t 个变元 $x_1, x_2, \cdots, x_t$ 有

$$(x_1 + x_2 + \cdots + x_t)^n = \sum_{n_i \geqslant 0, n_1+n_2+\cdots+n_t=n} \binom{n}{n_1, n_2, \cdots, n_t} \prod_{1 \leqslant i \leqslant t} x_i^{n_i},$$

其中,

$$\binom{n}{n_1, n_2, \ldots, n_t} = \frac{n!}{n_1!n_2!\ldots n_t!}.$$

证 $(x_1 + x_2 + \cdots + x_t)^n$ 是 n 个因式 $(x_1 + x_2 + \cdots + x_t)$ 乘积, 其展开式中共有 t^n 项. 我们可以按如下方法将这些项进行分类, 设展开式中任一项, 如果在 $x_{i_1}x_{i_2}\cdots x_{i_n}$ 中有 n_1 个 x_1, n_2 个 $x_2 \cdots n_t$ 个 x_t (其中有 $n_1+n_2+\cdots+n_t = n$), 则把 $x_{i_1}x_{i_2}\cdots x_{i_n}$ 归于 $(n_1, n_2, \cdots, n_t)$ 类. 显然, 属于 $(n_1, n_2, \cdots, n_t)$ 类的项的个数等于由 n_1 个 x_1, n_2 个 $x_2, \cdots, n_t$ 个 x_t 作成的全排列数, 其计数为 $\frac{n!}{n_1!n_2!\cdots n_t!}$. 因此, 在 $(x_1 + x_2 + \cdots + x_t)^n$ 的展开式中 (合并同类项之后), $\prod_{1 \leqslant i \leqslant t} x_i^{n_i}$ 的系数为 $\frac{n!}{n_1!n_2!\cdots n_t!}$, 至此该定理得证. ■

对于重集不是全排列情形, 如果某个元素的重数小于排列数, 则没有一般的求解公式, 具体的解法将在后面几章讨论. 至于允许重复的圆排列问题, 情况将变得非常复杂, 请参见反演公式的相关内容.

1.2.4 集合的组合

S 上的所有 k-组合的个数称为 S 的 k-组合数, 记号 $C(n,k)$ 表示一个 n 元集的 k-组合数. 我们也经常用下面的符号表示一个 n 元集的 k-组合数

$$\binom{n}{k}.$$

定理 1.8 一个 n 元集的 k-子集 (k-组合) 的个数是

$$\frac{n!}{k!(n-k)!} = \frac{(n)_k}{k!} = \frac{P(n,k)}{k!}.$$

证 已知 n 元集的 k-排列数是 $P(n,k)$, 因为 k 个不同元有 $k!$ 种方法安排次序, 所以一个 k-组合对应 $k!$ 个 k-排列. 于是

$$C(n,k) = \binom{n}{k} = \frac{P(n,k)}{k!} = \frac{n!}{k!(n-k)!} = \frac{(n)_k}{k!}. \qquad \blacksquare$$

由定理 1.8, 我们容易验证如下推论.

推论 1.2 对任意非负整数 n, k, 有 $C(n,k) = C(n,n-k)$.

这个等式的组合意义是一个 n 元集 S 的每个 k-子集 K 与 S 的 $(n-k)$-子集 $S \backslash K$ 对应, 而且这种对应是一个双射. 即 n 元集的所有 k-子集的集合与这个 n 元集的所有 $(n-k)$-子集的集合一一对应.

定理 1.9 (Pascal 公式) 对于满足 $1 \leqslant k \leqslant n-1$ 的整数 n 和 k, 有

$$\binom{n}{k} = \binom{n-1}{k} + \binom{n-1}{k-1}.$$

证 可用 $C(n,k)$ 的代数表达式验证上式成立. 下面给出一种被称为**组合推理**的方法来证明 Pascal 公式. 把所有 k-组合分成两类: 一类是所有不含 1 的 k-组合, 共有 $C(n-1,k)$ 个; 另一类是所有含 1 的 k-组合, 共有 $C(n-1,k-1)$ 个. 由加法原理, 共有 $C(n-1,k) + C(n-1,k-1)$ 个 k-组合. 故 Pascal 公式成立. $\blacksquare$

例 1.7 从 1 到 300 中取 3 个不同的数, 使这 3 个数之和能被 3 整除, 有多少种取法?

解 把 1 到 300 这 300 个数分成 3 组:

$A = \{ i | i \equiv 1 (\text{mod } 3) \} = \{ 1,4,7,\cdots, 298 \}$;

$B = \{ i | i \equiv 2 (\text{mod } 3) \} = \{ 2,5,8,\cdots, 299 \}$;

$C = \{ i | i \equiv 3 (\text{mod } 3) \} = \{ 3,6,9,\cdots, 300 \}$.

要使取出的 3 个数之和能被 3 整除, 有四种类型的取法:

(1) 3 个数同属于 A, 有 $C(100,3)$ 种取法;

(2) 3 个数同属于 B, 有 $C(100,3)$ 种取法;

(3) 3 个数同属于 C, 有 $C(100,3)$ 种取法;

(4) A,B,C 各选一数, 有 100^3 种取法. 故共有

$$3C(100,3) + 100^3 = 485100 + 1000000 = 1485100$$

种取法.

例 1.8　设 A_n 是一个凸 $n(n \geqslant 4)$ 边形, 在其内部没有三条对角线共点,

(1) 求其全部对角线在内部的交点的个数.

(2) 由 A_n 的边和对角线围成的三角形的个数.

解　(1) 因为是凸多边形, 且没有三条对角线共点, 故两条对角线都有交点. 不失一般性, 设四个顶点是 P_1, P_2, P_3, P_4, 其构成的四边形也是凸四边形, 故对角线相交于四边形内, 因而也在 A_n 之中, 如图 1.2(a) 所示. 所以 A_n 的全部对角线交点数与 n 个点中任选 P_1, P_2, P_3, P_4 四个点的组合数相同, 都为 $C(n, 4)$.

(2) 设 A_n 的三角形共有 N 个, 则这 N 个三角形可分成如下 4 类:

① 3 个顶点均为 A_n 的顶点的三角形, 属于此类的三角形有 $\begin{pmatrix} n \\ 3 \end{pmatrix}$ 个.

② 只有两个顶点是 A_n 的顶点的三角形, 属于此类的三角形由两条相交的对角线和一条边围成 (图 1.2(b)), 该边的两个端点是两条对角线的端点. 因为 A_n 的 4 个顶点确定了两条相交的对角线, 而两条相交的对角线确定了 4 个属于此类的三角形, 属于此类的三角形有 $4\begin{pmatrix} n \\ 4 \end{pmatrix}$ 个.

③ 只有一个顶点是 A_n 的顶点的三角形, 属于此类的三角形由 3 条对角线围成 (图 1.2(c)), 这 3 条对角线共有 5 个点是 A_n 的顶点, 且围出 5 个属于此类的三角形, 属于此类的三角形共有 $5\begin{pmatrix} n \\ 5 \end{pmatrix}$ 个.

④ 3 个顶点均不是 A_n 的顶点, 属于此类的三角形由 3 条对角线围成 (图 1.2(d)), 这 3 条对角线共有 6 个点是 A_n 的顶点, 且围出 1 个属于此类的三角形, 属于此类的三角形共有 $\begin{pmatrix} n \\ 6 \end{pmatrix}$ 个.

由加法原则, 得 $N = \begin{pmatrix} n \\ 3 \end{pmatrix} + 4\begin{pmatrix} n \\ 4 \end{pmatrix} + 5\begin{pmatrix} n \\ 5 \end{pmatrix} + \begin{pmatrix} n \\ 6 \end{pmatrix}$.

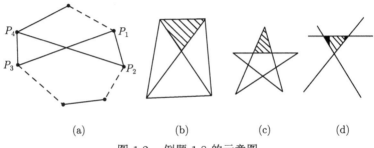

　　(a)　　　　　　(b)　　　　　(c)　　　　(d)

图 1.2　例题 1.8 的示意图

1.2.5 重集合的组合

1.2.5 重集合的组合

定义 1.31 设 S 是一个集合, $(x_1, x_2, \cdots, x_k)$ 是 S 上的一个**无序** k 元组. 若 $x_1, x_2, \cdots, x_k$ 允许有些彼此相同, 则称 $(x_1, x_2, \cdots, x_k)$ 是 S 的 k 元**可重复组合**.

设 S 是一个集合. 事实上, $(x_1, x_2, \cdots, x_k)$ 是 S 的一个 k-组合当且仅当 $(x_1, x_2, \cdots, x_k)$ 是 S 的一个 k 元子集; $(x_1, x_2, \cdots, x_k)$ 是 S 的 k 元可重复组合当且仅当 $(x_1, x_2, \cdots, x_k)$ 是 S 上的一个 k-重集. 设 $A = \{a_1, a_2, \cdots, a_n\}$ 是 n 元集, 则 A 的任意一个 k 元可重复组合可以表示成 $\{m_1 \cdot a_1, m_2 \cdot a_2, \cdots, m_n \cdot a_n\}$, 其中 $m_i (i = 0, 1, 2, \cdots, k)$ 是非负整数, 且 $m_1 + m_2 + \cdots + m_n = k$. 同时 A 中任意一个 k 元可重复组合也可以表示成 $\{a_{i_1}, a_{i_2}, \cdots, a_{i_k}\}$, 其中 $i_r (r = 0, 1, 2, \cdots, k)$ 是非负整数且 $1 \leqslant i_1 \leqslant i_2 \leqslant \cdots \leqslant i_k \leqslant n$.

定理 1.10 设 $X = \{\infty \cdot a_1, \infty \cdot a_2, \cdots, \infty \cdot a_n\}$, 则 X 的所有 k-组合的个数是

$$C(n+k-1, k) = \begin{pmatrix} n+k-1 \\ k \end{pmatrix} = \begin{pmatrix} n+k-1 \\ n-1 \end{pmatrix}.$$

证一 用映射一一对应证明. 不妨设 $\mathbb{N}_n = \{1, 2, \cdots, n\}$ 是 X 的基础集, 则 X 上的 k-组合的集合与 $\mathbb{N}_n$ 上的 k-重集的集合一一对应. 而 $\mathbb{N}_n$ 上的每个 k-重集可按唯一确定的方式表示成 $\mathbb{N}_n$ 上的 k 项递增序列 $(a_1, a_2, \cdots, a_k)_{\leqslant}$. 而 $\mathbb{N}_n$ 上的每个 k 项递增序列 $(a_1, a_2, \cdots, a_k)_{\leqslant}$ 与 $\mathbb{N}_{n+k-1}$ 上的 k 严格递增序列可按如下方式对应:

$$(a_1, a_2, \cdots, a_k)_{\leqslant} \mapsto (a_1 + 0, a_2 + 1, \cdots, a_k + k - 1)_{<},$$

易见这种对应是 $\mathbb{N}_n$ 上 k 项递增序列的集合与 $\mathbb{N}_{n+k-1}$ 上 k 项严格递增序列的集合的一一对应. 而后一个集合一一对应于 $\mathbb{N}_{n+k-1}$ 的 k 元子集的集合. 由等则, 上述四个集合的元素个数都是

$$C(n+k-1, k) = \begin{pmatrix} n+k-1 \\ k \end{pmatrix}.$$

证二 用重集的全排列公式证明. 设 $M = \{m_1 \cdot a_1, m_2 \cdot a_2, \cdots, m_n \cdot a_n\}$ 是 X 上的一个 k-组合, 则 M 唯一确定下述不定方程

$$x_1 + x_2 + \cdots + x_n = k \tag{1-2}$$

的一个非负整数解 $(x_1, x_2, \cdots, x_n) = (m_1, m_2, \cdots, m_n)$; 反之, 方程 (1-2) 的任一个解都能唯一确定 X 上的一个 k-组合. 于是 X 上的 k-组合的个数是不定方程

(1-2) 的非负整数解的个数. 方程 (1-2) 的非负整数解可以表示成长为 $n + k - 1$ 的 (0,1)-序列

$$\underbrace{11\cdots1}_{x_1\text{个}}0\underbrace{11\cdots1}_{x_2\text{个}}0\cdots\underbrace{11\cdots1}_{x_n\text{个}},$$

其中, 1 的个数是 k 个, 0 的个数是 $n-1$ 个. 该 (0,1)-序列是集合 $\{(n-1)\cdot 0, k\cdot 1\}$ 的一个全排列, 从而多重集合 M 的 k-组合数为 $C(n+k-1, k)$.

证三 下面用序列一一对应的方法求方程 (1-2) 的解个数. 首先作如下变换: 令 $y_i = x_i + 1, i = 1, 2, \cdots, n$, 则不定方程 (1-2) 的非负整数解的集合与不定方程

$$y_1 + y_2 + \cdots + y_n = k + n \tag{1-3}$$

的正整数解的集合之间存在一个一一对应. 因此不定方程 (1-2) 的非负整数解的个数就是不定方程 (1-3) 的正整数解的个数. 我们把 $n+k$ 个 0 排成一行, 则相邻两个 0 之间有一个空隙, 总共有 $n+k-1$ 个空隙. 任意选定 $n-1$ 个空隙, 并在每个空隙处添加一个 1, 这 $n-1$ 个 1 把 $n+k$ 个 0 分成 n 个部分, 而且每部分都至少有一个 0, 这样我们得到一个由 $n+k$ 个 0 和 $n-1$ 个 1 组成的以 0 开头以 0 结尾的并且没有两个 1 相邻的长为 $2n+k-1$ 的 (0,1)-序列. 实际上, 每个这样的序列都可以按上述方法得到, 于是这样的序列个数是 $C(n+k-1, k)$, 若在上述序列中从左至右把每部分 0 的个数依次记为 $b_1, b_2, \cdots, b_n$, 则 $b_i \in N$, 且 $b_1 + b_2 + \cdots + b_n = n + k$. 于是 $(b_1, b_2, \cdots, b_n)$ 是不定方程 (1-3) 的一个正整数解. 反之, 任意给不定方程 (1-3) 的一个正整数解

$$(y_1, y_2, \cdots, y_n) = (b_1, b_2, \cdots, b_n),$$

容易得到一个由 $n+k$ 个 0 和 $n-1$ 个 1 组成的以 0 开头以 0 结尾的并且没有两个 1 相邻的长为 $2n+k-1$ 的 (0,1)-序列, 而且不同解对应不同的这样的 (0,1)-序列. 所以上述 (0,1)-序列的集合与不定方程 (1-3) 的正整数解的集合是一一对应的. 由上面三个一一对应关系可知, X 上的 k-组合的个数是 $\dbinom{n+k-1}{k}$. ∎

注意, X 的 n 个不同对象的重复数都至少是 k 时, 定理 1.10 仍然成立.

例 1.9 从为数众多的一分、二分、一角、五角、一元的硬币中选出 7 枚, 有多少种选法?

解 用 a, b, c, d, e 分别表示面值为一分、二分、一角、五角和一元的 5 种类型的硬币, 于是问题等价于求 $\{\infty\cdot a, \infty\cdot b, \infty\cdot c, \infty\cdot d, \infty\cdot e\}$ 的 7-组合的个数. 由定理 1.10, 有 $C(5+7-1, 7) = 660$.

由定理 1.10 的证二, 我们可以把定理 1.10 写成以下定理.

定理 1.11   不定方程 $x_1+x_2+\cdots+x_n=k$ 的非负整数解的个数是 $\dbinom{n+k-1}{k}$.

例 1.10   不定方程 $x_1+x_2+\cdots+x_n \leqslant k$ 的非负整数解的个数是 $\dbinom{n+k}{k}$, 从而有恒等式

$$\sum_{j=0}^{k} \binom{n+j-1}{j} = \binom{n+k}{k}.$$

证   将不定方程 $x_1+x_2+\cdots+x_n \leqslant k$ 的非负整数解 $(x_1, x_2, \cdots, x_n)$ 按照如下方式对应:

$$(x_1, x_2, \cdots, x_n) \mapsto (x_1+1, x_1+x_2+2, \cdots, x_1+\cdots+x_n+n)_{<}.$$

易证明该映射是从 $x_1+x_2+\cdots+x_n \leqslant k$ 的非负整数解的集合到 $\mathbb{N}_{n+k}$ 中的 n 项严格递增序列集合的双射, 后一集合的元素个数是 $\dbinom{n+k}{k}$.

又因前一集合是 $k+1$ 个不定方程 $x_1+x_2+\cdots+x_n=j$ 的非负整数解集合的并, 且这些集合两两不交, 这里 $j=0,1,2,\cdots,k$, 由定理 1.9 和加法原理,

$$\sum_{j=0}^{k} \binom{n+j-1}{j} = \binom{n+k}{k}. \qquad \blacksquare$$

1.2.6   一一对应技巧

定理 1.10 就是 "一一对应" 的应用, 再看几个该技巧在合理分类中的应用.

例 1.11   在所有长为 n 的 (0,1)-序列中, 有多少个含偶数个 0? (这里认为 0 是偶数)

解   设 A 是含偶数个 0 的长为 n 的 (0,1)-序列的集合, B 是含奇数个 0 的长为 n 的 (0,1)-序列的集合, 则 $A \cup B$ 是所有长为 n 的 (0,1)-序列的集合且 $|A|+|B|=2^n$. 建立 $A \cup B$ 到自身的一个双射 φ, 它是把 $A \cup B$ 中每个序列第一位的 0 和 1 互换. 于是 φ 也是 A 到 B 的双射, 故 $|A|=|B|=2^{n-1}$.

例 1.12   元素是 0, 1, 2 或 3 的序列称为 (0, 1, 2, 3)-序列. 求长为 n 的 (0, 1, 2, 3)-序列中有多少个含有偶数个 0?

解   长为 n 的 (0, 1, 2, 3)-序列有 4^n 个. 把 4^n 个长为 n 的 (0, 1, 2, 3)-序列分成两组: 第一组是不含 0 也不含 1 的序列, 共有 2^n 个. 第二组是至少含一个 0 或 1 的序列, 共有 4^n-2^n 个. 我们再把第二组分成 n 类, 其中第 i 类是

由含 0 和 1 的总数为 i 的序列所组成, $i = 1, 2, \cdots, n$. 对于第 i 类中的一个序列, 必有 i 个位置 $n_1, n_2, \cdots, n_i$ 上的元素是 0 或 1, 其余位置上的元素是 3 或 4. 于是 $n_1, n_2, \cdots, n_i$ 上的元素构成一个长为 i 的 (0,1)-序列. 由例 1.11, 长为 i 的 (0,1)-序列中有一半含偶数个 0, 故 $n_1, n_2, \cdots, n_i$ 上的元素是 0 或 1 的序列中有一半的序列含偶数个 0. 因此, 第二组中有一半的序列含偶数个 0, 即第二组中含偶数个 0 的序列的总数是 $(4^n - 2^n)/2$. 因为第一组的每个序列都含偶数个 0, 所以长为 n 的 (0, 1, 2, 3)-序列中含偶数个 0 的序列个数是 $2^n + (4^n - 2^n)/2$.

例 1.13　设 $n, k \in \mathbb{N}$, l 为整数且 $l \geqslant 1$, $\mathbb{N}_n = \{1, 2, \cdots, n\}$ 的一个 k 元子集称为 l 间隔的, 如果其中任意两个数之差都大于 l, 则 $\mathbb{N}_n$ 的 l 间隔的 k 元子集的个数是多少?

解　对 $\mathbb{N}_n$ 的 l 间隔的 k 元子集 $(a_1, a_2, \cdots, a_k)_<$, 记 $a_1 - 1 = x_1, a_i - a_{i-1} - 1 = x_i (i = 2, 3, \cdots, k)$, $n - a_k = x_{k+1}$, 则在 $1, 2, \cdots, n$ 中, $a_1, a_2, \cdots, a_k$ 的位置如下所示:

$$\underbrace{1 \cdots}_{x_1 \uparrow} a_1 \underbrace{\cdots}_{x_2 \uparrow} a_2 \cdots a_k \underbrace{\cdots}_{x_{k+1} \uparrow} n.$$

于是 $x_1 + x_2 + \cdots + x_{k+1} = n - k$ 且满足 $x_1, x_{k+1} \geqslant 0$, $x_i \geqslant l, i = 2, 3, \cdots, k$. 如此建立了 $\mathbb{N}_n$ 的 l 间隔的 k 元子集的集合到不定方程的整数解的集合之间的一一对应. 因此 $\mathbb{N}_n$ 的 l 间隔的 k 元子集的个数是该方程解的个数. 为了求方程的解, 作如下变换: 令 $y_1 = x_1, y_{k+1} = x_{k+1}, y_i = x_i - l, i = 2, 3, \cdots, k$, 则

$$y_1 + y_2 + \cdots + y_{k+1} = n - k - l(k-1). \tag{1-4}$$

于是方程满足条件的解集与方程 (1-4) 的非负整数解集一一对应. 由定理 1.10, 方程 (1-4) 的非负整数解的个数是 $\dbinom{n - l(k-1)}{k}$.

例 1.14　$\mathbb{N}_n$ 上所有 k-组合的全体记为 $\mathbb{N}(n, k)$, $\mathbb{N}(n, k)$ 中的一个 k-组合称为无邻居的, 若这个 k-组合的任意两个元素都不是相邻数. 求 $\mathbb{N}(n, k)$ 中无邻居的 k-组合的个数.

解一　将 $\mathbb{N}(n, k)$ 的 k-组合排序, $12 \cdots k$ 是 $\mathbb{N}(n, k)$ 的第一个 k-组合, 而以 $n - k + 1$ 为最小元的 k-组合是最后一个. 这两个 k-组合都是有邻居的. 第一个无邻居的 k-组合是 $13 \cdots (2k - 1)$. 因此若 $\mathbb{N}(n, k)$ 中有无邻居的 k-组合, 则 $n \geqslant 2k - 1$, 即 $n - k + 1 \geqslant k$. 设 $a_1 a_2 \cdots a_k$ 是 $\mathbb{N}(n - k + 1, k)$ 的一个 k-组合, 则 $a_1 (a_2 + 1) \cdots (a_k + k - 1)$ 是 $\mathbb{N}(n, k)$ 的一个无邻居的 k-组合. 这种对应是 $\mathbb{N}(n - k + 1, k)$ 到 $\mathbb{N}(n, k)$ 的无邻居的 k-组合的集合的一一对应. 所以 $\mathbb{N}(n, k)$ 中无邻居的 k-组合的个数是 $C(n - k + 1, k)$.

解二 先求由 k 个 1, $n-k$ 个 0 组成的长为 n 的 $(0,1)$-序列中没有两个 1 相邻的 $(0,1)$-序列个数. 我们把 $n-k$ 个 0 排成一行, 则相邻两个 0 之间有一个空隙, 加上两端总共有 $n-k+1$ 个空隙. 任意选定 k 个空隙, 并在每个空隙处添加一个 1, 如此得到一个由 k 个 1, $n-k$ 个 0 组成的长为 n 的且没有两个 1 相邻的 $(0,1)$-序列. 这样的序列个数是 $C(n-k+1,k)$. 易见由 k 个 1, $n-k$ 个 0 组成的长为 n 的且没有两个 1 相邻的 $(0,1)$-序列与 $\mathbb{N}(n,k)$ 中无邻居的 k-组合一一对应, 故 $\mathbb{N}(n,k)$ 中无邻居的 k-组合的个数是 $C(n-k+1,k)$.

例 1.15 在 n 个 1 和 n 个 -1 组成的 $(1,-1)$-序列 $x_1, x_2, \cdots, x_{2n}$ 中, 计算满足条件 $x_1 + x_2 + \cdots + x_i \geqslant 0$, $i = 1, 2, \cdots, 2n$ 的序列个数.

解 由定理 1.6 知 n 个 1 和 n 个 -1 组成的 $(1,-1)$-序列, 其个数是 $C(2n,n)$. 先求不满足条件的序列个数. 设 $y_1, y_2, \cdots, y_{2n}$ 是一个不满足条件且由 n 个 1 和 n 个 -1 组成的 $(1,-1)$-序列, 令 $f(i) = y_1 + y_2 + \cdots + y_i$, $i = 1, 2, \cdots, 2n$, 则存在一个最小的正整数 $m < 2n$ 使得 $f(m) < 0$. 于是若 $m > 1$, 则 $f(i) \geqslant 0$, $i = 1, 2, \cdots, m-1$, 而 $f(m) = -1$. 在 $y_1, y_2, \cdots, y_m$ 中 1 和 -1 互换, 得到一个由 $n+1$ 个 1 和 $n-1$ 个 -1 组成的 $(1,-1)$-序列. 反之, 任给一个由 $n+1$ 个 1 和 $n-1$ 个 -1 组成的 $(1,-1)$-序列 $z_1, z_2, \cdots, z_{2n}$, 则存在一个最小的正整数 $m < 2n$ 使得 $z_1 + z_2 + \cdots + z_m = z_{m+1} + z_{m+2} + \cdots + z_{2m} = 1$. 在 $z_1, z_2, \cdots, z_m$ 中 1 和 -1 互换, 得到一个由 n 个 1 和 n 个 -1 组成的 $(1,-1)$-序列, 它的前 m 项之和不满足条件. 这样我们建立了不满足条件的由 n 个 1 和 n 个 -1 组成的 $(1,-1)$-序列的集合与由 $n+1$ 个 1 和 $n-1$ 个 -1 组成的 $(1,-1)$-序列的集合之间的一一对应. 则这两个集合的元素个数相同. 由定理 1.6, 由 $n+1$ 个 1 和 $n-1$ 个 -1 组成的 $(1,-1)$-序列的个数是 $C(2n, n-1)$, 从而符合题意的个数是 $C(2n,n) - C(2n,n-1)$.

1.3 排列与组合的生成

1.3 排列与组合的生成

本节介绍集合 $\mathbb{N}_n = \{1, 2, \cdots, n\}$ 上排列和组合的生成方法.

1.3.1 全排列的生成

全排列的生成就是用有效的算法, 把所给定的字符集的全排列无重复、无遗漏地枚举出来. 当 n 较大时, n 元集的排列数是一个很大的数. Stirling 公式给出了一个计算 $n!$ 的近似公式

$$n! \sim \sqrt{2\pi e} \left(\frac{n}{e}\right)^n,$$

这里符号 $\sim$ 表示同阶, 也即随着 n 的增长, 两端的比值趋于 1, 它对于简单估算是很实用的. 这个结论的证明在许多微积分的教材中都有介绍. 排列的生成可以

借助利用计算机高效实现, 首先需要有全排列的生成算法, 下面介绍三种全排列的生成方法.

I   字典排序法

在 $\mathbb{N}_n$ 的全排列的集合中规定了一个先后顺序, 两个全排列的先后顺序是从左到右逐个比较对应的字符的大小来确定的, 具体规定设 $a_1 a_2 \cdots a_n$ 和 $b_1 b_2 \cdots b_n$ 是 $\mathbb{N}_n$ 的两个排列, 若存在一个最小的整数 $k(1 \leqslant k \leqslant n)$ 使得 $a_k < b_k$, 则称 $a_1 a_2 \cdots a_n$ **先于** $b_1 b_2 \cdots b_n$. 这样的排序称为**字典排序**. 在字典排序法中第一个排列是 $12 \cdots n$, 最后一个 $n(n-1) \cdots 1$, 生成下一个排列的算法如下:

算法 1.1 (字典排序算法)

输入   当前的某个排列 $a_1 a_2 \cdots a_n$.

输出   按照字典排序 $a_1 a_2 \cdots a_n$ 的下一个排列.

步骤 1   从 a_n 开始向左逐一检查 $a_1 a_2 \cdots a_n$ 中的每个字符, 记第一个开始下降的字符为 a_k (若没有下降的字符, 则 $a_1 a_2 \cdots a_n = n(n-1) \cdots 1$ 是最后一个排列).

步骤 2   从 a_n 开始向左在 $a_1 a_2 \cdots a_n$ 中寻找比 a_k 大的最小字符为 a_l.

步骤 3   在 $a_1 a_2 \cdots a_n$ 中把 $a_{k+1} a_{k+2} \cdots a_l \cdots a_n$ 的次序反过来, 得到一个全排列 $a_1 a_2 \cdots a_k a_n a_{n-1} \cdots a_l \cdots a_{k+2} a_{k+1}$, 再交换 a_k 和 a_l 后所得到序列 $a_1 a_2 \cdots a_l a_n a_{n-1} \cdots a_k \cdots a_{k+2} a_{k+1}$ 就是 $a_1 a_2 \cdots a_n$ 的下一个排列.

例 1.16   求 15432 在字典排序中的下一个排列.

解   由算法的步骤 1 和步骤 2, 求出 $a_k = 1$, $a_l = 2$; 由算法的步骤 3, 求出 15432 的下一个排列是 21345.

II   递归构造法

本节借助逆序来描述排列, 这个概念在高等代数的行列式理论中起着重要的作用. 设 $a_1 a_2 \cdots a_n$ 是 $\mathbb{N}_n$ 的一个排列, 若有 $j < k(1 \leqslant j < k \leqslant n)$ 且 $a_j > a_k$, 则称字符对 (a_j, a_k) 是排列 $a_1 a_2 \cdots a_n$ 的一个**逆序**. 事实上, 一个排列的逆序对应这样一对数, 它们在排列中顺序是反自然序的. 如排列 15432 有 6 个逆序, 它们是 (5,4), (5,3), (5,2), (4,3), (4,2), (3,2).

设 $a_1 a_2 \cdots a_n$ 是 $\mathbb{N}_n$ 的一个排列, 用 i_j 表示排列 $a_1 a_2 \cdots a_n$ 中排在 j 的前面且大于 j 的数码个数, 称序列 $i_1 i_2 \cdots i_n$ 是排列 $a_1 a_2 \cdots a_n$ 的**逆序序列**. 例如, 排列 15432 的逆序序列是 03210. 因为 $\mathbb{N}_n$ 中只有 $n-k$ 个数大于 k, 所以 $0 \leqslant i_j \leqslant n-j$, $j = 1, 2, \cdots, n$. 由乘法原理可知, 满足 $0 \leqslant b_j \leqslant n - j(j = 1, 2, \cdots, n)$ 的整数序列 $b_1 b_2 \cdots b_n$ 的个数是 $n!$. 容易证明如下结论.

定理 1.12   若整数序列 $b_1 b_2 \cdots b_n$ 满足 $0 \leqslant b_j \leqslant n - j(j = 1, 2, \cdots, n)$, 则 $\mathbb{N}_n$ 存在唯一的一个全排列以 $b_1 b_2 \cdots b_n$ 为其逆序序列.

例 1.17   在 $\mathbb{N}_8$ 中, 求以 53402110 为逆序序列的全排列.

解一   设 $i_1 i_2 \cdots i_8 = 53402110$ 是全排列 $a_1 a_2 \cdots a_8$ 的逆序序列. 因为 $i_1 = 5$,

所以 $a_6 = 1$. 由于 $i_2 = 3$, 所以 $a_4 = 2$. 由于 $i_3 = 4$ 且 $i_3 > i_2$, 所以 3 应排在 2 的后面. 由于 $i_3 - i_2 = 1$, 故 $a_7 = 3$. 由于 $i_4 = 0$, 所以 $a_1 = 4$. 因为 $a_1 = 4$ 且 $a_4 = 2$, 所以 $a_2, a_3 \geqslant 5$. 由于 $i_5 = 2$, 所以 $a_5 = 5$. 于是 $a_2, a_3 \geqslant 6$. 由于 $i_6 = 1$, 所以 $a_3 = 6$. 由于 $i_7 = 1$, 所以 $a_8 = 7, a_2 = 8$. 故以 53402110 为逆序序列的全排列是 48625137.

解二 先写出 8, 由于 $i_7 = 1$, 所以 7 应在 8 的右边. 由于 $i_6 = 1$, 所以 6 应在 8 和 7 之间. 由于 $i_5 = 2$, 所以 5 应在 6 和 7 之间, 即 8657. 由于 $i_4 = 0$, 所以 4 应在 8 左边, 即 48657. 由于 $i_3 = 4$, 所以 3 应在 5 和 7 之间, 即 486537. 由于 $i_2 = 3$, 所以 2 应在 6 和 5 之间, 即 4862537. 由于 $i_1 = 5$, 所以 1 应在 5 和 3 之间, 即 48625137.

从此例看出, 排列和它的逆序序列之间存在着微妙的差异. 虽然二者之间有一一对应的关系, 但在根据逆序序列选择排列时, 一次只能选定排列中的一项, 而且本项的选定要依赖于之前项的选择, 有时有多种选择, 但多种条件排除后只有一种选择符合逆序序列. 既然逆序序列和排列存在对应关系, 则可以只变动最大值元素来改变逆序序列, 也就产生了递归构造法. 实际上是通过构造 $\mathbb{N}_1, \mathbb{N}_2, \cdots$, $\mathbb{N}_{n-1}$ 的所有全排列来构造 $\mathbb{N}_n$ 的全排列. 算法如下:

算法 1.2 (递归构造法)

输入 $\mathbb{N}_{n-1}$ 的全排列.

输出 $\mathbb{N}_n$ 的全排列.

步骤 1 当 $n = 1$ 时, 只有一个排列; 当 $n = 2$ 时, 只有两个排列 12 和 21.

步骤 2 当 $n \geqslant 2$ 时, 把 $\mathbb{N}_{n-1}$ 的每个排列重复写 n 次.

步骤 3 按下述方式将 n 插入由第 2 步产生的 $\mathbb{N}_{n-1}$ 的 n 个相同排列 $b_1 b_2 \cdots b_{n-1}$ 之中.

$$\boldsymbol{n} b_1 b_2 \cdots b_{n-1} \quad b_1 \boldsymbol{n} b_2 \cdots b_{n-1} \cdots b_1 b_2 \cdots b_{n-1} \boldsymbol{n}.$$

例 1.18 求 $\mathbb{N}_3$ 和 $\mathbb{N}_4$ 的所有全排列.

解 因为 $\mathbb{N}_2$ 只有两个全排列 12 和 21, 所以由递归构造法可得 $\mathbb{N}_3$ 的全部全排列如下:

$$\textbf{312} \quad \textbf{132} \quad \textbf{123} \quad \textbf{321} \quad \textbf{231} \quad \textbf{213}.$$

利用 $\mathbb{N}_3$ 的 $3! = 6$ 个全排列可得 $\mathbb{N}_4$ 的 $4! = 24$ 个全排列如下:

$$4123 \quad 4132 \quad 4312 \quad 4321 \quad 4231 \quad 4213,$$

$$1423 \quad 1432 \quad 3412 \quad 3421 \quad 2431 \quad 2413,$$

$$1243 \quad 1342 \quad 3142 \quad 3241 \quad 2341 \quad 2143,$$

$$1234 \quad 1324 \quad 3124 \quad 3214 \quad 2314 \quad 2134.$$

设 $i_1i_2\cdots i_n$ 是全排列 $a_1a_2\cdots a_n$ 的逆序序列, 则 $i_1 + i_2 + \cdots + i_n = k$ 是 $a_1a_2\cdots a_n$ 的逆序数. 我们知道 $\mathbb{N}_n$ 的任一个全排列 $a_1a_2\cdots a_n$ 可通过连续互换两个相邻的数码变成全排列 $12\cdots n$. 事实上, 首先把 1 和它左边的 i_1 个数连续互换位置, 然后再把 2 和它左边的 i_2 个大于 2 的数连续互换位置, 如此下去, 可得到全排列 $12\cdots n$, 共用了 $i_1 + i_2 + \cdots + i_n = k$ 次互换. 反之, 我们也可以由 $12\cdots n$ 开始通过互换两个相邻位置的字符来构造 $\mathbb{N}_n$ 的所有全排列, 这种方式就是邻位互换法.

1.3.2　组合与排列的生成

$\mathbb{N}(n,k)$ 中每个 k-组合 $a_1a_2\cdots a_k$ 可唯一表示成 $\mathbb{N}_n$ 上的一个 k 项严格递增序列, 故规定 $\mathbb{N}(n,k)$ 中每个 k-组合均以严格递增序列的形式出现. 因此 $\mathbb{N}(n,k)$ 中的元素可按字典排序法排序. 在字典排序法中, $\mathbb{N}(n,k)$ 中的第一个元素是 $12\cdots k$, 最后一个是 $(n-k+1)(n-k+2)\cdots n$.

算法 1.3 (k-组合生成法)

输入　n, k 的值.

输出　$\mathbb{N}(n,k)$ 中每个 k-组合 $a_1a_2\cdots a_k$.

步骤 1　$\mathbb{N}(n,k)$ 中的第一个元素是 $12\cdots k$.

步骤 2　当前 k-组合 $a_1a_2\cdots a_k$, 从 a_k 开始向左逐一检查字符, 记 a_j 是第一个满足 $a_j < n-k+j$, 这里 $j\in\{1,2,\cdots,k\}$, 则下一个元素是 $a_1a_2\cdots a_{j-1}(a_j+1)(a_j+2)\cdots(a_j+k-j+1)$.

步骤 3　反复重复第 2 步直到 $a_1 = n-k+1$ 时, 产生 $\mathbb{N}(n,k)$ 的所有元素.

例 1.19　求 $\mathbb{N}(7,3)$ 的所有元素.

解　$\mathbb{N}(7,3)$ 的所有元素按字典排序是

$123 \to 124 \to 125 \to 126 \to 127 \to 134 \to 135 \to 136 \to 137 \to 145 \to$ $146 \to 147 \to 156 \to 157 \to 234 \to 235 \to 236 \to 237 \to 245 \to 246 \to 247 \to$ $256 \to 257 \to 267 \to 345 \to 346 \to 347 \to 456 \to 457 \to 467 \to 567.$

现在考虑 $\mathbb{N}_n$ 上所有 k-排列的生成. 已经介绍了 $\mathbb{N}_n$ 上所有全排列的生成, 故在 $k < n$ 的情形下, k-排列的生成算法如下:

算法 1.4 (k-排列生成法)

输入　n, k 的值.

输出　所有 k-排列 $a_1a_2\cdots a_k$.

步骤 1　用全排列的生成算法生成 $\mathbb{N}_k$ 的所有全排列, 记这些排列的集合为 $\mathbb{N}_n$ 的第一组;

步骤 2　用 k-组合的生成算法生成 $\mathbb{N}_n$ 的所有 k-组合, 其中排在第一的 k-组合是 $12\cdots k$;

步骤 3 在由第 1 步生成的第 1 组 k-排列中用由第 2 步生成的第 $j(j > 1)$ 个 k-组合 $a_1 a_2 \cdots a_k$ 作替换如下: 用 a_i 替换 i, $i = 1, 2, \cdots, k$, 得到 $\mathbb{N}_n$ 的第 j 组 k-排列.

算法的正确性较容易说明, 因为 $\mathbb{N}_n$ 共有 $C(n, k)$ 个 k-组合且每个 k-组合一组有 $k!$ 个 k-排列, 所以上述算法共产生 $C(n, k)k! = P(n, k)$ 个 $\mathbb{N}_n$ 的 k-排列. 易见这些排列是互不相同的, 故它们是 $\mathbb{N}_n$ 的所有 k-排列.

1.4 二项式系数与组合恒等式

1.4 二项式
定理

1.4.1 二项式系数

从 n 个不同元素中取 k 个不同元素的组合数为 $C(n, k)$, 由于 $C(n, k)$ 出现在二项式定理之中, 故又称为**二项式系数**. 在组合数学中, $C(n, k)$ 几乎无处不在, 应用广泛, 扮演着重要角色.

1. $C(n, k)$ 的表述形式

对任意非负整数 n, k, 有

(i) 组合意义: n 元集中 k 元子集的个数, 规定 $\binom{n}{0} = 1$, 且当 $k > n$ 时, $\binom{n}{k} = 0$.

(ii) 代数表达式: $\binom{n}{k} = \dfrac{n!}{k!(n-k)!} = \dfrac{(n)_k}{k!} = \dfrac{P(n, k)}{k!}$.

(iii) 二项式展开式的系数, 即在下面的二项式定理中出现.

定理 1.13 (二项式定理) 设 n 是非负整数, 对于所有的 x 和 y 有

$$(x + y)^n = \sum_{k=0}^{n} \binom{n}{k} x^k y^{n-k}.$$

证 事实上, 二项式 $(x + y)^n = (x + y)(x + y) \cdots (x + y)$ 的展开式中的一项 $x^k y^{n-k}$ 是从 n 个 $(x + y)$ 这样的因子中任意选取 k 个选出 x, 再从余下的 $n - k$ 个因子中选出 y 作乘积得到的. 故这样的项 $x^k y^{n-k}$ 共有 $C(n, k)$ 个. 因为 k 可以取 $0, 1, 2, \cdots, n$, 由加法原理, 就得到二项式定理.

以下性质都是二项式定理显而易见的推论.

性质 1.1 设 n 是非负整数, $(1 + x)^n = \sum_{k=0}^{n} \binom{n}{k} x^k$.

性质 1.2　设 n 是非负整数, 则

$$2^n = \sum_{k=0}^{n} \binom{n}{k}.$$

性质 1.3　设 n 是非负整数,

$$\sum_{k=0}^{n} (-1)^k \binom{n}{k} x^k = \binom{n}{0} - \binom{n}{1} + \cdots + (-1)^n \binom{n}{n} = \begin{cases} 1, & n = 0, \\ 0, & n > 0. \end{cases}$$

推论 1.3　设 n 是非负整数, 则

$$\binom{n}{0} + \binom{n}{2} + \binom{n}{4} + \cdots = \binom{n}{1} + \binom{n}{3} + \cdots = 2^{n-1}.$$

下面给出推论 1.3 的一个不依赖于性质 1.3 的组合证明.

证　设 $\mathbb{N}_n = \{1, 2, \cdots, n\}$, $A = \{S \subseteq \mathbb{N}_n \mid |S|$ 为偶数且 $1 \in S\}$, $B = \{S \subseteq \mathbb{N}_n \mid |S|$ 为奇数且 $1 \in S\}$, $C = \{S \subseteq \mathbb{N}_n \mid |S|$ 为偶数且 $1 \notin S\}$, $D = \{S \subseteq \mathbb{N}_n \mid |S|$ 为奇数且 $1 \notin S\}$. 构造映射 $f : A \mapsto D$ 为 $f(S) = S\{1\}$, 显然 f 为双射, 所以 $|A| = |D|$, 类似地有 $|B| = |C|$, 因此

$$\sum_{k \text{为奇数}} \binom{n}{k} = |B| + |D| = |A| + |C| = \sum_{k \text{为偶数}} \binom{n}{k}.$$

2. 二项式系数的性质

对任意非负整数 n, k, 二项式系数有一些基本的性质, 如

(1) **对称性**　$\binom{n}{k} = \binom{n}{n-k}$;

(2) **递归关系**　$\binom{n}{k} = \binom{n-1}{k} + \binom{n-1}{k-1}$;

(3) **单峰性**　$\binom{n}{0} < \binom{n}{1} < \cdots < \binom{n}{\lfloor \frac{n}{2} \rfloor} = \binom{n}{\lceil \frac{n}{2} \rceil} > \cdots > \binom{n}{n-1} > \binom{n}{n}$.

对于每个实数 a, 用 $\lfloor a \rfloor$ 表示不大于 a 的最大整数, $\lceil a \rceil$ 表示不小于 a 的最小整数, 显然, $\lfloor a \rfloor \leqslant \lceil a \rceil$. 如上三个性质都可以利用代数的方法证明, 这里给出性质 (2) 的组合意义证明.

证 设 $S = \{a_1, a_2, \cdots, a_n\}$ 的 k 元子集分成两类: 第一类 k 元子集含有 a_1, 第二类 k 元子集不含有 a_1. 第一类 k 元子集中的任意一个去掉 a_1 后就是 $k-1$ 元子集 $S \backslash \{a_1\}$, 反过来任给 $S \backslash \{a_1\}$ 的 $k-1$ 元子集, 添上 a_1 后就是 k 元子集, 故二者一一对应, 因此第一类 k 元子集共有 $\begin{pmatrix} n-1 \\ k-1 \end{pmatrix}$ 个. 第二类 k 元子集就是 $S \backslash \{a_1\}$ 的 k 元子集, 共有 $\begin{pmatrix} n-1 \\ k \end{pmatrix}$ 个, 所以 $\begin{pmatrix} n \\ k \end{pmatrix} = \begin{pmatrix} n-1 \\ k \end{pmatrix} + \begin{pmatrix} n-1 \\ k-1 \end{pmatrix}$. ∎

由性质 (2) 可以得到著名的杨辉三角矩阵, 也可以解释其组合意义.

3. 杨辉三角矩阵

杨辉三角, 又叫做贾宪三角或帕斯卡 (Pascal) 三角. 它在中国最早由贾宪提出, 后来南宋数学家杨辉在所著的《详解九章算法》中进行了详细说明. 在欧洲, Pascal 在 1654 年发现这一规律, 所以又叫做 Pascal 三角.

定义 1.32 把二项式系数排成一个矩阵 $Y = (y_{ij})$, $i, j = 0, 1, 2, \cdots$. 其中 $y_{ij} = \begin{pmatrix} i \\ j \end{pmatrix}$. 称 Y 是**杨辉三角矩阵**, 它是一个无限阶的下三角矩阵, 有下面形式:

$$Y = \begin{bmatrix} 1 & 0 & 0 & 0 & 0 & 0 & 0 & \cdots \\ 1 & 1 & 0 & 0 & 0 & 0 & 0 & \cdots \\ 1 & 2 & 1 & 0 & 0 & 0 & 0 & \cdots \\ 1 & 3 & 3 & 1 & 0 & 0 & 0 & \cdots \\ 1 & 4 & 6 & 4 & 1 & 0 & 0 & \cdots \\ 1 & 5 & 10 & 10 & 5 & 1 & 0 & \cdots \\ 1 & 6 & 15 & 20 & 15 & 6 & 1 & \cdots \\ \vdots & \vdots & \vdots & \vdots & \vdots & \vdots & \vdots & \end{bmatrix}.$$

杨辉三角矩阵有很多有意义的性质. 例如

(1) $y_{ij} + y_{ij+1} = y_{i+1j+1}$, $i, j = 0, 1, 2, \cdots$, 即为

$$\begin{pmatrix} i+1 \\ j+1 \end{pmatrix} = \begin{pmatrix} i \\ j \end{pmatrix} + \begin{pmatrix} i \\ j+1 \end{pmatrix}.$$

(2) 将每行从左到右拼接看成一个整数, 则每行为 11^{n-1}.

(3) 若 $n \geqslant 1$, 第 n 行元素之和是 2^n, 即为 $\sum_{k=0}^{n} \begin{pmatrix} n \\ k \end{pmatrix} = 2^n$.

(4) 第 1 条对角线上的元素都是 1, 第 2 条对角线上的元素都是 $1,2,3,\cdots$, 而第 n 条对角线上第 $k+1$ 个元素是 $\dbinom{n+k-1}{k}$.

(5) 记 Y 的左上方的 $n+1$ 阶主子方阵为 $Y_n = [y_{ij}]$, 对任意 $n \geqslant 0$, Y_n 可逆, 其逆为 $[z_{ij}]$, 其中 $z_{ij} = (-1)^{i+j}y_{ij}$. 稍后我们在组合恒等式中将给出证明.

此外, 利用杨辉三角可以手算开平方. 由于 $N = (a+b)^2 = a^2 + 2ab + b^2$, 如果 $a \gg b$ 则有 $b^2 \ll 2ab$, 从而 $N \approx a^2 + 2ab$. 如计算 1111 开平方, 由于 $1111 = 33^2 + 22$, 可得 $a = 33$, $b = 1/3$ 从而 $\sqrt{1111} = 33 + \dfrac{1}{3} \approx 33.3333$, 与真实值比较接近. 实际上可利用类似方法手算开 n 次方.

1.4.2　Newton 二项式定理

由 $\dbinom{n}{k}$ 的组合意义, 限制 n, k 为任意非负整数. 但从 $\dbinom{n}{k}$ 的代数表达式

$$\binom{n}{k} = \frac{n!}{k!(n-k)!} = \frac{n(n-1)\cdots(n-k+1)}{k!}$$

中可以看出, 当 k 为非负整数, n 为实数时, $\dbinom{n}{k}$ 仍然可以按照上次定义, 但此时它只有解析意义, 不具有组合意义.

定义 1.33 设 α 是实数, k 是非负整数, 定义 $\dbinom{\alpha}{k}$ 是**扩展二项式系数**, 如下:

$$\binom{\alpha}{0} = 1, \quad \binom{\alpha}{k} = \frac{\alpha(\alpha-1)\cdots(\alpha-k+1)}{k!}.$$

在微积分中, 有如下的牛顿 (Newton) 二项式定理.

定理 1.14 (Newton 二项式定理)　设 x, y 和 α 是实数且满足 $|x/y| < 1$, 有

$$(x+y)^\alpha = \sum_{k=0}^{\infty} \binom{\alpha}{k} x^k y^{\alpha-k}.$$

Newton 二项式定理的证明可在数学分析的书中找到, 这里不再赘述, 下面仅对 Newton 二项式定理做些简单的说明.

推论 1.4　设 x 和 α 是实数且 $|x| < 1$ 时, $(1+x)^\alpha = \sum\limits_{k=0}^{\infty} \dbinom{\alpha}{k} x^k$.

首先, 当 $\alpha = n$ 是正整数时, 这时 Newton 二项式定理变成如下形式:

$$(x + y)^n = \sum_{k=0}^{n} \binom{n}{k} x^k y^{n-k}.$$

这就是二项式定理, 所以二项式定理是 Newton 二项式定理的特例.

其次, $\alpha = -n$ 是负整数时, 有 $\binom{-n}{k} = \dfrac{(-n)(-n-1)\cdots(-n-k+1)}{k!} =$

$(-1)^k \dfrac{(n+k-1)(n+k-2)\cdots n}{k!}$, 所以 $\binom{-n}{k} = (-1)^k \binom{n+k-1}{k}$. 当

$|x| < 1$ 时, 根据推论 1.4, 我们得到下面的公式:

$$(1+x)^{-n} = \sum_{k=0}^{\infty} \binom{-n}{k} x^k = \sum_{k=0}^{\infty} (-1)^k \binom{n+k-1}{k} x^k.$$

令 $-x$ 代替 x 则有

$$(1-x)^{-n} = \sum_{k=0}^{\infty} (-1)^k \binom{-n}{k} x^k = \sum_{k=0}^{\infty} \binom{n+k-1}{k} x^k.$$

特别地, 令 $n = 1$, 就可以得到我们常见的展开式:

$$\frac{1}{1+x} = \sum_{k=0}^{\infty} (-1)^k x^k = 1 - x + x^2 - x^3 + \cdots. \quad \frac{1}{1-x} = \sum_{k=0}^{\infty} x^k = 1 + x + x^2 + x^3 + \cdots.$$

再次, $\alpha = 1/2$ 时, 有

$$\binom{\frac{1}{2}}{k} = \frac{\frac{1}{2}\left(\frac{1}{2}-1\right)\left(\frac{1}{2}-2\right)\cdots\left(\frac{1}{2}-k+1\right)}{k!} = \frac{(-1)^{k-1} \cdot 1 \cdot 3 \cdot 5 \cdots (2k-3)}{2^k \cdot k!}$$

$$= \frac{(-1)^{k-1} \cdot (2k-2)!}{2^k \cdot k! \cdot 2^{k-1} \cdot (k-1)!} = \frac{(-1)^{k-1}}{2^{2k-1} \cdot k} \binom{2k-2}{k-1},$$

根据推论 1.4, 当 $|x| < 1$ 时有

$$(1+x)^{\frac{1}{2}} = 1 + \sum_{k=1}^{\infty} \frac{(-1)^{k-1}}{2^{2k-1} \cdot k} \binom{2k-2}{k-1} x^k$$

$$= 1 + \frac{1}{2} x - \frac{1}{2 \times 2^3} \binom{2}{1} x^2 + \frac{1}{3 \times 2^5} \binom{4}{2} x^3 - \cdots.$$

实际上, 利用上式可以计算得到任意精度的平方根, 例如

$$\sqrt{1111} = \sqrt{33^2 + 22} = 33\sqrt{1 + \frac{2}{99}}$$

$$= 33\left(1 + \frac{1}{2} \cdot \frac{2}{99} - \frac{1}{8}\left(\frac{2}{99}\right)^2 + \frac{1}{16}\left(\frac{2}{99}\right)^3 - \cdots\right)$$

$$= 33.3316\cdots.$$

1.4.3 组合恒等式

组合恒等式

组合恒等式是以组合数为主体的一类关于整数 (有时可能会出现复数) 的恒等式, 它能够反映出一类整数的性质, 是组合数学中的重要内容. 有些组合恒等式不仅在组合数学还在数学其他分支中都有广泛的应用. 迄今为止已发现成千上万的组合恒等式, 而且还有新的组合恒等式被不断发现. 这些恒等式的形式多样, 有的相当复杂. 组合恒等式的证明需要一定的知识和技巧, 其方法很多, 应用组合数的基本性质去证明是最常用的方法, 其他方法包括数学归纳法、微积分法、组合分析法、递归方法等. 下面介绍一些基本的组合恒等式及其证明或导出方法.

1. 方法一　代数计算法

代数计算法证明恒等式是基本的, 它是代数表达式直接验证.

例 1.20　证明恒等式 $\begin{pmatrix} n \\ k \end{pmatrix} = \dfrac{n}{k}\begin{pmatrix} n-1 \\ k-1 \end{pmatrix}$.

证　等式左边为 $\dfrac{n(n-1)\cdots(n-k+1)}{k!}$, 等式右边为 $\dfrac{n}{k} \cdot \dfrac{(n-1)\cdots(n-k+1)}{(k-1)!}$, 可见二者相等. ■

例 1.21　证明恒等式 $\begin{pmatrix} n \\ k \end{pmatrix}\begin{pmatrix} k \\ m \end{pmatrix} = \begin{pmatrix} n \\ m \end{pmatrix}\begin{pmatrix} n-m \\ k-m \end{pmatrix}$.

证　等式左边为 $\dfrac{n!}{k!(n-k)!} \cdot \dfrac{k!}{m!(k-m)!} = \dfrac{n!}{(n-k)!} \cdot \dfrac{1}{m!(k-m)!}$, 等式右边为 $\dfrac{n!}{m!(n-m)!} \cdot \dfrac{(n-m)!}{(k-m)!(n-k)!} = \dfrac{n!}{m!} \cdot \dfrac{1}{(k-m)!(n-k)!}$, 可见二者相等. ■

例 1.22　证明恒等式 $\displaystyle\sum_{i=0}^{k}\begin{pmatrix} n-1-i \\ k-i \end{pmatrix} = \begin{pmatrix} n \\ k \end{pmatrix}$.

证　等式左边为

$$\sum_{i=0}^{k-1}\left(\begin{pmatrix} n-i \\ k-i \end{pmatrix} - \begin{pmatrix} n-1-i \\ k-i-1 \end{pmatrix}\right) + \begin{pmatrix} n-1-k \\ k-k \end{pmatrix}$$

$$= \sum_{i=0}^{k-1} \binom{n-i}{k-i} \sum_{i=0}^{k-1} \binom{n-1-i}{k-i-1} + 1 = \sum_{i=0}^{k-1} \binom{n-i}{k-i} - \sum_{i=1}^{k} \binom{n-i}{k-i} + 1$$

$$= \binom{n-0}{k-0} - \binom{n-k}{k-k} + 1 = \binom{n}{k}. \qquad \blacksquare$$

例 1.23 证明恒等式 $\displaystyle\sum_{k=0}^{i} (-1)^{j+k} \binom{i}{k} \binom{k}{j} = \delta_{i,j} = \begin{cases} 1, & i=j, \\ 0, & i \neq j. \end{cases}$

证 由例 1.21 恒等式, 有 $\dbinom{i}{k}\dbinom{k}{j} = \dbinom{i}{j}\dbinom{i-j}{k-j}$, 于是

$$\sum_{k=0}^{i} (-1)^{j+k} \binom{i}{k} \binom{k}{j} = \sum_{k=0}^{i} (-1)^{j+k} \binom{i}{j} \binom{i-j}{k-j}$$

$$= \binom{i}{j} \sum_{k=0}^{i} (-1)^{k-j} \binom{i-j}{k-j}$$

$$= \binom{i}{j} \sum_{l=0}^{i-j} (-1)^{l} \binom{i-j}{l}.$$

由二项式的性质 1.3, 右端当 $i=j$ 时为 1, 当 $i \neq j$ 时为 0, 故恒等式成立. $\blacksquare$

例 1.24 证明杨辉三角矩阵 $Y_n = [y_{ij}]$ 是可逆的, 其逆阵为 $Z_n = [z_{ij}]$, 其中

$$y_{ij} = \binom{i}{j}, \quad z_{ij} = (-1)^{i+j} y_{ij} = (-1)^{i+j} \binom{i}{j}.$$

证 注意到 Y_n 的第 i 行的元素 $\dbinom{i}{0}, \dbinom{i}{1}, \dbinom{i}{2}, \cdots, \dbinom{i}{n}$, 和 $[z_{ij}]$ 的

第 j 列元素是 $(-1)^j \dbinom{0}{j}, (-1)^{j+1} \dbinom{1}{j}, (-1)^{j+2} \dbinom{2}{j}, \cdots, (-1)^{j+n} \dbinom{n}{j}$.

故第 i 行和第 j 列的乘积为

$$\sum_{k=0}^{n} (-1)^{j+k} \binom{i}{k} \binom{k}{j} = \sum_{k=0}^{i} (-1)^{j+k} \binom{i}{k} \binom{k}{j},$$

再由例 1.21 恒等式可知 $Y_n Z_n = I_n$, 其中 I_n 为单位矩阵, 从而得证. $\blacksquare$

2. 方法二 递归方法

许多恒等式的证明要用到 Pascal 公式. 例如, 对 Pascal 公式再利用一次 Pascal 公式等.

例 1.25 证明恒等式 $\dbinom{n}{k} = \dbinom{n-1}{k} + \dbinom{n-2}{k-1} + \dbinom{n-2}{k-2}$.

证 由 Pascal 公式有 $\dbinom{n}{k} = \dbinom{n-1}{k} + \dbinom{n-1}{k-1}$, 再应用 Pascal 公式有 $\dbinom{n-1}{k-1} = \dbinom{n-2}{k-1} + \dbinom{n-2}{k-2}$, 两个等式联立即可. ∎

3. 方法三 比较系数法

例 1.26 证明范德蒙德 (Vandermonde) 恒等式

$$\sum_{j=0}^{k} \binom{m}{j}\binom{n}{k-j} = \binom{m+n}{k}.$$

证 注意到 $(1+x)^m(1+x)^n = (1+x)^{m+n}$. 这个等式的右端 x^k 的系数是 $\dbinom{n+m}{k}$, 而等式左端 x^k 的系数是 $\dbinom{m}{0}\dbinom{n}{k} + \dbinom{m}{1}\dbinom{n}{k-1} + \cdots + \dbinom{m}{k}\dbinom{n}{0}$, 故 Vandermonde 恒等式成立. ∎

例 1.27 证明恒等式 $\displaystyle\sum_{i=0}^{n} \binom{n}{i}^2 = \binom{2n}{n}$.

证 根据 Vandermonde 恒等式可得

$$\binom{m+n}{m} = \sum_{j=0}^{m}\binom{m}{j}\binom{n}{m-j} = \sum_{j=0}^{m}\binom{m}{m-j}\binom{n}{m-j}$$

$$= \sum_{i=0}^{m}\binom{m}{i}\binom{n}{i}.$$

在上式中令 $m = n$ 即可完成证明. ∎

例 1.28 设 $n, m \geqslant 0$, 证明恒等式 $\dbinom{m+n+1}{n+1} = \displaystyle\sum_{i=0}^{m}\binom{n+i}{n}$.

证 比较等式 $(x+1)^{m+n+1} = \underbrace{(x+1)(x+1)\cdots(x+1)}_{m+n+1个}$ 两端 x^{n+1} 的系数, 左端的系数为 $\dbinom{m+n+1}{n+1}$; 右端 x^{n+1} 的系数可以看作从 $m+n+1$ 项中取

$n+1$ 项利用其中的 x 的方法数, 设从左到右第一个选取 x 为第 j 项, 则其余的 n 个 x 要在右侧剩余 $m+n+1-j$ 项中选取, 从而右端 x^{n+1} 的系数为

$$\sum_{j=1}^{m+1} \binom{m+n+1-j}{n} = \sum_{i=0}^{m} \binom{n+i}{n}.$$ ■

注 在上式中令 $n=k, m=n-k$, 则有 $\binom{n+1}{k+1} = \sum_{i=k}^{n} \binom{i}{k}$.

4. 方法四 微积分法

例 1.29 证明恒等式

$$\sum_{k=1}^{n} k \binom{n}{k} = 1 \binom{n}{1} + 2 \binom{n}{2} + 3 \binom{n}{3} + \cdots + n \binom{n}{n} = n2^{n-1}.$$

证 由二项式定理有 $(1+x)^n = \sum_{k=0}^{n} \binom{n}{k} x^k$. 对该式两端分别进行微分得

$$n(1+x)^{n-1} = \sum_{k=1}^{n} k \binom{n}{k} x^{k-1}.$$

再令 $x=1$ 得 $n2^{n-1} = \sum_{k=1}^{n} k \binom{n}{k}$. ■

例 1.30 证明恒等式 $\sum_{k=1}^{n} k^2 \binom{n}{k} = n(n+1)2^{n-2}$.

该结论的证明与例 1.27 的证明类似, 我们把它留给读者完成.

例 1.31 证明恒等式 $\sum_{k=0}^{n} \frac{1}{k+1} \binom{n}{k} = \frac{2^{n+1}-1}{n+1}$.

证 由二项式定理有 $(1+x)^n = \sum_{k=0}^{n} \binom{n}{k} x^k$. 在两边对 x 求广义积分, 得

$$\int_0^x (1+x)^n \mathrm{d}x = \sum_{k=0}^{n} \binom{n}{k} \int_0^x x^k \mathrm{d}x.$$

于是

$$\frac{1}{n+1}((1+x)^{n+1}-1) = \sum_{k=0}^{n} \binom{n}{k} \frac{1}{k+1} x^{k+1}.$$

再令 $x=1$, 得 $\sum_{k=0}^{n} \frac{1}{k+1} \binom{n}{k} = \frac{2^{n+1}-1}{n+1}$. ■

5. 方法五　数学归纳法

例 1.32　证明恒等式 $\displaystyle\sum_{i=0}^{k}\binom{n+i}{i}=\binom{n+k+1}{k}$.

证　例题 1.26 用的比较系数法, 这里用归纳法. 对 k 作归纳法, 当 $k=0$ 时, 显然成立. 假设 $k>1$ 且 $k-1$ 时恒等式成立, 于是由归纳法假设, 对于 k 时等式左端

$$\binom{n}{0}+\binom{n+1}{1}+\binom{n+2}{2}+\cdots+\binom{n+k}{k}=\binom{n+k}{k-1}+\binom{n+k}{k}.$$

再由 Pascal 公式, 右端为 $\dbinom{n+k+1}{k}$. 由归纳法原理, 等式得证.　∎

例 1.33　证明恒等式 $\displaystyle\sum_{i=0}^{n}\binom{i}{k}=\binom{n+1}{k+1}$.

证　对非负整数 n 和 k, 固定 k, 对 n 作归纳法. 若 $n=0$, 则 $\dbinom{0}{k}=\dbinom{1}{k+1}$. 当 $k=0$ 时, 上式两端都是 1, 当 $k>0$ 时, 上式两端都是 0, 故 $n=0$ 时等式成立. 假设 n 时成立, 我们证明 $n+1$ 时等式成立. 由归纳法假设和 Pascal 公式可得

$$\binom{0}{k}+\binom{1}{k}+\binom{2}{k}+\cdots+\binom{n}{k}+\binom{n+1}{k}$$

$$=\binom{n+1}{k+1}+\binom{n+1}{k}=\binom{n+2}{k+1}.$$

由归纳法原理, 等式得证.　∎

6. 方法六　组合意义法

用组合推理的方法也可证明例 1.30 的恒等式.

例 1.34　证明恒等式 $\displaystyle\sum_{i=0}^{k}\binom{n+i}{i}=\binom{n+k+1}{k}$.

证　设 $S=\{a_1,a_2,\cdots,a_{n+k+1}\}$, 则 S 的 k-组合数是 $C(n+k+1,k)$. 另一方面, S 的所有 k-组合可分成下面的 $k+1$ 类:

第 1 类, 不含 a_1, 有 $C(n+k,k)$ 个;

第 2 类, 含 a_1 不含 a_2, 有 $C(n+k-1,k-1)$ 个;

第 3 类, 含 a_1 和 a_2 不含 a_3, 有 $C(n+k-2, k-2)$ 个;

······

第 k 类, 含 $a_1, a_2, \cdots, a_{k-1}$ 不含 a_k, 有 $C(n, 1)$ 个;

第 $k+1$ 类, 含 $a_1, a_2, \cdots, a_k$, 不含 a_{k+1}, 有 $1 = C(n, 0)$ 个.

由加法原理, 等式成立. ■

Vandermonde 恒等式也可用组合推理的方法证明.

例 1.35 用组合推理方法证明 Vandermonde 恒等式

$$\sum_{j=0}^{k} \binom{m}{j} \binom{n}{k-j} = \binom{m+n}{k}.$$

证 设有 m 名男生和 n 名女生, 从这 $m+n$ 个人中选出 k 个人, 其计数是 Vandermonde 恒等式右端的组合数. 一个 k 人小组必有 j 个男生和 $k-j$ 个女生, $j = 0, 1, 2, \cdots, k$. 而有 j 个男生和 $k-j$ 个女生的 k 人组的个数是 $\binom{m}{j} \binom{n}{k-j}$. 由加法原理, Vandermonde 恒等式得证. ■

1.5   分 配 问 题

一类经典的计数问题可以形象地描述为: **把 n 个球放进 k 个盒子里, 问共有多少种放法?** 这是古典组合数学的重要课题之一. 这里面有很多需要说明之处, 因为 n 个球和 k 个盒子有多种状态. 比如对球而言, n 个球是完全相同的还是各自不同的, 对 k 个盒子也是如此, 是用 1 到 k 进行编号还是不用区分. 此外, 对于分配的方法也有不同, 比如限制每个盒子的容量等. 这样就会产生很多具体的分配问题.

1.5.1   12 种分配问题

对每个盒子的容量的限制考虑下面三种基本情形:

(1) 每盒至多放入一球;

(2) 没有限制条件, 每个盒里的球数不限 (可以为空);

(3) 每盒至少放入一球.

1.5.1 12种
分配问题

对于 n 个球和 k 个盒子只考虑两种极端情形, 即完全相同、两两不同. 这样就构成了 12 种分配问题. 这 12 种分配问题涵盖了前面讲过的有关排列组合的计数问题. 这 12 种问题的分类也可以用映射的数学语言描述:

设球的集合为 A, 基数为 n, 盒子的集合为 B, 基数为 k, 有多少个 A 到 B 的映射 $f: A \to B$?

　　实际上, 根据 A, B 的元素是否可以区分, 以及 f 为单射、满射或者不加限制, 同样可以得到 12 种情况, 其中单射是每盒至多放入一球情形、满射每盒至少放入一球情形, 映射不加限制是每个盒里的球数不限的情形. 为使读者阅读和引用方便, 我们把分配问题的 12 个常用计数公式和导出这些公式的数学模型列成表 1.1.

表 1.1　典型 12 种分配问题计数

公式序号	模型	A 中元素球基数为 n	B 中元素盒子基数为 k	映射 f 类型	计数公式
1.1	一、把 n 个球放	不同	不同	单射	$P(k,n)$
1.2	进 k 个盒子里,	相同	不同	单射	$C(k,n)$
1.3	**每个盒子里至多**	相同	相同	单射	$\delta(n \leqslant k)$
1.4	**放 1 个球**	不同	相同	单射	$\delta(n \leqslant k)$
1.5	二、把 n 个球放	不同	不同	不加限制	k^n
1.6	进 k 个盒子里,	相同	不同	不加限制	$C(n+k-1,n)$
1.7	**每个盒子里可放**	相同	相同	不加限制	$\displaystyle\sum_{1 \leqslant i \leqslant k} p(n,i) = p(n+k,k)$
1.8	**任意多个球**	不同	相同	不加限制	$\displaystyle\sum_{1 \leqslant i \leqslant k} S(n,i)$
1.9	三、把 n 个球放	不同	不同	满射	$k!S(n,k)$
1.10	进 k 个盒子里,	相同	不同	满射	$C(n-1,k-1)$
1.11	**每个盒子里至少**	相同	相同	满射	$p(n,k)$
1.12	**放 1 个球**	不同	相同	满射	$S(n,k)$

　　表 1.1 中, $S(n,k)$ 和 $p(n,i)$ 分别是第二类 Stirling 数和整数的分拆数, 我们下一章会讲到, 而 $\delta(n \leqslant k)$ 是分段函数

$$\delta(n \leqslant k) = \begin{cases} 1, & n \leqslant k, \\ 0, & 其他. \end{cases}$$

　　下面对 12 个公式的说明中, 若 k 个盒子全不同, 我们把盒子的全体记作 $\mathbb{N}_k$.

　　公式 1.1　因为每个盒子里至多放一个球, 把 n 个全不同的球放进 k 个全不同的盒子里的一种放法, 等价于从 $\mathbb{N}_k$ 中选出一个有序 n 元组, 故所有放法的总数是 $P(k,n)$.

　　公式 1.2　因为每个盒子里至多放一个球, 把 n 个全相同的球放进 k 个全不同的盒子里的一种放法, 等价于从 $\mathbb{N}_k$ 中选出一个无序 n 元组, 故所有放法的总数是 $C(k,n)$.

　　公式 1.3 和公式 1.4 显然.

　　公式 1.5　因为每个盒子里可以放任意多个球, 把 n 个全不同的球放进 k 个全不同的盒子里的一种放法, 等价于从 $\mathbb{N}_k$ 中选出一个元素可以重复的有序 n 元组, 也是 k 元集 $\mathbb{N}_k$ 的 n-字数, 故所有放法的总数是 k^n.

　　公式 1.6　因为每个盒子里可以放任意多个球, 把 n 个全相同的球放进 k 个全不同的盒子里的一种放法, 等价于从 $\mathbb{N}_k$ 中选出一个元素可以重复的无序 n 元

组, 等价于不定方程 $x_1 + x_2 + \cdots + x_k = n$ 的非负整数解的个数, 故所有放法的总数是 $C(n+k-1,n)$.

公式 1.7 因为每个盒子里可以放任意多个球, 把 n 个全相同的球放进 k 个全相同的盒子里的一种放法, **等价于把正整数 n 分拆成至多 k 个非 0 加数的方法**. 若用 $p(n,i)$ 表示把正整数 n 分拆成 i 个非 0 加数的方法数, 则把正整数 n 分拆成至多 k 个非 0 加数的方法数是 $\sum_{1 \leqslant i \leqslant k} p(n,i)$. 等式

$$\sum_{1 \leqslant i \leqslant k} p(n,i) = p(n+k,k)$$

的证明将在下一章给出.

公式 1.8 因为每个盒子里可以放任意多个球, 把 n 个全不同的球放进 k 个全相同的盒子里的一种放法, **等价于把 n 元集分拆成至多 k 个两两不交的非空子集的并**. 若用 $S(n,i)$ 表示把 n 元集分拆成 i 个两两不交的非空子集的并的方法数, 则把 n 元集分拆成至多 k 个两两不交的非空子集的并的方法数是 $\sum_{1 \leqslant i \leqslant k} S(n,i)$.

公式 1.9 因为每个盒子里至少放一个球, 把 n 个全不同的球放进 k 个全不同的盒子里的一种放法, 等价于先把 n 个全不同的球放进 k 个全相同的盒子里, 然后再将盒子重新编号. 由公式 1.12 和乘法原理, 把 n 个全不同的球放进 k 个全不同的盒子里的方法数是 $k!S(n,k)$.

公式 1.10 因为每个盒子里至少放一个球, 把 n 个全相同的球放进 k 个全不同的盒子里的一种放法, 等价于先把 k 个球放进 k 个盒子里, 每盒一个球, 只有一种放法; 然后再把剩余的 $n-k$ 个球放进 k 个盒子里, 每盒可放任意多个球, 由公式 1.6, 放法总数是 $C(n-1,n-k) = C(n-1k-1)$.

公式 1.11 因为每个盒子里至少放一个球, 把 n 个全相同的球放进 k 个全相同的盒子里的一种放法, 等价于把正整数 n 分拆成 k 个非 0 加数的方法数. 用公式 1.7 的记号, 这种分拆的方法数是 $p(n,k)$.

公式 1.12 因为每个盒子里至少放一个球, 把 n 个全不同的球放进 k 个全相同的盒子里的一种放法, 等价于把 n 元集分拆成 k 个两两不交的非空子集的并. 用公式 1.8 的记号, 这种分拆的方法数是 $S(n,i)$.

1.5.2 杂类分配问题

典型分配问题主要考虑元素的状态和盒子的容量限制, 前面讨论的 12 种分配问题关于球和盒子是两种全相同或者全部相同的基本情形. 如果用 $R(h_i)$ 表示盒子 h_i 的容量的集合, 它是非负整数集 $\mathbb{N}_0$ 的一个子集. 12 种分配问题对于盒子的容量是三种简单情况, 分别是 $R(h_i) = \{0,1\}$,

$R(h_i) = \mathbb{N}_0$ 和 $R(h_i) = \mathbb{N}$. 那么对于复杂的分配问题, 也叫作杂类分配问题, 应该如何求解呢, 一般来说需要具体问题具体分析.

定义 1.34 设 $X = \{m_1 \cdot a_1, m_2 \cdot a_2, \cdots, m_t \cdot a_t\}$ 是 t-重集, 这里 $0 \leqslant m_i \leqslant t$, 若 X 中重数为 i 的元素有 λ_i 个, 则称该重集合是 $1^{\lambda_1} 2^{\lambda_2} \cdots t^{\lambda_t}$ 型的, 其中
$$\sum_{1 \leqslant i \leqslant t} i\lambda_i = t.$$

利用该定义, 我们可以把 n 个球的全体看作一个重集
$$Q = \{m_1 \cdot q_1, \ m_2 \cdot q_2, \ \cdots, \ m_n \cdot q_n\},$$
它表明球 q_i 有 m_i 个, 这里 $0 \leqslant m_i \leqslant n$, $i = 1, 2, \cdots, n$, $\sum_{1 \leqslant i \leqslant n} m_i = n$. 若 Q 中重数为 i 的球有 λ_i, 则 $\sum_{1 \leqslant i \leqslant n} i\lambda_i = n$. 这时称这 n 个球是 $1^{\lambda_1} 2^{\lambda_2} \cdots n^{\lambda_n}$ 型的. 同样也可把 k 个盒子的全体看作一个重集
$$H = \{m_1 \cdot h_1, m_2 \cdot h_2, \cdots, m_k \cdot h_k\},$$
它表明盒子 h_i 有 m_i 个, 这里 $0 \leqslant m_i \leqslant k$, $i = 1, 2, \cdots, k$, $\sum_{1 \leqslant i \leqslant n} m_i = k$. 若 H 中重数为 i 的盒子有 λ_i, 则 $\sum_{1 \leqslant i \leqslant n} i\lambda_i = k$. 这时称这 k 个盒子是 $1^{\lambda_1} 2^{\lambda_2} \cdots k^{\lambda_k}$ 型的. 前面 12 种分配问题关于球和盒子的两种极端情形是 1^n 型 (都不相同) 和 n^1 型 (都相同) 的 n 个球以及 1^k 型和 k^1 型的 k 个盒子. 对于杂类问题, 按状态与容量是否简单情形, 可以分为如下三类.

1. 状态杂类情形

例 1.36 把 $1^{\lambda_1} 2^{\lambda_2} \cdots n^{\lambda_n}$ 型的 n 个球放进 1^k 型的 k 个盒子里, 若每个盒子的容量是 $\mathbb{N}_0$, 则分配方法数是
$$\prod_{i=1}^{n} \binom{k+i-1}{i}^{\lambda_i}.$$

证 由公式 1.6, 把恰含 i 个相同球的一类球放进 k 个全不同的盒子里的分配方法数是 $\binom{k+i-1}{i}$. 因为 n 个球是 $1^{\lambda_1} 2^{\lambda_2} \cdots n^{\lambda_n}$ 型的, 所以重数是 i 的球有 λ_i 个. 由于这样的分配方法是独立的, 根据乘法原理, 结论成立. ∎

例 1.37 设 n 个球的重集是 $\{\, n_1 \cdot q_1, n_2 \cdot q_2, \cdots, n_k \cdot q_k \,\}$, 这里 $1 \leqslant n_i \leqslant n$, $i = 1, 2, \cdots, k$, $\sum_{i=1}^{k} n_i = n$, 把这 n 个球放进 1^n 型的 n 个盒子里, 规定每个盒子的

容量是 $\{0,1\}$, 则分配的方法数是

$$\binom{n}{n_1, n_2, \cdots, n_k} = \frac{n!}{n_1! n_2! \cdots n_k!}.$$

证 从 n 个不同的盒子中任取 n_1 个盒子来装 q_1, 有 $C(n, n_1)$ 取法, 在从余下的 $n - n_1$ 个全不同的盒子中任取 n_2 个盒子来装 q_2, 有 $C(n - n_1, n_2)$ 取法, 如此进行, 由乘法原理, 所求分配方法数是

$$\binom{n}{n_1}\binom{n-n_1}{n_2} \cdots \binom{n-n_1-n_2-\cdots-n_{k-1}}{n_k} = \frac{n!}{n_1! n_2! \cdots n_k!}. \quad \blacksquare$$

注 这也是定理 1.6 的另一种证明.

例 1.38 设 n 个球的重集是 $\{n_1 \cdot q_1, n_2 \cdot q_2, \cdots, n_m \cdot q_m\}$, 这里 $1 \leqslant n_i \leqslant n$, $i = 1, 2, \cdots, m$, $\sum\limits_{i=1}^{m} n_i = n$, 把这 n 个球放进 1^k 型的 k 个盒子里, 规定每个盒子的容量是 $\{0,1\}$, 则分配的方法数是

$$\frac{k!}{n_1! n_2! \cdots n_m!} \frac{1}{(k-n)!}$$

证 先从 k 个盒子中选出 n 个, 有 $C(k, n)$ 种选法; 然后再把 n 个球放进这 n 个盒子里, 由例 1.35, 有 $\dfrac{n!}{n_1! n_2! \cdots n_m!}$ 种分配方法. 由乘法原理, 把这 n 个球放进 1^k 型的 k 个盒子里, 规定每个盒子的容量是 $\{0,1\}$ 的分配方法数是

$$\binom{k}{n} \frac{n!}{n_1! n_2! \cdots n_m!} = \frac{k!}{n_1! n_2! \cdots n_m!} \frac{1}{(k-n)!}. \quad \blacksquare$$

2. 容量杂类情形

例 1.39 把 1^n 型的 n 个球放进 1^k 型的 k 个盒子里, 规定第 i 个盒子里恰好放 n_i 个球, $i = 1, 2, \cdots, k$, 且 $\sum\limits_{i=1}^{k} n_i = n$, 则分配的方法数是 $\dbinom{n}{n_1, n_2, \cdots, n_k} = \dfrac{n!}{n_1! n_2! \cdots n_k!}$.

证 从 n 个不同球中任取 n_1 个放进第 1 个盒子里, 有 $C(n, n_1)$ 取法, 在从余下的 $n - n_1$ 个全不同的球中任取 n_2 个放进第 2 个盒子里, 有 $C(n - n_1, n_2)$ 取法, 如此进行, 由乘法原理, 所求分配方法数是

$$\binom{n}{n_1}\binom{n-n_1}{n_2}\cdots\binom{n-n_1-n_2-\cdots-n_{k-1}}{n_k}=\frac{n!}{n_1!n_2!\cdots n_k!}. \quad \blacksquare$$

注　这是定理 1.6 的另一种证明.

例 1.40　会议室中有 $2n+1$ 个完全相同的椅子, 现摆放成三排, 要求任何两排的座位数之和都要大于另外一排的座位数, 问有多少种摆放方法?

解　这是一个把 $2n+1$ 个全相同的球放进 3 个不同盒子里的问题. 若对每排的座位数不做要求, 则摆放的方法数是 $\dbinom{3+(2n+1)-1}{2n+1}=\dbinom{2n+3}{2}$. 因为椅子的总数是 $2n+1$, 所以任何两排的座位数之和都要大于另外一排的座位数, 当且仅当每排的座位数至多是 n. 然而, 其中有一排至少有 $n+1$ 个座位的摆放方法数, 相当于 n 个椅子无要求放成三排, 其计数是

$$\binom{3+n-1}{n}=\binom{n+2}{2}.$$

于是 $\dbinom{2n+3}{2}-3\dbinom{n+2}{2}=\dfrac{n(n+1)}{2}$ 是所求的摆放方法数.

3. 状态与容量同时杂类情形

例 1.41　现有 n 个红球 $n+1$ 个黄球, n 个盒子, 要求所有奇数位置盒子内的球的总数为奇数, 偶数位置盒子内的球的总数为偶数, 请问有多少种方法?

该问题的求解可以利用后续章节母函数的知识计算, 这里不再叙述.

1.6　反　演　公　式

在某些组合 (计数) 问题中, 很多组合数都不易直接得出明显的计算公式. 但能从实际问题出发, 得到未知量所满足的一组方程, 然后通过解方程得出这些未知量的解. 反演也可以看作求逆变换, 即已知序列 $f_0, f_1, \cdots, f_n$ 到序列 $g_0, g_1, \cdots, g_n$ 的变换式, 求 $g_0, g_1, \cdots, g_n$ 到 $f_0, f_1, \cdots, f_n$ 的逆变换式, 本节就是针对某些典型的反演问题, 给出具体的求解结果.

1.6.1　Möbius 反演

定理 1.15　对于任意正整数 n 恒有 $\displaystyle\sum_{d|n}\mu(d)=\begin{cases}1, & n=1, \\ 0, & n>1,\end{cases}$ 其中 $\mu(d)$ 是

Möbius 函数, 满足

$$\mu(d) = \begin{cases} 1, & d = \text{偶数个不同素数之积}, \\ -1, & d = \text{奇数个不同素数之积}, \\ 0, & \text{其他}. \end{cases}$$

证 用数学归纳法证明, 当 $n = 1$ 时定理显然成立. 若 $n = p_1^{\alpha_1} p_2^{\alpha_2} \cdots p_k^{\alpha_k}$, 其中 p_i 是互不相同的素数且 $\alpha_i \geqslant 1, i = 1, 2, \cdots, k$. 一切 $d|n$ 都可写成 $d = p_1^{\delta_1} p_2^{\delta_2} \cdots p_k^{\delta_k}$, 其中 $\delta_k \geqslant 0, i = 1, 2, \cdots, k$. 令 $n_1 = p_1 p_2 \cdots p_k$, 由于对 p^α 有 $\mu(p^\alpha) = 0$, 若 $\alpha > 1$, 故

$$\sum_{d|n} \mu(d) = \sum_{d|n_1} \mu(d).$$

满足 $d|n_1$ 的 d 有 $1, p_1, p_2, \cdots, p_k, p_1 p_2, p_1 p_3, \cdots, p_1 p_k, p_2 p_3, \cdots, p_{k-1} p_k, \cdots,$ $p_1 p_2 \cdots p_k$, 即 d 取 $p_1, p_2, \cdots, p_k$ 的所有组合, 若是偶数的组合, $\mu(d)$ 无贡献. 故

$$\sum_{d|n_1} \mu(d) = \mu(1) + \sum_{j=1}^{k} \binom{k}{j} (-1)^j = (1-1)^k = 0.$$

定理 1.16 $f(n)$ 和 $g(n)$ 是定义在正整数集合 $\mathbb{Z}$ 上的两个函数, 若

$$f(n) = \sum_{d|n} g(d),$$

则

$$g(n) = \sum_{d|n} \mu(d) f\left(\frac{n}{d}\right),$$

反之亦然.

证 根据 $f(n)$ 的公式可得

$$f\left(\frac{n}{d}\right) = \sum_{d'|n/d} g(d'),$$

所以

$$\sum_{d|n} \mu(d) f\left(\frac{n}{d}\right) = \sum_{d|n} \mu(d) \cdot \sum_{d'|n/d} g(d').$$

令 $n = dd'n_1$, 因 $\sum_{d|n/d'} \mu(d) = 0$, 故

$$\sum_{d|n} \mu(d) \sum_{d'|n/d} g(d') = \sum_{d'|n} g(d') \sum_{d|n/d'} \mu(d) = g(n),$$

反过来类似可证, 若

$$g(n) = \sum_{d|n} \mu(d) f\left(\frac{n}{d}\right),$$

则

$$f\left(n\right) = \sum_{d\mid n} g\left(d\right).\qquad\blacksquare$$

例 1.42　设 $f\left(n\right) = \sum_{d\mid n} d$, 于是 $f(1) = 1, f(2) = 1+2 = 3, f(4) = 1+2+4 = 7, f(6) = 1+2+3+6 = 12$, 根据反演定理, 令 $g(n) = n$ 可得

$$n = \sum_{d\mid n} \mu(d) f\left(\frac{n}{d}\right).$$

例 1.43　设 $f\left(n\right) = \sum_{d\mid n} 1$, 于是 $f\left(1\right) = 1, f\left(2\right) = 1+1 = 2, f\left(4\right) = 3, f\left(8\right) = 4, \cdots$. 故

$$1 = \sum_{d\mid n} \mu(d) f\left(\frac{n}{d}\right).$$

例 1.44 (圆周排列问题)　从 $a_1, a_2, \cdots, a_r$ 中, 计算 n 个作周期为 n 且允许重复的圆周排列个数?

解　下面的 n 个线排列

$$
\begin{array}{ccccc}
a_1 & a_2 & \cdots & a_{n-1} & a_n \\
a_2 & a_3 & \cdots & a_n & a_1 \\
& & \cdots\cdots & & \\
a_n & a_1 & \cdots & a_{n-2} & a_{n-1}
\end{array}
$$

与圆周排列看作一回事, 即圆周排列 $a_1a_2\cdots a_n$ 看作 a_1 与 a_n 相邻, 只要相对关系相同的排列作为一个圆周排列, 但注意如果按照绝对关系从线排列角度来看是不同的.

从字符 $A = \{a_1, a_2, \cdots, a_r\}$ 中取 n 个作周期为 n 的允许重复的排列, 记其排列数记为 M_n. 当 $d \mid n$ 时, 每一个周期为 d 的允许重复的排列

$$\underbrace{\underbrace{a_1a_2\cdots a_d}\ \underbrace{a_1a_2\cdots a_d}\ \cdots\ \underbrace{a_1a_2\cdots a_d}}_{\text{重复}\frac{n}{d}\text{次}},$$

这种排列的每一个正好对应 d 个不同的线排列

$$\underbrace{
\begin{array}{cccc}
\underbrace{a_1a_2\cdots a_d} & \underbrace{a_1a_2\cdots a_d} & \cdots & \underbrace{a_1a_2\cdots a_d} \\
a_2a_3\cdots a_1 & a_2a_3\cdots a_1 & \cdots & a_2a_3\cdots a_1 \\
& & \cdots\cdots & \\
\underbrace{a_da_1\cdots a_{d-1}} & \underbrace{a_da_1\cdots a_{d-1}} & \cdots & \underbrace{a_da_1\cdots a_{d-1}}
\end{array}
}_{\frac{n}{d}\text{组}},$$

而且是一一对应的, 所以周期为 d 的允许重复长度为 n 的线排列的总数是 dM_d, 对所有周期求和得

$$\sum_{d|n} dM_d = r^n.$$

令 $f(n) = r^n, g(d) = dM_d$, 根据 Möbius 反演定理, 得

$$nM_n = \sum_{d|n} \mu(d) r^{\frac{n}{d}}.$$

例 1.45 令 $r = 5, n = 12$, 长度为 12 的圆周排列的周期 p 有 $1, 2, 3, 4, 6, 12$, 而有 $\mu(1) = 1, \mu(2) = -1, \mu(3) = -1, \mu(4) = 0, \mu(6) = 1, \mu(12) = 0$, 所以

$$M_1 = (1) \cdot 5^1 = 5, \quad M_2 = \frac{1}{2}[1 \cdot 5^{\frac{2}{1}} + (-1) \cdot 5^{\frac{2}{2}}] = \frac{1}{2}[25 - 5] = 10,$$

$$M_3 = \frac{1}{3}[(1) \cdot 5^{\frac{3}{1}} + (-1) \cdot 5^{\frac{3}{3}}] = \frac{1}{3}[125 - 5] = 40,$$

$$M_4 = \frac{1}{4}[1 \cdot 5^{\frac{4}{1}} + (-1) \cdot 5^{\frac{4}{2}} + (0) \cdot 5^{\frac{4}{4}}] = \frac{1}{4}[625 - 25] = 150,$$

$$M_6 = \frac{1}{6}\left[(1) \cdot 5^{\frac{6}{1}} + (-1) \cdot 5^{\frac{6}{2}} + (-1) \cdot 5^{\frac{6}{3}} + (1) \cdot 5^{\frac{6}{6}}\right]$$

$$= \frac{1}{6}[15625 - 125 - 25 + 5] = 2580,$$

$$M_{12} = \frac{1}{12}[(1) \cdot 5^{\frac{12}{1}} + (-1) \cdot 5^{\frac{12}{2}} + (-1) \cdot 5^{\frac{12}{3}} + (0) \cdot 5^{\frac{12}{4}} + (1) \cdot 5^{\frac{12}{6}} + (0) \cdot 5^{\frac{12}{12}}]$$

$$= \frac{1}{12}[244140625 - 15625 - 625 + 25] = \frac{1}{12} \times 244124400 = 20343700.$$

1.6.2 二项式反演

首先介绍一个 $\delta_{i,j}$ 函数, 这个函数被称为 Kronecker's delta, 它是这样定义的

1.6.2 二项式反演

$$\delta_{i,j} = \begin{cases} 1, & i = j, \\ 0, & i \neq j. \end{cases}$$

定理 1.17 证明恒等式 $\sum_{k=0}^{i} (-1)^{i-k} \begin{pmatrix} i \\ k \end{pmatrix} \begin{pmatrix} k \\ j \end{pmatrix} = \delta_{i,j} = \begin{cases} 1, & i = j, \\ 0, & i \neq j. \end{cases}$

证 在组合恒等式一节证明过,

$$\begin{pmatrix} i \\ k \end{pmatrix} \begin{pmatrix} k \\ j \end{pmatrix} = \begin{pmatrix} i \\ j \end{pmatrix} \begin{pmatrix} i - j \\ k - j \end{pmatrix},$$

于是

$$\sum_{k=0}^{i} (-1)^{i-k} \binom{i}{k} \binom{k}{j} = \sum_{k=0}^{i} (-1)^{i-k} \binom{i}{j} \binom{i-j}{k-j}$$

$$= \binom{i}{j} \sum_{k=0}^{i} (-1)^{i-j-(k-j)} \binom{i-j}{k-j}$$

$$= \binom{i}{j} \sum_{l=0}^{i-j} (-1)^{i-j-l} \binom{i-j}{l} = \binom{i}{j} (1-1)^{i-j}.$$

上式右端当 $i = j$ 时为 1, 当 $i \neq j$ 时为 0, 故恒等式成立. ∎

下面的定理常称为**二项式反演**, 你会发现这个式子具有极强的对称性.

定理 1.18 设 $f(m)$ 和 $g(n)$ 是定义在正整数集合 $\mathbb{Z}$ 上的两个函数, 则有

$$f(m) = \sum_{k=0}^{m} \binom{m}{k} g(k) \Leftrightarrow g(m) = \sum_{k=0}^{m} (-1)^{m-k} \binom{m}{k} f(k),$$

它还可以写成

$$f(m) = \sum_{k=0}^{m} (-1)^k \binom{m}{k} g(k) \Leftrightarrow g(m) = \sum_{k=0}^{m} (-1)^k \binom{m}{k} f(k).$$

证 这里只证明第一个等式, 第二个留给读者.

$$\sum_{k=0}^{m} (-1)^{m-k} \binom{m}{k} f(k) = \sum_{k=0}^{m} (-1)^{m-k} \binom{m}{k} \sum_{s=0}^{k} \binom{k}{s} g(s)$$

$$= \sum_{k=0}^{m} \sum_{s=0}^{k} (-1)^{m-k} \binom{m}{k} \binom{k}{s} g(s)$$

$$= \sum_{s=0}^{k} \sum_{k=0}^{m} (-1)^{m-k} \binom{m}{k} \binom{k}{s} g(s)$$

$$= \sum_{s=0}^{k} \left[\sum_{k=0}^{m} (-1)^{m-k} \binom{m}{k} \binom{k}{s} \right] g(s)$$

$$= \sum_{s=0}^{k} [\delta_{m,s}] g(s) = g(m).$$

由此完成了定理的证明. ■

例 1.46 (错位排列问题) 问有多少个长度为 n 的排列 $a_1, a_2, \cdots, a_n$, 满足对于所有的 $1 \leqslant i \leqslant n$, 使得 $i \neq a_i$? 这个问题有很多解法, 我们来介绍一个有意思的解法.

解 为了叙述方便, 称位置 i 是**不变的**当且仅当 $a_i = i$, 其中 $i = 1, 2, \cdots, n$. 首先如果不考虑 $i \neq a_i$ 这个条件, 长度为 n 的排列一共有 $n!$ 种. 并且这些排列是由**恰好**有 $k(k = 0, 1, 2, \cdots, n)$ 个位置是不变的排列组成, 也就是, 如果设 f_i 为**恰好**有 i 个位置是不变的排列的个数, 那么可以得到

$$n! = \sum_{i=0}^{n} \binom{n}{i} f_i.$$

将 g_i 视为 $i!$, 使用二项式反演可以得到

$$f_n = \sum_{i=0}^{n} (-1)^{n-i} \binom{n}{i} i! = \sum_{i=0}^{n} (-1)^{n-i} \frac{n!}{(n-i)!} = n! \sum_{i=0}^{n} \frac{(-1)^i}{i!}.$$

例 1.47 (球染色问题) 有 n 个球排成一行, 设有 k 种颜色, 要求给每一个球染色, 相邻两个球颜色不可以相同, 并且每种颜色至少使用一次, 有多少种染色方案?

解 如上题想法一样, 如果没有每种颜色至少一次这个条件, 答案是 $k(k-1)^{n-1}$. 这些方案是由恰好使用了 $i(i = 0, 1, 2, \cdots, k)$ 种颜色的方案组成, 设 f_i 为恰好使用了 i 种颜色的方案数, 可得

$$k(k-1)^{n-1} = \sum_{i=0}^{k} \binom{k}{i} f_i,$$

经过反演得到

$$f_k = \sum_{i=0}^{k} (-1)^{k-i} \binom{k}{i} i(i-1)^{n-1}.$$

例 1.48 用 $m(m \geqslant 2)$ 种颜色去涂 $1 \times n$ 棋盘, 每格涂一种颜色. 以 $h(m, n)$ 表示使得相邻格子异色且每种颜色都用上的涂色方法数, 求 $h \cdot (m, n)$ 的计数公式.

解 用 m 种颜色去涂 $1 \times n$ 棋盘, 每格涂一种颜色且相邻格子异色的方法共有 $m(m-1)^{n-1}$ 种, 其中恰好用上了 $k(2 \leqslant k \leqslant m)$ 种颜色的涂法共有 $\binom{m}{k} h \cdot (k, n)$ 种. 由加法原则, 有

$$m(m-1)^{n-1} = \sum_{k=2}^{m} \binom{m}{k} h(k,n),$$

由二项式反演公式得

$$h(m,n) = \sum_{k=2}^{m} (-1)^{m-k} \binom{m}{k} k(k-1)^{n-1}.$$

例 1.49 设 $a_1, a_2, \cdots, a_k$ 是 k 个相异元, 以 $R_m(n_1, n_2, \cdots, n_k)$ 表示把 n_1 个 a_1, n_2 个 $a_2, \cdots, n_k$ 个 a_k 放到 m 个相异盒中, 使得无一个盒空的方法数, 求 $R_m(n_1, n_2, \cdots, n_k)$ 的计数公式.

解 把 n_1 个 a_1, n_2 个 $a_2, \cdots, n_k$ 个 a_k 放到 m 个相异盒中的方法共有 $\prod_{i=1}^{k} \binom{m+n_i-1}{n_i}$ 种, 其中使得非空盒子数为 $j(1 \leqslant j \leqslant m)$ 的方法有 $\binom{m}{j} \cdot$ $R_j(n_1, n_2, \cdots, n_k)$ 种, 由加法原则, 有

$$\prod_{i=1}^{k} \binom{m+n_i-1}{n_i} = \sum_{j=1}^{m} \binom{m}{j} R_j(n_1, n_2, \cdots, n_k),$$

由二项反演公式得

$$R_m(n_1, n_2, \cdots, n_k) = \sum_{j=1}^{m} (-1)^{m-j} \binom{m}{j} \prod_{j=1}^{k} \binom{m+j-1}{j}.$$

除了上述两个常见的反演外, 还有很多反演公式, 例如下面的拉赫 (Lah) 反演公式.

定理 1.19 (Lah 反演公式)

$$\boldsymbol{a_k} = \sum_{i=0}^{k} L(k,i) b_i \Leftrightarrow \boldsymbol{b_k} = \sum_{i=0}^{k} L(k,i) a_i,$$

其中 $L(k,i)$ 为 Lah 数, $k = i = 0, 1, 2, \cdots, n$, 它是由等式 $[-x]_k = \sum_{i=0}^{k} L(k,i)[x]_i$ 来定义的, 即 $L(k,i)$ 是函数 $[-x]_k$ 按下乘函数 $[x]_i$ 展开的系数.

证 取 $P_k(x) = [-x]_k$, $Q_k(x) = [x]_k$, 由下乘函数 $[x]_i$ 和 Lah 数 $L(k,i)$ 的定义知

$$[-x]_k = (-x)(-x-1)(-x-2)\cdots(-x-k+1)$$

$$= (-1)^k x(x+1)(x+2)\cdots(x+k-1)$$

是 x 的多项式, 故可以按 $[x]_i$ 展开成

$$[-x]_k = \sum_{i=0}^{k} L(k,i)[x]_i,$$

再将上式以 $-x$ 代替 x, 可得

$$[x]_k = \sum_{i=0}^{k} L(k,i)[-x]_i,$$

即完成证明. ■

1.7*　拓展阅读——手势密码计数

智能手机丢了是一件很烦人的事, 因为手机里面经常有一些秘密的文件, 让失主提心吊胆, 失主只能寄希望于密码不被人破解了. 安卓系统的手势密码有多少种可能呢? 这似乎是 "生活中的数学" 的一个绝佳案例, 本节我们动手计算其有多少种可能.

安卓系统密码独具一格, 它的密码是 3×3 的点阵中的一条路径, 这条路径最少连接四个点, 最多连接九个点 (图 1.3). 因而, 符合要求的路径数最多可以达到 $P(9,4) + P(9,5) + P(9,6) + P(9,7) + P(9,8) + P(9,9) = 985824$ 种, 不过这只是手势密码数的一个上限.

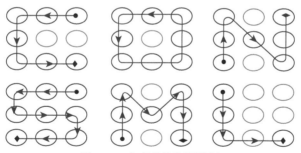

图 1.3　安卓手势密码举例

设置手势密码时有不少限制, 这条路径可以交叉, 可以走 "日" 字, 几乎是无所不能 (只要不经过重复点), 但却有一个例外: 路径不允许跳过途中必须要经过的点. 例如, 如果从左上角的点连接到右上角的点, 中间的那个点会被自动地加进路径里. 这个规则本身也有一个值得注意的地方: 如果中间的点是之前已经用过的, 那么这个点就可以被跳过去了. 这种路径需满足下述四个要求:

(1) 至少经过四个点;

(2) 不能重复经过同一个点;

(3) 路径上的中间点若没用过, 则不能跳过;

(4) 如果中间的点是之前已经用过的, 那么这个点就可以被跳过.

为了计算手势密码个数, 用一个 3×3 矩阵

$$
\begin{matrix}
1 & 2 & 3 \\
4 & 5 & 6 \\
7 & 8 & 9
\end{matrix}
$$

来代替九宫格, 可以发现上述问题等价于 1 到 9 这九个元素的排列问题, 其条件可以改写为以下三点:

(1) 排列至少含有四个元素;

(2) 排列中不允许任意一个元素重复出现;

(3) 排列中的片段 13, 31 前面必须出现 2 (这是因为如果 2 在 13 之前没出现, 则表明该路径跳过了 2 所代表的点而直接连接了 1 和 3 这两个点), 片段 17, 71 前面必须出现 4, 片段 19, 91 前面必须出现 5, 片段 39, 93 前面必须出现 6, 片段 79, 97 前面必须出现 8, 片段 37, 73 前面必须出现 5, 片段 46, 64 前面必须出现 5, 片段 28, 82 前面必须出现 5.

因此, 解决这个九宫格手势密码问题就转化为解决在 1 到 9 的整数集中满足上述三个条件的排列数问题. 然后从 985824 种情况中排除不满足条件 (3) 的所有组合, 此时仅剩下 389112 种.

习 题 1

1.1   (1) 小于 10000 且含有数字 1 的正整数有多少个? (2) 小于 10000 且含有数字 0 的正整数有多少个?

1.2   在 $n \times n$ 方格的棋盘上有多少个正方形?

1.3   从 $\mathbb{N}_{300}$ 中取 5 个不同的数, 使得这 5 个数的和能被 5 整除, 有多少种取法?

1.4   今有 12 个人围圆桌就坐, 如果其中有两个人不愿坐在相邻位子上, 有多少种不同的坐法?

1.5   设 $X = \{\, 2 \cdot a_1, 2 \cdot a_2, \cdots, 2 \cdot a_n \,\}$, 求 X 的环状排列数.

1.6   设 $a_1 a_2 \cdots a_n$ 是 $1, 2, \cdots, n$ 的一个排列, 并且适合对任意的 $k > 1$ 存在一个 $j < k$ 使得 $|a_j - a_k| = 1$.

(1) 证明: a_n 一定是 1 或 n; (2) 求上述排列的个数.

1.7   一个俱乐部有 10 名男成员和 12 名女成员, 现从中选出 4 人组成一个委员, 若 (a) 至少要有 2 名女士; (b) 除上述要求外, 又 A 先生和 B 女士不能同时入选, 试分别求出有多少种不同的选法.

1.8　N_n 不包含两个相邻整数的 k-子集的个数是多少? 若在 N_n 中认为 1 和 n 也是相邻的整数, 求 N_n 的不包含两个相邻整数的 k-子集的个数.

1.9　设 $X = \{1 \cdot a_1, \infty \cdot a_2, \cdots, \infty \cdot a_n\}$, 求 X 的 k-组合的个数.

1.10　在一圆周上任意给定 n 个点, 包含其中两个点的直线有多少条? 假设这些直线没有三条在圆内交于一点, 那么这些直线在圆内有多少个交点.

1.11　对没有三条对角线交于一点的凸 n-边形, 计算各边及各对角线所组成的互不重叠的区域个数.

1.12　证明: 对于集合 N_n, 在字典排序法中给出的由某个排列 $a_1 a_2 \cdots a_n$ 生成下一个排列的算法所得到的排列与 $a_1 a_2 \cdots a_n$ 之间没有其他排列.

1.13　对于集合 N_9, 在字典排序法中, 求 351682974 的下一个排列.

1.14　证明: 递归构造法能构造 $N_1, N_2, \cdots, N_{n-1}$ 和 N_n 的所有全排列.

1.15　利用递归构造法, 求 N_5 的所有全排列.

1.16　证明: 若整数序列 $b_1 b_2 \cdots b_n$ 满足 $0 \leqslant b_j \leqslant n - j (j = 1, 2, \cdots, n)$, 则 N_n 存在唯一的一个全排列以 $b_1 b_2 \cdots b_n$ 为其逆序序列.

1.17　在 N_9 中, 求 351682974 的逆序序列.

1.18　证明: N_n 的排列的逆序数的最大值是 $n(n-1)/2$, 且 N_n 的具有逆序数 $n(n-1)/2$ 的排列是唯一的, 写出这个排列.

1.19　在 N_6 的排列中, 有多少个逆序数为 14 的全排列? 有多少个逆序数为 13 的全排列? 构造出所有逆序数为 13 的全排列.

1.20　证明: 对于集合 N_n, 邻位互换法能从排列 $12 \cdots n$ 生成 N_n 的所有排列且最后一个排列是 $2134 \cdots (n-1)n$.

1.21　对于集合 N_9, 用邻位互换法求 351682974 的下一个排列.

1.22　按字典排序法求 $\mathbb{N}(7; 4)$ 的所有元素.

1.23　按字典排序法 $\mathbb{N}(9; 5)$ 的哪个元素紧跟在 23469 之后, $\mathbb{N}(15; 7)$ 的哪个元素紧接在 1234(11)(13)(15) 之前.

1.24　设 $a_1 a_2 \cdots a_k$ 是 $\mathbb{N}(n; k)$ 的一个元素. 证明 $a_1 a_2 \cdots a_k$ 是在 $\mathbb{N}(n; k)$ 的第

$$\binom{n}{k} - \binom{n - a_1}{k} - \binom{n - a_2}{k - 1} - \cdots - \binom{n - a_k}{1}$$

个位置上.

1.25　生成 N_5 的所有 3-排列, 生成 N_6 的所有 4-排列.

1.26　在 $(2x - 3y)^{18}$ 的展开式中, $x^5 y^{13}$ 的系数是什么? $x^6 y^{13}$ 的系数是什么?

1.27　证明: 对任一实数 r 和正整数 k, 当 $r \neq k$ 时, 有

$$\binom{r}{k} = \frac{r}{r - k} \binom{r - 1}{k}.$$

1.28　证明:

$$(1) \sum_{k=0}^{n} \binom{n}{k} 2^k = 3^n; \quad (2) \ 2^n = \sum_{k=0}^{n} (-1)^k \binom{n}{k} 3^{n-k}.$$

1.29 证明: 对正整数 n 和 k, 有

(1) $\begin{pmatrix} 2n \\ n \end{pmatrix} 2^{-2n} = (-1)^n \begin{pmatrix} -1/2 \\ n \end{pmatrix}$;

(2) $\begin{pmatrix} n \\ k \end{pmatrix} \begin{pmatrix} n + (1/2) \\ k \end{pmatrix} = \frac{1}{4^n} \begin{pmatrix} 2n+1 \\ k \end{pmatrix} \begin{pmatrix} 2n-k+1 \\ k \end{pmatrix}$.

1.30 证明: 对正整数 n, 二项式系数 $C(2n, n)$ 是偶数.

1.31 证明: 对正整数 $n \geqslant 2$, $2^n < C(2n, n) < 4^n$.

1.32 证明: 对正整数 $k \geqslant 2$, 杨辉三角矩阵的第 $2^k - 1$ 行的各个数字都是奇数.

1.33 证明: 在杨辉三角矩阵的第 $p \geqslant 2$ 行中, 若 p 能整除该行的所有数 (1 除外), 则 p 是素数.

1.34 用 f_n 表示杨辉三角矩阵的第 n 条反对角线上的元素之和. 注意到 $f_0 = 1, f_1 = 1, f_2 = 2, f_3 = 3$. 证明: 当 $n \geqslant 2$ 时, $f_n = f_{n-1} + f_{n-2}$.

1.35 杨辉三角矩阵的第 0 列上元素都是 1, 第 1 列上的元素是 $1, 2, 3, \cdots$, 第 k 列上前 n 个元素之和是 $C(k, k) + C(k+1, k) + \cdots + C(n-1, k)$. 证明: 第 $k+1$ 列上的第 n 个元素 $C(n, k+1)$ 等于 $C(k, k) + C(k+1, k) + \cdots + C(n-1, k)$.

1.36 证明下列恒等式:

(1) $\sum_{k=1}^{n} k^2 \begin{pmatrix} n \\ k \end{pmatrix} = n(n+1)2^{n-2}$;

(2) $\sum_{k=1}^{n} k \begin{pmatrix} n \\ k \end{pmatrix}^2 = n \begin{pmatrix} 2n-1 \\ n-1 \end{pmatrix}$;

(3) $\sum_{k=0}^{n} (-1)^{k+1} (k+1) \begin{pmatrix} n \\ k \end{pmatrix} = 0 \ (n \geqslant 2)$;

(4) $\sum_{k=0}^{n} (-1)^k \frac{1}{k+1} \begin{pmatrix} n \\ k \end{pmatrix} = \frac{1}{n+1}$;

(5) $\sum_{k=1}^{n} (-1)^{k-1} \frac{1}{k} \begin{pmatrix} n \\ k \end{pmatrix} = \sum_{k=1}^{n} \frac{1}{k}$.

1.37 用组合推理的方法证明下列恒等式:

(1) $\begin{pmatrix} n \\ k \end{pmatrix} \begin{pmatrix} k \\ m \end{pmatrix} = \begin{pmatrix} n \\ m \end{pmatrix} \begin{pmatrix} n-m \\ k-m \end{pmatrix}$;

(2) $\begin{pmatrix} n+k-1 \\ k \end{pmatrix} = \sum_{r=0}^{k} \begin{pmatrix} m+r-1 \\ r \end{pmatrix} \begin{pmatrix} n-m+k-r-1 \\ k-r \end{pmatrix} \ (m \leqslant n)$.

1.38 把 kn 个有标记的球放进 k 个相同的盒子里, 每个盒子放 n 个球, 有多少种放法?

1.39 (1) 在由 5 个 0, 4 个 1 组成的 (0,1)-序列的集合中, 出现 01 或 10 的总次数为 3 的 (0,1)-序列有多少个? 出现 01 或 10 的总次数为 4 的 (0,1)-序列有多少个? (010 中 01 和 10 各出现一次, 故出现 01 或 10 的总次数为 2).

(2) 在由 m 个 0, n 个 1 组成的 (0,1)-序列的集合中, 出现 01 或 10 的总次数为 k 的 (0,1)-序列有多少个?

第 2 章 特 殊 计 数

本章考虑一些特殊问题的计数, 这些计数的研究都是经典的计数结果, 有一些是分配问题的延伸, 比如整数分拆、与集合分拆相关的第二类 Stirling 数, 还有与置换分拆相关的第一类 Stirling 数, 另一些是典型的计数方法, 比如格点法和 Catalan 数, 这些特殊计数都是组合数学研究的丰硕成果.

2.1　格路径基础

2.1 格路径基础

在平面直角坐标系 xOy 中, 坐标 (x, y) 的每个分量都是整数的点称为**格点**, 长度为 1 的线段称为**单位线段**.

定义 2.1　连接两个格点的单位线段称为**边**, 又称这两个格点是这条边的**端点**, 连接两个格点的长为 $\sqrt{2}$ 的线段称为**节**, 也称这两个格点是这个节的**端点**.

性质 2.1　若点 (a, b) 和点 (n, m) 是一个节的端点, 则 $|a - n| = |b - m| = 1$.

如图 2.1 所示, 边只有两种类型的线段, 一种是与 x 轴平行, 另一种与 y 轴平行. 同样, 节也只有两种类型的线段, 分别是斜率为 1 和斜率为 -1 的长为 $\sqrt{2}$ 的线段.

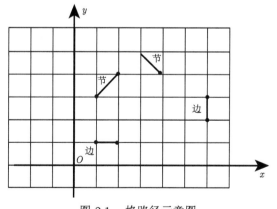

图 2.1　格路径示意图

2.1.1　增路

定义 2.2　若两个格点它们在直角坐标系中的距离是 1, 则称两个格点是**相邻的**.

定义 2.3 从点 (a, b) 到点 (n, m) 的**通道**是一个点边交错序列, 使得与每条边相邻的两个点是这条边的端点, 通道所含边的个数称为通道的**长度**.

定义 2.4 若一个通道所包含的格点两两不同, 则称这个通道为**路**.

定义 2.5 若 $m \geqslant b$, 从点 (a, b) 到点 (n, m) 的路的集合中长度最短的路称为**增路**.

从点 (a, b) 到点 (n, m) 的路可用边的序列来表示. 因为边是平面直角坐标系中连接两个格点的单位线段, 所以边只有两种形式, 一种是与 x 轴平行的线段记为 x, 一种是与 y 轴平行的线段记为 y, 因此平面直角坐标系中两点间的路对应二元集 $\{x, y\}$ 上的一个可重复序列. 在平面直角坐标系中, 若 $m \geqslant b$, 则从点 (a, b) 到点 (n, m) 的最短路上的任一条边都不能位于它前面诸边的下方, 故得名增路.

定理 2.1 从原点 $(0, 0)$ 到格点 (n, m) 的增路个数是 $\dfrac{(n+m)!}{n!m!} = \dbinom{n+m}{n}$.

证 在点 $(0, 0)$ 到点 (n, m) 的最短的路 P 上至多包含 n 个 x 和 m 个 y. 事实上, 若 P 中至多包含 k 个 x, 则 P 上每个点的第一个分量至多是 k. 故 P 上至少包含 n 个 x. 类似地, P 上至少包含 m 个 y. 显然从点 $(0, 0)$ 到点 (n, m) 存在一条由 n 个 x 和 m 个 y 组成的路, 故点 $(0, 0)$ 到点 (n, m) 的最短的路是由 n 个 x 和 m 个 y 组成的序列. 由定理 1.6, 这样的序列个数是 $\dfrac{(n+m)!}{n!m!}$. ∎

推论 2.1 若 $n \geqslant a, m \geqslant b$, 则从点 (a, b) 到点 (n, m) 的增路个数是

$$\frac{(n+m-a-b)!}{(n-a)!(m-b)!} = \binom{n+m-a-b}{n-a}.$$

格点除了有自己的计数, 同时也是一种计数工具, 利用它可以证明一些组合恒等式.

例 2.1 用格点证明恒等式 $\displaystyle\sum_{k=0}^{n} \binom{n}{k} = 2^n$.

证 一方面, 从点 $(0, 0)$ 开始的长度为 n 的增路必终止在 $(k, n-k)$ 点上, $k = 0, 1, 2, \cdots, n$. 由定理 2.1, 从点 $(0, 0)$ 到 $(k, n-k)$ 的增路个数是 $C(n, k)$, 于是从点 $(0, 0)$ 开始的长度为 n 的增路个数是 $\displaystyle\sum_{k=0}^{n} C(n, k)$. 另一方面, 一个从点 $(0, 0)$ 开始的长度为 n 的增路由 n 条单位线段组成, 每条线段是水平线段或是垂直线段, 故增路的个数是 2^n, 从而证明了恒等式. ∎

例 2.2 用格点证明组合恒等式 $\displaystyle\sum_{r=0}^{k} \binom{n+r}{r} = \binom{n+k+1}{k}$.

证 在第 1 章已用比较系数法、归纳法和组合推理方法证明了这个组合恒等式, 现在用格子证明它. 一方面, 由定理 2.1, 从点 $(0,0)$ 到点 $(n+1,k)$ 的增路的个数是 $C(n+k+1,k)$.

另一方面, 我们将从点 $(0,0)$ 到点 $(n+1,k)$ 的增路分类, 路过点 $(1,0)$ 的为第 0 类; 路过点 $(1,r)$ 但不路过点 $(1,r-1)$ 的为第 r 类, $r=1,2,\cdots,k$, 共有 $k+1$ 类, 如图 2.2 所示. 从点 $(0,0)$ 到点 $(1,0)$ 只有一条增路, 由定理 2.1 的推论, 从点 $(1,0)$ 到点 $(n+1,k)$ 有 $C(n+k,k)$ 条增路, 故从 $(0,0)$ 到 $(n+1,k)$ 路过 $(1,0)$ 的增路恰有 $C(n+k,k)$ 条. 一般地, 当 $r>0$ 时, 从点 $(0,0)$ 到点 $(1,r)$ 但不路过点 $(1,r-1)$ 的增路只有一条, 而点 $(1,r)$ 到点 $(n+1,k)$ 有 $C(n+k-r,k-r)$ 条增路, 故从 $(0,0)$ 到 $(n+1,k)$ 路过点 $(1,r)$ 但不路过点 $(1,r-1)$ 的增路恰有 $C(n+k-r,k-r)$ 条.

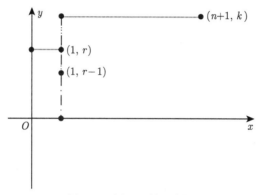

图 2.2 例 2.2 的示意图

于是, 从点 $(0,0)$ 到点 $(n+1,k)$ 的增路的个数又可用公式

$$\sum_{r=0}^{k} \binom{n+k-r}{k-r} = \sum_{r=0}^{k} \binom{n+r}{r}$$

算出, 从而恒等式成立. ∎

2.1.2 折线与 T 路

定义 2.6 从某一点 (a,b_0) 出发到某一格点 $(a+n,b_n)$, 其间都是斜率为 1 或 -1 的交错线段连接, 称这样的点节为**折线或者 T 路**, 点 (a,b_0) 和 $(a+n,b_n)$ 分别称为这条折线 (T 路) 的起点和终点, 折线 (T 路) 所含节的个数称为折线的**长度**.

性质 2.2 若格点 (a,b_0) 和 $(a+n,b_n)$ 能用折线连接, 点 (a,b_0) 到点 $(a+n,b_n)$ 的折线长度是 n. 设 $b_0>0, b_n>0$, 图 2.3 是一条以点 (a,b_0) 为起点, 与 x

轴相交最后到达终点 $(a+n, b_n)$ 的折线.

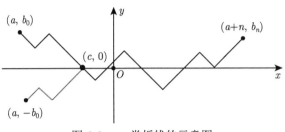

图 2.3　一类折线的示意图

定理 2.2　两个格点 (a, b) 和 $(a+n, b_n)$ 能用折线连接的充分必要条件是 $|b_n - b_0| \leqslant n$ 并且 $n + b_n - b_0$ 是偶数.

证　先证明必要性, 设两个格点 (a, b_0) 和 $(a+n, b_n)$ 能用折线连接起来, 对 n 作数学归纳法. 当 $n=1$ 时, $b_1 = b_0-1$ 或 b_0+1, 结论成立. 现在设 $n \geqslant 2$ 并且假设任一长度小于 n 的折线结论成立. 由于连接点 $(a+1, b_1)$ 和 $(a+n, b_n)$ 的折线长度是 $n-1$. 由归纳法假设, $|b_n - b_1| \leqslant n-1$ 而且 $n - 1 + b_n - b_1$ 是偶数. 因为 $b_1 = b_0-1$ 或 b_0+1, 所以 $|b_n - b_0| \leqslant n$ 并且 $n + b_n - b_0$ 是偶数, 由归纳法得证.

反之, 设 $|b_n - b_0| \leqslant n$ 并且 $n + b_n - b_0$ 是偶数, 通过构造一条折线链接点 (a, b_0) 和 $(a+n, b_n)$ 来证明充分性. 由于 $|b_n - b_0| \leqslant n$ 且 $n + b_n - b_0$ 是偶数, 所以存在非负整数 k 使得 $n + b_n - b_0 = 2k$, 即 $b_n = 2k + b_0 - n$. 从 (a, b_0) 出发每次画斜率为 1 的线段到点 $(a+k, b_k)$, 由折线的画法, $b_k = b_0 + k$. 再从点 $(a+k, b_k)$ 出发每次画斜率为 -1 的线段到点 $(a+n, b)$, 同样由折线的画法, $b = b_k - n + k$. 于是 $b = b_k - n + k = b_0 + k - n + k = 2k + b_0 - n = b_n$, 故所画的折线是点 (a, b_0) 和 $(a+n, b_n)$ 的折线. ■

下面三个推论的证明由定理 2.2 的充分性证明过程可以得到, 留给读者.

推论 2.2　连接格点 (a, b_0) 和 $(a+n, b_n)$ 的折线中斜率为 1 的节的个数是 $(n + b_n - b_0)/2$.

推论 2.3　设 $n \in \mathbb{N}, b_n, b_0 \in \mathbb{N}$, $n_1 = (n + b_n - b_0)/2$ 是非负整数. 则以 (a, b_0) 为起点的, 恰有 n_1 个节斜率为 1 的长为 n 的折线终止在点 $(a+n, b_n)$ 上.

推论 2.4　若格点 (a, b_0) 和 $(a+n, b_n)$ 有折线连接, 则折线的个数是 $C\left(n, \dfrac{1}{2}(n + b_n - b_0)\right)$.

例 2.3　设 $n, k \geqslant 1$, 用折线法证明组合恒等式 $\displaystyle\sum_{r=0}^{n+1} \binom{n+k-r}{k-1} = \binom{n+k+1}{k}$.

证 从点 $(0,0)$ 到点 $P = (n+k+1, -n+k-1)$ 的折线集合记为 A, 由推论 2.4 知 $|A| = C(n+k+1, k)$.

下面用另外一种方法求 $|A|$. 设 l 是 A 中的折线, 由推论 2.2, l 中斜率为 1 的节的个数是 k, 而斜率为 -1 的节的个数是 $n+1$. A 中有两条特殊的折线: 一条是从点 $(0,0)$ 出发沿着斜率为 1 的直线到达点 (k, k), 然后再从点 (k, k) 出发沿着斜率为 -1 的直线到达点 P. 另一条是从点 $(0, 0)$ 出发沿着斜率为 -1 的直线到达点 $(-n-1, -n-1)$, 然后再从点 $(-n-1, -n-1)$ 出发沿着斜率为 1 的直线到达点 P. 这两条折线构成一矩形, 而且 A 中每条折线上的格点或在这个矩形上或在这个矩形的内部. 设点 $P_r = (k-1+r, k-1-r)$, 则从点 $(0, 0)$ 到点 P 的每条折线必路过格点集 $\{P_r | r = 0, 1, 2, \cdots, n+1\}$ 中的某一点, 如图 2.4 所示.

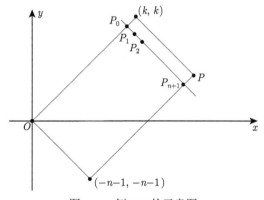

图 2.4　例 2.3 的示意图

把 A 分成 $n+2$ 组, 第 r 组 A_r 的折线是从点 $(0,0)$ 出发到达 P_r 点后, 再到点 $(k+r, k-r)$ 后, 然后沿斜率为 -1 的直线到达点 P, $r = 0, 1, 2, \cdots, n+1$. 由推论 2.4 知 $|A_r| = C(n+k-r, k-1), r = 0, 1, 2, \cdots, n+1$. 由加法原理, $|A| = \sum_{r=0}^{n+1} |A_r| = \sum_{r=0}^{n+1} \binom{n+k-r}{k-1}$, 故恒等式成立. ∎

定理 2.3 (反射原理)　设 $b_0 > 0, b_n > 0$, 从点 (a, b_0) 出发, 并与 x 轴相交, 最后到达点 $(a+n, b_n)$ 的所有折线的集合记为 A; 从点 $(a, -b_0)$ 出发, 到达点 $(a+n, b_n)$ 的所有折线的集合记为 B, 则 $|A| = |B|$.

证　如图 2.3 所示, 设 l 是 A 中的折线, 它与 x 轴第一次相交于点 $(c, 0)$. 作点 $(a, -b_0)$ 到点 $(c, 0)$ 的一折线 l' 使得其与折线 l 从点 (a, b_0) 到点 $(c, 0)$ 的一段关于 x 轴对称, 而折线 l' 从点 $(c, 0)$ 到终点的一段与 l 重合, 这样折线 l' 属于 B. 上述做法建立了 A 到 B 的双射, 于是 $|A| = |B|$. ∎

推论 2.5　设 $b_n > b_0$, P 是过格点 (a, b_0) 和格点 $(a+n, b_n)$ 的直线. 从点 (a, b_0) 到点 $(a+n, b_n)$ 的所有折线中在 P 的上方且不与 P 交叉的折线的集合记为 A, 在 P 的下方且不与 P 交叉的折线的集合记为 B, 则 $|A| = |B|$.

例 2.4 (有胜负选举问题)　在只有两个候选人的竞选中, 候选人甲得了 m 张选票, 候选人乙得了 n 张选票, $m > n$. 问: 在对 $m+n$ 张选票逐一唱票的过程中, 甲的得票数始终一直领先的点票记录有多少种可能?

解　用折线表示唱票过程. 设 $m+n$ 元有序组 $\langle x_1, x_2, \cdots, x_{m+n} \rangle$ 表示, 当第 i 次唱票时是甲的选票, 则取 $x_i = 1$; 是乙的选票, 则取 $x_i = -1$, 其中 $i = 1, 2, \cdots, m+n$. 令 $y_i = x_1 + x_2 + \cdots + x_i, i = 1, 2, \cdots, m+n$, 因此点票记录的集合与折线 $(1, y_1), (2, y_2), \cdots, (m+n, y_{m+n})$ 一一对应, 且满足 $|y_1| = 1, |y_{i+1} - y_i| = 1, i = 1, 2, \cdots, m+n-1$. 反之, 任给一个以 $(1, b_1)$ 为起点, 以 $(m+n, b_{m+n})$ 为终点的折线 l, 实际上也有一种点票记录与之对应. 不妨设 $x_i = b_i - x_1 - x_2 - \cdots - x_{i-1}$, $i = 1, 2, \cdots, m+n$. 因为对每个 $1 \leqslant i < m+n$, 点 $(i+1, b_{i+1})$ 和 (i, b_i) 是相邻的, 所以 $|b_{i+1} - b_i| = 1$. 因此 $|x_{i+1}| = |b_{i+1} - b_i| = 1, i = 1, \cdots, m+n-1$, 所以 $m+n$ 元有序组 $\langle x_1, x_2, \cdots, x_{m+n} \rangle$ 是一个长为 $m+n$ 的 $(1, -1)$-序列. 以上表明以 $(1, y_1)$ 为起点, 以 $(m+n, y_{m+n})$ 为终点的折线的集合与点票记录的集合一一对应.

依据题意, 甲的票数一直领先, 故 $y_i > 0, i = 1, 2, \cdots, m+n$, 且有 $y_1 = 1, y_n = m - n > 0$. 于是这样的点票记录对应的折线是一条以 $(1, 1)$ 为起点以 $(m+n, m-n)$ 为终点且不与 x 轴相交的折线. 设 A 是从点 $(1, 1)$ 到点 $(m+n, m-n)$ 且不与 x 轴相交的折线的集合, 即 A 是符合题设的点票记录的全体, B 是从点 $(1, 1)$ 到点 $(m+n, m-n)$ 且与 x 轴相交的折线的集合, C 是从点 $(1, -1)$ 到点 $(m+n, m-n)$ 的所有折线的集合, D 是从点 $(1, 1)$ 到点 $(m+n, m-n)$ 的所有折线的集合. 由反射原理可得 $|B| = |C|$, 由推论 2.4 可知

$$|D| = \begin{pmatrix} n+m-1 \\ \frac{1}{2}(n+m-1+m-n-1) \end{pmatrix} = \begin{pmatrix} n+m-1 \\ m-1 \end{pmatrix},$$

$$|C| = \begin{pmatrix} n+m-1 \\ \frac{1}{2}(n+m-1+m-n+1) \end{pmatrix} = \begin{pmatrix} n+m-1 \\ m \end{pmatrix}.$$

从而符合题意的点票记录有 $|A| = |D| - |C| = \begin{pmatrix} n+m-1 \\ m-1 \end{pmatrix} - \begin{pmatrix} n+m-1 \\ m \end{pmatrix} = \dfrac{m-n}{m+n} \begin{pmatrix} m+n \\ m \end{pmatrix}$ 种可能.

2.2 Catalan 数

Catalan 数是一个在组合数学里经常出现的一个数列, 它并没有一个具体的意义, 却是一个十分常见的数学规律. 对 Catalan 数的初步理解可以从无胜负选举中产生, 其实只要有一些操作, 而且操作有着一定的限制, 如一种操作数不能超过另外一种操作数, 或者两种操作不能有交集等, 这些情形下的数列都与 Catalan 数有关.

2.2.1 Catalan 数的定义

定义 2.7 令 $T_n = \dfrac{1}{n+1} \begin{pmatrix} 2n \\ n \end{pmatrix}$, 则 $\{T_n\}_{n \geqslant 0}$ 是一个整数序列, 称为 **Catalan 数列**, 称 T_n 是第 n 个 **Catalan 数**.

例 2.5 (无胜负选举问题) 在两人的竞选中, 候选人甲和候选人乙都得了 n 张选票, 问在对 $2n$ 张选票唱票中, 甲的得票数始终不少于乙的得票数的点票记录有多少种可能?

解 无胜负选举问题的点票记录可用一个长为 $2n$ 的 $(1,-1)$-序列 $x_1, x_2, \cdots, x_{2n}$ 表示, 令 $y_i = x_1 + x_2 + \cdots + x_i, i = 1, 2, \cdots, 2n$, 则 $(1, y_1), (2, y_2), (3, y_n), \cdots, (2n, y_{2n})$ 是平面直角坐标系中的 $2n$ 个格点, 而且满足 $|y_1| = 1, |y_{i+1} - y_i| = 1, i = 1, 2, \cdots, 2n-1$. 于是 $(1, y_1), (2, y_2), (3, y_n), \cdots, (2n, y_{2n})$ 依次在一条折线上.

因为在点票中甲的得票数始终不少于乙的得票数, 所以 $y_i \geqslant 0, i = 1, 2, \cdots, 2n$. 特别地, $y_1 = 1, y_{2n} = 0$. 于是这样的折线是一条连接点 $(1, 1)$ 与点 $(2n, 0)$ 在 x 轴上方且与 x 轴有交点的折线, 设 A' 是所有这样折线的集合. 现在将 x 轴向下平移一个单位, 即以 $y = -1$ 为 x' 轴, 则 A' 中的折线对于坐标平面 $x'O'y$ 来说, 都是以 $(1, 2)$ 为起点, 以 $(2n, 1)$ 为终点且不与 x' 轴相交的折线. 在坐标平面 $x'O'y$ 中, 设 B' 是从点 $(1, 2)$ 到点 $(2n, 1)$ 且与 x' 轴相交的折线的集合; C' 是从点 $(1, -2)$ 到点 $(2n, 1)$ 的所有折线的集合; D' 是从点 $(1, 2)$ 到点 $(2n, 1)$ 的所有折线的集合. 由反射原理知 $|B'| = |C'|$. 由推论 2.4 可得

$$|D'| = \begin{pmatrix} 2n - 1 \\ \dfrac{1}{2}(2n - 1 + 1 - 2) \end{pmatrix} = \begin{pmatrix} 2n - 1 \\ n - 1 \end{pmatrix},$$

$$|C'| = \begin{pmatrix} 2n - 1 \\ \dfrac{1}{2}(2n - 1 + 1 + 2) \end{pmatrix} = \begin{pmatrix} 2n - 1 \\ n + 1 \end{pmatrix}.$$

从而符合题意的点票记录有 $|A'| = |D'| - |C'| = \begin{pmatrix} 2n - 1 \\ n - 1 \end{pmatrix} - \begin{pmatrix} 2n - 1 \\ n + 1 \end{pmatrix} =$

$\dfrac{1}{n+1}\begin{pmatrix} 2n \\ n \end{pmatrix}$, 故在对 $2n$ 张选票逐一唱票的过程中, 有 $\dfrac{1}{n+1}\begin{pmatrix} 2n \\ n \end{pmatrix}$ 种方法安排选票使得甲的得票数始终不少于乙的得票数.

性质 2.3   一个长为 $2n$ 的 $(1,-1)$-序列 $x_1, x_2, \cdots, x_{2n}$ 称为**无胜负选举序列**, 若它满足

(1) $x_1 + x_2 + \cdots + x_i \geqslant 0, i = 1, 2, \cdots, 2n-1$;

(2) $x_1 + x_2 + \cdots + x_{2n} = 0$.

性质 2.4   一个由 m 个 1 和 n 个 -1 组成的 $(1,-1)$-序列 $x_1, x_2, \cdots, x_{m+n}$ 称为**有胜负选举序列**, 若它满足 $x_1 + x_2 + \cdots + x_i > 0, i = 1, 2, \cdots, m+n$, 由例 2.4 其个数是 $\dfrac{m-n}{m+n}\begin{pmatrix} m+n \\ m \end{pmatrix}$.

例 2.6   求不定方程 $x_1 + x_2 + \cdots + x_{2n} = n$ 满足下面条件的非负整数解的个数.

(1) $x_1 + x_2 + \cdots + x_i < \dfrac{i}{2}, i = 1, 2, \cdots, 2n-1$; (2) $0 \leqslant x_i \leqslant 1, i = 1, 2, \cdots, 2n$.

解   设 $(y_1, y_2, \cdots, y_{2n})$ 是不定方程 $x_1 + x_2 + \cdots + x_{2n} = n$ 满足约束条件的解, 于是 $y_1, y_2, \cdots, y_{2n}$ 是一个由 n 个 0 和 n 个 1 组成的 $(0,1)$-序列. 由题目的约束条件 (1) 可知, 对任意的 $i, 1 \leqslant i \leqslant 2n$, 在序列 $y_1, y_2, \cdots, y_{2n}$ 的前 i 项中, 0 的个数不少于 1 的个数. 反之, 任给一个这样的 $(0,1)$-序列, 都是不定方程 $x_1 + x_2 + \cdots + x_{2n} = n$ 满足约束条件的解. 因此, 不定方程 $x_1 + x_2 + \cdots + x_{2n} = n$ 满足约束条件的解集和与长为 $2n$ 的 $(0,1)$-序列的集合一一对应, 其解个数是第 n 个 Catalan 数 T_n.

例 2.7   证明 $(1-4x)^{1/2}$ 的展开式中 x^{n+1} 的系数是 $-2T_n$, 这里 T_n 第 n 个 Catalan 数.

证   由 Newton 二项式定理, $(1-4x)^{1/2}$ 的展开式中 x^{n+1} 的系数是

$$(-1)^{n+1}\begin{pmatrix} \dfrac{1}{2} \\ n+1 \end{pmatrix} 4^{n+1} = (-1)^{n+1}\frac{\dfrac{1}{2}\left(\dfrac{1}{2}-1\right)\left(\dfrac{1}{2}-2\right)\cdots\left(\dfrac{1}{2}-n\right)}{(n+1)!} 4^{n+1}$$

$$= (-1)^{n+1}\frac{(-1)^n 1 \cdot 3 \cdot 5 \cdot \cdots \cdot (2n-1)}{2^{n+1}(n+1)!} 4^{n+1}$$

$$= -\frac{2^{n+1} \cdot (2n)!}{(n+1)!(2 \cdot 4 \cdot 6 \cdot \cdots \cdot 2n)} = -\frac{2 \cdot (2n)!}{(n+1)! n!}$$

$$= -\frac{2}{n+1}\begin{pmatrix} 2n \\ n \end{pmatrix} = -2T_n. \qquad \blacksquare$$

2.2.2 更多形式模型

Catalan 数有多种表述形式, 下面几个计数问题都与 Catalan 数有关.

例 2.8 设质点 M 在数轴的整点上移动, 每过单位时间向左或向右移动一个单位. 求质点 M 从点 0(原点) 出发经 $2n+1$ 个单位时间第一次到达点 -1 的移动方法数.

解 质点 M 在数轴上按要求的一种移动方法可用一个长为 $2n+1$ 的 $(1,-1)$-序列 $x_1, x_2, \cdots, x_{2n+1}$ 表示, 这里 $x_i = -1$ 当且仅当质点 M 向左移动一个单位, $i = 1, 2, \cdots, 2n+1$. 当 $n = 0$ 时, 这种移动方法只有一种. 设 $n > 0$, 因为经 $2n+1$ 个单位时间第一次到达点 -1, 所以经 $2n$ 个单位时间质点 M 在原点, 而且满足 ① $x_1 + x_2 + \cdots + x_i \geqslant 0, i = 1, 2, \cdots, 2n-1$; ② $x_1 + x_2 + \cdots + x_{2n} = 0$. 故这个长为 $2n$ 的 $(1, -1)$-子序列 $x_1, x_2, \cdots, x_{2n}$ 是无胜负选举序列. 因为经 $2n$ 个单位时间质点 M 到达原点, 所以以下一次必向左移动. 因此, 质点 M 在数轴上按要求的移动方法数是长为 $2n$ 的无胜负选举序列的个数, 也就是第 n 个 Catalan 数 T_n.

下面例子的计数都是 Catalan 数, 详细的计算过程留给读者.

问题 1 设有 $2n$ 个人要买票进入剧场, 入场费 5 元. 有 n 个人有一张 5 元, 另外 n 人只有一张 10 元, 售票处无其他钞票, 问有多少种方法使得所有人都能买票?

问题 2 (出栈次序问题) 一个栈 (无穷大) 的进栈序列为 $1, 2, 3, \cdots, n$, 有多少个不同的出栈序列?

问题 3 在 $n \times n$ 的格子中, 只在下三角行走, 每次横或竖走一格, 有多少种走法 (图 2.5)?

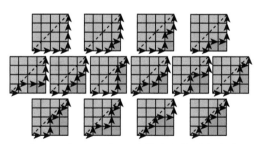

图 2.5　问题 3 在 4 阶格点上的所有走法

问题 4 用 n 个长方形填充一个高度为 n 的阶梯状图形的方法个数是多少 (图 2.6)?

问题 5 12 个高矮不同的人, 排成两排, 每排必须是从矮到高排列, 而且第二排比对应的第一排的人高, 问排列方式有多少种?

问题 6 对一个有 $n+2$ 条边的凸多边形 $(n \geqslant 1)$ 用连接顶点的不相交对角线将该多边形拆分成若干三角形, (划分线不交叉) 的方法数 (图 2.7)?

图 2.6　问题 4 在 $n=4$ 时的所有方法

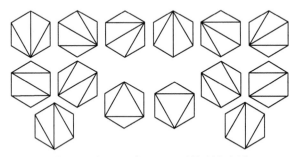

图 2.7　问题 6 在 $n=6$ 时的所有方法

问题 7　在圆上选择 $2n$ 个点, 将这些点成对连接使得所得到的 n 条线段不相交的方法数是多少 (图 2.8)?

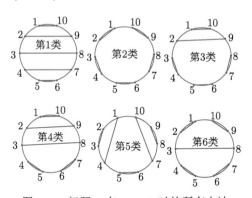

图 2.8　问题 7 在 $n=10$ 时的所有方法

问题 8　给定 n 个节点, 能构成多少种形状不同的二叉树 (图 2.9)?

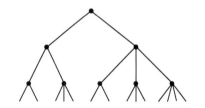

图 2.9　问题 8 在 $n=6$ 时的所有方法

问题 9 给定 $2n$ 个点排成一排, 任意两个点的上面画一个弧, 要求不能有一个弧形完全被另外一个弧形覆盖, 问有多少种不同的画法 (图 2.10)?

图 2.10 问题 9 在 $n = 10$ 时的所有方法

问题 10 设整数序列 $1 \leqslant a_1 \leqslant a_2 \leqslant \cdots \leqslant a_n \leqslant n$ 恰好有一个不同点, 即只有一个 i 满足 $a_i = i$, 问序列个数? 例如当 $n = 3$ 时有 111, 112, 222, 233, 333 五种情况.

问题 11 由 $n+1$ 个 1 和 n 个 0 组成的循环等价序列的个数? 例如当 $n = 3$ 时有 1111000, 1110100, 1110010, 1101100, 1101010 五种情况.

2.3 正整数的分拆

子集和问题是指给定 $n + 1$ 个正整数 $a_0, \cdots, a_{n-1}$ 和 s, 求解 n 个未知数 $x_0, \cdots, x_{n-1} \in \{0, 1\}$, 使得 $a_0 x_0 + \cdots + a_{n-1} x_{n-1} = s$. 子集和问题也被称为背包问题, 背包问题是 NP 完全问题, 是理论计算机科学中一个非常重要的研究课题. 由于理论计算机科学与公钥密码学紧密联系, 许多研究者尝试利用背包问题来构造安全的公钥密码算法. 本节将讨论一种子集和问题的特例, 就是将一个正整数分成几个整数之和.

定义 2.8 设 $k \in \mathbb{N}$, 正整数 n 的一个 k **部分拆**就是把 n 表示成 k 个正整数之和

$$n = n_1 + n_2 + \cdots + n_k \tag{2-1}$$

的一种表示法, 其中 $n_i \geqslant 1 (1 \leqslant i \leqslant k)$, 称 n_i 为此分拆的一个**分部**, n_i 的大小称为这个分部的**容量**, $\max\{n_1, n_2, \cdots, n_k\}$ 是此分拆的**最大容量**.

2.3.1 有序分拆计数公式

定义 2.9 正整数 n 的一个 k 部分拆, 若表达式 $n = n_1 + n_2 + \cdots + n_k$ 右端的和式不仅与各项的数值有关, 而且还与各分部的次序有关, 即不同的次序认为是不同的表示法, 称这样的分拆为**有序分拆**. 称 n_i 为**第 i 个分部**, 正整数 n 的 k 部有序分拆的个数称为 n 的**有序 k 分拆数**.

有序分拆可用一个有序 k 元组 $\langle n_1, n_2, \cdots, n_k \rangle$ 来表示. 一般来说, 有序分拆的计数容易处理, 通过下面结论可以说明有序分拆的计数问题常归结为不定方程的正整数解的问题.

定理 2.4 正整数 n 的一个 k 部有序分拆 $\langle n_1, n_2, \cdots, n_k \rangle$ 是 k 元不定方程

$$x_1 + x_2 + \cdots + x_k = n \tag{2-2}$$

的一个正整数解, 也是把 n 个全相同的球放进 k 个全不同的盒子里, 每个盒子里至少有一个球的分配的方法数, 从而可知 n 的有序 k 分拆数是 $C(n-1, k-1)$.

证 因为 $\langle n_1, n_2, \cdots, n_k \rangle$ 是正整数 n 的一个 k 部有序分拆, 所以

$$n_1 + n_2 + \cdots + n_k = n.$$

于是 $\langle n_1, n_2, \cdots, n_k \rangle$ 是 (2-2) 式的一个正整数解. 反之, (2-2) 式的任一个正整数解都对应正整数 n 的一个 k 部有序分拆. 故 n 的有序 k 分拆数是 (2-2) 式的正整数解的个数. 令 $y_i = x_i - 1, i = 1, 2, \cdots, k$, 则 $x_1 + x_2 + \cdots + x_k = n$ 的正整数解的个数等于不定方程

$$y_1 + y_2 + \cdots + y_k = n - k$$

的非负整数解的个数. 由定理 1.11 知, 解个数是 $C(n-1, n-k) = C(n-1, k-1)$. ∎

例 2.9 正整数 $2n$ 分拆成 k 个分部, 各分部都是正偶数的有序分拆个数为 $C(n-1, k-1)$.

解 显然 $2x_1 + 2x_2 + \cdots + 2x_k = 2n$ 的正整数解的个数为 $C(n-1, k-1)$.

例 2.10 正整数 n 分拆成 k 个分部, 若 n 与 k 同奇偶, 则各分部都是奇数的有序分拆个数为 $C\left(\dfrac{n+k}{2} - 1, \ k-1\right)$.

解 n 的各分部为奇数的分拆 $n = x_1 + x_2 + \cdots + x_k$ 与 $n+k$ 的各分部为正偶数的分拆

$$n + k = (x_1 + 1) + (x_2 + 1) + \cdots + (x_k + 1)$$

构成一一对应的关系, 从而得到有序分拆个数为 $C\left(\dfrac{n+k}{2} - 1, k-1\right)$.

例 2.11 设 $p_1, p_2, \cdots, p_k$ 是 k 个正整数, 则正整数 n 的 k 部有序分拆中第 i 个分部大于等于 $p_i (1 \leqslant i \leqslant k)$ 的分拆个数是 $C(n+k-1-\sum\limits_{i=1}^{k} p_i, k-1)$. 也是把 n 个全相同的球放进 k 个全不同的盒子里, 第 i 个盒子里至少有 p_i 个球的分配的方法数 $(1 \leqslant i \leqslant k)$.

解 令 $y_i = x_i - p_i + 1, i = 1, 2, \cdots, k$, 则 $x_1 + x_2 + \cdots + x_k = n$ 满足 $x_i \geqslant p_i$ 的正整数解的个数等于不定方程 $y_1 + y_2 + \cdots + y_k = n + k - p_1 - p_2 - \cdots - p_k$ 的正整数解的个数. 由定理 2.4, 上述不定方程的正整数解的个数是

$$\begin{pmatrix} n+k-1-\sum_{i=1}^{k} p_i \\ k-1 \end{pmatrix}.$$

2.3.2
Ferrers 图

2.3.2 无序分拆与 Ferrers 图

定义 2.10 正整数 n 的一个 k 部分拆, 若表达式 $n = n_1 + n_2 + \cdots + n_k$ 中, 对诸 n_i 任意换位后的表示法都认为是同一种表示法, 这种分拆也称为**无序分拆**, 简称**分拆**. 正整数 n 的 k 部分拆的个数称为 n 的 k **部分拆数**, 记为 $p(n, k)$, n 的所有分拆的个数称为 n 的**分拆数**, 记为 $p(n)$.

无序分拆可以用 $\pi = (n_1, n_2, \cdots, n_k)_{\geqslant}$ 来表示, 其中 $n_1 \geqslant n_2 \geqslant \cdots \geqslant n_k$.

性质 2.5 $p(n, n) = p(n, 1) = 1$, 若 $k > n \geqslant 1$, 则 $p(n, k) = 0$.

若规定 $p(0,0) = 1$, 并且当 $n \geqslant 1$ 时, $p(n,0) = p(0,n) = 0$, 则函数 $p(n,k)$ 的定义域是 $\mathbb{N}_0$, 而且显然 $p(n) = p(n,1) + p(n,2) + \cdots + p(n,n)$. 上节有序分拆的计数可归结为, 求带有一定限制条件的系数全为 1 的不定方程的整数解问题. 实际上, 无序分拆的计数问题也可归结为带有一定限制条件的一类不定方程的整数解问题. 为此, 我们先引入无序分拆的一种指数型表示方法.

1. 分拆的指数型表示法

定义 2.11 若正整数 n 的一个分拆 π 中有 λ_1 个 1, λ_2 个 2, $\cdots$, λ_n 个 n, 记 $\pi = 1^{\lambda_1} 2^{\lambda_2} \cdots n^{\lambda_n}$, 这里 $\lambda_i \in \mathbb{N}_0$, 也称 π 是 $\mathbf{1^{\lambda_1} 2^{\lambda_2} \cdots n^{\lambda_n}}$-型的.

例 2.12 整数 4 的所有分拆有如下表示:

$$4 = 4 \to 4^1, \quad 4 = 3 + 1 \to 3^1 1^1, \quad 4 = 2 + 2 \to 2^2, \quad 4 = 2 + 1 + 1 \to 2^1 1^2,$$

$$4 = 1 + 1 + 1 + 1 \to 1^4.$$

定理 2.5 正整数 n 分拆数是不定方程 $1\lambda_1 + 2\lambda_2 + \cdots + n\lambda_n = n$ 的解个数.

证 若 n 的一个分拆 π 是 $1^{\lambda_1} 2^{\lambda_2} \cdots n^{\lambda_n}$-型的, 则有 $1\lambda_1 + 2\lambda_2 + \cdots + n\lambda_n = n$. 即 $\lambda_1, \lambda_2, \cdots, \lambda_n$ 是下面不定方程

$$1x_1 + 2x_2 + \cdots + nx_n = n \tag{2-3}$$

的一个非负整数解. 反之, 不定方程 (2-3) 的一个非负整数解对应 n 的一种无序分拆. 因此, n 的分拆数 $p(n)$ 恰是不定方程 (2-3) 的非负整数解的个数. ■

2. 分拆数的递归关系

性质 2.6 由 $p(n,k)$ 定义可知, 若 $n > 1$, 则 $p(n,1) = p(n,n-1) = 1, p(n,2) = \lfloor n/2 \rfloor$.

迄今为止, $p(n,k)$ 和 $p(n)$ 都没有比较简单的计数公式, 但下面的递归关系可部分弥补这方面的缺憾.

定理 2.6 设 $n, k \in \mathbb{N}$, 规定 $p(0,0) = 1$, 则 $p(n,k)$ 有如下递归关系:

(1) $p(n,k) = p(n-1, k-1) + p(n-k, k)$;

(2) $p(n+k, k) = p(n,1) + p(n,2) + \cdots + p(n,k)$, 即 $n+k$ 的 k 部分拆数等于 n 的至多有 k 个分部的分拆数.

证 (1) n 的 k 部分拆 $(n_1, n_2, \cdots, n_k)_{\geqslant}$ 可分成两类: 一类满足 $n_k = 1$, 共有 $p(n-1, k-1)$ 个; 另一类满足 $n_k > 1$, 而每个这种分拆相当于 $n-k$ 的一个 k 部分拆

$$(n_1 - 1, n_2 - 1, \cdots, n_k - 1)_{\geqslant},$$

故共有 $p(n-k, k)$ 个. 由加法原理, 递归关系 (1) 成立.

(2) 设 $n+k$ 的 k 部分拆的集合是 E, n 的至多有 k 个分部的分拆的集合为 F, 定义映射 $\varphi : E \to F$ 如下, 对于 $n+k$ 的一个 k 部分拆 $\pi = (n_1, n_2, \cdots, n_k)_{\geqslant}$, 有

$$\varphi(\pi) = (n_1 - 1, n_2 - 1, \cdots, n_j - 1)_{\geqslant},$$

这里的 j 是使 $n_j > 1$ 的最大下标. 因为 $n, k \in \mathbb{N}$, 所以 $n + k > k$. 于是 $n_1 > 1$, 因而这样的 j 存在. 容易验证 φ 是双射, 故

$$p(n+k, k) = |E| = |F| = p(n,1) + p(n,2) + \cdots + p(n,k),$$

递归关系 (2) 成立. ■

利用定理 2.6, 理论上可以对 n 从小到大逐步求得所有 $p(n,k)$ 的值, 于是可以求出 $p(n)$.

3. 分拆的 Ferrers 图

借助于 Ferrers 图来研究正整数分拆是一种直观有效的组合思想. 这种用图形表示关系结构的思想是整个组合数学的特点之一, 关于格点的研究是一个很好的范例.

定义 2.12 Ferrers 图是一个自上而下的多层格点阵列, 且上层格点数不少于下层格点数.

性质 2.7 对于 n 个点的 Ferrers 图, 若把最上面的一行称为第一行, 最左边的一列称为第一列, 则从第一行 (列) 起它的各行 (列) 点数是一个递减数列.

正整数 n 的一个 k 部分拆 $\pi = (n_1, n_2, \cdots, n_k)_{\geqslant}$ 的 Ferrers 图有 k 行和 n_1 列, 其中第 i 行点数为 n_i, $i = 1, 2, \cdots, k$. 反过来, 对一个有 n 个点 Ferrers 图, 可按其各行的点数唯一得到 n 的一个 k 部分拆. 因此, n 的所有分拆的集合与所有 n 个点的 Ferrers 图的集合之间是一一对应的.

定义 2.13 设 n 的一个 k 部分拆为 $\pi = (n_1, n_2, \cdots, n_k)_\geqslant$, 其 Ferrers 图中第 j 列点数为 $s_j, j = 1, 2, \cdots, n_1$ 且 $s_1 + s_2 + \cdots + s_{n1} = n$, 于是 $(s_1, s_2, \cdots, s_{n1})_\geqslant$ 也是 n 的一个分拆, 称为 π 的**共轭分拆**, 记为 π^*.

π^* 的 Ferrers 图也是由 n 个点组成的形如倒置阶梯的平面格点阵列, 它有 n_1 行和 k 列, 其第 i 行点数为 $s_i, i = 1, 2, \cdots, n_1$, 第 j 列点数为 $n_j, i = 1, 2, \cdots, k$.

性质 2.8 实际上 π^* 的 Ferrers 图是 π 的 Ferrers 图的一个转置, 故有 $(\pi^*)^{\mathrm{T}} = \pi$.

如图 2.11 所示的两个图分别表示正整数 15 的一个分拆 $(5,5,3,2)$ 的 Ferrers 图及它的共轭分拆 $(4,4,3,2,2)$ 的 Ferrers 图, 可见两个图互为转置.

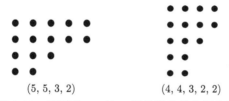

$(5, 5, 3, 2)$ $(4, 4, 3, 2, 2)$

图 2.11   正整数 15 的 4 部分拆及其共轭分拆

记 n 的所有分拆的集合为 $\mathbb{F}(n)$, 则映射 $\pi \mapsto \pi^*$ 定义了 $\mathbb{F}(n)$ 到自身的一个双射. 这个映射把 $\mathbb{F}(n)$ 中最大容量是 k 的分拆映射成一个 k 部分拆, 从而也把最大容量 $\leqslant k$ 的分拆映射成分部个数 $\leqslant k$ 的分拆, 于是有下面的结论.

定理 2.7 正整数 n 的 k 部分拆的个数 $p(n, k)$ 等于 n 的最大容量是 k 的分拆个数; n 的至多有 k 个分部的分拆的个数 $p(n + k, k)$ 等于 n 的最大分部至多是 k 的分拆的个数.

性质 2.9 正整数 n 的最小分部为 1 的 k 部分拆的个数等于 $n-1$ 的 $k-1$ 部分拆数.

定义 2.14 满足 $\pi^* = \pi$ 的分拆 π 称为**自共轭分拆**.

定理 2.8 一个分拆 π 是自共轭的当且仅当 π 的 Ferrers 图的第 i 行和第 i 列的点数相同.

定理 2.9 正整数 n 的自共轭分拆的个数等于 n 的各分部两两不同且每个分部的容量都是奇数的分拆的个数.

证 设 $\pi = (2n_1+1, 2n_2+1, \cdots, 2n_k+1)_>$ 是 n 的各分部两两不同且每个分部的容量都是奇数的分拆, 则 $n_1 > n_2 > \cdots > n_k$. 我们用非负整数 $n_1, n_2, \cdots, n_k$ 构作一个平面上 n 个格点阵列.

先构作第一个点阵列 F 如下: 第 1 行排 n_1+1 个点, 第 2 行排 n_2+2 个点, $\cdots$, 第 k 行排 $n_k + k$ 个点. 因为 $n_1 > n_2 > \cdots > n_k$, 所以 $n_1 + 1 \geqslant n_2 + 2 \geqslant \cdots \geqslant$

$n_k + k$. 于是 F 是正整数 $n_1 + n_2 + \cdots + n_k + k(k+1)/2$ 的一个分拆的 Ferrers 图. 把 F 转置得到 F', 让 F' 前 k 列的 k^2 个点与 F 的前 k 行的 k^2 个点重合, 从而得到正整数 $2n_1 + 2n_2 + \cdots + 2n_k + k = n$ 的一个分拆 π' 的 Ferrers 图, 它的第 i 行和第 i 列的点数相同. 由定理 2.8, π' 是 π 的自共轭分拆.

于是上述过程建立了 π 到 π' 的映射, 容易证明, 这个映射是 n 的所有自共轭分拆的集合到 n 的所有各分部两两不同且每个分部都是奇数的分拆的集合的双射. 由一一对应关系, n 的自共轭分拆的个数, 等于 n 的各分部两两不同且每个分部都是奇数的分拆的个数. ■

例 2.13　例如整数 23 的这个分拆 $\pi = (11, 7, 5)$ 对应 $\pi' = (6, 5, 5, 3, 3, 1)$ 的过程如下 (图 2.12).

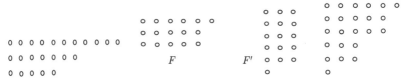

图 2.12　整数 23 分拆的自共轭分拆计算过程

首先作整数 23 的 3 部分拆 $\pi = (11, 7, 5)$ 的 Ferrers 图, 然后用 5, 3, 2 构作的整数 16 的分拆 (6,5,5) 对应的 Ferrers 图 F. F 转置得到 F', 让 F' 前 3 列的 9 个点与 F 的前 3 行的 9 个点重合, 从而得到正整数 23 的一个分拆 $\pi' = (6, 5, 5, 3, 3, 1)$ 的 Ferrers 图.

定理 2.10　正整数 n 的各分部都是奇数的分拆个数等于 n 的各分部两两不同的分拆个数.

证　任取 n 的各分部都是奇数的分拆 $\pi = 1^{\lambda_1} 2^{\lambda_2} \cdots n^{\lambda_n}$. 若 i 是偶数, 则 $\lambda_i = 0$. 因此, 若 $\lambda_i > 0$, 则 i 是奇数, 把 λ_i 表成 2 的幂和 (λ_i 的二进制表示):

$$\lambda_i = a_{i0} 2^0 + a_{i1} 2^1 + a_{i2} 2^2 + \cdots + a_{in} 2^n, \quad a_{ij} \in \{0, 1\}.$$

若 $a_{ij} = 1$, 则幂和中的项 2^j 对应 π 的 Ferrers 图中的 2^j 个相同的行. 因为其中每行有 i 个点, 故共有 $i2^j$ 个点. 把 $i2^j$ 作为 n 的一个新的分拆 π' 的一个分部. 于是 π' 的每个分部都具有 $p2^q$ 的形式, 其中 p 是 π 的一个分部的容量, 因而是奇数, 2^q 是 λ_p 的二进制表示中的第 q 项. 因为具有 $p2^q$ 形式的数被 p 和 q 唯一确定, 所以 π' 是一个分部两两不同的分拆.

上述过程建立了 π 到 π' 的映射, 容易证明这个映射是 n 的各分部都是奇数的分拆的集合到 n 的各分部两两不同的分拆的集合的双射. 由一一对应关系, 正整数 n 的各分部都是奇数的分拆个数等于 n 的各分部两两不同的分拆个数. ■

定理 2.10 的证明是通过建立正整数 n 的各分部都是奇数的分拆集合到 n 的各分部两两不同的分拆集合的一一对应来完成的. 下面的例子可以帮助理解定理

的证明.

例 2.14 设正整数 66 的一个分拆 $\pi = 7^5 5^4 3^3 1^2$, 把这些指数用二进制表示: $5 = 2^0 + 2^2$, $4 = 2^2$, $3 = 2^0 + 2^1$, $2 = 2^1$. 构作 66 的新分拆 π' 为

$$(7 \cdot 2^2, 5 \cdot 2^2, 7 \cdot 2^0, 3 \cdot 2^1, 3 \cdot 2^0, 1 \cdot 2^1) = (28, 20, 7, 6, 3, 2).$$

2.3.3 整数分拆与分配问题

给定正整数 n 的一个分拆 $(n_1, n_2, \cdots, n_k)_{\geqslant}$, 则

$$n = n_1 + n_2 + \cdots + n_k.$$

设 A 是正整数 n 的所有分拆的集合, B 是把 n 个全相同的球放进 k 个全相同的盒子里, 每个盒子不空的分配方法的集合, C 是把 n 个全相同的球放进 k 个全相同的盒子里, 每个可放任意多个球的分配方法的集合.

考虑把 n 个全相同的球放进 k 个全相同的盒子里, 每个盒子不空的一种分配方法对应正整数 n 的一个分拆. 这种对应建立了 A 与 B 之间的一一对应. 因此, 把 n 个全相同的球放进 k 个全相同的盒子里, 每个盒子不空的分配方法数是分拆数 $p(n, k)$, 见第 1 章的公式 1.11.

若考虑把 n 个全相同的球放进 k 全相同的盒子里, 每个盒子可放任意多个球的分配方法对应正整数 n 的至多有 k 个分部的一个分拆. 这种对应建立了 A 与 C 之间的一一对应. 事实上, 把 n 个全相同的球放进 k 个全相同的盒子里, 必有 i 个盒子不空, 这里 $i \leqslant k$ 且这 i 个盒子里共有 n 个球. 于是这种分配方法对应正整数 n 的一个 i 分部分拆. 由定理 2.6 (2), 这种分拆的个数是

$$p(n, 1) + p(n, 2) + \cdots + p(n, k) = p(n + k, k).$$

2.4 集合分拆和第二类 Stirling 数

2.4 集合
的分拆

2.4.1 集合有序分拆

定义 2.15 集合 A 是由 k 个子集构成的族, $\pi = \{A_1, A_2, \cdots, A_k\}$ 称为 A 的一个 k **部分拆** (简称**分拆**), 如果 A 的这些子集满足性质:

(1) 每个 A_i 非空;

(2) 当 $i \neq j$ 时, $A_i \cap A_j = \varnothing$;

(3) $A = A_1 \cup A_2 \cup \cdots \cup A_k$.

其中每个 A_j 称为分拆 π 的**块**, $|A_j|$ 称为块 A_j 的**容量**, 分拆又称为**划分**, 可记为 $\pi = A_1 | A_2 | \cdots | A_k$.

因为 π 是一个子集族, 上述分拆 π 与 π 的诸元素 A_j 的位置次序无关, 即 $\{A_1, A_2, \cdots, A_k\}$ 是无序的.

定义 2.16　设 $\pi = \{A_1, A_2, \cdots, A_k\}$ A 的一个 k 部分拆, 当 $\{A_1, A_2, \cdots, A_k\}$ 有序时, 则称分拆 π 是**有序分拆**, A_j 称为有序分拆 π 的第 j 个块.

定义 2.17　若 A_j 的容量是 $r_j, j = 1, 2, \cdots, k$, 分别称相应的分拆为 $(r_1, r_2, \cdots, r_k)$-**无序分拆**和 $\langle r_1, r_2, \cdots, r_k \rangle$-**有序分拆**.

性质 2.10　设 A 是有限集, $\{A_1, A_2, \cdots, A_k\}$ 是 A 的一个有序 k 部分拆, 若 $r_1 = r_2 = \cdots = r_k = 1$, 则 A 的有序分拆个数是 $k!$, 而 A 的无序分拆个数是 1.

证　由 $r_1 = r_2 = \cdots = r_k = 1$, 则 $|A| = k$. 这时集合 A 的一个 $\langle 1, 1, \cdots, 1 \rangle$-有序分拆对应 A 的一个全排列, 故 A 的 $\langle 1, 1, \cdots, 1 \rangle$-有序分拆个数是 $k!$, 而 A 的无序分拆个数是 1.　∎

性质 2.11　集合 A 的 $\langle 1, 1, \cdots, 1, r_k \rangle$-有序分拆的个数等于 A 的 $(k-1)$-排列数, 其中 $r_k > 1$.

证　若 $r_1 = r_2 = \cdots = r_{k-1} = 1, r_k > 1$, 这时集合 A 的一个 $\langle 1, 1, \cdots, 1, r_k \rangle$-有序分拆可以这样做, 先从 A 中选出 $k-1$ 个元素作为 $k-1$ 个子集排在前面, 剩余的元素作为一个子集排在最后, 于是集合 A 的 $\langle 1, 1, \cdots, 1, r_k \rangle$-有序分拆对应 A 的一个数 $(k-1)$-排列, 故 A 的 $\langle 1, 1, \cdots, r_k \rangle$-有序分拆个数是 A 的 $(k-1)$-排列数.　∎

性质 2.12　集合 A 的一个 $\langle r_1, r_2 \rangle$-有序分拆个数是 A 的 r_1-组合数.

由上面三个性质可以看出, 集合上的排列与组合都可看作集合的有序分拆的特殊情形. 下面的定理完全解决了集合的有序分拆的计数问题.

定理 2.11　设 $r_i \in \mathbb{N}, i = 1, 2, \cdots, k, r_1 + r_2 + \cdots + r_k = n$, 则 n 元集 A 的 $\langle r_1, r_2, \cdots, r_k \rangle$-有序分拆个数是

$$\frac{n!}{r_1! r_2! \cdots r_k!}. \tag{2-4}$$

证　这个问题等价于把 1^n 型的 n 个球放进 1^k 型的 k 个盒子里, 规定第 i 个盒子里恰好放 r_i 个球, $i = 1, 2, \cdots, k, \sum r_i = n$ 这样的分配问题. 于是 n 元集 A 的 $\langle r_1, r_2, \cdots, r_k \rangle$-有序分拆个数是这样的分配问题的分配方法数, 由例 1.39, A 的 $\langle r_1, r_2, \cdots, r_k \rangle$-有序分拆个数就是公式 (2-4).　∎

2.4.2　分拆的组合与解析定义

定义 2.18　一个 n 元集合的所有 k 部无序分拆的个数叫做**第二类 Stirling 数**, 记为 $S(n, k)$.

例 2.15　证明 $S(4, 2) = 7$.

2.4.2 第二类 Stirling 数

证 集合 $\mathbb{N}_4 = \{1, 2, 3, 4\}$ 共有如下 7 个 2 部分拆:

$$1|2, 3, 4; \quad 2|1, 3, 4; \quad 3|1, 2, 4; \quad 4|1, 2, 3; \quad 1, 2|3, 4; \quad 1, 3|2, 4; \quad 1, 4|2, 3.$$

所以 $S(4, 2) = 7$. ■

由定义知: $S(n, n) = S(n, 1) = 1$; 若 $k > n \geqslant 1$, 则 $S(n, k) = 0$; 当 $n \geqslant 1$ 时, 则 $S(n, 0) = S(0, n) = 0$. 若规定 $S(0, 0) = 1$, 则函数 $S(n, k)$ 的定义域是 $\mathbb{N}_0$. 上述第二类 Stirling 数 $S(n, k)$ 的定义是利用集合的分拆的概念给出的, 它有明显的组合意义, 即 $S(n, k)$ 表示 n 元集合的所有 k 部分拆的个数.

例 2.16 证明 $S(n+1, n) = 1 + 2 + \cdots + n = C(n+1, 2)$.

证 由第二类 Stirling 数的定义 $S(n+1, n)$ 是 $n+1$ 元集的 n 分拆数. 这样的 n 分拆数可按如下方法得到: 从 $n+1$ 个元素中任取两个元素作为一个块, 有 $C(n+1, 2)$ 中取法; 其余的 $n-1$ 个元素的每一个作为一个块, 取法唯一, 这样 n 的个块是 $n+1$ 元集的一个 n 分拆. 由乘法原理, $n+1$ 元集共有 $C(n+1, 2) = 1 + 2 + \cdots + n = S(n+1, n)$ 个分拆. ■

性质 2.13 第二类 Stirling 数 $S(n, k)$ 有以下性质:

(1) $S(n, 2) = 2^{n-1} - 1$;

(2) $S(n, 3) = \dfrac{1}{2}\left(3^{n-1} + 1\right) - 2^{n-1}$;

(3) $S(n, n-2) = \dbinom{n}{3} + 3\dbinom{n}{4}$.

证 (1) 两个盒子无区别, 当第 1 个球放进其中一个盒子后, 其余 $n-1$ 个有标志的球都与第 1 个球同盒与否的两种选择, 共有 2^{n-1} 种可能, 但必须排除其中与第一个球同盒, 另一盒为空的可能, 故 $S(n, 2) = 2^{n-1} - 1$.

(2) 和 (3) 的证明, 留给读者. ■

第二类 Stirling 数 $S(n, k)$ 除了上述组合定义外, 还存在解析定义, 为此介绍如下. 记 $C_n[x]$ 为全体次数 $\leqslant n$ 的复多项式所成的线性空间, 则 $C_n[x]$ 是 $n+1$ 维线性空间. 设 $k \in \mathbb{N}$, 记 k 次多项式 $(x)_k = x(x-1)\cdots(x-k+1)$, 则它是一个首项系数为 1 的整系数多项式. 若规定 $(x)_0 = 1$, 则 $n+1$ 个多项式 $(x)_0, (x)_1, \cdots, (x)_n$ 是线性无关的. 于是 $1, x, \cdots, x^n$ 及 $(x)_0, (x)_1, \cdots, (x)_n$ 同为 $C_n[x]$ 的基, 所以它们之间可相互线性表出, 故 x^n 可唯一地表示成

$$(x)_0, \quad (x)_1, \quad \cdots, \quad (x)_n$$

的复系数线性组合. 下面要证明在这个线性组合中 $(x)_k$ 的系数就是 $S(n, k)$.

定理 2.12 $x^n = \displaystyle\sum_{k=0}^{n} S(n, k)(x)_k$.

证 设 $A = \mathbb{N}_n$, $B = \{b_1, b_2, \cdots, b_m\}$, $n \geqslant m \geqslant 1$. 设 σ 是 A 到 B 的一个映射, 我们用两种方法求 A 到 B 的映射个数. 一种方法, 因为 $\sigma(i) \in B$, 所以 $\sigma(1)\sigma(2)\cdots\sigma(n)$ 是 B 的一个 n 元重复排列. 反之, 任给 B 的一个 n 元重复排列都对应 A 到 B 的一个映射, 所以 A 到 B 的映射个数是 m^n.

另一种方法, 设 $B' = \{b_1', b_2', \cdots, b_k'\}$ 是 B 的非空 k 子集, 则 A 到 B' 的一个满射, σ 对应 A 的一个 k 部分拆 $A_1 | A_2 | \cdots | A_k$, 其中 $j \in A_i$ 当且仅当 $\sigma(j) = b_i'$. A 的每个这样的 k 分拆都能产生 $k!$ 个满射, 由乘法原理, 从 A 到 B' 的满射个数是 $k!S(n, k)$. 于是求出 A 到 B 的另一个映射个数的计算公式如下:

$$\sum_{k=1}^{m} \binom{m}{k} k! S(n, k),$$

因为 $n \geqslant 1$, 所以 $S(n, 0) = 0$. 于是对 $1 \leqslant m \leqslant n$ 有

$$m^n = \sum_{k=0}^{m} S(n,k)(m)_k. \tag{2-5}$$

现在考察多项式

$$x^n - \sum_{k=0}^{n} S(n,k)(x)_k, \tag{2-6}$$

此多项式若不为零, 则它的次数至多是 $n-1$. 由 (2-5) 式可知, 多项式 (2-6) 至少有 n 个零点 $m = 1, 2, \cdots, n$. 故多项式 (2-6) 为零多项式, 因此有

$$x^n = \sum_{k=0}^{n} S(n,k)(x)_k. \qquad\blacksquare$$

由定理 2.12, 可以给出第二类 Stirling 数的解析定义.

定义 2.19 设 k 次多项式 $(x)_k = x(x-1)\cdots(x-k+1)$, 把 x^n 通过 $(x)_0$, $(x)_1, \cdots, (x)_n$ 线性表出时 $(x)_k$ 的系数称为**第二类 Stirling 数 $S(n, k)$**.

2.4.3 递归关系与计数公式

定理 2.13 第二类 Stirling 数 $S(n,k)$ 有下面的递归关系:

$$S(n,k) = S(n-1, k-1) + kS(n-1, k), \quad n, k \in \mathbb{N}.$$

证 当 $n < k$ 时上式两端都是零; 当 $n = k$ 时上式两端都是 1. 现在设 $n > k \geqslant 1$. 记 n 元集 $A = \{a_1, a_2, \cdots, a_n\}$, 则 A 的 k 部分拆有如下两种类型.

(I) 单元集 $\{a_1\}$ 是分拆的一个块, 这类分拆的个数是 $S(n-1, k-1)$.

(II) $\{a_1\}$ 不是分拆的一个块. 这时 $\{a_1\}$ 必与 A 的其他某些元素共同组成一个块. 因此, 将 a_1 并入集合 $A \setminus \{a_1\}$ 的 k 部分拆的某一个块中来得到 A 的 k 部

分拆使得 $\{a_1\}$ 不是分拆的一个块. 这样利用 $A\backslash\{a_1\}$ 的一个 k 部分拆可得到 A 的 k 个 k 部分拆. 于是这类分拆的个数是 $kS(n-1, k)$.

由加法原理, 递归关系成立. ∎

例 2.17 求 $S(5, 2)$ 和 $S(6, 2)$.

解 例题 2.15 已经求出 $S(4, 2) = 7$. 由定理 2.12 有

$$S(5, 2) = S(4, 1) + 2S(4, 2) = 1 + 2 \times 7 = 15;$$

$$S(6, 2) = S(5, 1) + 2S(5, 2) = 1 + 2 \times 15 = 31.$$

下面的定理给出了第二类 Stirling 数满足的另一个递推关系, 该递推关系也提供了另一种计算 $S(n, k)$ 的方法.

定理 2.14 第二类 Stirling 数 $S(n, k)$ 满足

$$S(n+1, k) = \sum_{m=k-1}^{n} \binom{n}{m} S(m, k-1).$$

证 $S(n+1, k)$ 是集合 $A = \{a_1, a_2, \cdots, a_n, a_{n+1}\}$ 的 k 分划数, 对于 A 的一个 k 分划, 设包含 a_{n+1} 的那块为 B, 则其余 $k-1$ 块构成了 $A-B$ 的一个 $k-1$ 分划. 反过来, 给定 A 的一个含 a_{n+1} 的子集 B, 若 $|A-B| \geqslant k-1$, 则 $A-B$ 的一个 $k-1$ 分划加上 B 就构成了 A 的一个 k 分划.

综合以上分析, 我们可以如下构造 A 的一个 k 分划: 先取 A 的一个不含 a_{n+1} 的子集 C, 使 $|C| \geqslant k-1$; 作出 C 的一个 $k-1$ 分划, 再拼上 $A-C$, 就构成了 A 的一个 k 分划. 而 $m = |C|$ 可以取 $k-1, k, \cdots, n$ 这些数. 对于确定的 m, 从 A 中取 C, 使 $|C| = m$ 的方案有 $\binom{n}{m}$ 种; 确定了 C 之后, C 的 $k-1$ 分划数为 $S(m, k-1)$. 由加法原则和乘法原则, 有

$$S(n+1, k) = \sum_{m=k-1}^{n} \binom{n}{m} S(m, k-1).$$ ∎

例 2.18 求 $S(5, 3)$.

解 定理 2.14 说明可以通过右边一列的数值来求出左边的数值, 进而

$$S(5, 3) = \sum_{m=2}^{4} \binom{4}{m} S(m, 2)$$

$$= \binom{4}{2} S(2, 2) + \binom{4}{3} S(3, 2) + \binom{4}{4} S(4, 2)$$

$$=6 \times 1 + 4 \times 3 + 1 \times 7 = 25.$$

定理 2.15 $S(r+n,n) = \sum_{1 \leqslant k_1 \leqslant k_2 \leqslant \cdots \leqslant k_r \leqslant n} k_1 k_2 \cdots k_r.$

证 上式右端的和式记为 $F(r,n)$. 当 $r, n \geqslant 2$ 时, 此和式中的诸项可分成两部分.

(i) $k_r = n$. 这部分各项之和是 $nF(r-1,n)$.

(ii) $k_r < n$. 这部分各项之和是 $F(r,n-1)$. 于是 $F(r,n)$ 有递归关系

$$F(r,n) = F(r,n-1) + nF(r-1,n). \tag{2-7}$$

由定理 2.13, 第二类 Stirling 数 $S(r+n,n)$ 有递归关系

$$S(r+n,n) = S(r+n-1,n-1) + nS(r+n-1,n). \tag{2-8}$$

于是 $S(r+n,n)$ 和 $F(r,n)$ 有相同的递归关系. 对于 $r,n \in \mathbb{N}$ 有

$$F(r,1) = 1 = S(r+1,1), \quad F(1,n) = 1 + 2 + \cdots + n.$$

由例 2.16, $F(1,n) = 1 + 2 + \cdots + n = C(n+1,2) = S(1+n,n)$ 个分拆. 即递归关系 (2-7) 和 (2-8) 有相同的初始值, 于是对所有的 $r, n \in \mathbb{N}$ 都有

$$F(r,n) = S(r+n,n). \qquad \blacksquare$$

上面的定理可以用于计算第二类 Stirling 数, 但下面的公式更为直接.

定理 2.16 对于第二类 Stirling 数有计数公式

$$S(n,k) = \frac{1}{k!} \sum_{i=0}^{k} (-1)^i \binom{k}{i} (k-i)^n.$$

证 固定 n, 记 $k!S(n,k) = a_k$. 则 (2-5) 式改写成

$$m^n = \sum_{k=0}^{n} \binom{m}{k} a_k. \tag{2-9}$$

任取 $l \in \mathbb{N}$, 在 (2-9) 式两端同乘 $(-1)^{m+l} \binom{l}{m}$ 后, 再对 m 从 0 到 l 求和得

$$\sum_{m=0}^{l} (-1)^{m+l} \binom{l}{m} m^n = \sum_{m=0}^{l} (-1)^{m+l} \binom{l}{m} \left(\sum_{k=0}^{m} \binom{m}{k} a_k \right)$$

$$= \sum_{k=0}^{m} a_k \left(\sum_{m=0}^{l} (-1)^{m+l} \binom{l}{m} \binom{m}{k} \right)$$

$$= \sum_{k=0}^{l} (-1)^{l+k} a_k \delta_{l,k} = a_l = l! S(n,l).$$

在上式中分别把 l 和 m 改成 k 和 $k-i$ 后再把等式两端同除以 $k!$ 得

$$S(n,k) = \frac{1}{k!} \sum_{i=0}^{k} (-1)^i \binom{k}{i} (k-i)^n.$$

2.4.4 集合的分拆与分配问题

2.4.4 集合的分拆与分配问题

设 A 是 n 元集, $\{A_1, A_2, \cdots, A_k\}$ 是 A 的一个 k 部分拆, A 的 k 部分拆个数是 $S(n,k)$. 同时把集合 A 的 n 个元素看作球, A 的一个 k 部分拆的每个块看作盒子, 这又是分配问题.

1. 无序分拆的情形

这种情形表明 A 的一个 k 部分拆的 k 个块对应 k 个全相同的盒子.

性质 2.14 把 n 个全不同的球放进 k 个全相同的盒子里, 每个盒子不空的分配方法数是第二类 Stirling 数 $S(n,k)$.

证 题意分配方法的集合记为 $\mathbb{F}_1$. 于是 $\mathbb{F}_1$ 的每种分配方法对应集合 A 的一个无序 k 部分拆. 这种对应建立了集合 A 的所有无序 k 部分拆的集合到 $\mathbb{F}_1$ 的一一对应. 因此, 此时方法数是第二类 Stirling 数 $S(n,k)$, 见第 1 章的公式 1.12. ■

性质 2.15 把 n 个全不同的球放进 k 个全相同的盒子里, 每个盒子可放任意多个球, 其方法数是 $S(n,1) + S(n,2) + \cdots + S(n,k)$.

证 这种分配方法对应集合 A 的至多有 k 个块的一个 k 部分拆. 这种对应建立了集合 A 的所有至多有 k 个块的 k 部分拆的集合与把 n 个全不同的球放进 k 个全相同的盒子里, 每个盒子可放任意多个球的分配方法的集合之间的一一对应. 事实上, 把 n 个全不同的球放进 k 个全相同的盒子里, 必有 i 个盒子不空, 这里 $i \leqslant k$ 且这 i 个盒子里共有 n 个球. 于是这种分配方法对应集合 A 的一个 i 部分拆. 于是这种分拆的个数是 $S(n,1) + S(n,2) + \cdots + S(n,k)$, 见第 1 章的公式 1.8. ■

性质 2.16 把 n 个全不同的球放进 k 个全相同的盒子里, 每个盒子恰好放 r 个球的分配方法是 $\dfrac{n!}{(r!)^k k!}$, 其中 $n = kr$.

证 若考虑对应建立集合 A 的所有 $(r, r, \cdots, r)$-无序 k 部分拆的集合与把 n 个全不同的球放进 k 个全相同的盒子里, 每个盒子恰好放 r 个球的分配方法的集合之间的一一对应. 事实上, 把 n 个全不同的球放进 k 个全相同的盒子里, 每盒有 r 球, 则 $n = kr$. 再 A 的一个 $(r, r, \cdots, r)$-无序 k 部分拆对应 $k!$ 个 A 的 $(r, r, \cdots, r)$-有序 k 部分拆. 由定理 2.11, A 的 $(r, r, \cdots, r)$-无序 k 部分拆个数是 $\dfrac{n!}{(r!)^k k!}$. ■

性质 2.17　把 n 个全不同的球放进 k 个全相同的盒子里, 并考虑盒中球作环状排列, 每个盒子恰好放 r 个球的分配方法数是 $\dfrac{n!}{r^k k!}$.

证　要求每盒里的球作环状排列, 则每个盒里的球有 $(r-1)!$ 种方法排序. 再结合性质 2.15 的结论即可证明. ■

2. 有序分拆的情形

这种情形表明 A 的一个 k 部分拆的 k 个块对应 k 个全不同的盒子.

性质 2.18　把 n 个全不同的球放进 k 个全不同的盒子, 每个盒子不空的分配方法数是 $k!S(n,k)$.

证　考虑建立了集合 A 的所有有序 k 部分拆的集合与把 n 个全不同的球放进 k 个全不同的盒子里, 每个盒子不空的分配方法的集合之间的一一对应. 因此, 把 n 个全不同的球放进 k 个全不同的盒子里, 每个盒子不空的分配方法数是 $k!S(n,k)$, 见第 1 章的公式 1.10. ■

性质 2.19　利用分配问题证明 $(k)_1 S(n,1)+(k)_2 S(n,2)+\cdots+(k)_k S(n,k)=k^n$.

证　考虑把 n 个全不同的球放进 k 个全不同的盒子里, 每个盒子可放任意多个球的分配方法对应集合 A 的一个至多有 k 个块的有序 k 部分拆. 这种对应建立了 A 的一个至多有 k 个块的有序 k 部分拆的集合与把 n 个全不同的球放进 k 个全不同的盒子里, 每个可放任意多个球的分配方法的集合之间的一一对应. 事实上, 把 n 个全不同的球放进 k 个全不同的盒子里, 必有 i 个盒子不空, 这里 $i \leqslant k$ 且这 i 个盒子里共有 n 个球. 于是这种分配方法对应集合 A 的一个有序 i 部分拆. 这种 A 的有序 i 部分拆共有 $C(k,i)i!S(n,i)=(k)_i S(n,i)$ 个. 由第 1 章的公式 1.5, 这种有序分拆的个数是 $(k)_1 S(n,1)+(k)_2 S(n,2)+\cdots+(k)_k S(n,k)=k^n$. ■

性质 2.20　利用分配问题证明 $\displaystyle\sum_{\substack{r_1+r_2+\cdots+r_k=n \\ r_i \in \mathbb{N}_0, i=1,2,\cdots,n}} \dfrac{n!}{r_1! r_2! \cdots r_k!}=k^n$.

证　这个问题也可这样考虑, 设第 i 个盒子恰有 r_i 个球, 则 $r_1+r_2+\cdots+r_k=n, r_i \in \mathbb{N}_0, i=1,2,\cdots,k$. 由第 1 章的公式 1.5 和定理 2.11, 有等式成立. ■

2.5　置换和第一类 Stirling 数

2.5 置换
和第一类
Stirling 数

2.5.1　置换中的轮换

定义 2.20　有限集 X 到自身的双射称为 X 上的**置换**, X 上所有置换的集合记为 $S(X)$. $S(X)$ 对置换的乘法而言构成群, 称为 X 上的**对称群**, $S(X)$ 的子群称为**置换群**.

在研究对称群时常常令有限集 $X = \mathbb{N}_n$, 这时记 $S(\mathbb{N}_n) = S_n$. 若 $\pi \in S_n$, 可记

$$\pi = \begin{pmatrix} 1 & 2 & \cdots & n \\ \pi(1) & \pi(2) & \cdots & \pi(n) \end{pmatrix} \text{或} \pi = \pi(1)\pi(2)\cdots\pi(n).$$

因为 π 是 $\mathbb{N}_n$ 到自身的映射, 由排列的等价概念可知, π 是 $\mathbb{N}_n$ 的一个全排列, 于是 $|S_n| = n!$. 如果 $(a_1, a_2, \cdots, a_m)$ 是一个置换 π 的轮换, 我们可把它简记为 $(a_1 a_2 \cdots a_m)$, 它也可表示为

$$(a_1 \ a_2 \cdots a_m) = \begin{pmatrix} a_1 & a_2 & a_3 & \cdots & a_{m-1} & a_m \\ a_2 & a_3 & a_4 & \cdots & a_m & a_1 \end{pmatrix},$$

其中 $a_i = \pi^{i-1}(a_1), i = 1, 2, \cdots, m$. 因此对任一 $2 \leqslant i \leqslant m$, 有

$$(\ a_i \ \ a_{i+1} \ \ \cdots \ \ a_m \ \ a_1 \ \ \cdots \ \ a_{i-1} \ ) = (\ a_1 \ \ a_2 \ \ \cdots \ \ a_m \ ).$$

定理 2.17 每个置换都能表示成两两独立的轮换的乘积, 而且不计轮换次序时, 这种表示是唯一的.

证 设 k 是一个正整数, $\pi \in S_n$, $i \in \mathbb{N}_n$, 定义 π 的幂为 $\pi^0(i) = i, \pi^k(i) = \pi(\pi^{k-1}(i))$. 因为 $\pi^k(i) \in \mathbb{N}_n$, 所以序列

$$i, \quad \pi^1(i), \quad \pi^2(i), \quad \pi^3(i), \quad \cdots \tag{2-10}$$

中必有两个相同. 设 $\pi^p(i) = \pi^q(i)$, $p > q$, 则 $\pi^{p-q}(i) = i$. 于是在序列 (2-10) 中存在一个最小的正整数 l, 使得 $\pi^l(i) = i$. 因此, (2-10) 式中的 l 个数 $i, \pi^1(i)$, $\pi^2(i), \cdots, \pi^{l-1}(i)$ 两两不同. 再由证明中 i 的任意性, 可完成定理证明. ∎

定义 2.21 轮换 $C_i = (i, \pi^1(i), \pi^2(i), \cdots, \pi^{l-1}(i))$, 称 C_i 是长为 l 的**轮换**, 也称 C_i 是 l 阶**轮换**.

显然, 任意 l 阶轮换还有另外 $l - 1$ 种表示法:

$$C_i = (\pi^j(i), \pi^{j+1}(i), \cdots, \pi^{l-1}(i), i, \pi(i), \cdots, \pi^{j-1}(i)), \quad j = 1, 2, \cdots, l-1.$$

于是 C_i 可看作 $\mathbb{N}_n$ 上的一个 l 元环状排列. 因此, 当 $j \in C_i$ 时, $C_i = C_j$; 当 $j \notin C_i$ 时, $C_i \cap C_j = \varnothing$. 综上所述, S_n 的一个置换 π 把 $\mathbb{N}_n$ 分拆成若干个没有公共元的轮换 $C_{i_1}, C_{i_2}, \cdots, C_{i_k}$.

定义 2.22 对置换 π, 将其写为两两独立的轮换的乘积形式 $\pi = C_{i_1} C_{i_2} \cdots C_{i_k}$, 称它为 π 的**轮换分解式**, 或称**轮换表示**.

例 2.19 置换 $\pi = 34125687 \in S_8$, 则它的轮换分解是

$$\pi = (1, 3)(2, 4)(5)(6)(7, 8).$$

由定理 2.17 的证明知, 轮换分解式中的轮换由 π 唯一确定, 且与各轮换的排列次序无关.

定义 2.23　如果 π 的轮换分解式中长为 l 的轮换的个数共有 λ_l 个, $\lambda_l \in \mathbb{N}_0$, $l = 1, 2, \cdots, n$, 则称 π 是 $\mathbf{1^{\lambda_1} 2^{\lambda_2} \cdots n^{\lambda_n}}$-**型的**.

性质 2.21　如果 n 元置换 π 是 $1^{\lambda_1} 2^{\lambda_2} \cdots n^{\lambda_n}$-型的, 则有 $\displaystyle\sum_{1 \leqslant l \leqslant n} l\lambda_l = n$.

定理 2.18　S_n 中 $1^{\lambda_1} 2^{\lambda_2} \cdots n^{\lambda_n}$ 型置换的个数是 $\dfrac{n!}{\displaystyle\prod_{l=1}^{n} \lambda_l! l^{\lambda_l}}$.

证　S_n 中所有 $1^{\lambda_1} 2^{\lambda_2} \cdots n^{\lambda_n}$ 型置换的集合记为 T, 定义映射 $f : S_n \to T$ 如下: 设 $\pi = a_1 a_2 \cdots a_n \in S_n$, 在全排列 $a_1 a_2 \cdots a_n$ 中把最前面的 λ_1 个元素都各加一个括号, 再对接下去的 λ_2 个元素每 2 个加一个括号, 再对接下去的 λ_3 个元素每 3 个加一个括号, 如此进行, 因为 $\displaystyle\sum_{1 \leqslant l \leqslant n} l\lambda_l = n$, 所以最终能得到一个 $1^{\lambda_1} 2^{\lambda_2} \cdots n^{\lambda_n}$ 型的置换, 把它定义为 $f(\pi)$. 在 $f(\pi)$ 的轮换分解式中, 把各轮换按其长度, 从小到大从左至右排列, 再把括号去掉就得到 S_n 的一个置换, 所以 f 是满射.

现在计算任一 $\sigma \in T$ 在映射 f 下 σ 的原像个数. 把 σ 的各轮换按其长度从小到大, 从左至右排列. 因为对每个 l, σ 中长为 l 的 λ_l 个轮换有 $\lambda_l!$ 种方法排列, 而在每个长为 l 的轮换中, 其元素又有 l 种方法排列, 所以共有 $\displaystyle\prod_{l=1}^{n} \lambda_l! l^{\lambda_l}$ 种方法排列. 于是

$$|f^{-1}(\sigma)| = \prod_{l=1}^{n} \lambda_l! l^{\lambda_l}.$$

由于此数仅与 σ 的型号 (即 $1^{\lambda_1} 2^{\lambda_2} \cdots n^{\lambda_n}$-型的) 有关, 故

$$|S_n| = |T| \cdot \prod_{l=1}^{n} \lambda_l l^{\lambda_l}.$$

因为 $| S_n | = n!$, 所以定理成立. ■

2.5.2　组合定义与解析定义

定义 2.24　设 $n, k \in \mathbb{N}$, 把 S_n 中恰有 k 个轮换的置换个数记为 $c(n,k)$, 再记 $s(n,k) = (-1)^{n+k} c(n,k)$, 则称 $s(n,k)$ 为**第一类 Stirling 数**.

若规定 $s(0,0) = 1$, 当 $n \geqslant 1$ 时, $s(n,0) = s(0,n) = 0$, 则函数 $s(n,k)$ 的定义域是 $\mathbb{N}$. 容易得出 $s(n,k)$ 的数值表, 如表 2.1.

表 2.1 部分 $s(n,k)$ 的数值表

n	k							
	0	1	2	3	4	5	6	$\cdots$
1	0	1						
2	0	-1	1					
3	0	2	-3	1				
4	0	-6	11	-6	1			
5	0	24	-50	35	-10	1		
6	0	-120	274	-225	85	-15	1	
$\cdots$	$\cdots$	$\cdots$	$\cdots$	$\cdots$	$\cdots$	$\cdots$	$\cdots$	

设 $k \in \mathbb{N}$, 记 $(x)_k = x(x-1)\cdots(x-k+1)$ 和 $(x)^k = x(x+1)\cdots(x+k-1)$, 若规定 $(x)_0 = (x)^0 = 1$, 则对于 $n \in \mathbb{N}_0, (x)_n$ 和 $(x)^n$ 都是首项系数为 1 的整系数 n 次多项式, 并且它们都能被 $1, x, \cdots, x^n$ 线性表出, 而且表示法唯一.

定理 2.19 设 x 是一个不定元, 则对于 $n \in \mathbb{N}_0$ 有下列恒等式:

$$(x)_n = \sum_{k=0}^{n} s(n,k)x^k, \tag{2-11}$$

$$(x)^n = \sum_{k=0}^{n} c(n,k)x^k. \tag{2-12}$$

证 记 $(x)^n = \sum_{k=0}^{n} b(n,k)x^k$, 这里规定 $b(0,0) = 1$, 当 $n > 0$ 时, $b(n,0) = 0$, 当 $n < k$ 时, $b(n,k) = 0$. 设 $n \geqslant k \geqslant 1$, 则

$$(x)^n = (x+n-1)(x)^{n-1} = x(x)^{n-1} + (n-1)(x)^{n-1}$$

$$= \sum_{k=0}^{n-1} b(n-1,k)x^{k+1} + (n-1)\sum_{k=0}^{n-1} b(n-1,k)x^k$$

$$= \sum_{k=1}^{n} b(n-1,k-1)x^k + (n-1)\sum_{k=0}^{n-1} b(n-1,k)x^k,$$

比较等式两端 x^k 的系数, 得 $b(n,k) = b(n-1,k-1) + (n-1)b(n-1,k)$. 当 $k > n$ 时, 这个式子两端都为 0, 故当 $n, k \in \mathbb{N}$ 时, 上述递归关系成立. 因此, $c(n,k)$ 和 $b(n,k)$ 有相同的递归关系. 又因为它们有相同的初始值, 所以当 $n, k \in \mathbb{N}_0$ 时, 有 $c(n,k) = b(n,k)$. 从而有

$$(x)^n = \sum_{k=0}^{n} b(n,k)x^k = \sum_{k=0}^{n} c(n,k)x^k.$$

故等式 (2-12) 成立. 因为 $((-x))^n = -x(-x+1)\cdots(-x+n-1) = (-1)^n(x)_n$,
所以

$$(x)_n = (-1)^n((-x))^n = \sum_{k=0}^{n}(-1)^n c(n,k)(-x)^k = \sum_{k=0}^{n} s(n,k)x^k.$$

故等式 (2-11) 成立. ∎

定义 2.25 把 $(x)_n = x(x-1)\cdots(x-n+1)$ 通过 $1, x, \cdots, x^n$ 线性表出时 x^k
的系数称为**第一类 Stirling 数** $s(n,k)$, 也称为第一类 Stirling 数的解析定义.

下面的定理是线性代数和高等代数中重要的定理.

定理 2.20 设 $A = (a_{ij})_n$ 是数域 P 上的 $n \times n$ 矩阵, $f(\lambda) = |\lambda E - A|$ 是矩
阵 A 的特征多项式, 则有 $f(\lambda) = \lambda^n - \mathrm{tr}A\lambda^{n-1} + \sum_{k=2}^{n-1}(-1)^k M_k \lambda^{n-k} + (-1)^n|A|$,
其中 M_k 表示 $n \times n$ 矩阵 A 的全体 $k(2 \leqslant k \leqslant n-1)$ 阶主子式之和.

根据上述定理, 可以得到第一类 Stirling 数与多项式存在密切联系.

性质 2.22 第一类 Stirling 数满足 $s(n,n) = 1; s(n,0) = 0$ 且 $s(n,n-k) = (-1)^k M_k, k = 1, 2, \cdots, n-1$, 其中 M_k^n 表示 $\{1, 2, \cdots, n-1\}$ 中任意 $k(1 \leqslant k \leqslant n-1)$ 个不同的自然数乘积之和

证 设多项式和矩阵 A 具有如下形式:

$$x(x-1)\cdots(x-n+1) = \begin{vmatrix} x & & & & \\ & x-1 & & & \\ & & x-2 & & \\ & & & \ddots & \\ & & & & x-n+1 \end{vmatrix},$$

$$A = \begin{bmatrix} 0 & & & & \\ & 1 & & & \\ & & 2 & & \\ & & & \ddots & \\ & & & & n-1 \end{bmatrix},$$

于是 $x(x-1)\cdots(x-n+1)$ 是矩阵 A 的特征多项式 $f(x) = |xE - A|$. 结合定
义 2.25 有

$$f(x) = x^n - \mathrm{tr}Ax^{n-1} + \sum_{k=2}^{n-1}(-1)^k M_k x^{n-k} + (-1)^n|A|$$

$$=s(n,n)x^n + s(n,n-1)x^{n-1} + \cdots + s(n,3)x^3$$
$$+ s(n,2)x^2 + s(n,1)x + s(n,0). \qquad \blacksquare$$

性质 2.23 $s(n,n-1) = -(1+2+\cdots+(n-1)) = -\dfrac{n(n-1)}{2} = -C_n^2$.

当 $n \geqslant 3$ 时, 有 $S_1(n,n-2) = \dfrac{n(n-1)(n-2)(3n-1)}{24}$, $S_1(n,n-3) = -\dfrac{n^2(n-1)^2(n-2)(n-3)}{48}$.

当 $n \geqslant 8$ 时, 有 $S_1(n,n-4) = \dfrac{n(n-1)(n-2)(n-3)(n-4)(15n^3-30n^2+5n+2)}{24^2 \times 10}$.

性质 2.24 当 $n \geqslant 3$ 时, $\{1,2,\cdots,n-1\}$ 中任意 2 个自然数的乘积之和为 $\dfrac{n(n-1)(n-2)(3n-1)}{24}$, 当 $n \geqslant 3$ 时, $\{1,2,\cdots,n-1\}$ 中任意 3 个自然数的乘积之和为 $\dfrac{n^2(n-1)^2(n-2)(n-3)}{48}$, 当 $n \geqslant 8$ 时, $\{1,2,\cdots,n-1\}$ 中任意 4 个自然数的乘积之和为 $\dfrac{n(n-1)(n-2)(n-3)(n-4)(15n^3-30n^2+5n+2)}{24^2 \times 10}$.

由此得到当 n 不同时, $S_1(n,n)$, $S_1(n,n-1)$, $S_1(n,n-2)$, $\cdots$, $S_1(n,2)$, $S_1(n,1)$, $S_1(n,0)$ 的值 (表 2.2).

表 2.2 部分 $s(n,k)$ 的数值表

N	$S_1(n,n)$	$S_1(n,n-1)$	$S_1(n,n-2)$	$S_1(n,n-3)$	$S_1(n,n-4)$	$S_1(n,n-5)$
1	1					
2	1	-1				
3	1	-3	2			
4	1	-6	11	-6		
5	1	-10	35	-50	24	
6	1	-15	85	-225	274	-120

2.5.3 递归关系与计数公式

定理 2.21 设 $n, k \in \mathbb{N}$, 则有下列递推关系:

$$c(n,k) = c(n-1,k-1) + (n-1)c(n-1,k); \quad s(n,k) = s(n-1,k-1) - (n-1)s(n-1,k).$$

证 由第一类 Stirling 数定义, 只需证明 $c(n,k)$ 的递归关系. 当 $n < k$ 时上式两端都是零, 现在设 $n \geqslant k \geqslant 1$. 记 S_n 中恰有 k 个轮换的置换的集合为

$E = E(n, k)$. 考虑 E 的一个 2 分拆 $E = E_1 | E_2$:

$$E_1 = \{\pi \in E : \pi(n) = n\}; \quad E_2 = \{\pi \in E : \pi(n) \neq n\}.$$

E_1 与 $E(n-1, k-1)$ 一一对应, 故 $| E_1 | = c(n-1, k-1)$. 现在考虑 E_2, 当 $n = 1$ 时, 是 E_2 是一个空集, 设 $n > 1$. 任取 $\sigma \in E(n-1, k)$, 对 $i = 1, 2, \cdots, n-1$, 在 σ 中把 i 放在 i 所属的那个轮换的最前面, 即把这个轮换写成 $(I, i', \cdots)$, 再把 n 添加到 $(I, i', \cdots)$ 的最前面, 得到一个新的轮换 $(n, I, i', \cdots)$, 不含 i 的轮换不变. 因此, $E(n-1, k)$ 中每个 σ 都能得到 S_n 中恰有 k 个轮换的 $n-1$ 个置换, 记它们为 A_σ. 由上述构造方法可知, 若 σ 和 σ' 是 $E(n-1, k)$ 中两个不同的置换, 则 $A_\sigma \cap A_{\sigma'} = \varnothing$. 又若 $.\tau \in A_\sigma$, 则在 τ 的轮换分解中, n 所属的那个轮换的长度至少是 2, 所以 $\tau(n) \neq n$, 因此 $A_\sigma \subseteq E_2$. 若 $\pi \in E_2$, 则 $\pi(n) \neq n$. 于是在 π 的轮换分解中, n 所在的轮换的长度至少是 2, 把 n 去掉就得到 $E(n-1, k)$ 的一个置换. 因此有 $|E_2| = (n-1)|E(n-1, \ k)| = (n-1)C(n-1, \ k)$, 于是

$$C(n, k) = |E| = |E_1| + |E_2| = C(n-1, k-1) + (n-1)C(n-1, k). \quad \blacksquare$$

例 2.20 求 $s(n, 2) (n \geqslant 2)$ 的计数公式.

解 因 $s(n, 2) = s(n-1, 1) - (n-1)s(n-1, 2) = (-1)^{n-2}(n-2)! - (n-1)s(n-1, 2)$, 所以 $(-1)^n s(n, 2) = (n-1)(-1)^{n-1}s(n-1, 2) + (n-2)!$, 故多次运用递归关系, 有

$$\frac{(-1)^n s(n, 2)}{(n-1)!} = \frac{(-1)^{n-1} s(n-1, 2)}{(n-2)!} + \frac{1}{n-1} = \frac{(-1)^{n-2} s(n-2, 2)}{(n-3)!}$$

$$+ \frac{1}{n-2} + \frac{1}{n-1} = \cdots = \frac{(-1)^2 s(2, 2)}{1!} + \frac{1}{2} + \frac{1}{3} + \cdots + \frac{1}{n-1}$$

$$= 1 + \frac{1}{2} + \frac{1}{3} + \cdots + \frac{1}{n-1} = \sum_{k=1}^{n-1} \frac{1}{k},$$

从而 $s(n, 2) = (-1)^n (n-1)! \sum_{k=1}^{n-1} \frac{1}{k} (n \geqslant 2)$.

定理 2.22 第一类 Stirling 数满足

$$s(n, k) = -\sum_{i=0}^{k-1} (n-k+i) s(n-k+i, i+1).$$

证 由定理 2.21 知 $s(n, k) = s(n-1, k-1) - (n-1)s(n-1, k)$ 和 $s(n-1, k-1) = s(n-2, k-2) - (n-2)s(n-2, k-1)$, 由递归运算, 得证. $\quad \blacksquare$

定理 2.23 $c(n, k) = \displaystyle\sum_{\substack{\lambda_1 + \lambda_2 + \cdots + \lambda_n = k \\ \lambda_i \in \mathbb{N}_0, i = 1, 2, \cdots, n}} \frac{n!}{2^{\lambda_2} 3^{\lambda_3} \cdots n^{\lambda_n} \lambda_1! \lambda_2! \cdots \lambda_n!}.$

证 设 $\pi \in S_n$ 是 $1^{\lambda_1} 2^{\lambda_2} \cdots n^{\lambda_n}$-型的, 若 π 中恰有 k 个轮换, 则 $\lambda_1 + \lambda_2 + \cdots + \lambda_n = k$. 于是 $(\lambda_1, \lambda_2, \cdots, \lambda_n)$ 是不定方程

$$x_1 + x_2 + \cdots + x_n = k \tag{2-13}$$

一个非负整数解. 反之, 任给不定方程 (2-13) 的一个非负整数解 $(\lambda_1, \lambda_2, \cdots, \lambda_n)$, 可构作 $1^{\lambda_1} 2^{\lambda_2} \cdots n^{\lambda_n}$-型置换. 方法是从 $\mathbb{N}_n$ 选出 λ_1 个元素作为 λ_1 个长为 1 的轮换, 从余下的 $n - \lambda_1$ 个元素中选出 $2\lambda_2$ 个元素作为 λ_2 个长为 2 的轮换, 再从余下的 $n - \lambda_1 - 2\lambda_2$ 个元素中选出 $3\lambda_3$ 个元素作为 λ_3 个长为 3 的轮换, 如此进行, 因为 $\displaystyle\sum_{1 \leqslant l \leqslant n} l\lambda_l = n$, 所以最终能得到一个 $1^{\lambda_1} 2^{\lambda_2} \cdots n^{\lambda_n}$ 型的置换. 由公式 (2-12) 和乘法原理, (2-13) 的一个解 $(\lambda_1, \lambda_2, \cdots, \lambda_n)$ 能产生

$$\binom{n}{\lambda_1} \binom{n - \lambda_1}{2\lambda_2} \frac{(2\lambda_2)!}{2^{\lambda_2} \lambda_2!} \binom{n - \lambda_1 - 2\lambda_2}{3\lambda_3} \frac{(3\lambda_3)!}{3^{\lambda_3} \lambda_3!} \cdots 1 \frac{(n\lambda_n)!}{n^{\lambda_n} \lambda_n!}$$

$$= \frac{n!}{2^{\lambda_2} 3^{\lambda_3} \cdots n^{\lambda_n} \lambda_1! \lambda_2! \cdots \lambda_n!}$$

个 $1^{\lambda_1} 2^{\lambda_2} \cdots n^{\lambda_n}$-型置换, 其中 $\lambda_1 + \lambda_2 + \cdots + \lambda_n = k$. 这也可看作定理 2.18 的另一种证明.

于是 $c(n, k) = \displaystyle\sum_{\substack{\lambda_1 + \lambda_2 + \cdots + \lambda_n = k \\ \lambda_i \in \mathbb{N}_0, i = 1, 2, \cdots, n}} \frac{n!}{2^{\lambda_2} 3^{\lambda_3} \cdots n^{\lambda_n} \lambda_1! \lambda_2! \cdots \lambda_n!}.$ ∎

定理 2.24 第一类 Stirling 数有计数公式

$$s(n, k) = \sum_{\substack{\lambda_1 + \lambda_2 + \cdots + \lambda_n = k \\ \lambda_i \in \mathbb{N}_0, i = 1, 2, \cdots, n}} (-1)^{n+k} \frac{n!}{2^{\lambda_2} 3^{\lambda_3} \cdots n^{\lambda_n} \lambda_1! \lambda_2! \cdots \lambda_n!},$$

其中和式对不定方程 $\lambda_1 + \lambda_2 + \cdots + \lambda_n = k$ 的非负整数解求和.

2.5.4 两类 Stirling 数的三角矩阵

定义 2.26 第一类 Stirling 三角矩阵 $S^{(1)} = [y_{ij}]$, 其中 y_{ij} 是第一类 Stirling 数 $s(i, j), i, j = 0, 1, 2, \cdots$.

$$S^{(1)} = \begin{pmatrix} 1 & 0 & 0 & 0 & 0 & 0 & \cdots \\ 0 & 1 & 0 & 0 & 0 & 0 & \cdots \\ 0 & -1 & 1 & 0 & 0 & 0 & \cdots \\ 0 & 2 & -3 & 1 & 0 & 0 & \cdots \\ 0 & -6 & 11 & -6 & 1 & 0 & \cdots \\ 0 & 24 & -50 & 35 & -10 & 1 & \cdots \\ \cdots & \cdots & \cdots & \cdots & \cdots & \cdots & \ddots \end{pmatrix}$$

因为当 $j > i$ 时 $s(i,j) = 0$, 所以 $S^{(1)}$ 是一个下三角矩阵, 称 $S^{(1)}$ 是**第一类 Stirling 三角矩阵**.

定义 2.27 第二类 Stirling 三角矩阵 $S^{(2)} = [x_{ij}]$, 其中 x_{ij} 是第二类 Stirling 数 $S(i,j)$, $i, j = 0, 1, 2, \cdots$.

$$S^{(2)} = \begin{pmatrix} 1 & 0 & 0 & 0 & 0 & 0 & \cdots \\ 0 & 1 & 0 & 0 & 0 & 0 & \cdots \\ 0 & 1 & 1 & 0 & 0 & 0 & \cdots \\ 0 & 1 & 3 & 1 & 0 & 0 & \cdots \\ 0 & 1 & 7 & 6 & 1 & 0 & \cdots \\ 0 & 1 & 15 & 25 & 10 & 1 & \cdots \\ \cdots & \cdots & \cdots & \cdots & \cdots & \cdots & \ddots \end{pmatrix}$$

因为当 $j > i$ 时 $S(i,j) = 0$, 所以 $S^{(2)}$ 是一个下三角矩阵, 称 $S^{(2)}$ 是**第二类 Stirling 三角矩阵**.

性质 2.25 由第一类 Stirling 数的递归关系可知, $S^{(1)}$ 被它的前两行唯一确定. 记 $S^{(1)}$ 的左上角的 $n+1$ 阶主子方阵为 $S_n^{(1)}$, 则 $S_n^{(1)}$ 可逆. 由第二类 Stirling 数的递归关系, $S^{(2)}$ 被它的前两行唯一确定. 记 $S^{(2)}$ 的左上角的 $n+1$ 阶主子方阵为 $S_n^{(2)}$, 则 $S_n^{(2)}$ 可逆.

下面的定理说明 $S^{(2)}$ 的逆阵是由相应的第一类 Stirling 数 $s(n,k)$ 组成的矩阵.

定理 2.25 记 $S^{(1)}$ 的左上角的 $n+1$ 阶主子方阵为 $S_n^{(1)}$, $S^{(2)}$ 的左上角的 $n+1$ 阶主子方阵为 $S_n^{(2)}$, 则 $S_n^{(1)}$ 和 $S_n^{(2)}$ 是一对互逆矩阵, 即 $S_n^{(1)} S_n^{(2)} = I_{n+1}$.

证 只需要证明 $S_n^{(1)}$ 和 $S_n^{(2)}$ 的乘积是单位矩阵, 即证

$$\sum_{k=0}^{n} S(n,k) s(k,m) = \delta_{n,m} = \begin{cases} 1, & n = m, \\ 0, & n \neq m. \end{cases}$$

因为 $x^n = \sum_{k=0}^{n} S(n,k)(x)_k, (x)_k = \sum_{m=0}^{k} s(k,m)x^m$, 所以

$$x^n = \sum_{k=0}^{n} S(n,k)\left(\sum_{m=0}^{k} s(k,m)x^m\right) = \sum_{m=0}^{n}\left(\sum_{k=0}^{n} S(n,k)s(k,m)\right)x^m.$$

上式两端 x^m 的系数为 1 当且仅当 $m = n$, 故 $\sum_{k=0}^{n} S(n,k)s(k,m) = \delta_{n,m}.$ ∎

2.6* 拓展阅读——格路径及其应用

格路径问题也称为格路问题, 其思想最早源于 19 世纪的选票问题, 它是组合数学中的经典模型问题之一. 数学界直到 20 世纪中叶才对格路问题进行系统研究. 该领域最早是将选票问题转化为格路计数问题进行研究, 根据反射原则计算得到了对应的组合数, 后来格路问题拓展到平面直角坐标系中建立单位格点, 从出发点按照一定的规则经过格点走到结束点的结构、计数等问题. 互不相同的格路问题在组合数学中很常见, 比如证明组合恒等式、树结构、有禁排列、不交划分、阶梯形覆盖等都有对应的格路问题, 格路问题的身影在数学的其他分支诸如概率论、统计学中也经常出现.

在组合数学中, 我们最常研究的格路有 Dyck 格路、Motzkin 格路以及 Schröder 格路. 在总结人们对格路的研究成果后, 我们会发现大多数研究者都是通过生成函数的方法来探讨不同路径下的格路以及格路计数问题, 本节给出三种格路的定义及其基本性质.

定义 2.28 (格路径) 在二维平面 $\mathbb{Z}^2$ 沿整数格点按一定步法行走的路径统称为**格路径**, 把相邻两个格点之间的线段称为这条格路的**步**, 所走的步数称为格路径的**长度**.

定义 2.29 (Dyck 路) 长为 $2n$ 的 Dyck 路是指只用上步 $(1, 1)$ 和下步 $(1, -1)$, 从 $(0, 0)$ 到 $(2n, 0)$ 的不允许走到 x 轴下方的格路径, 称 n 为这样的 Dyck 路的阶. n 阶 Dyck 路还有另一常见定义: 从 $(0, 0)$ 到 (n, n) 的格路满足只走步 $(0, 1)$ 和步 $(1, 0)$, 且不允许走到对角线 $y = x$ 下方的格路径.

例 2.21 图 2.13 是 3 阶 Dyck 路的所有 5 种情况.

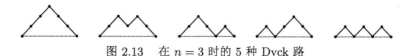

图 2.13 在 $n = 3$ 时的 5 种 Dyck 路

定理 2.26　令 D_n 表示所有 n 阶 Dyck 路的集合, 则有 $|D_n| = \dfrac{1}{n+1}\dbinom{2n}{n}$.

Dyck 路是最常见的 Catalan 成员之一, 定理 2.26 的证明有许多方法, 可以通过构造递推关系用生成函数证明, 也可以通过构造组合双射证明, 这里不再叙述.

定义 2.30 (Motzkin 路)　长为 n 的 Motzkin 路是指只用上步 $(1, 1)$、下步 $(1, -1)$ 和水平步 $(1, 0)$, 从 $(0, 0)$ 到 $(n, 0)$ 的不允许走到 x 轴下方的格路径, 称 n 为这样的 Motzkin 路的阶.

例 2.22　图 2.14 是 3 阶 Motzkin 路的 4 种情况.

图 2.14　在 $n = 3$ 时的 4 种 Motzkin 路

n 阶 Motzkin 路的个数用 m_n 表示, 由定义可以看出, Dyck 路是一种特殊的 Motzkin 路. 对任意一条 n 阶 Motzkin 路 M, 若第一步为上步 U, 则我们总可以找到第一次回到 x 轴的下步 D, 这时可以分解为 $U L_1 D L_2$, 这里的 L_1 和 L_2 为两条 Motzkin 路, 所以我们可以得出第一步为上步 U 的 n 阶 Motzkin 路的个数为 $\sum\limits_{i=2}^{n} m_{i-2} m_{n-i}$; 若 M 的第一步为水平步 F, 则其个数为 m_{n-1}. 这样我们就证明 Motzkin 数满足如下递推关系

$$m_n = m_{n-1} + \sum_{i=2}^{n} m_{i-2} m_{n-i}, \quad n \geqslant 2, m_1 = 1, m_0 = 0.$$

由此我们可以计算出序列的每一有限项的值.

定义 2.31 (Schröder 路) 长为 n 的 Schröder 路是指只用上步 $(1, 1)$、水平步 $(1, 0)$ 和垂直步 $(0, 1)$, 从 $(0, 0)$ 到 $(n, 0)$ 的不允许走到 x 轴下方的格路径, 称 n 为这样的 Schröder 路的阶.

令 S_n 表示所有 n 阶 Schröder 路的集合, 用 $S_{n,d}$ 表示恰好含有 d 个上步 $(1,1)$ 的所有 Schröder 路的集合, 由此可见, Schröder 路是 Dyck 路的一种推广, $S_{n,0}$ 即 D_n.

例 2.23　图 2.15 是 2 阶 Schröder 路的 6 种情况.

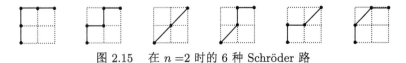

图 2.15　在 $n = 2$ 时的 6 种 Schröder 路

定理 2.27 对于 n 的 Schröder 路, 其计数 $|S_n| = \sum\limits_{k \geqslant 1} \dfrac{2^k}{n} \begin{pmatrix} n \\ k \end{pmatrix} \begin{pmatrix} n \\ k-1 \end{pmatrix}$,

$s_0 = 1$.

除了上述的研究外, 格路径被广泛地研究, 比如研究了 Dyck 格路与 x 轴所围成的面积等等. 除此之外, 在文献 *Enumerative Combinatorics* 中 R. Stanley 给出了 207 个组合结构, 而这些组合结构都与 Dyck 格路等价. Bernhart 综述了 Catalan 序列和 Motzkin 序列的组合结构、递推关系式、生成函数以及拉格朗日反演等. 通过利用双射证明, 我们可以在格路与其他一些组合结构之间建立双射, 从而将它们联系起来, 特别是在格路与有禁排列二者中建立的双射应用最为常见.

国际上有格路组合学及其应用国际会议 (https://lipn.fr/~banderier/LPC/index.html), 1984 年是第一届, 在加拿大举办, 2021 年在法国举办第九届, 其中有枚举组合学、代数组合学、计算机代数、渐近组合学、概率论、组合物理学、密码学等不同领域的有趣问题的研究. 近期比较有意思的是, 2021 年名为 "Lattice paths for persistent diagrams with application to COVID-19 virus spike proteins" 的文章利用格路径研究了新型冠状病毒, 足以看出格路径的广泛应用.

习 题 2

2.1 设 L 是从格点 (a, b) 到 (n, m) 的增路, (x, y) 是 L 上任一点, 证明: $a \leqslant x$ 且 $y \geqslant b$.

2.2 证明: 若 $n \geqslant a$, $m \geqslant b$, 则从点 (a, b) 到点 (n, m) 的增路个数是

$$\frac{(n+m-a-b)!}{(n-a)!(m-b)!} = \begin{pmatrix} n+m-a-b \\ n-a \end{pmatrix}.$$

2.3 用格点证明 Vandermonde 恒等式:

$$\begin{pmatrix} m \\ 0 \end{pmatrix} \begin{pmatrix} n \\ k \end{pmatrix} + \begin{pmatrix} m \\ 1 \end{pmatrix} \begin{pmatrix} n \\ k-1 \end{pmatrix} + \cdots + \begin{pmatrix} m \\ k \end{pmatrix} \begin{pmatrix} n \\ 0 \end{pmatrix} = \begin{pmatrix} m+n \\ k \end{pmatrix}.$$

2.4 用格点证明下面组合恒等式:

$$\begin{pmatrix} n \\ m \end{pmatrix} \begin{pmatrix} k \\ 0 \end{pmatrix} + \begin{pmatrix} n-1 \\ m-1 \end{pmatrix} \begin{pmatrix} k+1 \\ 1 \end{pmatrix} + \cdots + \begin{pmatrix} n-m \\ 0 \end{pmatrix} \begin{pmatrix} k+m \\ m \end{pmatrix} = \begin{pmatrix} n+k+1 \\ m \end{pmatrix}.$$

2.5 设 $n \in \mathbb{N}$, b_n, $b_0 \in \mathbb{N}$, $n_1 = (n + b_n - b_0)/2$ 是非负整数. 则以 (a, b_0) 为起点的, 恰有 n_1 个节斜率为 1 的长为 n 的折线终止在点 $(a+n, b_n)$ 上.

2.6 设 $b_n > b_0$, (a, b_0) 和 $(a+n, b_n)$ 是两个格点, P 是过 (a, b_0) 和 $(a+n, b_n)$ 的直线. 从点 (a, b_0) 到点 $(a+n, b_n)$ 的所有折线中在 P 的上方且不与 P 交叉的折线的集合记为 A, 在 P 的下方且不与 P 交叉的折线的集合记为 B, 则 $|A| = |B|$.

2.7　甲、乙两人打乒乓球, 打成 10:10. 求在比赛过程中, 除中途恰有一次比分相等外, 甲都领先的比分序列个数.

2.8　一个质点在数轴的整点上移动, 每次向左或向右移动一个单位, 若移动到点 p 上就停止移动, 则称点 p 为一个**黑洞**. 若 0 是一个黑洞, 求质点从点 6 出发经过 23 步最后到达点 3 的移动方法数.

2.9　设 $m, n \in \mathbb{N}$, 证明从格点 $(0,0)$ 到 $(2n,0)$, 位于 x 轴的上方且与 x 轴恰有 $m+1$ 个交点的折线的数目是 $\dfrac{m}{2n-m} \begin{pmatrix} 2n-m \\ n \end{pmatrix}$.

2.10　设 l 是过点 $(0,0)$ 和 (n,n) 的直线, 求从点 $(0,0)$ 到 (n,n) 且位于的直线 l 的上方 (可以和 l 相交) 的增路个数.

2.11　一个电影院的售票口前有 $2n$ 个人排队等候卖票, 电影票的价格为 5 元. 这 $2n$ 个人中有 n 个人只有一张 5 元整币, 另外 n 个人每人只有一张 10 元整币, 而售票口处没有零钱可找. 问有多少种排队方式, 使每个人都能依次顺利买到电影票, 而不出现找不出钱的尴尬局面?

2.12　正整数 n 的第一个分部是 1 的有序 k 部分拆有多少? 正整数 n 的第一个分部是 2 的有序 k 部分拆有多少?

2.13　证明: 正整数 n 的有序 k 部分拆数是 $\begin{pmatrix} n-2 \\ k-2 \end{pmatrix} + \begin{pmatrix} n-3 \\ k-2 \end{pmatrix} + \cdots + \begin{pmatrix} k-2 \\ k-2 \end{pmatrix}$.

2.14　证明: 周长为 $2n$, 边长为整数的三角形的个数是 $p(n,3)$.

2.15　正整数 n 的各分部两两不同的 k 部分拆数记为 $q(n,k)$. 证明:
$$q(n,\,k) = q(n-k,\,k) + q(n-k,\,k-1).$$

2.16　记号同 2.15, 证明: $q(n,k)$ 等于 $n-(k(k-1)/2)$ 的至多 k 个分部的分拆数.

2.17　记号同 2.15, 证明: $q(n,2) = \lfloor (n-1)/2) \rfloor$.

2.18　记号同 2.15, 证明: $q(n,3) = \lfloor (n^2-6n+12)/12) \rfloor$.

2.19　给出 64 的一个分拆 $(27, 21, 7, 5, 3, 1)$ 所对应的自共轭分拆.

2.20　给出 89 的一个分拆 $\pi = 7^7 5^4 3^6 1^2$ 所对应的各分部两两不同的分拆.

2.21　(1) 证明: n 的各分部都大于 1 的分拆个数是 $p(n)-p(n-1)$;

(2) 证明: $p(n+2)+p(n) \geqslant 2p(n+1)$.

2.22　用定义直接证明:

(1) $S(n,2) = 2^{n-1}-1$;

(2) $S(n,n-2) = C(n,3)+3C(n,4)$.

2.23　证明: $S(n,k)$ 是所有允许重复地取自 $\mathbb{N}_k$ 的 $n-k$ 个数乘积之和. 例如,
$$S(5,3) = 1 \cdot 1 + 1 \cdot 2 + 1 \cdot 3 + 2 \cdot 2 + 2 \cdot 3 + 3 \cdot 3 = 25.$$

2.24　证明: $S(n,k) < C(n-1,k-1)k^{n-k}$.

2.25　定义 $S_i(n,k)$ 是 n 元集的每个块至少有 i 个元的 k 部分拆的个数, 这里 $ik \leqslant n$. 证明:
$$S_i(n,k) = C(n-1,i-1)S_i(n-i,k-1) + kS_i(n-1,k).$$

2.26　设 $m \geqslant 2$, 证明: $S(n+1,m) = \displaystyle\sum_{m-1 \leqslant k \leqslant n} C(n,k)S(k,m-1)$.

2.27　n 元集的所有分拆的个数记为 B_n, 称其为 Bell 数, 显然 $B_n = \sum\limits_{1 \leqslant k \leqslant n} S(n,k)$. 若规定 $B_0 = 1$, 证明: $B_{n+1} = \sum\limits_{k=0}^{n} \binom{n}{k} B_k$.

2.28　证明: $\sum\limits_{1\lambda_1 + 2\lambda_2 + \cdots + n\lambda_n = n} \dfrac{1}{\prod\limits_{l=1}^{n} \lambda_l! l^{\lambda_l}} = 1$.

2.29　给出 $\pi = 351246897 \in S_9$ 的轮换分解式.

2.30　置换 $\pi \in S_n$ 的阶 $o(\pi)$ 定义为使 π^m 时恒等置换的最小正整数 m. 证明: $o(\pi)$ 是 π 中各轮换长度的最小公倍数.

2.31　求 $s(n, 3)$.

2.32　设 $k, n \in \mathbb{N}$, 证明 $(-1)^{n+k} s(n, k)$ 是取自 $\mathbb{N}_{n-1}$ 的所有 $n-k$ 个不同数乘积之和. 例如, $s(5, 3) = 1 \cdot 2 + 1 \cdot 3 + 1 \cdot 4 + 2 \cdot 3 + 3 \cdot 3 + 2 \cdot 4 = 35$.

2.33　设 $k, n \in \mathbb{N}$, 证明: $(-1)^{n+k} s(n, k) < (n-k)! C(n-1, k-1)^2$.

2.34　设 $r, n \in \mathbb{N}$, 证明: $s(r+n, n) = (-1)^r \sum\limits_{0 < i_1 < \cdots < i_r < r+n} i_1 i_2 \cdots i_r$.

第 3 章 母 函 数

母函数又称为生成函数或者发生函数, 是组合数学中求解组合计数和枚举问题最重要的有力工具之一. 早在 1730 年, De Moivre 就用母函数的方法讨论了 Fibonacci 数, 之后数学家 Euler 也用母函数的方法研究了正整数的分拆. 但直到 1812 年, 在法国数学家 Laplace 的经典著作《概率的解析理论》中明确提出 "生成函数的计算" 后, 母函数才得到充分的应用和系统的发展. 母函数方法在数论、矩阵论、概率论、密码学与信息安全等领域都有非常重要的应用. 在本章的学习中, 将介绍如何利用母函数研究某些数列的性质, 求解带有一定限制条件的组合问题、排列问题, 证明某些组合恒等式, 进一步研究整数的分拆等. 此外, 在后面的学习中会看到母函数还可以用来求解递推关系, 产生一些特殊函数等.

3.1 母函数与形式幂级数

3.1.1 母函数的概念

母函数的基本思想是对于给定的未知数列 $\{a_k : k \geqslant 0\}$, 通过构造一个相应的形式幂级数 $G(x)$, 从而将离散数列与形式幂级数联系起来, 用级数的代数运算或分析运算得出数列的结构和性质, 从而达到利用幂级数来研究数列的目的.

定义 3.1 给定一个有限或者无限的未知数列 $\{a_0, a_1, a_2, \cdots\}$, 构造幂级数

$$G(x) = \sum_{k=0}^{\infty} a_k x^k = a_0 + a_1 x + a_2 x^2 + \cdots,$$

其中 x 为未定元, 则称 $G(x)$ 为数列 $\{a_0, a_1, a_2, \cdots\}$ 的**母函数**. 特别地, 如果对于该幂级数 $\displaystyle\sum_{k=0}^{\infty} a_k x^k$, 可以用一个 (形式) 和函数 $G(x)$ 表示, 则称 $G(x)$ 为该幂级数 $\displaystyle\sum_{k=0}^{\infty} a_k x^k$ 的**闭公式**.

例 3.1 对于二项式系数

$$\binom{n}{0}, \quad \binom{n}{1}, \quad \binom{n}{2}, \quad \cdots, \quad \binom{n}{n},$$

其母函数为

$$G(x) = \sum_{k=0}^{n} \binom{n}{k} x^k = \binom{n}{0} + \binom{n}{1} x + \binom{n}{2} x^2 + \cdots + \binom{n}{n} x^n,$$

通过前面第 2 章的学习可知, 其闭公式为 $G(x) = (1+x)^n$.

3.1.2 形式幂级数

在将数列 $\{a_k : k \geqslant 0\}$ 转化为幂级数 $G(x) = \sum_{k=0}^{\infty} a_k x^k$, 意图用级数的和函数 $G(x)$ 的代数运算或分析运算研究数列的结构和性质时, 存在一个级数的收敛性问题. 因为在不清楚数列与其相应的幂级数是否收敛时, 对幂级数进行求和或者运算是不严格或者无意义的, 只有在收敛的意义下, 幂级数才可以作为函数进行各种运算. 这种限制, 将使很多的母函数失去应用价值, 因为很多数列的母函数可能没有收敛半径.

为了解决这个问题, 暂时避开收敛性问题, 我们引入了形式幂级数的概念, 使得幂级数 $\sum_{k=0}^{\infty} a_k x^k$ 在不确定其是否收敛的情况下, 针对要解决的组合问题也能进行合理的运算.

定义 3.2 设 $\mathbb{C}$ 是复数域, x 为 $\mathbb{C}$ 上的未定元. 对于数列 $\{a_0, a_1, a_2, \cdots\}$, 称形如 $\sum_{k=0}^{\infty} a_k x^k = a_0 + a_1 x + a_2 x^2 + \cdots$ 的表达式为复数域 $\mathbb{C}$ 上以 x 为未定元的一个形式幂级数. 复数域 $\mathbb{C}$ 上以 x 为未定元的全部形式幂级数记作 $\mathbb{C}([x])$.

事实上, x 只是一个抽象的符号, 形式幂级数也只是一个具有幂级数形式的新符号, 它没有实际意义, 也不考虑其赋值. 因此, 对于形式幂级数, 我们不考虑它的收敛性问题, 对其各项中的系数也没有任何限制条件. 进而通过在 $\mathbb{C}([x])$ 中适当定义加法 "+" 和乘法 "·" 运算, 得出代数系统 $\mathbb{C}([x])$ 是一个一元形式幂级数环.

定义 3.3 设 $\mathbb{C}([x])$ 中的两个形式幂级数为 $\sum_{k=0}^{\infty} a_k x^k, \sum_{k=0}^{\infty} b_k x^k$, 定义

(1) $\sum_{k=0}^{\infty} a_k x^k = \sum_{k=0}^{\infty} b_k x^k$ 当且仅当 $a_k = b_k \ (k = 0, 1, 2, \cdots)$;

(2) $\lambda \sum_{k=0}^{\infty} a_k x^k = \sum_{k=0}^{\infty} (\lambda a_k) x^k \ (\forall \lambda \in \mathbb{C})$;

(3) $\sum_{k=0}^{\infty} a_k x^k + \sum_{k=0}^{\infty} b_k x^k = \sum_{k=0}^{\infty} (a_k + b_k) x^k$;

(4) $\sum_{k=0}^{\infty} a_k x^k \cdot \sum_{k=0}^{\infty} b_k x^k = \sum_{k=0}^{\infty} \left(\sum_{i=0}^{k} a_i b_{k-i} \right) x^k.$

定理 3.1 $\langle \mathbb{C}([x]), +, \cdot \rangle$ 在上述加法和乘法的定义下构成一个整环.

证 易知 $\mathbb{C}([x])$ 关于加法和乘法均满足封闭性、结合律和交换律, 其零元为 $0 + 0x + 0x^2 + \cdots$, 仍记作 0, 其幺元为 $1 + 0x + 0x^2 + \cdots$, 仍记作 1.

对任意的 $\sum_{k=0}^{\infty} a_k x^k \in \mathbb{C}([x])$, 显然其加法逆元即为 $\sum_{k=0}^{\infty} (-a_k) x^k \in \mathbb{C}([x])$, 因此 $\langle \mathbb{C}([x]), + \rangle$ 构成一个加法交换群; 而 $\langle \mathbb{C}([x]), \cdot \rangle$ 构成一个含幺交换半群.

此外, 容易验证乘法对于加法满足分配律, 且无零因子. 事实上,

$$G_1(x) = \sum_{k=0}^{\infty} a_k x^k \neq 0, \quad G_2(x) = \sum_{k=0}^{\infty} b_k x^k \neq 0 \Rightarrow G_1(x) \cdot G_2(x) \neq 0,$$

综上, $\langle \mathbb{C}([x]), +, \cdot \rangle$ 在上述加法和乘法的定义下构成一个整环. ∎

如果 $\mathbb{C}([x])$ 中存在 $H(x)$, 使得 $G(x) H(x) = 1$, 则称 $\mathbb{C}([x])$ 中的一个形式幂级数 $G(x)$ 是可逆的, 把 $H(x)$ 叫做 $G(x)$ 的逆元, 记为 $[G(x)]^{-1}$ 或 $\dfrac{1}{G(x)}$. 在代数学中已介绍了环中元素关于乘法可逆的条件以及逆元的求解, 用同样的方法也可以判断并在 $\mathbb{C}([x])$ 中求出元素 $\sum_{k=0}^{\infty} a_k x^k$ 关于乘法的逆元, 从而说明形式幂级数也可以进行相应的运算, 而不必考虑其收敛问题, 此处不再赘述. 下面给出常用的形式导数和形式积分的相关定义.

定义 3.4 设 $\mathbb{C}([x])$ 中的任意一个形式幂级数为 $G(x) = \sum_{k=0}^{\infty} a_k x^k$, 其一阶形式导数为

$$G'(x) = \left(\sum_{k=0}^{\infty} a_k x^k \right)' = a_1 + 2a_2 x + 3a_3 x^2 + \cdots = \sum_{k=0}^{\infty} (k+1) a_{k+1} x^k.$$

由形式导数的定义可知, 对 $\mathbb{C}([x])$ 中的 $G(x), H(x)$, 满足

$$(G(x) + H(x))' = G'(x) + H'(x),$$

$$(G(x) \cdot H(x))' = G'(x) \cdot H(x) + H'(x) \cdot G(x).$$

定义 3.5 设 $\mathbb{C}([x])$ 中的任意一个形式幂级数为 $G(x) = \sum_{k=0}^{\infty} a_k x^k$, 其一阶

形式积分为

$$\int G(x)\,\mathrm{d}x = \int \left(\sum_{k=0}^{\infty} a_k x^k\right)\mathrm{d}x = a_0 x + \frac{1}{2}a_1 x^2 + \frac{1}{3}a_2 x^3 + \cdots = \sum_{k=1}^{\infty}\frac{1}{k}a_{k-1}x^k.$$

例如, 对于 $G(x) = \dfrac{1}{1-x} = \sum\limits_{k=0}^{\infty} x^k = 1 + x + x^2 + \cdots$, 容易得到它的逆元 $(1-x)$. 对其进行求导和积分运算可得

$$\frac{\mathrm{d}}{\mathrm{d}x}\left(\frac{1}{1-x}\right) = \frac{\mathrm{d}}{\mathrm{d}x}\left(\sum_{k=0}^{\infty} x^k\right) = 1 + 2x + 3x^2 + \cdots = \sum_{k=0}^{\infty}(k+1)x^k,$$

$$\int\left(\frac{1}{1-x}\right)\mathrm{d}x = \int\left(\sum_{k=0}^{\infty} x^k\right)\mathrm{d}x = x + \frac{1}{2}x^2 + \frac{1}{3}x^3 + \cdots = \sum_{k=1}^{\infty}\frac{1}{k}x^k.$$

3.1.3 闭公式

在利用母函数确定数列, 或者求解计数问题时, 往往需要借助于母函数的闭公式. 闭公式是母函数的一种形式和函数, 可以以一种简洁的形式表示未知数列的性质或者方便对其进行计数运算. 在求解数列的母函数的闭公式时, 一般需要利用数学分析中级数部分的相关定理和结论. 例如, 对于无穷数列 $\{1,1,1,\cdots\}$, 其母函数可构造为

$$G(x) = \sum_{k=0}^{\infty} x^k = 1 + x + x^2 + \cdots.$$

在数学分析中我们知道, 这是几何级数, 它收敛到 $G(x) = \dfrac{1}{1-x}$ $(|x| < 1)$, 即数列的闭公式为 $\dfrac{1}{1-x}$.

然而在许多组合问题中, 数列 a_k 的获得, 从寻找与题目条件的关联而言, 相对于直接求解数列 a_k, 其幂级数的和函数往往更加直接和容易, 因此也可通过求解其幂级数的和函数 $G(x)$, 再将其分解进而求出 a_k.

例 3.2 求下列序列 $\{a_n\}$ 的母函数及闭公式.

(1) $1,,1,\dfrac{1}{2!},\dfrac{1}{3!}\cdots,\dfrac{1}{n!},\cdots$;

(2) $a_n = n + 5$;

(3) $a_n = n(n-1)$;

(4) $a_n = n(n+1)(n+2)$.

解 (1) $G(x) = 1 + \dfrac{1}{1!}x + \dfrac{1}{2!}x^2 + \cdots = \displaystyle\sum_{n=0}^{\infty} \dfrac{x^n}{n!} = \mathrm{e}^x$.

(2) $G(x) = \displaystyle\sum_{n=0}^{\infty} a_n x^n = \sum_{n=0}^{\infty} (n+5)x^n = \sum_{n=0}^{\infty} (n+1)x^n + 4\sum_{n=0}^{\infty} x^n$

$= \dfrac{1}{(1-x)^2} + 4 \cdot \dfrac{1}{1-x} = \dfrac{1+4-4x}{(1-x)^2} = \dfrac{5-4x}{(1-x)^2}$.

(3) $G(x) = \displaystyle\sum_{n=0}^{\infty} a_n x^n = \sum_{n=0}^{\infty} (n^2 - n)x^n = \sum_{n=0}^{\infty} (n^2 + 3n + 2 - 4n - 4 + 2)x^n$

$= \displaystyle\sum_{n=0}^{\infty} (n+1)(n+2)x^n - 4\sum_{n=0}^{\infty} (n+1)x^n + 2\sum_{n=0}^{\infty} x^n$

$= 2\displaystyle\sum_{n=0}^{\infty} \binom{n+2}{2} x^n - 4\sum_{n=0}^{\infty} \binom{n+1}{1} x^n + 2\sum_{n=0}^{\infty} x^n$

$= \dfrac{2}{(1-x)^3} - 4 \cdot \dfrac{1}{(1-x)^2} + \dfrac{2}{1-x} = \dfrac{2x^2}{(1-x)^3}$.

(4) $G(x) = \displaystyle\sum_{n=0}^{\infty} a_n x^n = \sum_{n=1}^{\infty} n(n+1)(n+2)x^n$

$= 6\displaystyle\sum_{n=1}^{\infty} \binom{n+2}{3} x^n$ （令 $n = k+1$）

$= 6x\displaystyle\sum_{k=0}^{\infty} \binom{k+3}{3} x^k = \dfrac{6x}{(1-x)^4}$.

例 3.3 已知数列 $\{a_n : n \geqslant 0\}$ 的母函数是 $G(x) = \dfrac{x}{2x^2 - 3x + 1}$，求 a_n.

解 因为 $G(x) = \dfrac{x}{(1-x)(1-2x)} = \dfrac{1}{1-2x} - \dfrac{1}{1-x} = \displaystyle\sum_{n=0}^{\infty} (2x)^n - \sum_{n=0}^{\infty} x^n =$

$\displaystyle\sum_{n=0}^{\infty} (2^n - 1)x^n$ 对比 x^n 的系数, $G(x) = \dfrac{x}{2x^2 - 3x + 1} = \displaystyle\sum_{n=0}^{\infty} a_n x^n$, 即得 $a_n = 2^n - 1$.

利用数学分析中的泰勒定理进行形式幂级数展开, 很容易验证下面表 3.1 中给出的部分常见数列对应的母函数闭公式.

表 3.1   部分常见数列对应的母函数闭公式

$\{b_n\}, n = 0, 1, 2, 3, \cdots$	母函数闭公式
$b_n=1$	$\dfrac{1}{1-x}$
$b_n = a^n$	$\dfrac{1}{1-ax}$
$b_n = n$	$\dfrac{x}{(1-x)^2}$
$b_n=n+1$	$\dfrac{1}{(1-x)^2}$
$b_n = 0^2 + 1^2 + 2^2 + \cdots + n^2$	$\dfrac{x(1+x)}{(1-x)^4}$
$b_n = \begin{pmatrix} n \\ k \end{pmatrix}$	$\dfrac{x^k}{(1-x)^{k+1}}$
$b_n = \begin{pmatrix} 2n \\ n \end{pmatrix}$	$(1-4x)^{-\frac{1}{2}}$
$b_n = \begin{pmatrix} a \\ n \end{pmatrix}, a$ 为任意常数	$(1+x)^a$
$b_0 = 0, b_n = \dfrac{1}{n}$	$-\ln(1-x)$
$b_n = \dfrac{a^n}{n}, a$ 为常数	$-\ln(1-ax)$
$b_n = \dfrac{a^n}{n!}, a$ 为常数	e^{ax}
$b_n = \begin{pmatrix} n+m \\ n \end{pmatrix}$	$\dfrac{1}{(1-x)^{m+1}}$
$b_n = n(n+1)$	$\dfrac{2x}{(1-x)^3}$
$b_n = n^2$	$\dfrac{x(1+x)}{(1-x)^3}$

3.2   母函数的性质

从母函数的定义可知, 一个母函数与一组数列是一一对应的, 那么两个数列之间的相互关系势必会影响到两个数列所对应的母函数, 反过来也是如此. 本节就来分析在一些特殊情况下, 不同数列与其所分别对应的母函数之间的相互影响.

设 l 是一个正整数, $A(x) = \sum\limits_{n=0}^{\infty} a_n x^n, B(x) = \sum\limits_{n=0}^{\infty} b_n x^n, C(x) = \sum\limits_{n=0}^{\infty} c_n x^n$ 分别是数列 $\{a_n : n \geqslant 0\}, \{b_n : n \geqslant 0\}, \{c_n : n \geqslant 0\}$ 的母函数.

性质 3.1 $B(x) = x^l A(x)$ 当且仅当

$$b_k = \begin{cases} 0, & 0 \leqslant k < l, \\ a_{k-l}, & k \geqslant l. \end{cases} \tag{3-1}$$

证 设 $B(x) = x^l A(x)$, 因为 $x^l A(x)$ 的最小次数至少是 l, 所以当 $k < l$ 时, $b_k = 0$; 当 $k \geqslant l$ 时, $b_k = a_{k-l}$. 反之, 由 (3-1) 式, 得

$$B(x) = b_0 + b_1 + \cdots + b_l x^l + b_{l+1} x^{l+1} + \cdots$$

$$= 0 + 0 + \cdots + 0 + b_l x^l + b_{l+1} x^{l+1} + \cdots$$

$$= a_0 x^l + a_1 x^{l+1} + \cdots$$

$$= x^l A(x).\qquad\blacksquare$$

例 3.4 求数列 $b_k = \{0, 0, 0, 1, 0, 1, 0, 1, 0, \cdots\}$ 的母函数.

解 由 3.1 节知, 对于无穷数列 $a_k = \{1, 0, 1, 0, 1, 0, \cdots\}$, 其母函数可构造为

$$A(x) = \sum_{k=0}^{\infty} x^k = 1 + x^2 + x^4 + \cdots = \frac{1}{1 - x^2},$$

由性质 3.1 知, 数列 b_k 的母函数为

$$x^3 + x^5 + x^7 + \cdots = x^3 A(x) = x^3 \left(1 + x^2 + x^4 + \cdots\right) = x^3 \cdot \frac{1}{1-x} = \frac{x^3}{1-x}.$$

性质 3.2 $b_k = a_{k+l}\,(k = 0, 1, 2, \cdots)$ 当且仅当

$$x^l B(x) = A(x) - a_0 - a_1 x - a_2 x^2 - \cdots - a_{l-1} x^{l-1}. \tag{3-2}$$

证

$$x^l B(x) = x^l \left(b_0 + b_1 x + b_2 x^2 + \cdots\right)$$

$$= b_0 x^l + b_1 x^{l+1} + b_2 x^{l+2} + \cdots$$

$$\xupdownarrow{b_k = a_{k+l}} a_l x^l + a_{l+1} x^{l+1} + a_{l+2} x^{l+2} + \cdots$$

$$= A(x) - a_0 - a_1 x - a_2 x^2 - \cdots - a_{l-1} x^{l-1}.\qquad\blacksquare$$

例 3.5 求数列 $\{a_n\} = \left\{\dfrac{1}{2!}, \dfrac{1}{3!}, \dfrac{1}{4!}, \cdots\right\}$ 的母函数.

解 假设数列 a_n 的母函数为 $G(x)$, 则由 e^x 的展开式 $\mathrm{e}^x = \sum\limits_{n=0}^{\infty} \dfrac{x^n}{n!} = 1 + \dfrac{x}{1!} + \dfrac{x^2}{2!} + \dfrac{x^3}{3!} + \cdots$, 利用性质 3.2, 可得 $x^2 G(x) = \mathrm{e}^x - 1 - x$, 故 $G(x) = \dfrac{\mathrm{e}^x - 1 - x}{x^2}$.

性质 3.3 $B(x) = \dfrac{A(x)}{1-x}$ 当且仅当

$$b_k = \sum_{i=0}^{k} a_i \quad (k = 0, 1, 2, \cdots). \tag{3-3}$$

证 因为 $(1-x)$ 可逆, 且 $(1-x)^{-1} = 1 + x + x^2 + x^3 + \cdots$, 所以

$$B(x) = A(x)(1-x)^{-1} = \left(a_0 + a_1 x + a_2 x^2 + a_3 x^3 + \cdots\right)\left(1 + x + x^2 + x^3 + \cdots\right).$$

由形式幂级数乘法的定义, $b_k = a_0 + a_1 + a_2 + \cdots + a_k \,(k = 0, 1, 2, \cdots)$. 反之, 若 $b_k = a_0 + a_1 + a_2 + \cdots + a_k \,(k = 0, 1, 2, \cdots)$, 则

$$\begin{aligned}
B(x) &= a_0 + (a_0 + a_1)\,x + (a_0 + a_1 + a_2)\,x^2 + \cdots \\
&= A(x) + xA(x) + x^2 A(x) + \cdots \\
&= A(x)\left(1 + x + x^2 + x^3 + \cdots\right) \\
&= \frac{A(x)}{1-x}
\end{aligned}$$ ∎

例 3.6 设 $A(x) = \displaystyle\sum_{k=0}^{\infty} x^k = 1 + x + x^2 + \cdots = \dfrac{1}{1-x}$, 求数列 $b_k = \{1, 2, 3, 4, 5, \cdots\}$ 的母函数.

解 由定义, 数列 $b_k = \{1, 2, 3, 4, 5, \cdots\}$ 的母函数可写为

$$\begin{aligned}
B(x) &= b_0 + b_1 x + b_2 x^2 + b_3 x^3 + \cdots = 1 + 2x + 3x^2 + 4x^3 + \cdots \\
&= \left(1 + x + x^2 + x^3 + \cdots\right)\left(1 + x + x^2 + x^3 + \cdots\right),
\end{aligned}$$

可得 $b_k = \displaystyle\sum_{i=0}^{k} a_i$, 由性质 3.3 可得 $B(x) = \dfrac{A(x)}{1-x} = \dfrac{1}{(1-x)^2}$.

例 3.7 求数列 $b_k = \left\{0^2, 0^2 + 1^2, 0^2 + 1^2 + 2^2, \cdots, 0^2 + 1^2 + 2^2 + \cdots + r^2, \cdots\right\}$ 的母函数 $B(x)$.

解 先求数列 $a_k = \left\{k^2 : k \geqslant 0\right\} = \left\{0, 1^2, 2^2, 3^2, \cdots, k^2, \cdots\right\}$ 的母函数 $A(x)$, 对公式 $1 + x + x^2 + \cdots = \dfrac{1}{1-x}$ 的两边同时求导后再乘以 x 得

$$\sum_{k=0}^{\infty} k x^k = \frac{x}{(1-x)^2},$$

将上式两边再同时求导后, 再乘以 x 得

$$0 + 1^2 x + 2^2 x^2 + 3^2 x^3 + \cdots + n^2 x^n + \cdots = \sum_{k=0}^{\infty} k^2 x^k = \frac{x(x+1)}{(1-x)^3},$$

因而数列 $a_k = \{k^2 : k \geqslant 0\}$ 的母函数为 $A(x) = \dfrac{x(x+1)}{(1-x)^3}$.

由性质 3.3, 所以数列 $b_k = \{0^2, 0^2 + 1^2, 0^2 + 1^2 + 2^2, \cdots, 0^2 + 1^2 + 2^2 + \cdots + r^2, \cdots\}$ 的母函数 $B(x)$ 为

$$B(x) = \frac{A(x)}{1-x} = \frac{x(x+1)}{(1-x)^4}.$$

性质 3.4 若 $\displaystyle\sum_{k=0}^{\infty} a_k$ 收敛, 则 $b_k = \displaystyle\sum_{i=k}^{\infty} a_i \, (k = 0, 1, 2, \cdots)$ 当且仅当

$$B(x) = \frac{A(1) - xA(x)}{(1-x)}. \tag{3-4}$$

证 由于 $A(1) - xA(x) = (a_0 + a_1 + \cdots) - a_0 x - a_1 x^2 - a_2 x^3 - \cdots$, 若 $B(x) = \dfrac{A(1) - xA(x)}{(1-x)}$, 由性质 3.3 即得 $b_k = \displaystyle\sum_{i=k}^{\infty} a_i$. 反之, 若 $b_k = \displaystyle\sum_{i=k}^{\infty} a_i$, 由 $\displaystyle\sum_{k=0}^{\infty} a_k$ 收敛知 b_k 存在, 易得

$$b_0 = a_0 + a_1 + a_2 + \cdots = A(1), \quad b_k - b_{k-1} = -a_{k-1} \quad (k = 1, 2, \cdots).$$

联立

$$B(x) = b_0 + b_1 x + \cdots + b_k x^k + \cdots,$$

$$xB(x) = b_0 x + b_1 x^2 + \cdots + b_k x^{k+1} + \cdots$$

得

$$(1-x)B(x) = b_0 + (b_1 - b_0)x + (b_2 - b_1)x^2 + \cdots + (b_k - b_{k-1})x^k + \cdots$$

$$= A(1) - xA(x),$$

即 $B(x) = \dfrac{A(1) - x\,A(x)}{(1-x)}$ 成立. ■

性质 3.5 若 $b_k = ka_k$, 则

$$B(x) = xA'(x).\tag{3-5}$$

证 $xA'(x) = x\left(a_0 + a_1x + a_2x^2 + a_3x^3 + \cdots\right)' = x\left(a_1 + 2a_2x + 3a_3x^2 + \cdots\right) = B(x).$ ∎

例 3.8 求数列 $b_k = \{k(1+k) : k \geqslant 0\}$ 的母函数.

解 由例题 3.6 知, 已知数列 $a_k = \{(1+k) : k \geqslant 0\}$ 对应的母函数为

$$A(x) = 1 + 2x + 3x^2 + \cdots = \frac{1}{(1-x)^2},$$

则 $b_k = k(1+k) = ka_k$, 由性质 3.5 知

$$B(x) = xA'(x) = x\frac{\mathrm{d}}{\mathrm{d}x}\frac{1}{(1-x)^2} = \frac{2x}{(1-x)^3}.$$

性质 3.6 $B(x) = \dfrac{1}{x}\displaystyle\int_0^x A(x)\,\mathrm{d}x$ 当且仅当

$$b_k = \frac{a_k}{1+k} \quad (k = 0, 1, 2, \cdots).\tag{3-6}$$

证
$$\int_0^x A(x)\,\mathrm{d}x = \int_0^x \sum_{k=0}^{\infty} a_k x^k \mathrm{d}x = \sum_{k=0}^{\infty}\int_0^x a_k x^k \mathrm{d}x$$

$$= \sum_{k=0}^{\infty}\int_0^x b_k(k+1)x^k \mathrm{d}x = \sum_{k=0}^{\infty} b_k x^{k+1} = xB(x).$$ ∎

例 3.9 求数列 $b_k = \left\{\dfrac{1}{(1+k)} : k \geqslant 0\right\}$ 的母函数.

解 因为数列 $a_k = \{1, 1, 1, \cdots\}$ 对应的母函数为 $A(x) = 1 + x + x^2 + \cdots = \dfrac{1}{(1-x)}$, 故由性质 3.6, 数列 $b_k = \left\{\dfrac{1}{(1+k)} : k \geqslant 0\right\} = \left\{1, \dfrac{1}{2}, \dfrac{1}{3}, \cdots\right\}$ 的母函数为

$$B(x) = \frac{1}{x}\int_0^x A(x)\,\mathrm{d}x = \frac{1}{x}\int_0^x \frac{1}{1-x}\mathrm{d}x = -\frac{1}{x}\ln|x-1|.$$ ∎

性质 3.7 $C(x) = A(x)B(x)$ 当且仅当

$$c_k = \sum_{i=0}^{k} a_i b_{k-i} \quad (k = 0, 1, 2, \cdots).\tag{3-7}$$

性质 3.7 可由幂级数定义的乘法直接得到.

例 3.10 证明 $\displaystyle\sum_{k=1}^{n}\binom{n}{k-1}\binom{n}{k}=\frac{(2n)!}{(n+1!)\,(n-1)!}$.

证 设 $A(x)=(x+1)^n=\displaystyle\sum_{k=0}^{n}\binom{n}{k}x^k$, $B(x)=xA(x)=x(x+1)^n=\displaystyle\sum_{k=0}^{n}\binom{n}{k}x^{1+k}$, 则由性质 3.7 知, $C(x)=A(x)B(x)$ 中 x^n 的系数为

$$\sum_{k=0}^{n}\binom{n}{k-1}\binom{n}{n-k}=\sum_{k=1}^{n}\binom{n}{k-1}\binom{n}{k},$$

另一方面, 直接对 $C(x)=A(x)B(x)=x(x+1)^{2n}$ 进行展开后 x^n 的系数为

$$\binom{2n}{n-1}=\frac{(2n)!}{(n+1)!\,(n-1)!},$$

故恒等式 $\displaystyle\sum_{k=1}^{n}\binom{n}{k-1}\binom{n}{k}=\frac{(2n)!}{(n+1)!\,(n-1)!}$ 成立. ∎

3.3 普通型母函数

3.3 普通型母函数

母函数可以用来求解具有特定限制要求的组合计数问题, 以及组合型的分配问题. 本节主要介绍利用母函数方法求解序列的组合型问题, 这类母函数一般称为组合型母函数, 或者称为普通型母函数.

我们先来看一个例子.

从 3 个不同的物品 p,q,r 中进行选择可能的组合数, 在前面的学习中我们知道, 选择 i 个物品的方法数就是组合计数 C_3^i. 下面换一种方法对物品的选择进行描述, 即采用加法的形式.

从 3 个物品中不选, 有 1 种可能;

选取 1 个的情况, 即选择 p, 或者选择 q, 或者选择 r, 共有 3 种可能, 我们用 $p+q+r$ 来表示;

选择 2 个的情况, 用 pq 表示选择了 p,q, 用 rq 表示选择了 r,q, 用 pr 表示选择了 p,r, 则选取方法可表示为 $pq+qr+pr$;

选择 3 个物品, 只有 1 种方法, 用 pqr 来表示.

对于未定元 x, 通过计算多项式的乘积 $(1+px)(1+qx)(1+rx)$ 知,

$$(1+px)(1+qx)(1+rx)=1+(p+q+r)\,x+(pq+qr+pr)\,x^2+(pqr)\,x^3. \tag{3-8}$$

如果将 1 视为 x^0 的系数, 则 x^0 系数为 1 意味着不选取物品的可能有 1 种方法, x^1 的系数意味着选择其中 1 种物品的可能, 也即, x^i 的系数表示取出 i 个物品的可能, 其恰好对应它所有可能的选择方法.

反过来, 若将 $(1+px)$ 理解为对于物品 p, 有 "选取" 和 "不选取" 两种可能, 则表达式 $(1+px)(1+qx)(1+rx)$ 也就意味着分别对于物品 p,q,r 的 "选取" 和 "不选取" 情况, 这也对应了物品的所有可能的选择方法.

由于在本阶段的学习中, 只进行组合计数的计算, 而不刻意去掌握所有组合选取方法的可能, 因此在 (3-8) 式中令 p,q,r 都取作 1, 即得到 1 个数列 $\{1,3,3,1\}$ 的母函数

$$(1+x)(1+x)(1+x) = 1 + 3x + 3x^2 + x^3.$$

从上面分析中易知, 在这 3 个物品中 1 个也不选择的方法数有 $C_3^0 = 1(x^0$ 的系数) 种可能, 选择 1 个的方法数有 $C_3^1 = 3(x^1$ 的系数) 种可能, 选择 2 个的方法数有 $C_3^2 = 3(x^2$ 的系数) 种可能, 选择 3 个的方法数有 $C_3^3 = 1(x^3$ 的系数) 种可能. 这说明, 数列 $\{1,3,3,1\}$ 的母函数恰好对应了从 p,q,r 3 个不同物品中进行选取的组合计数.

进而, 将上述问题推广到一般的情况: 二项式系数 $\begin{pmatrix} n \\ 0 \end{pmatrix}$, $\begin{pmatrix} n \\ 1 \end{pmatrix}$, $\begin{pmatrix} n \\ 2 \end{pmatrix}$, $\cdots$, $\begin{pmatrix} n \\ n \end{pmatrix}$ 的母函数为 $G(x) = \sum_{k=0}^{\infty} \begin{pmatrix} n \\ k \end{pmatrix} x^k = (1+x)^n = \overbrace{(1+x)(1+x)\cdots(1+x)}^{n}$, 也恰好对应 n 个不同物品分别 "选取" 和 "不选取" 的组合计数.

进而, 我们也可以推广到可重复集合的组合计数上来. 考虑集合 $S = \{\infty \cdot a_1, \infty \cdot a_2, \cdots, \infty \cdot a_n\}$, 用 $(1+x+x^2+\cdots)$ 代表某个无穷重数 $a_i(1 \leqslant i \leqslant n)$ 的所有选取可能, 则对于下列乘积

$$G(x) = \sum_{k=0}^{\infty} c_k x^k = \overbrace{(1+x+x^2+\cdots)(1+x+x^2+\cdots)\cdots(1+x+x^2\cdots)}^{n}$$

$$= (1+x+x^2+\cdots)^n = \left(\frac{1}{1-x}\right)^n$$

的展开式中, 每一个 x^k 可视为从 n 个括号中分别选择 $x^{k_1}, x^{k_2}, \cdots, x^{k_n}$ 的乘积, 且满足

$$x^{k_1} \cdot x^{k_2} \cdots x^{k_n} = x^k \quad (k_1 + k_2 + \cdots + k_n = k).$$

若将 $k_1, k_2, \cdots, k_n$ 看作从重集 $S = \{\infty \cdot a_1, \infty \cdot a_2, \cdots, \infty \cdot a_n\}$ 分别选取不同元素的 $a_1, a_2, \cdots, a_n$ 的个数, 则重集 $S = \{\infty \cdot a_1, \infty \cdot a_2, \cdots, \infty \cdot a_n\}$ 的每一种

k-组合数即对应一个 x^k. 因此, 设集合 S 的可重复 k-组合数为 c_k, 则 $G(x) = \sum_{k=0}^{\infty} c_k x^k$ 中 x^k 的系数 c_k 即为所求的可重复集合 S 的 k-组合数, 即

$$c_k = \binom{n+k-1}{k}.$$

另一方面, 在表达式 $G(x) = \sum_{k=0}^{\infty} c_k x^k = \left(\dfrac{1}{1-x} \right)^n = (1-x)^{-n}$ 中, 也可以由第 2 章学习内容得

$$(1-x)^{-n} = \sum_{k=0}^{\infty} \binom{-n}{k} (-x)^k = \sum_{k=0}^{\infty} (-1)^k \binom{-n}{k} x^k = \sum_{k=0}^{\infty} \binom{n+k-1}{k} x^k,$$

对比 x^k 的系数, 即有集合 S 的可重复 k-组合数: $c_k = \binom{n+k-1}{k}$.

通过上面的分析, 我们了解到用母函数解决组合计数的转化方法, 下面给出一个更一般的结论.

定理 3.2 考虑从 n 元集 $S = \{x_1, x_2, \cdots, x_n\}$ 中取出 k 个元素, 若其中元素 x_i 出现次数的集合为 $M_i(1 \leqslant i \leqslant n)$, $M_i(1 \leqslant i \leqslant n)$ 是非负整数的集合, 记所有不同取法的 k-组合个数为 c_k, 则数列 $\{c_k : k \geqslant 0\}$ 的母函数为

$$g(x) = \sum_{k \geqslant 0} c_k x^k = \prod_{i=1}^{n} \left(\sum_{m \in M_i} x^m \right). \tag{3-9}$$

证 任给 S 的一个 k-重集, 其中 x_i 出现 m_i 次, 则

$$m_1 + m_2 + \cdots + m_n = k, \quad m_i \in M_i,$$

它恰好对应了 $g(x)$ 的展开式中的一项 $x^{m_1} x^{m_2} \cdots x^{m_n}$, 其中 x^{m_i} 是 (3-9) 式右边 $g(x)$ 的连乘积表达式中第 i 个因子中的一项. 反之亦然. 因此, S 上满足条件的 k 元子集的集合与 $g(x)$ 的展开式中满足方程 $m_1 + m_2 + \cdots + m_n = k, m_i \in M_i$ 的项 $x^{m_1} x^{m_2} \cdots x^{m_n}$ 的集合一一对应. 故 c_k 即是 $g(x)$ 的展开式中 x^k 的系数. ■

例 3.11 现有 3 个 a, 2 个 b, 5 个 c 共 10 个字母, 每次从中取 5 个字母, 问有多少种不同取法?

解 此问题等价于求重集 $X = \{3 \cdot a, 2 \cdot b, 5 \cdot c\}$ 的 5-组合数. 考虑下面的多项式

$$f = \left(a^0 + a^1 + a^2 + a^3 \right) \left(b^0 + b^1 + b^2 \right) \left(c^0 + c^1 + \cdots + c^5 \right),$$

X 的一个 5-组合对应 f 的展开式中 5 次幂的项 $a^i b^j c^k$, 即由 i 个 a, j 个 b, k 个 c 组成, 要求满足 $i + j + k = 5$. 不难验证, 这种对应是多项式 f 的 5 次项的集合与 X 的 5-组合的集合之间的一一对应, 即 X 的 5-组合数是 f 的展开式中 5 次幂的项的个数.

若在 f 中, 令 $a = b = c = x$, 则 f 是一个关于 x 的多项式, 即

$$F(x) = \left(1 + x + x^2 + x^3\right)\left(1 + x + x^2\right)\left(1 + x + \cdots + x^5\right).$$

其中每个括号均意味着相应元素的选取可能, 则 X 的 5-组合数是 $F(x)$ 的展开式中 x^5 的系数. 若用 u_k 表示重集 X 的 k-组合数, 则 $F(x)$ 是序列 $\{u_k : k \geqslant 0\}$ 的母函数的闭公式. 把 $F(x)$ 展成幂级数, 我们有

$$\begin{aligned}
F(x) &= (1 - x^4)(1 - x^3)(1 - x^6)(1 - x)^{-3} \\
&= (1 - x^3 - x^4 - x^6 + x^7 + x^9 + x^{10} - x^{13}) \sum_{k \geqslant 0} C(2 + k, k) x^k.
\end{aligned}$$

于是 x^5 的系数是

$$C(7, 5) - C(4, 2) - C(3, 1) = 21 - 6 - 3 = 12.$$

例 3.12 现在有不同重量的砝码若干枚, 问在天平上能够称出哪几种重量的物体?

(1) 1 克、2 克、4 克、8 克、16 克的砝码各 1 枚;

(2) 1 克砝码 1 枚, 2 克砝码 3 枚, 5 克砝码 2 枚.

解 先看一般情形. 用 x^{k_i} 表示重量为 k_i 的砝码, $k_i \in \mathbb{N}$, $i = 1, 2, \cdots, n$. 当 $i \neq j$ 时, $k_i \neq k_j$. 若一种重量为 w 的物体能用这 n 个砝码在天平上称出, 则

$$r_1 k_1 + r_2 k_2 + \cdots + r_n k_n = w,$$

其中 $r_i k_i$ 表示称重量为 w 的物体时, 用了 $r_i (i = 1, 2, \cdots, n)$ 个重量为 k_i 的砝码. 于是, 若把 x^{k_i} 看作可运算符号, 则有

$$\left(x^{k_1}\right)^{r_1} \left(x^{k_2}\right)^{r_2} \cdots \left(x^{k_n}\right)^{r_n} = x^w.$$

我们来看下面式子的含义.

$$1 + x^{k_i} + \left(x^{k_i}\right)^2 + \cdots + \left(x^{k_i}\right)^r + \cdots.$$

常数项 "1" 表示称重时, 未用重量为 k_i 的砝码; 对于 $r \geqslant 1$, 项 $\left(x^{k_i}\right)^r$ 表示称重时, 重量为 k_i 的砝码用了 r 个.

若用 b_w 表示用砝码 $k_1, k_2, \cdots, k_n$ 称重量为 w 的方法数, 每种砝码有任意多个, 则 b_w 是下面式子的展开式中 x^w 的系数.

$$B(x) = \sum_{i=1}^{n} \left(1 + x^{k_i} + \left(x^{k_i} \right)^2 + \cdots + \left(x^{k_i} \right)^r + \cdots \right).$$

在问题 (1) 中, 每种砝码只有 1 枚, 故每种砝码的选择只有两种可能. 因此, 考虑下面 5 个二项式的乘积

$$\left(1 + x \right) \left(1 + x^2 \right) \left(1 + x^4 \right) \left(1 + x^8 \right) \left(1 + x^{16} \right),$$

因为

$$\left(1 + x \right) \left(1 + x^2 \right) \left(1 + x^4 \right) \left(1 + x^8 \right) \left(1 + x^{16} \right) = 1 + x + x^2 + x^3 + \cdots + x^{31},$$

所以凡不超过 31 克的物体均可用这五个砝码称出来, 而且每种重量只能用 1 种方法称出.

在问题 (2) 中, 因为有 1 枚 1 克的砝码, 3 枚 2 克的砝码, 2 枚 5 克的砝码, 所以考虑下面的 3 个多项式乘积的展开式:

$$\left(1 + x \right) \left[1 + x^2 + \left(x^2 \right)^2 + \left(x^2 \right)^3 \right] \left[1 + x^5 + \left(x^5 \right)^2 \right]$$

$$= 1 + x + x^2 + x^3 + x^4 + 2x^5 + 2x^6 + 2x^7 + x^8 + x^9 + 2x^{10}$$

$$+ 2x^{11} + 2x^{12} + x^{13} + x^{14} + x^{15} + x^{16} + x^{17},$$

于是凡不超过 17 克的物体均可用这 6 枚砝码称重, 除 5 克、6 克、7 克、10 克、11 克、12 克有 2 种不同称重的方式外, 其他重量都只有 1 种称重方式.

例 3.13 从 n 元集 $S = \{x_1, x_2, \cdots, x_n\}$ 中取 k 个元素, 若所有的不同取法有 d_k 种, 求满足下列条件的数列 $\{d_k : k \geqslant 0\}$ 的母函数,

(1) 要求每个元素 x_i 都至少出现 1 次.

(2) 要求每个元素 x_i 都至多出现 m 次.

解 (1) 若要求每个元素至少出现 1 次, 因此 $k \geqslant n$. 此时所求组合数 d_k 的母函数为

$$\left(x + x^2 + \cdots \right)^n = x^n (1-x)^{-n} = x^n \sum_{j=0}^{\infty} \binom{n+j-1}{j} x^j = \sum_{j=0}^{\infty} \binom{n+j-1}{j} x^{n+j}$$

$$= \sum_{k=n}^{\infty} \binom{k-1}{k-n} x^k = \sum_{k=n}^{\infty} \binom{k-1}{n-1} x^k = \sum_{k=0}^{\infty} \binom{k-1}{n-1} x^k,$$

此时所求的组合数 d_k 即为对应 x^k 的系数 $\begin{pmatrix} k-1 \\ n-1 \end{pmatrix}$, $k \geqslant n$.

(2) 若每个元素都至多出现 m 次,

$$(1 + x + \cdots x^m)^n = (1 - x^{m+1})^n (1-x)^{-n}$$

$$= \left[\sum_{i=0}^{n} (-1)^i \begin{pmatrix} n \\ i \end{pmatrix} x^{i(m+1)} \right] \left[\sum_{j=0}^{\infty} \begin{pmatrix} n+j-1 \\ n-1 \end{pmatrix} x^j \right],$$

对比 x 的幂可得

$$d_k = \sum_{i=0}^{k} (-1)^i \begin{pmatrix} n \\ i \end{pmatrix} \begin{pmatrix} n+k-i(m+1)-1 \\ n-1 \end{pmatrix}.$$

特别地, 当 $m = 1$ 时有如下组合恒等式成立:

$$\begin{pmatrix} n \\ k \end{pmatrix} = \sum_{i=0}^{k} (-1)^i \begin{pmatrix} n \\ i \end{pmatrix} \begin{pmatrix} n+k-2i-1 \\ n-1 \end{pmatrix}.$$

对于与组合问题等价的分配问题和不定方程解的个数计数问题, 也可以得到与上述定理对应的描述和结论.

定理 3.3 考虑把 k 个相同的球放入 n 个不同的盒子中, 其中第 i 个盒子的容量限制分别取自集合 M_i, 这里 $M_i (1 \leqslant i \leqslant n)$ 是非负整数的集合. 记不同的分配方法数为 c_k, 则数列 $\{c_k : k \geqslant 0\}$ 的母函数为

$$g(x) = \sum_{k \geqslant 0} c_k x^k = \prod_{i=1}^{n} \left(\sum_{m \in M_i} x^m \right). \tag{3-10}$$

例 3.14 把 20 个相同的球放入 4 个不同的箱子里面, 4 个箱子的容量分别用集合表示为 $A_1 = \{1, 2, \cdots, 6\}$, $A_2 = \{0, 1, \cdots, 7\}$, $A_3 = \{4, 5\}$, $A_4 = \{2, \cdots, 6\}$, 求不同的放置方法数.

解 此问题也即求不定方程 $x_1 + x_2 + x_3 + x_4 = 20$ 满足 $1 \leqslant x_1 \leqslant 6, 0 \leqslant x_2 \leqslant 7, 4 \leqslant x_3 \leqslant 5, 2 \leqslant x_4 \leqslant 6$ 的整数解的个数.

设 a_k 是不定方程 $x_1 + x_2 + x_3 + x_4 = k$ 的适合上述条件的整数解的个数, 则 a_{20} 是所求解的个数. 由定理 3.1, $\{a_k : k \geqslant 0\}$ 的母函数是

$$g(x) = (x + x^2 + \cdots + x^6)(1 + x + \cdots + x^7)(x^4 + x^5)(x^2 + \cdots + x^6)$$

$$= x^7 (1 - x^6)(1 - x^8)(1 + x)(1 - x^5)(1 - x)^{-3},$$

所以 a_{20} 是 $g(x)$ 中 x^{20} 的系数, 因而是

$$\left(1 - x^6\right)\left(1 - x^8\right)\left(1 + x\right)\left(1 - x^5\right)\left(1 - x\right)^{-3}$$

中 x^{13} 的系数, 也就是

$$\left(1 + x - x^5 - 2x^6 - x^7 - x^8 - x^9 + x^{11} + x^{12} + x^{13}\right)\left(1 - x\right)^{-3}$$

中 x^{13} 的系数, 又因为

$$\left(1 + x - x^5 - 2x^6 - x^7 - x^8 - x^9 + x^{11} + x^{12} + x^{13}\right)\left(1 - x\right)^{-3}$$

$$= \left(1 + x - x^5 - 2x^6 - x^7 - x^8 - x^9 + x^{11} + x^{12} + x^{13}\right)\sum_{k=0}^{\infty} t_k x^k,$$

其中 $t_k = (-1)^k C(-3, k) = C(k+2, k) = (k+2)(k+1)/2$. 于是

$$a_{20} = t_{13} + t_{12} - t_8 - 2t_7 - t_6 - t_5 - t_4 + t_2 + t_1 + t_0$$

$$= 105 + 91 - 45 - 72 - 28 - 21 - 15 + 6 + 3 + 1 = 25.$$

例 3.15 求方程 $x_1 + 2x_2 + 4x_3 = 17$ 的非负整数解的个数.

解 满足题意的非负整数解个数即为

$$G(x) = \left(x + x^2 + \cdots\right)\left(1 + x^2 + x^4 + \cdots\right)\left(1 + x^4 + x^8 + \cdots\right)$$

的展开式中 x^{17} 次幂的系数, 即只需考虑

$$G(x) = \left(x + x^3 + x^5 \cdots\right)\left(1 + x^2 + x^4 + \cdots\right)\left(1 + x^4 + x^8 + \cdots\right)$$

的展开式中 x^{17} 次幂的系数. 化简上式, 得

$$G(x) = x\left(1 + x^2\right)^2\left(1 - x^4\right)^{-3} = \left(x + 2x^3 + x^5\right)\sum_{k=0}^{\infty}\binom{k+2}{k}x^{4k}$$

$$= \sum_{k=0}^{\infty}\binom{k+2}{k}x^{4k+1} + 2\sum_{k=0}^{\infty}\binom{k+2}{k}x^{4k+3} + \sum_{k=0}^{\infty}\binom{k+2}{k}x^{4k+5}.$$

因为符合题意的解中, $4k + 1 = 17$ 的解为 $k = 4$, $4k + 3 = 17$ 无解, $4k + 5 = 17$ 的解为 $k = 3$, 故所求非负整数解个数为

$$\binom{4+2}{2} + \binom{3+2}{2} = \binom{6}{2} + \binom{5}{2} = 15 + 10 = 25.$$

例 3.16 求以 $A\,(8,0,0)$, $B\,(0,8,0)$, $C\,(-8,0,0)$, $D\,(0,-8,0)$, $E\,(0,0,8)$, $F\,(0,0,-8)$ 为顶点的正 8 面体 V 内 (包括表面) 的整点个数.

解 因为过点 $A\,(8,0,0)$, $B\,(0,8,0)$, $E\,(0,0,8)$ 的平面方程为 $x+y+z=8$, 故一个整点在正 8 面体 V 内所要满足的充要条件 (x,y,z) 是

$$|x| + |y| + |z| \leqslant 8,$$

等价于

$$|x| + |y| + |z| + w = 8 \quad (w \geqslant 0).$$

考虑更一般的方程 $|x| + |y| + |z| + w = n(w \geqslant 0)$, 设符合题意的整点个数为 a_n, 则 a_n 即为满足该不定方程的整数解的个数, 它的母函数为

$$
\begin{aligned}
G\,(x) &= \sum_{n=0}^{\infty} a_n x^n = (1 + 2x + 2x^2 + \cdots)^3 (1 + x + x^2 + \cdots) \\
&= \left(\frac{2}{1-x} - 1 \right)^3 \frac{1}{1-x} = (1+x)^3 (1-x)^{-4} \\
&= (1 + 3x + 3x^2 + x^3) \sum_{k=0}^{\infty} \binom{4+k-1}{k} x^k \\
&= (1 + 3x + 3x^2 + x^3) \sum_{k=0}^{\infty} \binom{3+k}{3} x^k,
\end{aligned}
$$

对比 x^n 的系数, 可得

$$a_n = \binom{3+n}{3} + 3 \binom{2+n}{3} + 3 \binom{1+n}{3} + \binom{n}{3},$$

当 $n = 8$ 时, 即展开式中 x^8 的系数为所求正 8 面体 V 内的整点个数

$$
\begin{aligned}
a_8 &= \binom{3+8}{3} + 3 \binom{3+7}{3} + 3 \binom{3+6}{3} + \binom{3+5}{3} \\
&= \binom{11}{3} + 3 \binom{10}{3} + 3 \binom{9}{3} + \binom{8}{3} = 165 + 360 + 252 + 56 = 833.
\end{aligned}
$$

定理 3.4 假设有 n 个元素的集合 S 中可以分为 m 类, 每一类中有 $n_i\,(i = 1, 2, \cdots, m)$ 个不同的元素, 则集合 S 可以表示为 $S = \{a_{11}, a_{12}, \cdots, a_{1,n_1}; a_{21},$

$a_{22}, \cdots, a_{2,n_2}; \cdots; a_{m1}, a_{m2}, \cdots, a_{m,n_m}\}$. 现从中取出 k 个元素, 要求满足第 i 类元素不能少于 s_i 个, 不能多于 r_i 个, 则 S 的 k-组合数的母函数为

$$G(x) = \prod_{i=1}^{m} \left(\sum_{j=s_i}^{r_i} \binom{n_i}{j} x^j \right).$$

例 3.17 有 n 个男同学, m 个女同学, 现要组织一个包含偶数个男同学和不少于 2 个女同学组成的学习小组, 问有多少种组成方案?

解 不妨设第一类集合 S_1 是 n 个男同学的集合, 第二类集合 S_2 是 m 个女同学的集合. 由要求知, 限定男同学出现个数的集合为

$$M_1 = \{0, 2, 4, 6, \cdots\},$$

限定女同学出现个数的集合为

$$M_2 = \{2, 3, 4, 5, \cdots\}.$$

设 d_k 是 $S = S_1 \cup S_2$ 的满足限定条件的 k 人学习小组的个数, 即第 i 类元素属于集合 $M_i\,(i=1,2)$ 的 k-组合数. 于是, 组成方案数 $\{d_k : k \geqslant 0\}$ 的母函数是

$$d(x) = \left(\sum_{m_1 \in M_1} \binom{n}{m_1} x^{m_1} \right) \left(\sum_{m_2 \in M_2} \binom{m}{m_2} x^{m_2} \right).$$

由性质 3.7,

$$d_k = \sum_{\substack{m_1+m_2=k \\ m_1 \in M_1, m_2 \in M_2}} \binom{n}{m_1} \binom{m}{m_2}. \tag{3-11}$$

特别地, 当 $n = 8, m = 5$ 时, $d_0 = d_1 = 0$. 当 $k \geqslant 14$ 时, $d_k = 0$. 用 (3-11) 式, 可求出

$$d_2 + d_3 + d_4 + \cdots + d_{13} = 3328.$$

3.4 指数型母函数

3.4 指数型
母函数

母函数也可以用来求解带有一般性限制要求的排列计数问题, 以及排列型的分配问题. 本节主要介绍利用母函数方法求解序列的排列型问题, 这类母函数一般称为指数型母函数.

首先, 从 n 元集合中取 k 个不同元素的排列数是

$$(n)_k = n(n-1)\cdots(n-k+1) = P(n, k),$$

假设数列 $\{P(n,k) : k \geqslant 0\}$ 的母函数是 $\sum\limits_{k \geqslant 0} (n)_k x^k$, 通过观察发现, 这个母函数的闭公式难以得到. 考虑到 $P(n,k) = C(n,k) \cdot k!$, 如果我们在母函数的定义中把 x^k 改成 $x^k/k!$, 则由二项式定理展开式 $(1+x)^n = \sum\limits_{k=0}^{n} C(n,k) x^k$, 容易得到 $P(n,k)$ 为 $(1+x)^n$ 的展开式中 $x^k/k!$ 的系数, 并且有

$$\sum_{k=0}^{n} P(n,k) \frac{x^k}{k!} = \sum_{k=0}^{n} \frac{(n)_k}{k!} x^k = \sum_{k=0}^{n} \frac{n!}{(n-k)!k!} x^k = \sum_{k=0}^{n} C(n,k) x^k = (1+x)^n,$$

对于某个元素, 如果用 1 表示不取, $\dfrac{x}{1!}$ 表示取 1 个, $\dfrac{x^2}{2!}$ 表示取 2 个, 即 n 元集合中取 k 个不同元素的排列数 $P(n,k)$ 的 "指数型" 母函数为 $(1+x)^n$.

同样地, 我们也可以推广到可重复集合的排列计数上来. 通过前面的学习知道, 对于一个 n 元可重复集合 $S = \{n_1 \cdot a_1, n_2 \cdot a_2, \cdots, n_k \cdot a_k\}$, 它的全排列个数即为多项式系数

$$\binom{n}{n_1, n_2, \cdots, n_k} = \frac{n!}{n_1! n_2! \cdots n_k!},$$

但是对于该 n 元集合的 $k (k < n)$ 排列数, 则是以分类讨论的形式给出的.

例如, 设 $S = \{3 \cdot a_1, a_2, 2 \cdot a_3\}$, 从 S 中选取 4 个元素, 试求:

(1) 全部 4-组合方案; (2) 4-排列数.

解 (1) 根据 S 的不同元素 a_1, a_2, a_3 的重数, 应用普通型母函数考虑三元多项式

$$\left(1 + a_1 + a_1^2 + a_1^3\right) (1 + a_2) \left(1 + a_3 + a_3^2\right),$$

从中列出所有的 4 次齐次项

$$a_1^3 a_2, \quad a_1^3 a_3, \quad a_1^2 a_2^2, \quad a_1^2 a_2 a_3,$$

此即为所求的全部 4-组合方案.

(2) 上述 4 种 4-组合方案分别可以产生以下 3 种不同的 4-排列方案,

$$\frac{4!}{3!1!} = 4, \quad \frac{4!}{3!1!} = 4, \quad \frac{4!}{2!2!} = 6, \quad \frac{4!}{2!1!1!} = 12,$$

按分类思想, 所求的 4-排列数应为所有方案的和, $4 + 4 + 6 + 12 = 26$(种).

结合母函数的思想, 考虑到

$$\frac{4!}{3!1!}a_1^3 a_2 + \frac{4!}{3!1!}a_1^3 a_3 + \frac{4!}{2!2!}a_1^2 a_2^2 + \frac{4!}{2!1!1!}a_1^2 a_2 a_3$$

$$= 4!\left(\frac{a_1^3 a_2}{3!1!} + \frac{a_1^3 a_3}{3!1!} + \frac{a_1^2 a_2^2}{2!2!} + \frac{a_1^2 a_2 a_3}{2!1!1!}\right),$$

经过计算, 易知此式恰为 3 元 4 次多项式

$$\left(1 + \frac{a_1}{1!} + \frac{a_1^2}{2!} + \frac{a_1^3}{3!}\right)\left(1 + \frac{a_2}{1!}\right)\left(1 + \frac{a_3}{1!} + \frac{a_3^2}{2!}\right)$$

的展开式中 4 次齐次项的 4! 倍. 如果将 a_1, a_2, a_3 换成 x, 则

$$\frac{4!}{3!1!} + \frac{4!}{3!1!} + \frac{4!}{2!2!} + \frac{4!}{2!1!1!} = 26$$

刚好是一元多项式

$$\left(1 + \frac{x}{1!} + \frac{x^2}{2!} + \frac{x^3}{3!}\right)\left(1 + \frac{x}{1!}\right)\left(1 + \frac{x}{1!} + \frac{x^2}{2!}\right)$$

展开式中 $x^4/4!$ 的系数.

通过上面的两个例子, 我们发现对排列计算的问题, 将不定元 x^k 转化为 $\dfrac{x^k}{k!}$ 后, 仍然可以借助母函数的思想解决, 只是需要转化成 "指数形式" 的母函数, 下面给出指数型母函数的定义.

定义 3.6 给定一个有限或者无限的未知数列 $\{a_0, a_1, a_2, \cdots\}$, 构造形式幂级数

$$G(x) = \sum_{k=0}^{\infty} a_k \frac{x^k}{k!} = a_0 + a_1\frac{x}{1!} + a_2\frac{x^2}{2!} + \cdots,$$

其中 x 为未定元, 则称 $G(x)$ 为数列 $\{a_0, a_1, a_2, \cdots\}$ 的指数型母函数.

例如, 对于无穷数列 $\{1, 1, 1, \cdots\}$, 其指数型母函数可构造为

$$G(x) = \sum_{k=0}^{\infty} 1 \cdot \frac{x^k}{k!} = 1 + \frac{x}{1!} + \frac{x^2}{2!} + \cdots = \mathrm{e}^x,$$

这也正好是对应了 "指数型" 母函数的名称.

指数型母函数仍然考虑为形式幂级数, 它的思想和普通型母函数是一致的. 实际上, 如果 $G(x)$ 是数列 $\{a_k : k \geqslant 0\}$ 的指数型母函数, 那么 $G(x)$ 也是数列

$\left\{ \dfrac{a_k}{k!} : k \geqslant 0 \right\}$ 的普通型母函数. 指数型母函数更适用于解决带有一般限制条件的排列计数问题, 前面定义的有关形式幂级数的各种运算和性质对指数型母函数也是有效的.

例 3.18 由至多 3 个 A, 3 个 B, 2 个 C 和 1 个 D 所组成的长度分别为 2 和 3 的字母序列有多少种?

解 考虑用指数型母函数来表示每个字母出现的可能,

$$G(x) = \left(1 + \frac{x}{1!} + \frac{x^2}{2!} + \frac{x^3}{3!} \right)^2 \cdot \left(1 + \frac{x}{1!} + \frac{x^2}{2!} \right) \cdot \left(1 + \frac{x}{1!} \right)$$

$$= 1 + 4x + \frac{15}{2}x^2 + \frac{53}{6}x^3 + \cdots,$$

通过计算可得 $x^2/2!$ 的系数是 $2!(15/2) = 15$, $x^3/3!$ 的系数是 $3!(53/6) = 53$, 即为题目所求长度分别为 2 和 3 的字母序列数.

定理 3.5 从 n 元集 $S = \{x_1, x_2, \cdots, x_n\}$ 中取 k 个元的排列, 其中限定元素 x_i 出现的次数为非负整数集 $M_i (1 \leqslant i \leqslant n)$, 记这种排列的个数为 p_k. 则 $\{p_k : k \geqslant 0\}$ 的指数型母函数为

$$\sum_{k \geqslant 0} p_k \frac{x^k}{k!} = \prod_{i=1}^{n} \left(\sum_{m \in M_i} \frac{x^m}{m!} \right).$$

证 对一组 $m_i \in M_i (i = 1, 2, \cdots, n)$, $\displaystyle\sum_{i=1}^{n} m_i = k$, 则 S 上 x_i 出现 m_i 次的 k 元排列数是 $\dfrac{k!}{m_1! m_2! \cdots m_n!}$, 所以

$$p_k = \sum_{\substack{m_1 + m_2 + \cdots + m_n = k \\ m_i \in M_i}} \frac{k!}{m_1! m_2! \cdots m_n!}.$$

它正是 $\displaystyle\prod_{i=1}^{n} \left(\sum_{m \in M_i} \frac{x^m}{m!} \right)$ 的展开式中 $\dfrac{x^k}{k!}$ 的系数. ∎

例 3.19 从 n 元集 $S = \{x_1, x_2, \cdots, x_n\}$ 中取 k 个元的排列, 求每个元 x_i 出现次数不限的不同方法数.

解 第 1 章中已经求得此结果为 $a_k = n^k$.

另一方面, n 元集 S 上的 k 元 (可重) 排列数 a_k 的指数型母函数为

$$\left(\sum_{j \geqslant 0} \frac{x^j}{j!} \right)^n = (\mathrm{e}^x)^n = \mathrm{e}^{nx} = \sum_{k \geqslant 0} n^k \frac{x^k}{k!},$$

比较上式两端的同次项系数, 得 $a_k = n^k, k = 0, 1, 2, \cdots$.

例 3.20 用 3 个 1, 2 个 2, 5 个 3 这十个数字能构成多少个偶的四位数?

解 由题意, 本题是求解多重集合 $S = \{3 \cdot 1, 2 \cdot 2, 5 \cdot 3\}$ 的 4 排列数, 且要求以 2 结尾. 考虑可以先固定一个 2 在末尾, 则问题转化为求多重集合 $S' = \{3 \cdot 1, 1 \cdot 2, 5 \cdot 3\}$ 的 3 排列数, 其指数型母函数为

$$G(x) = \left(1 + \frac{x}{1!} + \frac{x^2}{2!} + \frac{x^3}{3!}\right) \cdot \left(1 + \frac{x}{1!}\right) \cdot \left(1 + \frac{x}{1!} + \frac{x^2}{2!} + \frac{x^3}{3!} + \frac{x^4}{4!} + \frac{x^5}{5!}\right),$$

展开后通过计算可得 $\dfrac{x^3}{3!}$ 的系数为 20, 故能组成 20 个偶的四位数.

例 3.21 用 0, 1, 2, 3, 4 共五个数字能构成多少个六位数? 要求满足数字 0 恰好出现 1 次, 1 出现 2 次或 3 次, 2 至多出现 1 次, 4 出现奇数次.

解 因为六位数的最高位不能是 0, 可先考虑不含 0 而满足条件的五位数的个数。设 a_k 为符合题意的 k 位数的个数, 则数列 $\{a_k\}$ 的指数型母函数为

$$
\begin{aligned}
G(x) &= \left(\frac{x^2}{2!} + \frac{x^3}{3!}\right) \cdot \left(1 + \frac{x}{1!}\right) \cdot \left(1 + \frac{x}{1!} + \frac{x^2}{2!} + \frac{x^3}{3!} + \cdots\right) \cdot \left(\frac{x}{1!} + \frac{x^3}{3!} + \frac{x^5}{5!} + \cdots\right) \\
&= \left(\frac{x^2}{2!} + \frac{x^3}{3!}\right) \cdot \left(1 + \frac{x}{1!}\right) \cdot e^x \cdot \frac{e^x - e^{-x}}{2} \\
&= \left(\frac{x^2}{2!} + \frac{2x^3}{3!} + \frac{x^4}{6}\right) \cdot \frac{e^{2x} - 1}{2} \\
&= \left(\frac{x^2}{4} + \frac{x^3}{3!} + \frac{x^4}{12}\right) \cdot \left(\sum_{n=0}^{\infty} 2^n \frac{x^n}{n!} - 1\right),
\end{aligned}
$$

其中 x^5 的系数为 $\dfrac{1}{4} \cdot \dfrac{2^3}{3!} + \dfrac{1}{3} \cdot \dfrac{2^2}{2!} + \dfrac{1}{12} \cdot \dfrac{2}{1!} = 140 \cdot \dfrac{1}{5!}$, 即 $a_5 = 140$.

接下来考虑把 0 插入满足条件的五位数, 对每一个确定的五位数均有中间和末尾 5 个空可以选择, 如 14332 可对应出 143320, 143302, 143032, 140332, 104332 五个六位数. 因此, 共可得到 $140 \times 5 = 700$ 个六位数.

同样可以把排列计数问题用分配问题的语言表述.

定理 3.6 把 k 个全不相同的球放进 n 个全不相同的盒子中, 限定盒子 b_i 的容量集为 $M_i \, (i = 1, 2, \cdots, n)$. 记这种分配方法数记为 p_k, 则数列 $\{p_k : k \geqslant 0\}$ 的指数型母函数是

$$\sum_{k \geqslant 0} p_k \frac{x^k}{k!} = \prod_{i=1}^{n} \left(\sum_{m \in M_i} \frac{x^m}{m!}\right).$$

例 3.22 考虑将 n 个不同的球放入 3 个不同的盒子中, 要求其中第一个盒子里只能不放或放偶数个球, 其他 2 个盒子的容量不限制的分配方法数.

解 设 3 个盒子的容量分别为

$$M_1 = \{0, 2, 4, \cdots\}, \quad M_2 = M_3 = \{0, 1, 2, 3, 4, \cdots\},$$

则分配方法数的指数型母函数为

$$
\begin{aligned}
G(x) &= \left(1 + \frac{x}{1!} + \frac{x^2}{2!} + \frac{x^3}{3!} + \cdots\right)^2 \cdot \left(1 + \frac{x^2}{2!} + \frac{x^4}{4!} + \cdots\right) \\
&= (\mathrm{e}^x)^2 \cdot \frac{\mathrm{e}^x + \mathrm{e}^{-x}}{2} = \frac{1}{2}\left(\mathrm{e}^x + \mathrm{e}^{3x}\right) \\
&= \frac{1}{2}\sum_{n=0}^{\infty}\left[\frac{x^n}{n!} + \frac{(3x)^n}{n!}\right] = \sum_{n=0}^{\infty}\frac{(3^n + 1)}{2}\frac{x^n}{n!},
\end{aligned}
$$

其中 $\dfrac{x^n}{n!}$ 的系数 $\dfrac{(3^n + 1)}{2}$ 即为满足条件的分配方案数.

例 3.23 用红色、蓝色、黄色、绿色四种颜色为一个 $1 \times n$ 的棋盘着色. 问: 满足染红色和黄色的方格数均为偶数的不同染色方案有多少种?

解 将四种不同的颜色看作 4 个不同的盒子集 $\{R, B, Y, G\}$, 将 $1 \times n$ 棋盘的 n 个方格用序列 $1, 2, \cdots, n$ 分别进行表示. 若第 j 个方格染了 m 色, 即转化为第 j 个球放入第 m 个盒子中. 则满足题意的四个盒子的容量分别为

$$M_R = M_Y = \{0, 2, 4, \cdots\}, \quad M_G = M_B = \{0, 1, 2, 3, 4, \cdots\}.$$

设满足染红色和黄色的方格数均为偶数的不同染色方案有 a_n 种, 则 a_n 对应的指数型母函数为

$$
\begin{aligned}
G(x) &= \left(1 + \frac{x}{1!} + \frac{x^2}{2!} + \frac{x^3}{3!} + \cdots\right)^2 \cdot \left(1 + \frac{x^2}{2!} + \frac{x^4}{4!} + \cdots\right)^2 \\
&= (\mathrm{e}^x)^2 \cdot \left(\frac{\mathrm{e}^x + \mathrm{e}^{-x}}{2}\right)^2 = \frac{1}{4}\mathrm{e}^{4x} + \frac{1}{2}\mathrm{e}^{2x} + \frac{1}{4} \\
&= \sum_{n=1}^{\infty}\left(4^{n-1} + 2^{n-1}\right)\frac{x^n}{n!} + 1,
\end{aligned}
$$

故有 $a_n = 4^{n-1} + 2^{n-1} \, (n \geqslant 1)$ 种不同的染色方案数.

3.5 母函数应用举例

3.5.1 母函数与 Stirling 数

第 2 章中已经介绍了两类 Stirling 数的定义、相互关系以及递推、计算公式, 下面主要从 (指) 母函数的角度讨论 Stirling 数, 给出两类 Stirling 数的 (指) 母函数表达式, 并且由此得到关于两类 Stirling 数的一些性质.

定理 3.7 第二类 Stirling 数列 $\{S(n,k) : k \geqslant 0\}$ 关于 n 的母函数是

$$\sum_{n=0}^{\infty} S(n,k)x^n = \frac{x^k}{(1-x)(1-2x)\cdots(1-kx)}. \tag{3-12}$$

证 令 $f_k(x) = \sum_{n=0}^{\infty} S(n,k)x^n$, 则 $f_0(x) = 1$. 注意到 $S(n,0) = 0$. 当 $k > 0$ 时, 由第二类 Stirling 数列 $S(n,k)$ 的递推关系式可得

$$f_k(x) = \sum_{n=0}^{\infty} S(n,k)x^n = \sum_{n=1}^{\infty} (S(n-1,k-1) + kS(n-1,k))x^n$$

$$= \sum_{n=0}^{\infty} S(n,k-1)x^{n+1} + k\sum_{n=0}^{\infty} S(n,k)x^{n+1}$$

$$= xf_{k-1}(x) + kxf_k(x),$$

于是

$$f_k(x) = \frac{x}{1-kx}f_{k-1}(x), \tag{3-13}$$

注意到 $f_0(x) = 1$, 当 $k > 0$ 时, 由 (3-13) 式得

$$f_1(x) = \frac{x}{1-x}, f_2(x) = \frac{x^2}{(1-x)(1-2x)}, \cdots, f_k(x) = \frac{x^k}{(1-x)(1-2x)\cdots(1-kx)}. \quad ■$$

定理 3.8 第二类 Stirling 数 $S(n,k)$ 的计数公式以及对 n 的指数型母函数分别为

(1) $S(n,k) = \dfrac{1}{k!}g_n = \dfrac{1}{k!}\sum_{i=0}^{k} (-1)^i \begin{pmatrix} k \\ i \end{pmatrix} (k-i)^n$;

(2) $\sum_{n \geqslant 0} S(n,k)\dfrac{x^n}{n!} = \dfrac{1}{k!}(\mathrm{e}^x - 1)^k, \ k \geqslant 0$.

证 考虑从 n 元集 $S = \{x_1, x_2, \cdots, x_n\}$ 中取 k 个元素进行排列, 其中限定每个元素 x_i 至少出现一次. 若记符合题意的排列个数为 g_k, 此时集合 $M_i = \{1, 2, \cdots\} \, (i = 1, 2, \cdots, n)$, 由定理 3.5, 则 $\{g_k : k \geqslant 0\}$ 的指数型母函数为

$$\sum_{k \geqslant 0} g_k \frac{x^k}{k!} = \left(\frac{x}{1!} + \frac{x^2}{2!} + \frac{x^3}{3!} + \cdots \right)^n = (\mathrm{e}^x - 1)^n$$

$$= \sum_{i=0}^{n} (-1)^i \binom{n}{i} \mathrm{e}^{(n-i)x}$$

$$= \sum_{i=0}^{n} (-1)^i \binom{n}{i} \sum_{k \geqslant 0} \frac{(n-i)^k x^k}{k!}$$

$$= \sum_{k \geqslant 0} \left(\sum_{i=0}^{n} (-1)^i \binom{n}{i} (n-i)^k \right) \frac{x^k}{k!},$$

故

$$g_k = \sum_{i=0}^{n} (-1)^i \binom{n}{i} (n-i)^k. \tag{3-14}$$

事实上, 满足上述条件的一个 k-排列 $x_{i1}, x_{i2}, \cdots x_{ik}$ 也可以看作把 k 个不同的球放进 n 个不同的盒子里, 且每盒子非空的一种方法. 对照第 1 章中的 12 种分配问题, 有

$$g_k = n! S(k, n) = \sum_{i=0}^{n} (-1)^i \binom{n}{i} (n-i)^k, \tag{3-15}$$

综上, 由 (3-14) 式和 (3-15) 式可推出

$$S(n, k) = \frac{1}{k!} g_n = \frac{1}{k!} \sum_{i=0}^{k} (-1)^i \binom{k}{i} (k-i)^n, \tag{3-16}$$

从而

$$\sum_{n \geqslant 0} S(n, k) \frac{x^n}{n!} = \sum_{n \geqslant 0} \frac{g_n}{k!} \frac{x^n}{n!} = \frac{1}{k!} \sum_{n \geqslant 0} g_n \frac{x^n}{n!} = \frac{1}{k!} (\mathrm{e}^x - 1)^k, \quad k \geqslant 0. \qquad \blacksquare$$

定理 3.9 第一类 Stirling 数 $s(n, k)$ 对 n 的指数型母函数为

$$\sum_{n \geqslant 0} s(n, k) \frac{x^n}{n!} = \frac{1}{k!} (\ln(1 + x))^k. \tag{3-17}$$

证一　由第 2 章的学习, 对于两类 Stirling 数, 成立

$$\sum_{n=0}^{\infty} S(m,n)s(n,k) = \delta_{m,k},$$

利用定理 3.8,

$$\sum_{m=0}^{\infty} S(m,n)\frac{x^m}{m!} = \frac{1}{n!}(e^x - 1)^n,$$

在上式两边乘 $s(n,k)$ 并分别对 n 从 0 到 ∞ 求和, 可得左边为

$$\sum_{n=0}^{\infty} \left(\sum_{m=0}^{\infty} S(m,n)\frac{x^m}{m!} \right) s(n,k) = \sum_{m=0}^{\infty} \delta_{m,k}\frac{x^m}{m!} = \frac{x^k}{k!},$$

于是有右边

$$\sum_{n=0}^{\infty} \frac{1}{n!}(e^x - 1)^n s(n,k) = \frac{x^k}{k!}.$$

令 $y = e^x - 1$, 则 $x = \ln(1+y)$. 将它们代入上式, 得

$$\sum_{n \geqslant 0} s(n,k)\frac{y^n}{n!} = \frac{1}{k!}(\ln(1+y))^k,$$

也即

$$\sum_{n \geqslant 0} s(n,k)\frac{x^n}{n!} = \frac{1}{k!}(\ln(1+x))^k. \qquad \blacksquare$$

证二　令 $h_k(x) = \sum\limits_{n \geqslant 0} s(n,k)\dfrac{x^n}{n!}$. 先求函数序列 $\{h_k(x) : k \geqslant 0\}$ 的母函数, 由两类 Stirling 数的性质可得

$$\sum_{k=0}^{\infty} h_k(x)y^k = \sum_{k=0}^{\infty} \left(\sum_{n=0}^{\infty} s(n,k)\frac{x^n}{n!} \right) y^k = \sum_{n=0}^{\infty} \left(\sum_{k=0}^{\infty} s(n,k)y^k \right) \frac{x^n}{n!}$$

$$= \sum_{n=0}^{\infty} (y)_n \frac{x^n}{n!} = \sum_{n=0}^{\infty} \binom{y}{n} x^n = (1+x)^y,$$

再把 $(1+x)^y$ 对 y 展开:

$$\sum_{k=0}^{\infty} h_k(x)y^k = (1+x)^y = e^{y\ln(1+x)} = \sum_{k=0}^{\infty} (\ln(1+x))^k \frac{y^k}{k!},$$

比较上式两端 y^k 的系数, 得

$$h_k(x) = \frac{1}{k!}(\ln(1+x))^k.$$ ∎

定理 3.10 $S(n, k)$ 和 $s(n, k)$ 对变量 n 分别有递推关系:

(1) $S(n, k) = \sum_{i=k-1}^{n} \binom{n-1}{i} S(i, k-1) \ (n, k \geqslant 1);$ (3-18)

(2) $s(n, k) = \sum_{i=k-1}^{n-1} (-1)^{n-i-1}(n-1)_{n-i-1} s(i, k-1) \ (n, k \geqslant 1).$ (3-19)

证 (1) 由定理 3.8, 有

$$\sum_{n \geqslant 0} S(n, k)\frac{x^n}{n!} = \frac{1}{k!}(e^x - 1)^k, \quad k \geqslant 0,$$

上式两边分别求导得

$$\sum_{n \geqslant 1} S(n, k)\frac{x^{n-1}}{(n-1)!} = e^x \frac{1}{(k-1)!}(e^x - 1)^{k-1} = e^x \sum_{n \geqslant 0} S(n, k-1)\frac{x^n}{n!},$$

再把上式右端的 e^x 展成幂级数, 我们有

$$\sum_{n \geqslant 1} S(n, k)\frac{x^{n-1}}{(n-1)!} = \left(\sum_{m \geqslant 0} \frac{x^m}{m!} \right) \left(\sum_{i \geqslant 0} S(i, k-1)\frac{x^i}{i!} \right)$$

$$= \sum_{n \geqslant 0} \left(\sum_{i=0}^{n} \frac{1}{(n-i)!i!} S(i, k-1) \right) x^n$$

$$= \sum_{n \geqslant 0} \left(\sum_{i=0}^{n} \frac{n!}{(n-i)!i!} S(i, k-1) \right) \frac{x^n}{n!}$$

$$= \sum_{n \geqslant 0} \left(\sum_{i=0}^{n} \binom{n}{i} S(i, k-1) \right) \frac{x^n}{n!},$$

比较 $x^{n-1}/(n-1)!$ 的系数, 得

$$S(n, k) = \sum_{i=k-1}^{n} \binom{n-1}{i} S(i, k-1).$$

(2) 同理对 $\sum\limits_{n=0}^{\infty} s(n,k)\dfrac{x^n}{n!} = \dfrac{1}{k!}(\ln(1+x))^k$ 两边同时求导, 得

$$\sum_{n=1}^{\infty} s(n,k)\frac{x^{n-1}}{(n-1)!} = \frac{1}{(k-1)!}(\ln(1+x))^{k-1}\frac{1}{1+x} = \frac{1}{1+x}\sum_{i=0}^{\infty} s(i,k-1)\frac{x^i}{i!},$$

比较 $x^{n-1}/(n-1)!$ 的系数, 得

$$s(n,k) = \sum_{i=k-1}^{n-1} (-1)^{n-i-1}(n-1)_{n-i-1}s(i,k-1) \quad (n,k \geqslant 1). \qquad \blacksquare$$

3.5.2 母函数与组合恒等式

第 2 章中, 我们介绍了公式推导法和组合意义法证明组合恒等式, 事实上, 母函数也可以用来证明一些组合恒等式.

例 3.24 证明 $\dbinom{n+r}{n} = \sum\limits_{k=0}^{r} \dbinom{n+k-1}{k}$ $(r = 0,1,2,\cdots)$.

证 因为数列 $\left\{\dbinom{n+k-1}{k}\right\}$ $(k \geqslant 0)$ 的母函数为 $(1-x)^{-n}$(习题 3.6),

由母函数的性质 3.3 可知, 数列 $\left\{b_r = \sum\limits_{k=0}^{r} \dbinom{n+k-1}{k}\right\}_{r\geqslant 0}$ 的母函数为

$$(1-x)^{-n}(1-x)^{-1} = (1-x)^{-(n+1)},$$

即 $b_r = \sum\limits_{k=0}^{r} \dbinom{n+k-1}{k}$ 是 $(1-x)^{-(n+1)} = \dfrac{1}{(1-x)^{n+1}}$ 展开式中 x^r 的系数, 故

$$b_r = \sum_{k=0}^{r} \binom{n+k-1}{k} = \binom{n+r}{n}. \qquad \blacksquare$$

例 3.25 用母函数的方法证明

$$C(n,k) + C(n+1,k) + \cdots + C(n+m,k) = (n+m+1,k+1) - C(n,k+1).$$

证 令 $C(n,k) + C(n+1,k) + \cdots + C(n+m,k) = b_k$, 注意到

$$(1+x)^n = C(n,0) + C(n,1)x + \cdots + C(n,k)x^k + \cdots + C(n,n)x^n,$$

$$(1+x)^{n+1} = C(n+1,0) + C(n+1,1)x + \cdots + C(n+1,k)x^k + \cdots$$

$$+ C\,(n+1,n)\,x^{n+1},$$

$$\cdots\cdots$$

$$(1+x)^{n+m} = C\,(n+m,0) + C\,(n+m,1)\,x + \cdots + C\,(n+m,k)\,x^k + \cdots$$

$$+ C\,(n+m,n)\,x^{n+m},$$

则数列 $\{b_k : k \geqslant 0\}$ 的母函数是

$$\sum_{k=0}^{m} (1+x)^{n+k} = \frac{(1+x)^n - (1+x)^{n+m+1}}{1 - (1+x)} = \frac{1}{x}[(1+x)^{n+m+1} - (1+x)^n],$$

用二项式定理展开上式右端的两个二项式再消去 x, 可得

$$b_k = C(n+m+1, k+1) - C(n, k+1).$$

得证. ■

例 3.26 证明 $\displaystyle\sum_{k=0}^{n} \binom{2k}{k}\binom{2n-2k}{n-k} = 4^n$.

证 由于序列 $\left\{\dbinom{2k}{k}\right\}$ 的母函数的闭公式为 $(1-4x)^{-\frac{1}{2}}$, 即 $(1-4x)^{-\frac{1}{2}} = \displaystyle\sum_{k=0}^{\infty} \binom{2k}{k} x^k$, 又因为

$$(1-4x)^{-1} = \left[(1-4x)^{-\frac{1}{2}}\right]^2 = (1-4x)^{-\frac{1}{2}} \cdot (1-4x)^{-\frac{1}{2}},$$

故由性质 3.7, 可得上式中 x^n 的系数为

$$(1-4x)^{-1} = \left[\sum_{k=0}^{\infty} \binom{2k}{k} x^k\right] \cdot \left[\sum_{k=0}^{\infty} \binom{2k}{k} x^k\right] = \sum_{k=0}^{\infty} \binom{2k}{k}\binom{2n-2k}{n-k} x^n,$$

对比 $(1-4x)^{-1}$ 的展开式中 x^n 的系数

$$\frac{1}{1-4x} = 1 + 4x + (4x)^2 + (4x)^3 + \cdots = \sum_{n=0}^{\infty} 4^n x^n,$$

可得

$$\sum_{k=0}^{n} \binom{2k}{k}\binom{2n-2k}{n-k} = 4^n. \quad ■$$

3.6 分拆数的母函数

3.6.1 分拆数的母函数

3.6.1 分拆数的母函数

在第 2 章特殊计数中, 我们已经学习了正整数分拆的定义和一些性质, 并借助 Ferrers 图直观地给出了整数分拆的一些结论. 历史上数学家 Euler 曾用母函数作为工具来研究整数分拆的性质, 直接促进了母函数相关研究的发展. 本节介绍一些特殊分拆数的母函数, 以及用母函数方法对整数分拆性质的证明举例.

定理 3.11 设 $n \in \mathbb{N}, M \subseteq \mathbb{N}$, 用 $p_M(n)$ 表示 n 的各个分部都属于集合 M 的分拆个数, 则

$$\sum_{n \geqslant 0} p_M(n) x^n = \prod_{j \in M} \frac{1}{(1 - x^j)}. \tag{3-20}$$

证 记 $M = \{m_1, m_2, m_3, \cdots\}_<$, 即 $0 < m_1 < m_2 < m_3 < \cdots$, 则 $p_M(n)$ 即为不定方程

$$m_1 x_1 + m_2 x_2 + \cdots + m_n x_n = n \tag{3-21}$$

的非负整数解的个数, 这里 $m_n \geqslant n$.

由母函数的定义知, 不定方程 (3-21) 的非负整数解的个数与下面幂级数乘积的展开式中 x^n 的系数是一一对应的,

$$(1 + x^{m_1} + x^{2m_1} + \cdots)(1 + x^{m_2} + x^{2m_2} + \cdots)(1 + x^{m_3} + x^{2m_3} + \cdots) \cdots,$$

当 $j > 0$ 时, 有

$$1 + x^{m_j} + x^{2m_j} + \cdots = \frac{1}{1 - x^{m_j}},$$

于是

$$\sum_{n \geqslant 0} p_M(n) x^n = \prod_{j \in M} \frac{1}{(1 - x^j)}. \qquad \blacksquare$$

推论 3.1 当 $M = \mathbb{N}$ 时, 记 n 的各个分部属于 $\mathbb{N}$ 的分拆个数, 即 n 的所有分拆的个数为 $p(n)$, 则

$$\sum_{n \geqslant 0} p(n) x^n = \prod_{j \geqslant 1} \frac{1}{(1 - x^j)}.$$

推论 3.2 当 $M = \{1, 3, 5, 7, \cdots\}$ 时, 记 n 的各个分部都是奇数的分拆个数为 $p_{\text{odd}}(n)$, 则

$$\sum_{n \geqslant 0} p_{\text{odd}}(n) x^n = \prod_{j=1}^{\infty} \frac{1}{(1 - x^{2j-1})}.$$

推论 3.3 当 $M = \{1, 2, 3, \cdots, r\}$ 时, 记 n 的各分部都不超过 r 的分拆个数为 $p_r(n)$, 则

$$\sum_{n \geqslant 0} p_r(n) x^n = \frac{1}{(1-x)(1-x^2) \cdots (1-x^r)}.$$

定理 3.12 设 $n \in \mathbb{N}, r \in \mathbb{N}$, 则 n 的 r 分部分拆数 $p(n, r)$ 的母函数为

$$\sum_{n \geqslant 0} p(n, r) x^n = \frac{x^r}{(1-x)(1-x^2) \cdots (1-x^r)}. \tag{3-22}$$

证 因为 n 的 r 分部分拆数也等于 n 的最大分部是 r 的分拆个数. 由此得

$$p(n, r) = p_r(n) - p_{r-1}(n),$$

由推论 3.3 得

$$\sum_{n=0}^{\infty} p(n, r) x^n = \sum_{n=0}^{\infty} (p_r(n) - p_{r-1}(n)) x^n = \prod_{j=1}^{r-1} (1-x^j)^{-1} ((1-x^r)^{-1} - 1)$$

$$= \prod_{j=1}^{r-1} (1-x^j)^{-1} \left(\frac{1}{1-x^r} - 1 \right) = \frac{x^r}{(1-x)(1-x^2) \cdots (1-x^r)}. \quad \blacksquare$$

定理 3.13 设 $n \in \mathbb{N}$, 用 $p_{\neq}(n)$ 表示 n 的各分部互异的分拆的个数, 则

$$\sum_{n \geqslant 0} p_{\neq}(n) x^n = \prod_{j=1}^{\infty} (1 + x^j).$$

证 显然, n 的各分部互异的分拆的个数 $p_{\neq}(n)$ 是不定方程

$$x_1 + 2x_2 + \cdots + nx_n = n$$

的满足每个 $x_i = 0$ 或 1 的解的个数, 从而有

$$\sum_{n \geqslant 0} p_{\neq}(n) x^n = \prod_{j=1}^{\infty} (1 + x^j). \quad \blacksquare$$

在第 2 章中用 Ferrers 图证明了 n 的各分部都是奇数的分拆的个数等于 n 的各分部两两不同的分拆的个数, 即 $p_{\text{odd}}(n) = p_{\neq}(n)$, 现在可以用母函数的方法给出证明.

由定理 3.13 得

$$\sum_{n \geqslant 0} p_{\neq}(n)x^n = \prod_{j=1}^{\infty}(1+x^j) = \prod_{j=1}^{\infty}\frac{(1-x^{2j})}{(1-x^j)}$$

$$= \frac{(1-x^2)}{(1-x)} \cdot \frac{(1-x^4)}{(1-x^2)} \cdot \frac{(1-x^6)}{(1-x^3)} \cdots$$

$$= \frac{1}{(1-x)} \cdot \frac{1}{(1-x^3)} \cdot \frac{1}{(1-x^5)} \cdots$$

$$= \prod_{j=1}^{\infty}\frac{1}{(1-x^{2j-1})} = \sum_{n \geqslant 0} p_{\mathrm{odd}}(n)x^n.$$

∎

3.6.2　分拆数的 Euler 公式

3.6.2　分拆数
的Euler公式

若将分拆数 $p(n)$ 的母函数记为 $P(x)$, 则

$$P(x) = \sum_{n \geqslant 0} p(n)x^n = \prod_{j=1}^{\infty}\frac{1}{(1-x^j)},$$

想要通过直接展开 $P(x)$ 为无限乘积所构成的表示式来讨论 $p(n)$ 的性质相当困难, 同样地, 想直接求解分拆数 $p(n)$ 的简洁公式也难以做到, 因此我们考虑从另外一个角度来开展讨论.

由 $p(0)=1$ 知 $p(n)$ 可逆, 记 $P(x)$ 在 $\mathbb{C}([x])$ 中的逆为

$$Q(x) = \sum_{n \geqslant 0} q(n)x^n,$$

则

$$Q(x) = \prod_{j=1}^{\infty}(1-x^j).$$

相对而言, $P(x)$ 的逆的表示式是简单的, 我们考虑求 $P(x)$ 的逆 $Q(x)$, 并通过把它展开成幂级数来求 $q(n)$. 因为 $p(0)=1$, 所以 $q(0)=1$. 所以

$$Q(x) = \prod_{j=1}^{\infty}(1-x^j)$$

$$= 1 + \sum_{n=1}^{\infty}\sum_{\substack{i_1+\cdots+i_t=n \\ 1 \leqslant i_1 < i_2 < \cdots < i_t \leqslant n}}((-1^{i_1})(-1^{i_2})\cdots(-1^{i_t}))x^n$$

$$=1 + \sum_{n=1}^{\infty} \left(\sum_{\substack{i_1 + \cdots + i_{2u} = n \\ 1 \leqslant i_1 < i_2 < \cdots < i_{2u} \leqslant n}} 1 - \sum_{\substack{i_1 + \cdots + i_{2v+1} = n \\ 1 \leqslant i_1 < i_2 < \cdots < i_{2v+1} \leqslant n}} 1 \right) x^n.$$

由此可知, 当 $n \geqslant 1$ 时,

$$q(n) = \sum_{\substack{i_1 + \cdots + i_{2u} = n \\ 1 \leqslant i_1 < i_2 < \cdots < i_{2u} \leqslant n}} 1 - \sum_{\substack{i_1 + \cdots + i_{2v+1} = n \\ 1 \leqslant i_1 < i_2 < \cdots < i_{2v+1} \leqslant n}} 1, \tag{3-23}$$

在 (3-23) 式中, 令

$$q_0(n) = \sum_{\substack{i_1 + \cdots + i_{2u} = n \\ 1 \leqslant i_1 < i_2 < \cdots < i_{2u} \leqslant n}} 1, \quad q_1(n) = \sum_{\substack{i_1 + \cdots + i_{2v+1} = n \\ 1 \leqslant i_1 < i_2 < \cdots < i_{2v+1} \leqslant n}} 1,$$

于是, 当 $n \geqslant 1$ 时,

$$q(n) = q_0(n) - q_1(n).$$

由 (3-23) 式可知, $q(n)$ 有下面的组合意义.

$q_0(n)$ 是把 n 分拆成偶数个分部且各分部互异的分拆的个数,

$q_1(n)$ 是把 n 分拆成奇数个分部且各分部互异的分拆的个数.

根据 $q(n)$ 的组合意义, 再结合 Ferrers 图可得下面的结论, 它表述了 $q(n)$ 的一个简洁表达式.

定理 3.14 对任意 $n \in \mathbb{N}_0$,

$$q(n) = \begin{cases} (-1)^k, & n = \dfrac{3k^2 \pm k}{2}, \quad k \in \mathbb{N}_0, \\ 0, & \text{其他.} \end{cases} \tag{3-24}$$

证 当 $n = 0$ 时, $q(0) = 1$, 结论成立.

设 n 是正整数, 由 (3-23) 式可知, $q(n)$ 是 n 的有偶数个分部且各分部互异的分拆个数减去 n 的有奇数个分部且各分部互异的分拆个数.

记 n 各分部互异的分拆的 Ferrers 图的集合为 $\boldsymbol{F} = \boldsymbol{F}_n$. 现在定义 $\boldsymbol{F}$ 到自身的一个映射.

对 $\boldsymbol{F}$ 的任一个 Ferrers 图 F, F 中没有两行的点数相同.

记 $\boldsymbol{F}$ 中从最上面一行的最右端起往左下方斜率为 1 的斜线上点的集合为 $S = S(F)$; 令 $s = |S|$. F 中最下面一行的点集合记为 $B = B(F)$, 令 $b = |B|$.

由上述 S 和 B 的定义可知,

$$S \cap B = \varnothing \text{ 或 } |S \cap B| = 1,$$

见图 3.1.

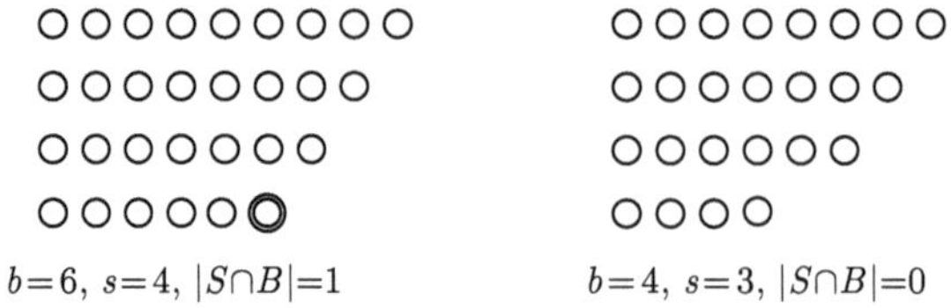

$b=6$, $s=4$, $|S\cap B|=1$ $b=4$, $s=3$, $|S\cap B|=0$

图 3.1

下面分两种情形将 **F** 中的 F 变形.

(1) $b < s$ 或 $b = s$ 但 $|S \cap B| = 0$.

这时定义变形 T_1 为: 把 F 的最下面一行上的 b 个点分别移到 F 最上面 b 个行的右端, 得到 **F** 的另一个 Ferrers 图. 见图 3.2.

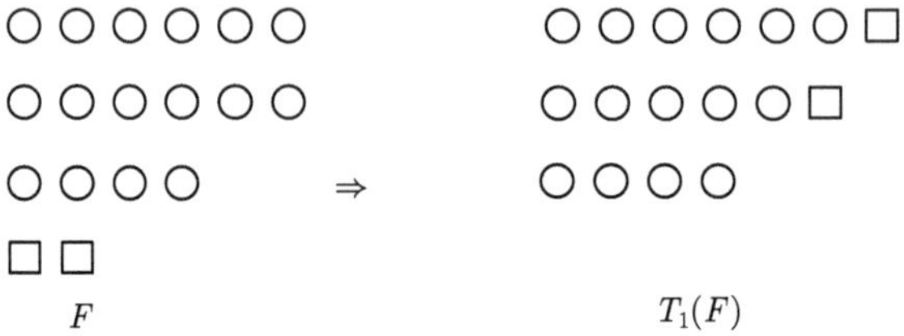

F $T_1(F)$

图 3.2

注意当 $b \leqslant s$ 时, 不合于 (1) 的 Ferrers 图满足 $b = s$, 且 $|S \cap B| = 1$. 记 $b = s = k$, 这样的 Ferrers 图有 k 行, 第 i 行有 $k + (k - i)$ 个点, $i = 1, 2, \cdots, k$. 故这样的图形是唯一的, 记为 F', 它的点数是

$$n = k + (k+1) + \cdots + (2k-1) = \frac{1}{2}(3k^2 - k).$$

(2) $b > s + 1$ 或 $b = s+1$ 但 $|S \cap B| = 0$.

这时定义变形 T_2 为: 把 F 的右斜线上的 s 个点分别移到 F 的最下面一行之下成为新的一行, 得到 **F** 的另一个 Ferrers 图. 见图 3.3.

注意当 $b > s$ 时, 不合于 (2) 的 Ferrers 图满足 $b = s + 1$, 且 $|S \cap B| = 1$. 记 $b = s + 1 = k + 1$, 这样的 Ferrers 图也有 k 行, 第 i 行有 $k + (k - i + 1)$ 个点, $i = 1, 2, \cdots, k$. 故这样的图形是唯一的, 也记为 F', 它的点数是

$$n = (k+1) + (k+2) + \cdots + 2k = \frac{1}{2}(3k^2 + k).$$

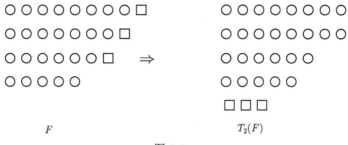

图 3.3

F 中合于 (1) 或 (2) 的子集分别记为 $F_{(1)}$ 或 $F_{(2)}$. 则由变换的定义可知

$$\begin{cases} T_1 : F_{(1)} \to F_{(2)} \\ T_2 : F_{(2)} \to F_{(1)} \end{cases} \Rightarrow F_{(1)} = F_{(2)}.$$

而且 $T_2 T_1$ 和 $T_1 T_2$ 都是恒等映射, 从而 T_1 是 $F_{(1)}$ 到 $F_{(2)}$ 上的双射. 另外 T_1 把 F 中的图形行数减 1, 即改变所表示的分拆中分部个数的奇偶性. 所以我们有下面的结论.

当 $n \neq (3k^2 \pm k)/2$ 时, $\boldsymbol{F}_n = \boldsymbol{F} = F_{(1)} \cup F_{(2)}$, 从而有 $q_0(n) = q_1(n)$.

当 $n = (3k^2 \pm k)/2$ 时, $\boldsymbol{F}_n = \boldsymbol{F} = F_{(1)} \cup F_{(2)} \cup \{F'\}$, 其中 F' 如前所示.

故当 k 是偶数时, F' 对应的分拆有偶数个分部; 当 k 是奇数时, F' 对应的分拆有奇数个分部, 也即当 $n = \left(3k^2 \pm k\right)/2$ 时, $q_0\left(n\right) = q_1\left(n\right) + (-1)^k$.

综上有

$$q(n) = \begin{cases} (-1)^k, & n = \dfrac{3k^2 \pm k}{2}, k \in \mathbb{N}_0, \\ 0, & \text{其他}. \end{cases} \qquad \blacksquare$$

从定理 3.14 可得出下面的 Euler 恒等式和 Euler 公式.

定理 3.15 (Euler 恒等式)

$$Q(x) = \sum_{n \geqslant 0} q(n) x^n = 1 + \sum_{k \geqslant 1} (-1)^k \left(x^{\frac{3k^2 - k}{2}} + x^{\frac{3k^2 + k}{2}} \right)$$

$$= 1 - x - x^2 + x^5 + x^7 - x^{12} - x^{15} + x^{22} + x^{26} - \cdots.$$

定理 3.16 (Euler 公式)   当 $n \geqslant 3$ 时, $p(n)$ 有下面的递推关系:

$$p(n) = p(n-1) + p(n-2) - p(n-5) - p(n-7) + \cdots$$

$$= \sum_{k=1}^{n} (-1)^{k-1} \left(p \left(n - \frac{3k^2 - k}{2} \right) + p \left(n - \frac{3k^2 + k}{2} \right) \right).$$

证 因为 $P(x)Q(x) = 1$, 由定理 3.15, 我们有

$$\left(\sum_{j \geqslant 0} p(j) x^j \right) \left(1 + \sum_{k \geqslant 1} (-1)^k (x^{\frac{3k^2-k}{2}} + x^{\frac{3k^2+k}{2}}) \right) = 1,$$

利用形式幂级数的乘法可确定, 当 $n > 0$ 时, x^n 的系数是

$$p(n) + \sum_{k=1}^{n} (-1)^k \left(p \left(n - \frac{3k^2 - k}{2} \right) + p \left(n - \frac{3k^2 + k}{2} \right) \right) = 0.$$

从而可得到递推关系. ∎

3.7*   拓展阅读——伯努利数

在数学上, 伯努利数是一个有理数数列, 在许多领域都有很大的应用. 其定义方式也是多种多样, 最常见的有母函数和递推关系两种定义方式, 这里我们给出母函数定义的伯努利数.

定义 3.7   若数列 $\{B_n : n \geqslant 0\}$ 的指数型母函数满足下列等式, 则称其为称为**伯努利数**

$$\frac{x}{\mathrm{e}^x - 1} = \sum_{n=0}^{\infty} B_n \frac{x^n}{n!}. \tag{3-25}$$

由于 $\mathrm{e}^x - 1 = x + \dfrac{x^2}{2!} + \dfrac{x^3}{3!} + \cdots$, 故上式可改写为

$$x = \left(\sum_{n=0}^{\infty} B_n \frac{x^n}{n!} \right) \left(x + \frac{x^2}{2!} + \frac{x^3}{3!} + \cdots \right), \tag{3-26}$$

比较系数, 可得 $B_0 = 1$.

不妨定义一个序列 $\{a_n : n \geqslant 0\}$, 使得 $a_n = \begin{cases} 0, & n = 0, \\ 1, & n > 0, \end{cases}$ 则 (3-26) 式可改写为

$$x = \left(\sum_{n=0}^{\infty} B_n \frac{x^n}{n!} \right) \left(\sum_{n=0}^{\infty} a_n \frac{x^n}{n!} \right) \triangleq \left(\sum_{n=0}^{\infty} c_n \frac{x^n}{n!} \right), \tag{3-27}$$

其中 $c_n = \sum\limits_{j=0}^{n} \binom{n}{j} a_{n-j} B_j.$ 又由序列 $\{a_n : n \geqslant 0\}$ 的定义, 得 $c_n = \sum\limits_{j=0}^{n-1} \binom{n}{j} B_j.$

比较 (3-27) 式两端系数, 得 $c_n = 0 \, (n \geqslant 2)$, 即 $\sum\limits_{j=0}^{n-1} \binom{n}{j} B_j = 0 \, (n \geqslant 2)$, 两边同时加上 B_n, 即给出伯努利数的计算公式

$$B_n = \sum_{j=0}^{n} \binom{n}{j} B_j \quad (n \geqslant 2).\tag{3-28}$$

当 $n = 2$ 时, $B_0 + 2B_1 + B_2 = B_2$, 可得 $B_1 = -\dfrac{1}{2}.$

当 $n = 3$ 时, $B_0 + 3B_1 + 3B_2 + B_3 = B_3$, 可得 $B_2 = \dfrac{1}{6}.$

当 $n = 4$ 时, $B_0 + 4B_1 + 6B_2 + 4B_3 + B_4 = B_4$, 可得 $B_3 = 0.$

依次算下去, 可得 $B_0 = 1, B_1 = -\dfrac{1}{2}, B_2 = \dfrac{1}{6}, B_3 = 0, B_4 = -\dfrac{1}{30}, B_5 = 0, B_6 = \dfrac{1}{42}, B_7 = 0, \cdots.$ 经过观察发现伯努利数均为有理数, 且其所有奇数项均为 0, 即 $B_{2k+1} = 0 \, (k \geqslant 1).$ 事实上, 此时 (3-25) 式可以改写为

$$\frac{x}{\mathrm{e}^x - 1} + \frac{x}{2} = 1 + \sum_{n=2}^{\infty} B_n \frac{x^n}{n!}.$$

令 $f(x) = \dfrac{x}{\mathrm{e}^x - 1} + \dfrac{x}{2}$, 容易证明 $f(-x) = f(x)$, 即 $f(x)$ 为一个偶函数, 也即上式的右边 $1 + \sum\limits_{n=2}^{\infty} B_n \dfrac{x^n}{n!}$ 不能出现 x 的奇次项, 所以 $B_{2k+1} = 0 \, (k \geqslant 1).$

伯努利数在许多方面都有重要的应用, 这里直接给出应用它在自然数方幂求和上的计算公式, 而不在给出具体的推导过程, 有兴趣的同学可参考史济怀著《母函数》一书的相关章节.

定理 3.17 自然数方幂的求和公式可以由伯努利数 B_n 表示为

$$S_n^{(k)} = 1^k + 2^k + \cdots + n^k = \frac{1}{k+1} \sum_{r=1}^{k+1} \binom{k+1}{r} (n+1)^r B_{k+1-r}.\tag{3-29}$$

例如, 取 $k = 2$, 有

$$S_n^{(2)} = 1^2 + 2^2 + \cdots + n^2 = \frac{1}{2+1} \sum_{r=1}^{2+1} \binom{2+1}{r} (n+1)^r B_{2+1-r}$$

$$=\frac{1}{3}\left[3B_2\left(n+1\right)+3B_1\left(n+1\right)^2+B_0\left(n+1\right)^3\right]$$

$$=\frac{n+1}{6}-\frac{\left(n+1\right)^2}{2}+\frac{\left(n+1\right)^3}{3}=\frac{n\left(n+1\right)\left(2n+1\right)}{6}.$$

例如, 取 $k=3$, 有

$$S_n^{(3)}=1^3+2^3+\cdots+n^3=\frac{1}{3+1}\sum_{r=1}^{3+1}\binom{3+1}{r}\left(n+1\right)^r B_{3+1-r}$$

$$=\frac{1}{4}\left[4B_3\left(n+1\right)+6B_2\left(n+1\right)^2+4B_1\left(n+1\right)^3+B_0\left(n+1\right)^4\right]$$

$$=\frac{1}{4}\left[\left(n+1\right)^2-2\left(n+1\right)^3+\left(n+1\right)^4\right]=\frac{n^2\left(n+1\right)^2}{4}.$$

例如, 取 $k=4$, 有

$$S_n^{(4)}=1^4+2^4+\cdots+n^4=\frac{1}{4+1}\sum_{r=1}^{4+1}\binom{4+1}{r}\left(n+1\right)^r B_{4+1-r}$$

$$=\frac{1}{5}\left[5B_4\left(n+1\right)+10B_3\left(n+1\right)^2+10B_2\left(n+1\right)^3+5B_1\left(n+1\right)^4+B_0\left(n+1\right)^5\right]$$

$$=-\frac{1}{30}\left(n+1\right)+\frac{1}{3}\left(n+1\right)^3-\frac{1}{2}\left(n+1\right)^4+\frac{1}{5}\left(n+1\right)^5$$

$$=\frac{n+1}{30}\left[6\left(n+1\right)^4-15\left(n+1\right)^3+10\left(n+1\right)^2-1\right].$$

习 题 3

3.1 求下列形式幂级数的逆元.

(1) $1-x-x^2-x^3-\cdots$;   (2) $1-x+x^2-x^3+\cdots+(-1)^k x^k+\cdots$.

3.2 试求下面某个数列的母函数 $A(x)$ 的闭公式

$$A(x)=(1+x)^{2n}+2(1+x)^{2n-1}+2^2(1+x)^{2n-2}+\cdots+2^{2n}(1+x)^0.$$

3.3 计算下列式子之和

$$C\left(2n,n\right)+2C\left(2n-1,n\right)+2^2 C\left(2n-2,n\right)+\cdots+2^n C\left(n,n\right).$$

3.4 问从 n 个不同的物体中可重复地选 k 个, 要求每个物体出现奇数次的不同方法数, 如果改为出现偶数次, 又有多少种可能?

3.5 确定下列数列的母函数.

(1) $1,-1,\dfrac{1}{2!},-\dfrac{1}{3!},\dfrac{1}{4!},\cdots$;

(2) $2, 0, -\dfrac{2}{3!}, 0, \dfrac{2}{5!}, \cdots$;

(3) $0, -1, \dfrac{1}{2}, -\dfrac{1}{3}, \dfrac{1}{4}, \cdots$.

3.6　可重复集合 $A = \{4 \cdot A, 3 \cdot B, 4 \cdot C, 5 \cdot D\}$ 中选取 12 个元素的不同方法数有多少种?

3.7　从可重复集合 $\{2k \cdot A, 2k \cdot B, 2k \cdot C\}$ 中选取 $3k$ 个元素的不同方法数有多少种?

3.8　证明序列 $\left\{ \dbinom{2k}{k} \right\}$ 的母函数为 $(1 - 4x)^{-\frac{1}{2}}$.

3.9　求不定方程 $x_1 + x_2 + x_3 + x_4 = 18$ 的满足 $0 \leqslant x_1 \leqslant 3, 2 \leqslant x_2 \leqslant 4, 3 \leqslant x_3 \leqslant 5, 1 \leqslant x_4 \leqslant 3$ 的整数解个数.

3.10　设 c_k 是不定方程 $x_1 + 2x_2 + \cdots + nx_n = k$ 的非负整数解的个数, 求数列 $\{ c_k: k \geqslant 0\}$ 的母函数.

3.11　现有 n 个元素排成一排, 用红色、黄色、紫色三种颜色对其染色, 问其中黄色出现偶数次的染色方法有多少种?

3.12　求方程 $x_1 + x_2 + x_3 + 4x_4 = 15$ 的非负整数解的个数.

3.13　求方程 $2x_1 + 3x_2 + x_3 = 10$ 的正整数解的个数.

3.14　用母函数证明等式: $\dbinom{n}{0}^2 + \dbinom{n}{1}^2 + \dbinom{n}{2}^2 + \cdots + \dbinom{n}{n}^2 = \dbinom{2n}{n}$.

3.15　确定下列数列的指数型母函数.

(1) $1, -1, 1, -1, \cdots, (-1)^n, \cdots$;

(2) $0!, 1!, 2!, 3!, \cdots, n!, \cdots$;

(3) $0!, 2 \cdot 1!, 2^2 \cdot 2!, \cdots, 2^n \cdot n!, \cdots$.

3.16　(1) 证明数列 $\{ 1/(k+1): k \geqslant 0 \}$ 的指数型母函数是 $\dfrac{\mathrm{e}^x - 1}{x}$;

(2) 利用 (1) 证明数列 $\left\{ \displaystyle\sum_{i=0}^{n} \dfrac{n!}{(n - i + 1)!(i + 1)!} : n \geqslant 0 \right\}$ 的指数型母函数是 $\dfrac{(\mathrm{e}^x - 1)^2}{x^2}$;

(3) 利用 (2) 求和式 $\displaystyle\sum_{i=0}^{n} \dfrac{n!}{(n - i + 1)!(i + 1)!}$ 的表示式.

3.17　包含数字 1, 5, 7, 但是不包含数字 0, 2 的 n 位数有多少个?

3.18　确定 $\{\infty \cdot 4, \infty \cdot 5, \cdots, \infty \cdot 9\}$ 的 n 排列数, 其中 4 和 6 每个都出现偶数次, 5 和 7 每个都至少出现 1 次, 对 8 和 9 没有限制.

3.19　求用 a, b, c, d, e 组成的 n 元字中, a, b 出现的次数之和为偶数的 n 元字数.

3.20　从现有的 10 个 3 人小组中选取 6 人成立代表团, 要求每个小组不能超过 2 人同时被选出, 问共有多少种不同的选取方法?

3.21　证明: 把正整数 $2n$ 分拆成三个分部, 且满足其中任意两个分部之和大于另一个分部的分拆数等于 $p(n,3)$.

3.22　用 a_r 表示把正整数 r 分拆成三个分部, 且满足其中任意两个分部之和大于另一个分部的分拆数, 若 r 是奇数, 证明 $a_r = a_r + 3$.

3.23 把 $r - N$ 分拆成每个分部都是偶数, 且最大分部不超过 $2m$, 记这样的分拆数为 b_r, 证明: 数列 $\{b_r : r \geqslant 0\}$ 的母函数是

$$\frac{x^N}{(1 - x^2)(1 - x^4) \cdots (1 - x^{2m})}.$$

3.24 记边长都是整数且周长是 k 的三角形个数为 t_k, 规定 $t_0 = 0$. 证明: $\{t_k : k \geqslant 0\}$ 的母函数是

$$T(x) = x^3 \left(1 - x^2\right)^{-1} \left(1 - x^3\right)^{-1} \left(1 - x^4\right)^{-1}.$$

第 4 章 递 推 关 系

递推关系也叫递归关系, 它主要刻画一个序列所满足的特有规律, 因而几乎在所有的数学分支中都有重要作用. 对于组合数学更是如此, 这是因为每个组合计数问题都有它的组合特性和规律, 在许多情况下递推关系是刻画这种组合规律的最合适的工具之一. 如何建立递推关系, 已知的递推关系有何性质以及如何求解递推关系等, 是递推关系中的几个基本问题.

本章从递推关系的基本概念开始, 首先讨论建立递推关系的问题, 然后对一些常见的递推关系作比较深入的讨论, 并给出其求解方法; 最后给出了递推关系的一些应用.

4.1 基本概念与递推关系的建立

4.1.1 递推关系的基本概念

考虑一个数列 $\{a_n : n \geqslant 0\}$, 其中 a_n 是某一个特定数学模型中所要计算的方案数, 它是 n 的函数, 对于这样一个未知数列, 要想计算出方案数, 一个自然的想法是: 直接寻找其通项表达式, 进而求出其所有项. 然而, 当不能直接得到通项 a_n 时, 如果可以通过寻求 a_n 与其相邻若干项的某种关系式, 而且这个关系式在 n 大于等于某个固定正整数时总成立, 则利用这个关系式, 我们就有了求出该数列 a_n 的可能性.

定义 4.1 给定正整数 r 以及一个 $r+1$ 元函数 F, 如果对所有的 $n \geqslant r$, 数列 $\{a_n : n \geqslant 0\}$ 满足:

$$a_n = F(a_{n-1}, a_{n-2}, \cdots, a_{n-r}, n), \tag{4-1}$$

则称 (4-1) 式为数列 $\{a_n : n \geqslant 0\}$ 的 r 阶递推关系, 简记为数列 a_n 的 r 阶递推关系.

例如,

$$\begin{cases} a_n = 2a_{n-1} - a_{n-2} & (n \geqslant 3), \\ a_1 = 2, a_2 = 3, \end{cases}$$

其中第一个式子为数列 a_n 的 2 阶递推关系, 第二个式子称为递推关系的初始条件或初始值.

基于 (4-1) 式, 根据递推关系的特点可以进行分类: 如果用递推关系确定 a_n 所需要项的个数不随 n 的增大而增多, 则称这个递推关系为有限的, 否则称为无限的.

定义 4.2 一个满足所给定的递推关系的序列称为该递推关系的**解**. 一个有确定初始值的解称为该递推关系的**特解**. 如果每一个特解都可以由某一个解 f 表示, 则称这个解 f 称为该递推关系的**通解**.

4.1.2 递推关系的建立

建立递推关系是一件很困难的事情, 没有固定的方法, 需要对问题进行深刻的分析和理解, 一般可考虑下面思路.

▶ 递推
——寻找 a_n 与 $a_{n-1}, a_{n-2}, \cdots$ 的关系.

▶ 分步或分类
——加法原理、乘法原理.

▶ 特殊方法
——组合推理方法等.

例 4.1 Hanoi 问题 (梵塔问题)

据印度教的传说, 在贝拿勒斯的圣庙里, 一块铜板上插着三根宝石针. 梵天 (即印度教的主神) 创世时, 在其中一根针上由下而上地放上从大到小的 64 片金叶, 即所谓的梵塔. 据说有一个僧侣昼夜不停地按下述方式把金叶从原来的针上全部移到另一根针上, 一次移动一片金叶, 金叶只能放在三根针的任何一根上而不能放在其他地方, 并且不论在哪一根针上, 金叶都必须把小片放在大片之上.

试问这位僧侣能否完成他想做的事情? 如果能, 请计算一下这位僧侣要想完成他的工作至少移动金叶多少次?

为了便于求解, 我们将梵塔问题进行如下描述, 有 A, B, C 三根立柱和 n 个大小不同且中心有孔的圆盘, 初始状态是 n 个圆盘从小到大依次都套在立柱 A 上 (图 4.1), 现在要求把这 n 个圆盘全部转移到立柱 C 上. 转移的规则是, 每次只能从一根立柱上拿下一个圆盘放在另一根立柱上, 且始终保证在转移的过程中同一根立柱上的大盘不能放在小盘之上. 求完成这样转移过程的最小移动次数 h_n.

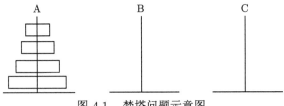

图 4.1 梵塔问题示意图

解 显然有 $h_1 = 1$. 对 $n \geqslant 2$, 求把左边立柱上的 n 个圆盘按要求转移到右边立柱上最小移动次数的转移过程必然经历以下三个阶段.

(1) 套在立柱 A 上的 n 个圆盘除最大盘不动外, 把其余的 $n-1$ 个圆盘按规则转移到立柱 B;

(2) 把立柱 A 上剩下的最大圆盘转移到立柱 C 上;

(3) 把立柱 B 上的 $n-1$ 个圆盘按规则转移到立柱 C 已有的最大圆盘上.

注意到阶段 (1) 和 (3) 各移动 h_{n-1} 次, 阶段 2 移动 1 次, 由此得下面递推关系

$$\begin{cases} h_n = 2h_{n-1} + 1 & (n \geqslant 2), \\ h_1 = 1. \end{cases} \tag{4-2}$$

例 4.2 Hanoi 问题的进一步讨论: 假设在立柱 A 上从上到下, 从小到大套着 n 个圆盘, 其编号依次编为 1 到 n. 现要将奇数编号与偶数编号的圆盘分别转移到立柱 B 和立柱 C 上, 转移规则仍然是每次移动一个, 始终保持上面的比下面的小. 问最少需要移动多少次?

解 设题目所要求的最小移动次数为 k_n, 仍然用 h_n 表示例 4.1 中的最小移动次数.

容易求出 $k_1 = 1, k_2 = 2, k_3 = 5$. 对 $n \geqslant 3$, 如果 n 为偶数, 把立柱 A 上的 n 个圆盘按要求转移的过程必然经历以下四个阶段:

(1) 把 $n-1$ 个圆盘通过 C 移到 B;

(2) 把第 n 个圆盘移到 C;

(3) 把 $n-3$ 个圆盘通过 C 移到 A;

(4) 把第 $n-2$ 个圆盘移到 C.

同样地, 对 n 为奇数时上述四步仍然成立, 只需将 B, C 对调即可.

综上, 所建立的递推关系为

$$\begin{cases} k_n = h_{n-1} + 1 + h_{n-3} + 1 + k_{n-3}, \\ k_1 = 1, k_2 = 2, k_3 = 5. \end{cases} \tag{4-3}$$

例 4.3 斐波那契 (Fibonacci) 数列

有一个小孩要爬上有 n 个台阶的楼梯, 他每一步可以爬一个或两个台阶. 这个小孩爬上这 n 个台阶的不同方法数记为 f_n, 求 f_n 的递推关系.

解 显然有 $f_1 = 1, f_2 = 2$. 当 $n \geqslant 3$ 时, 可以按这个小孩爬楼梯的第一步先爬 1 个台阶还是先爬 2 个台阶分成两类.

第一类: 第一步先爬 1 个台阶, 他爬剩下的 $n-1$ 个台阶有 f_{n-1} 种方法.

第二类: 第一步先爬 2 个台阶, 他爬剩下的 $n-2$ 个台阶有 f_{n-2} 种方法.

由加法原理得递推关系:

$$f_n = f_{n-1} + f_{n-2},\tag{4-4}$$

我们把递推关系 (4-4) 称为斐波那契递推关系. 虽然有时 f_0 的值没有实际意义, 但是为了讨论方便, 一般我们也需要确定 f_0 的值. 利用初始值 $f_1 = 1, f_2 = 2$ 和递推关系 (4-4), 可以推出 $f_0 = 1$, 进而可得 f_0 也满足递推关系, 即 $f_2 = f_1 + f_0$, 这时 $f_0 = 1, f_1 = 1$ 是递推关系的初始值, 而递推关系 (4-4) 对 $n \geqslant 2$ 时成立. 由这个递推关系所确定的数列称为**斐波那契数列**,

$$\begin{cases} f_n = f_{n-1} + f_{n-2} & (n \geqslant 2), \\ f_0 = 1, f_1 = 1. \end{cases}\tag{4-5}$$

斐波那契数列是一个古老的数学问题, 又称黄金分割数列, 由数学家莱昂纳多·斐波那契 (Leonardoda Fibonacci) 以兔子繁殖为例子而引入, 故又称为 "兔子数列", 这个数列从第 3 项开始, 每一项都等于前两项之和. 这个问题可表述为

把一对兔子 (雌、雄各一只) 在某年的年初放进围栏中, 从第二个月开始, 每个月初这对兔子都生出一对小兔子, 其中雌、雄兔子各一只, 而且每对新生兔子满月后的每个月初也能生出一对小兔子, 也是雌、雄兔子各一只. 问年末围栏中有多少对兔子?

对于 $n = 0, 1, 2, \cdots$, 用 f_n 表示第 n 个月的月末围栏中的兔子对数. 年初把一对兔子放进围栏中, 故 $f_0 = 1$; 到一月末, 这对兔子还没有生小兔子, 故 $f_1 = 1$.

现在设 $n > 1$, 那么在第 n 个月末围栏中包含两类兔子: 一类是新生兔子; 另一类是已成熟的兔子. 第 $n - 1$ 个月末围栏中的 f_{n-1} 对兔子到第 n 个月末都是成熟兔子; 第 $n - 2$ 个月末围栏中的 f_{n-2} 对兔子到第 n 个月初都能生小兔子. 所以第 n 个月末, 围栏中有 f_{n-2} 对新生兔子. 由加法原理, 有递推关系 (4-5) 成立.

关于斐波那契数列递推关系的数学模型有很多种表述形式, 也有很多有趣的性质, 同时斐波那契数列也与黄金分割、杨辉三角、矩阵面积等问题密切相关, 在我们的日常生活中也会看到很多与斐波那契数列相关的例子, 此处不再一一陈述.

例 4.4 设 $f(n, k)$ 是从集合 $\{1, 2, \cdots, n\}$ 中能够选择的不出现两个连续整数的 k 元素子集的个数, 试建立它满足的递推关系.

解 对于元素 n 来说, 考虑以下两种情况:

(1) n 被选进某一个 k 元子集;

(2) n 没有选进任何一个 k 元子集.

对于第 (1) 种情况, $n-1$ 就不能选进这一 k 元子集, 此时其余的 $k-1$ 个元素得从集合 $\{1, 2, \cdots, n-2\}$ 中选取, 所以有 $f(n-2, k-1)$ 种选法; 如果是第 (2) 种情况, k 元子集中的 k 个数可以从集合 $\{1, 2, \cdots, n-1\}$ 中选取, 所以有 $f(n-1, k)$ 种选法.

由加法原理, 得递推关系:

$$f(n, k) = f(n-2, k-1) + f(n-1, k). \tag{4-6}$$

注 该递推关系正是 1 间隔的 k 元子集的组合数 $f(n, k) = \begin{pmatrix} n-k+1 \\ k \end{pmatrix}$.

例 4.5 设 $S = \{+, -, \times, \div, 1, 2, \cdots, 9\}$ 是 13 元集. 求在 S 的 n 元字中能表成算术表示式的 n 元字的个数 a_n. 我们认为单个数字是算术表示式, $+a$ 和 a 是不同的算术表示式, $-a$ 也是算术表示式.

解 因为所求的 n 元字是算术表达式, 所以从左向右的最后一个元素必然是数字, 而第 $n-1$ 位有两种可能, 是数字或运算符:

(1) 若在第 $n-1$ 位是 9 个数字之一, 则前面 $n-1$ 位必然构成一算术表达式;

(2) 若在第 $n-1$ 位是 4 个运算符之一, 则前面 $n-2$ 位必然是算术表达式.

显然, $a_1 = 9$. 当 $n = 2$ 时, 符合要求的 2 元字共有 99 个, 它们是数字的 2 元字有 81 个数, 以及 $\pm 1, \pm 2, \cdots, \pm 9$ 这 18 个数, 故 $a_2 = 99$.

由加法原理, 有递推关系:

$$\begin{cases} a_n = 9a_{n-1} + 36a_{n-2} & (n \geqslant 3), \\ a_1 = 9, a_2 = 99. \end{cases} \tag{4-7}$$

例 4.6 考虑 $(0, 1)$-序列中数码段 "010" 依次出现的问题. 例如, 在 12 位的 $(0, 1)$ 序列 110101010101 中, 我们约定称 "010" 在第 5 位和第 9 位出现, 而不是在第 7 位和第 11 位出现, 在序列中从左至右 "010" 共出现两次. 求长为 n 的 $(0, 1)$-序列中数码段 "010" 在第 n 位出现的序列个数 $a_n (n \geqslant 3)$ 所满足的递推关系.

解 显然有 $a_3 = 1$. 长为 4 的序列形如 "$x010$", 其中 $x = 0, 1$, 所以 $a_4 = 2$. 长为 5 的序列形如 "$xy010$", 其中 $xy \neq 01$, 故 $a_5 = 3$.

一般地, 在长为 n 的 $(0, 1)$-序列中, 最后 3 位是 010 的序列共有 2^{n-3} 个, 其中 "010" 段在第 n 位出现的序列数有 a_n 个, "010" 段在第 n 位不出现当且仅当序列的最后 5 位形如 01010, 且 "010" 段在第 $n-2$ 位出现, 故这种序列有 a_{n-2} 个.

所以有下述递推关系:

$$\begin{cases} a_n + a_{n-2} = 2^{n-3} & (n \geqslant 5), \\ a_3 = 1, a_4 = 2. \end{cases} \tag{4-8}$$

例 4.7　如上例, 但现在求的是长为 n 的 $(0,1)$-序列中数码段 "010" 只出现 1 次且在第 n 位出现的序列个数 $b_n \, (n \geqslant 3)$ 所满足的递推关系.

解　容易计算 $b_3 = 1, b_4 = 2, b_5 = 3$. 在最后 3 位是 010 的 2^{n-3} 个长为 n 的 $(0,1)$-序列中, "010" 段首次出现在第 n 位的有 b_n 个, 首次出现在第 $n-2$ 位的有 b_{n-2} 个.

一般地, "010" 段首次出现在第 j 位的序列有 $2^{n-j-3} b_j$ 个, 这里 $3 \leqslant j \leqslant n-3$. 这样的序列形如

$$\underbrace{*\quad *\quad \cdots\quad *}_{j\text{项}} 0\,1\,0 \underbrace{*\quad *\quad \cdots\quad *}_{n-j-3\text{项}} 0\,1\,0$$

因为这样的序列不能首次出现在第 $n-1$ 位, 故由加法原理可得递推关系如下:

$$\begin{cases} b_n + b_{n-2} + \sum_{j=3}^{n-3} 2^{n-j-3} b_j = 2^{n-3} & (n \geqslant 6), \\ b_3 = 1, b_4 = 2, b_5 = 3, \end{cases} \tag{4-9}$$

这是一个无限阶的递推关系.

例 4.8　设有 n 条封闭的曲线, 它们两两相交于两点, 但没有三条封闭曲线交于一点. 问这样的 n 条曲线能把平面分割成几个区域? (图 4.2)

图 4.2　曲线示意图

解一　设 a_n 为满足条件的 n 条封闭曲线把平面分割成区域的个数. 显然, $a_1 = 2$. 当 $n \geqslant 2$ 时, 先在平面上画出 $n-1$ 条满足条件的封闭曲线, 则它们把平面

分割成 a_{n-1} 个区域. 然后把第 n 条封闭曲线按要求画在平面上, 则这些曲线相交于 $2(n-1)$ 个点. 这 $2(n-1)$ 个点把第 n 条封闭曲线截成 $2(n-1)$ 条线段, 每条线段把它所路过的区域一分为二. 故当第 n 条封闭曲线按要求画在平面上后, 新增加 $2(n-1)$ 个区域. 于是, 当 $n \geqslant 2$ 时, 有

$$a_n = a_{n-1} + 2(n-1). \tag{4-10}$$

解二 利用 Euler 多面体公式可直接求出 n 条闭曲线把一个平面所能分割成的区域数 a_n. Euler 多面体公式为

$$点数 + 面数 - 边数 = 2.$$

n 条闭曲线在平面上构成一个图形. 因为任意两条闭曲线相交于两点, 但没有三条闭曲线相交于一点, 所以这个图形共有 $2C(n, 2)$ 个 (交) 点. 一条边是连接两个 (交) 点的线段, 所以在一个平面图形中, 边数等于点数的 2 倍. 面是一个连通区域, 于是由 Euler 多面体公式,

$$a_n = 4C(n, 2) - 2C(n, 2) + 2 = 2 + 2C(n, 2) = 2 + n(n-1).$$

4.2 常系数线性齐次递推关系

4.2 常系数
线性齐次递
推关系

考虑数列 $\{a_n : n \geqslant 0\}$, 如果存在一组量 $\{c_0, c_1, c_2, \cdots, c_r\}$ $(c_r \neq 0)$ 和量 b_n, 使得

$$a_n = c_1 a_{n-1} + c_2 a_{n-2} + \cdots + c_r a_{n-r} + b_n \quad (n \geqslant r), \tag{4-11}$$

则称该数列 $\{a_n : n \geqslant 0\}$ 满足 r 阶线性递推关系. 其中量 $\{c_0, c_1, c_2, \cdots, c_r\}$ 和量 b_n 可以是常数或依赖于 n.

特别地, 如果 $b_n = 0$, 则称递推关系 (4-11) 为齐次的; 如果量 $\{c_0, c_1, c_2, \cdots, c_r\}$ 均为常数, 则称递推关系 (4-11) 为常系数的. 本节讨论求解一般 r 阶常系数线性齐次递推关系, 该递推关系一般具有以下形式:

$$a_n = c_1 a_{n-1} + c_2 a_{n-2} + \cdots + c_r a_{n-r} \quad (c_r \neq 0, n \geqslant r), \tag{4-12}$$

其中 $c_1, c_2, \cdots, c_r$ 是常数.

定义 4.3 若将递推关系 (4-12) 改写为 $a_n - c_1 a_{n-1} - c_2 a_{n-2} - \cdots - c_r a_{n-r} = 0$ $(c_r \neq 0, n \geqslant r)$, 则对应的多项式方程

$$c(x) = x^r - c_1 x^{r-1} - c_2 x^{r-2} - \cdots - c_r \tag{4-13}$$

称为递推关系 (4-12) 的特征方程, 其中 $c(x)$ 称为特征多项式, 特征方程的 r 个复数根 $\lambda_1, \lambda_2, \cdots, \lambda_r$(重根按重数计算) 叫做该递推关系的特征根.

引理 4.1　设 λ 是一个非零复数, 则 $a_n = \lambda^n$ 是递推关系 (4-12) 的一个解, 当且仅当 λ 是其特征方程的一个根.

证　设 $a_n = \lambda^n$ 是递推关系 (4-12) 的一个解, 代入得

$$\lambda^n - c_1\lambda^{n-1} - c_2\lambda^{n-2} - \cdots - c_r\lambda^{n-r} = 0 \quad (c_r \neq 0, n \geqslant r).$$

因为 $\lambda \neq 0$, 则消去 λ^{n-r} 后上式等价于 $\lambda^r - c_1\lambda^1 - c_2\lambda^2 - \cdots - c_r = 0$, 即 λ 是递推关系 (4-12) 的一个特征根; 反之同理可证. ■

引理 4.2　若 u_n, v_n 是常系数线性齐次递推关系 (4-12) 的两个解, k_1 和 k_2 为常数, 则 $k_1 u_n + k_2 v_n$ 也是递推关系 (4-12) 的解.

证　因为 u_n, v_n 是递推关系 (4-12) 的两个解, 代入递推关系得

$$\begin{cases} u_n = c_1 u_{n-1} + c_2 u_{n-2} + \cdots + c_r u_{n-r}, \\ v_n = c_1 v_{n-1} + c_2 v_{n-2} + \cdots + c_r v_{n-r}, \end{cases} \tag{4-14}$$

则

4.2 递推关系一般解法

$$\begin{aligned} k_1 u_n + k_2 v_n =& k_1 \left(c_1 u_{n-1} + c_2 u_{n-2} + \cdots + c_r u_{n-r} \right) \\ & + k_2 \left(c_1 v_{n-1} + c_2 v_{n-2} + \cdots + c_r v_{n-r} \right) \\ =& c_1 \left(k_1 u_{n-1} + k_2 v_{n-1} \right) + c_2 \left(k_1 u_{n-2} + k_2 v_{n-2} \right) \\ & + \cdots + c_r \left(k_1 u_{n-r} + k_2 v_{n-r} \right), \end{aligned}$$

从而 $k_1 u_n + k_2 v_n$ 也是递推关系 (4-12) 的解. ■

推论 4.1　若 $\lambda_1, \lambda_2, \cdots, \lambda_r$ 为递推关系 (4-12) 的 r 个复数根, $c_1, c_2, \cdots, c_r$ 为常数, 则 $c_1\lambda_1^n + c_2\lambda_2^n + \cdots + c_r\lambda_r^n$ 也是递推关系 (4-12) 的解.

假设 $c_r \neq 0$, 故 0 不是特征方程 (4-13) 的根, 由线性代数可知, r 阶方程 (4-13) 有 r 个复数根, 下面我们根据特征方程根的情况进行讨论.

1. 特征方程有 r 个互不相同的根

定理 4.1　若 $\lambda_1, \lambda_2, \cdots, \lambda_r$ 为递推关系 (4-12) 的 r 个互不相同的特征根, 则

$$a_n = c_1\lambda_1^n + c_2\lambda_2^n + \cdots + c_r\lambda_r^n \tag{4-15}$$

为递推关系 (4-12) 的通解, 其中 $c_1, c_2, \cdots, c_r$ 为任意常数. 即对于递推关系 (4-12) 的任一解, 都可以表示成 $c_1\lambda_1^n + c_2\lambda_2^n + \cdots + c_r\lambda_r^n$ 的形式.

证 由前面引理可知, 对于任意的 $c_1, c_2, \cdots, c_r$, $a_n = c_1\lambda_1^n + c_2\lambda_2^n + \cdots + c_r\lambda_r^n$ 是递推关系 (4-12) 的解. 下面证明, 递推关系 (4-12) 的任一解, 都可以表示成 $c_1\lambda_1^n + c_2\lambda_2^n + \cdots + c_r\lambda_r^n$ 的形式.

设递推关系 (4-12) 的初始值为 $a_0 = k_0, a_1 = k_1, \cdots, a_{r-1} = k_{r-1}$, 则递推关系 (4-12) 的任一解 f_n 都由 r 个初始值 $a_0, a_1, \cdots, a_{r-1}$ 唯一确定, 要想满足 f_n 能够表示成 (4-15) 中的形式:

$$f_n = c_1\lambda_1^n + c_2\lambda_2^n + \cdots + c_r\lambda_r^n,$$

则 f_n 需满足

$$
\begin{aligned}
&n = 0\text{时}, \quad k_0 = c_1 + c_2 + \cdots + c_r; \\
&n = 1\text{时}, \quad k_1 = c_1\lambda_1 + c_2\lambda_2 + \cdots + c_r\lambda_r; \\
&\qquad\qquad \cdots\cdots \\
&n = r-1\text{时}, \quad k_{r-1} = c_1\lambda_1^{r-1} + c_2\lambda_2^{r-1} + \cdots + c_r\lambda_r^{r-1}.
\end{aligned}
\tag{4-16}
$$

如果视方程组 (4-16) 的未知量为 $\{c_1, c_2, \cdots, c_r\}$, 则只需证明对任意一组变量 $\{k_0, k_1, \cdots, k_{r-1}\}$, 方程组 (4-16) 都存在唯一解即可.

经过观察发现, 方程组 (4-16) 的系数矩阵恰好是 Vandermonde 矩阵,

$$
\begin{bmatrix}
1 & 1 & \cdots & 1 \\
\lambda_1 & \lambda_2 & \cdots & \lambda_r \\
\lambda_1^2 & \lambda_2^2 & \cdots & \lambda_r^2 \\
\vdots & \vdots & & \vdots \\
\lambda_1^{r-1} & \lambda_2^{r-1} & \cdots & \lambda_r^{r-1}
\end{bmatrix},
$$

因此对于 r 个互不相同的特征根 $\lambda_1, \lambda_2, \cdots, \lambda_r$ 而言, 其系数行列式不等于 0, 由线性代数知方程组 (4-16) 存在唯一解, 即存在一组数 $c_1, c_2, \cdots, c_r$, 使得递推关系 (4-12) 的任一解 f_n 能够表示成 (4-15) 中的形式 $f_n = c_1\lambda_1^n + c_2\lambda_2^n + \cdots + c_r\lambda_r^n$, 故 (4-15) 式即为递推关系 (4-12) 的通解. ■

例 4.9 平面上有一点 P, 它是 $n(n \geqslant 2)$ 个区域 $D_1, D_2, \cdots, D_n$ 的公共交界点, 如图 4.3 所示. 用 k 种颜色对这 n 个区域进行染色, 要求相邻两个区域染不同颜色. 试求染色的方案数 a_n.

解 令 a_n 表示这 n 个域的着色方案数. 易见, $a_2 = k(k-1), a_3 = k(k-1)(k-2)$. 当 $n \geqslant 4$ 时, 所有染色方案可分为两类.

(1) D_1 和 D_{n-1} 有相同的颜色;

(2) D_1 和 D_{n-1} 所着颜色不同.

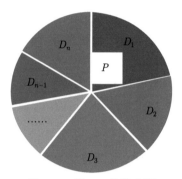

图 4.3 例 4.9 的染色图

在第一种类中, 区域 D_n 有 $k-1$ 种颜色可用, 即区域 D_1, D_{n-1} 所用颜色除外, 而且从 D_1 到 D_{n-2} 的染色方案的集合与 $n-2$ 个区域的染色方案的集合一一对应. 在第二类中, 区域 D_n 有 $k-2$ 种颜色可供使用, 而且从 D_1 到 D_{n-1} 的染色方案的集合与 $n-1$ 个区域的染色方案的集合一一对应. 于是

$$a_n = (k-2)a_{n-1} + (k-1)a_{n-2} \quad (n \geqslant 4).$$

这个递推关系的特征多项式为

$$x^2 - (k-2)x - (k-1),$$

解之得特征根是 $-1, k-1$. 因此递推关系的通解是

$$a_n = A(-1)^n + B(k-1)^n.$$

代入初始值 $a_2 = k(k-1), a_3 = k(k-1)(k-2)$, 可得下面方程组

$$\begin{cases} A + B(k-1)^2 = k(k-1), \\ -A + B(k-1)^3 = k(k-1)(k-2). \end{cases}$$

解得 $A = k-1, B = 1$. 于是

$$a_n = (k-1)(-1)^n + (k-1)^n, \quad n \geqslant 2.$$

例 4.10 在信道上传输由 a, b, c 三个字母组成的长为 n 的序列, 若序列中有两个 a 连续出现, 则信道就不能传输. 用 a_n 表示信道可以传输的上述长为 n 的序列的个数, 求 a_n 满足的递推关系.

解 因为信道上只能够传输没有两个 a 相邻的长度为 $n(n \geqslant 2)$ 的序列, 所以这样的序列可分成如下四类:

(1) 第一个字母为 b;

(2) 第一个字母为 c;

(3) 前面两个字母为 ab;

(4) 前面两个字母为 ac.

前两类序列分别有 a_{n-1} 个, 后两类序列分别有 a_{n-2} 个. 容易求出 $a_1=3$, $a_2=8$, 从而得到

$$\begin{cases} a_n = 2a_{n-1} + 2a_{n-2} & (n \geqslant 3), \\ a_1 = 3, a_2 = 8. \end{cases}$$

该递推关系的特征方程为

$$x^2 - 2x - 2 = 0,$$

解得特征根为

$$\lambda_1 = 1 + \sqrt{3}, \quad \lambda_2 = 1 - \sqrt{3}.$$

由定理 4.1, 递推关系的通解是

$$a_n = c_1 \left(1 + \sqrt{3}\right)^n + c_2 \left(1 - \sqrt{3}\right)^n, \quad n \geqslant 3 \ (c_1, c_2 \ \text{为任意常数}).$$

代入初始值 $a_1=3$, $a_2 = 8$, 可得线性方程组

$$\begin{cases} c_1(1 + \sqrt{3}) + c_2(1 - \sqrt{3}) = a_1 = 3, \\ c_1 \left(1 + \sqrt{3}\right)^2 + c_2 \left(1 - \sqrt{3}\right)^2 = a_2 = 8, \end{cases}$$

解该方程组得 $c_1 = \dfrac{2 + \sqrt{3}}{2\sqrt{3}}$, $c_2 = \dfrac{-2 + \sqrt{3}}{2\sqrt{3}}$. 所以递推关系的通解为

$$a_n = \frac{2 + \sqrt{3}}{2\sqrt{3}} \left(1 + \sqrt{3}\right)^n - \frac{2 - \sqrt{3}}{2\sqrt{3}} \left(1 - \sqrt{3}\right)^n.$$

2. 特征方程的解存在重根

引理 4.3 若 $c(x)$ 是递推关系 (4-12) 的特征多项式, λ 是 $c(x)$ 的 e 重特征根, 则对每个 $n \geqslant r$, $\lambda^n, n\lambda^n, \cdots, n^{e-1}\lambda^n$ 都是递推关系 (4-12) 的解.

证 因为 $c(x) = x^r - c_1 x^{r-1} - c_2 x^{r-2} - \cdots - c_r$, λ 是 $c(x)$ 的 e 重特征根, 所以存在 $q(x)$ 使得 $c(x) = (x - \lambda)^e q(x)$, 且 λ 也是 $x^{n-r}c(x) = x^n - c_1 x^{n-1} - \cdots c_r x^{n-r}$ 的 e 重根, 故 λ^n 是递推关系的解. 由于 λ 又是 $x^{n-r}c(x)$ 的一阶导数的 $e-1$ 重根, 故 λ 也是 $x \left(x^{n-r}c(x)\right)'$ 的根, 于是

$$x \left(x^{n-r} c(x)\right)' \Big|_{x=\lambda} = n\lambda^n - c_1 (n-1) \lambda^{n-1} - \cdots c_r (n - r) \lambda^{n-r} = 0,$$

即 $n\lambda^n$ 是递推关系 (4-12) 的解.

对任意的 $1 \leqslant k \leqslant e-1$, 同理可证 $n^k\lambda^n$ 也是递推关系 (4-12) 的解. ∎

引理 4.4 若 λ_i 是递推关系 (4-12) 的 e_i 重特征根, 则对每个 $n \geqslant r$,

$$a_n^{(i)} = c_{i_1}\lambda_i^n + c_{i_2}n\lambda_i^n + \cdots + c_{i_{e_i}}n^{e_i-1}\lambda_i^n = \left(c_{i_1} + c_{i_2}n + \cdots + c_{i_{e_i}}n^{e_i-1}\right)\lambda_i^n \quad (4\text{-}17)$$

也是递推关系 (4-12) 的解.

定理 4.2 设 $\lambda_1, \lambda_2, \cdots, \lambda_s$ 是递推关系 (4-12) 的全部不同的特征根, 其重数分别为 $e_1, e_2, \cdots, e_s$, 显然有 $e_1 + e_2 + \cdots + e_s = r$, 则递推关系 (4-12) 的通解为

$$a_n = a_n^{(1)} + a_n^{(2)} + \cdots + a_n^{(s)} = \sum_{i=1}^{s}\left(c_{i_1} + c_{i_2}n + \cdots + c_{i_{e_i}}n^{e_i-1}\right)\lambda_i^n. \quad (4\text{-}18)$$

证 证明思路同定理 4.1, 此处仅给出简要叙述. 由前面讨论可知, 各个 $a_n^{(i)}$ 均为递推关系的解, 进而 $a_n = a_n^{(1)} + a_n^{(2)} + \cdots + a_n^{(s)}$ 也为递推关系的解; 再根据初始条件, 得到将 c_{i_j} 视为未知数时的线性方程组, 由于其系数矩阵的行列式不为零, 故确定该线性方程组的解 c_{i_j} 是存在且唯一的, 也即说明递推关系的任意解都可以由各个 $a_n^{(i)}$ 线性表示, 故 $a_n = \sum_{i=1}^{s} a_n^{(i)}$ 即为递推关系的通解. ∎

例 4.11 设 $n \geqslant 1$, 计算下面 n 阶行列式 d_n 的值.

$$d_n = \begin{vmatrix} 2 & 1 & 0 & 0 & \cdots & 0 \\ 1 & 2 & 1 & 0 & \cdots & 0 \\ 0 & 1 & 2 & 1 & \cdots & 0 \\ \vdots & & & \ddots & & \vdots \\ 0 & \cdots & \cdots & \cdots & \cdots & 2 \end{vmatrix}.$$

解 容易计算 $d_1 = 2$, $d_2 = 3$. 当 $n>2$ 时, 按行列的第一行展开, 可得递推关系

$$d_n = 2d_{n-1} - d_{n-2},$$

它的特征多项式是 $x^2 - 2x + 1$. 解得 1 是递推关系的 2 重根. 因此, 递推关系的通解形式是

$$(A + Bn) \cdot 1^n,$$

代入初始值 $d_1 = 2, d_2 = 3$ 可得

$$\begin{cases} A + B = 2, \\ A + 2B = 3, \end{cases}$$

其解为 $A = B = 1$, 故 $d_n = n + 1$.

例 4.12 求 $S_n = \sum_{k=0}^{n} k$.

解 显然 $S_0 = 0, S_1 = 1, S_2 = 3$. 当 $n > 2$ 时, 有

$$
\begin{cases}
S_n - S_{n-1} = n, \\
S_{n-1} - S_{n-2} = n - 1, \\
S_{n-2} - S_{n-3} = n - 2.
\end{cases}
$$

由这三个递推关系得下面 3 阶齐次常系数线性递推关系:

$$
\begin{cases}
S_n - 3S_{n-1} + 3S_{n-2} - S_{n-3} = 0 \quad (n \geqslant 3), \\
S_0 = 0, S_1 = 1, S_2 = 3,
\end{cases}
$$

特征多项式为

$$
x^3 - 3x^2 + 3x - 1 = (x - 1)^3,
$$

它有三重特征根 1. 由定理 4.1, 递推关系的通解是

$$
S_n = (A + Bn + Cn^2)(1)^n = A + Bn + Cn^2,
$$

利用初始值, 可得线性方程组

$$
\begin{cases}
A = 0, \\
A + B + C = 1, \\
A + 2B + 4C = 3,
\end{cases}
$$

其解为 $A = 0$, $B = \dfrac{1}{2}$, $C = \dfrac{1}{2}$.

所以 $S_n = \dfrac{1}{2}n + \dfrac{1}{2}n^2 = \dfrac{1}{2}n(n+1)$, 亦即 $1 + 2 + 3 + \cdots + n = \dfrac{1}{2}n(n+1)$.

例 4.13 求 $S_n = \sum_{k=0}^{n} k^2$.

解 容易计算 $S_0 = 0, S_1 = 1, S_2 = 5, S_3 = 14$. 当 $n > 3$ 时, 有 $S_n - S_{n-1} = n^2$, $S_{n-1} - S_{n-2} = (n-1)^2$, $S_{n-2} - S_{n-3} = (n-2)^2$, $S_{n-3} - S_{n-4} = (n-3)^2$. 由这四个递推关系得下面 4 阶齐次常系数线性递推关系:

$$
\begin{cases}
S_n - 4S_{n-1} + 6S_{n-2} - 4S_{n-3} + S_{n-4} = 0, \\
S_0 = 0, S_1 = 1, S_2 = 5, S_3 = 14,
\end{cases}
$$

它的特征多项式为

$$x^4 - 4x^3 + 6x^2 - 4x + 1 = (x-1)^4,$$

解得 1 为四重特征根. 由定理 4.1, 递推关系的通解是

$$S_n = (A + Bn + Cn^2 + Dn^3)(1)^n,$$

再依据初始条件 $S_0 = 0, S_1 = 1, S_2 = 5, S_3 = 14$, 可得关于 A, B, C, D 的线性方程组

$$\begin{cases} A = 0, \\ B + C + D = 1, \\ 2B + 4C + 8D = 5, \\ 3B + 9C + 27D = 14, \end{cases}$$

其解为 $A = 0$, $B = \dfrac{1}{6}$, $C = \dfrac{1}{2}$, $D = \dfrac{1}{3}$, 所以原递推关系的通解为

$$S_n = \frac{1}{6}n + \frac{1}{2}n^2 + \frac{1}{3}n^3 = \frac{1}{6}n(n+1)(2n+1).$$

例 4.14 解下面递推关系

$$\begin{cases} u_n = -u_{n-1} + 3u_{n-2} + 5u_{n-3} + 2u_{n-4}, \\ u_0 = 1, u_1 = 0, u_2 = 1, u_3 = 2. \end{cases}$$

解 这个递推关系的特征多项式为

$$x^4 + x^3 - 3x^2 - 5x - 2,$$

它有特征根 $-1, -1, -1, 2$. 由定理得递推关系的通解是

$$u_n = (b_1 + b_2 n + b_3 n^2)(-1)^n + b_4 2^n.$$

利用初始值, 可得线性方程组

$$\begin{cases} b_1 + b_4 = 1, \\ -b_1 - b_2 - b_3 + 2b_4 = 0, \\ b_1 + 2b_2 + 4b_3 + 4b_4 = 1, \\ -b_1 - 3b_2 - 9b_3 + 8b_4 = 2. \end{cases}$$

其解为 $b_1 = \dfrac{7}{9}, b_2 = -\dfrac{1}{3}, b_3 = 0, b_4 = \dfrac{2}{9}$. 所以递推关系的通解是

$$u_n = \frac{7}{9}(-1)^n - \frac{1}{3}n(-1)^n + \frac{2}{9}2^n.$$

3. 特征方程的解存在复数根

定理 4.3 如果递推关系 (4-11) 对应的特征方程有一对共轭 (单) 复根 $x_1 = \rho e^{i\theta}, x_2 = \rho e^{-i\theta}$, 那么递推关系的通解必含有以下项

$$A\rho^n \cos(n\theta) + B\rho^n \sin(n\theta). \tag{4-19}$$

事实上, 对于一对共轭 (单) 复根 $x_1 = \rho e^{i\theta}, x_2 = \rho e^{-i\theta}$, 通解中会出现的是

$$
\begin{aligned}
A_1 x_1^n + B_1 x_2^n &= A_1 \rho^n e^{in\theta} + B_1 \rho^n e^{-in\theta} \\
&= A_1 \rho^n \left[\cos(n\theta) + i\sin(n\theta)\right] + B_1 \rho^n \left[\cos(n\theta) + i\sin(n\theta)\right] \\
&= (A_1 + B_1) \rho^n \cos(n\theta) + i(A_1 - B_1) \rho^n \sin(n\theta) \\
&= A\rho^n \cos(n\theta) + B\rho^n \sin(n\theta).
\end{aligned}
$$

一般地, 如果 $x_1 = \rho e^{i\theta}, x_2 = \rho e^{-i\theta}$ 均是特征方程的 m 重复根, 则递推关系的通解必含有以下项

$$\rho^n \left[\left(A_1 + A_2 n + \cdots + A_m n^{m-1}\right) \cos(n\theta) + \left(B_1 + B_2 n + \cdots + B_m n^{m-1}\right) \sin(n\theta)\right].$$

例 4.15 设 $n \geqslant 1$, 计算下面 n 阶行列式 d_n 的值.

$$
d_n = \begin{vmatrix}
1 & 1 & 0 & 0 & \cdots & 0 & 0 \\
1 & 1 & 1 & 0 & \cdots & 0 & 0 \\
0 & 1 & 1 & 1 & \cdots & 0 & 0 \\
\vdots & & & \ddots & & \vdots & \vdots \\
0 & \cdots & \cdots & \cdots & \cdots & 1 & 1
\end{vmatrix}.
$$

解 容易计算 $d_1 = 2$, $d_2 = 0$. 当 $n > 2$ 时, 按行列的第一行展开, 可得递推关系

$$
\begin{cases}
d_n = d_{n-1} - d_{n-2}, \\
d_1 = 2, d_2 = 0,
\end{cases}
$$

反推可得 $d_0 = 1$. 特征方程是 $x^2 - x + 1 = 0$. 解得特征根为 $x_{1,2} = \dfrac{1}{2} \pm \dfrac{\sqrt{3}}{2} i = e^{\pm \frac{\pi}{3} i}$, 因此, 递推关系的通解形式是

$$d_n = A\cos\frac{n\pi}{3} + B\sin\frac{n\pi}{3},$$

代入初始值得方程组

$$
\begin{cases}
A = 1, \\
\dfrac{1}{2}A + \dfrac{\sqrt{3}}{2}B = 1,
\end{cases}
$$

解得 $A = 1, B = \dfrac{1}{\sqrt{3}}$, 故递推关系的通解为

$$
d_n = \cos\frac{n\pi}{3} + \frac{\sqrt{3}}{3}\sin\frac{n\pi}{3}.
$$

例 4.16　解递推关系

$$
\begin{cases}
a_n + (6 + 2\mathrm{i})\,a_{n-1} - (1 - 12\mathrm{i})\,a_{n-2} - 6a_{n-3} = 0, \\
a_0 = 6, a_1 = -36 + \mathrm{i}, a_2 = 214.
\end{cases}
$$

解　特征方程为 $x^3 + (6 + 2\mathrm{i})\,x^2 - (1 - 12\mathrm{i})\,x - 6 = 0$, 解之得特征根为 $x = -6, -\mathrm{i}, -\mathrm{i}$. 故通解为

$$
a_n = A\,(-6)^n + (B + nC)\,(-\mathrm{i})^n,
$$

代入初始值可得

$$
\begin{cases}
A + B = 6, \\
-6A - \mathrm{i}B - \mathrm{i}C = -36 - \mathrm{i}, \\
36A - B - 2C = 214.
\end{cases}
$$

解得 $A = 6, B = 0, C = 1$, 故递推关系的通解为

$$
a_n = 6\,(-6)^n + n\,(-\mathrm{i})^n = (-1)^n\left(6^{n+1} + n\mathrm{i}^n\right), \quad n \geqslant 0.
$$

综上, 对应不同特征根情况, 线性常系数齐次递推关系的通解有不同的形式, 为了便于学习, 下面以表格的形式给出其对应关系, 见表 4.1.

表 4.1　线性常系数齐次递推关系通解与特征根的对应关系

	特征根 $\lambda_1, \lambda_2, \cdots, \lambda_r$	通解中对应出现的项
实数	λ_i 为单根	$A\lambda_i^n$
	λ_i 为 m 重根	$\left(A_1 + A_2 n + \cdots + A_m n^{m-1}\right)\lambda_i^n$
复数	一对单复根 $x_1 = \rho\mathrm{e}^{\mathrm{i}\theta}, x_2 = \rho\mathrm{e}^{-\mathrm{i}\theta}$	$A\rho^n \cos(n\theta) + B\rho^n \sin(n\theta)$
	一对 m 重复根 $x_1 = \rho\mathrm{e}^{\mathrm{i}\theta}, x_2 = \rho\mathrm{e}^{-\mathrm{i}\theta}$	$\rho^n\left[\begin{array}{l}\left(A_1 + A_2 n + \cdots + A_m n^{m-1}\right)\cos(n\theta) \\ + \left(B_1 + B_2 n + \cdots + B_m n^{m-1}\right)\sin(n\theta)\end{array}\right]$

4.3　常系数线性非齐次递推关系

4.3　常系数
线性非齐次
递推关系

定义 4.4　考虑数列 $\{a_n : n \geqslant 0\}$, 如果存在一组量 $\{c_0, c_1, c_2, \cdots, c_r\}(c_r \neq 0)$ 和量 b_n, 其中 $\{c_0, c_1, c_2, \cdots, c_r\}$ 均为常数, 且 $b_n \neq 0$, 使得下式成立,

$$a_n = c_1 a_{n-1} + c_2 a_{n-2} + \cdots + c_r a_{n-r} + b_n \quad (n \geqslant r), \tag{4-20}$$

则称该数列 $\{a_n : n \geqslant 0\}$ 满足 r 阶常系数非齐次线性递推关系.

知道了常系数齐次线性递推关系解的结构, 在此基础上就不难解决非齐次线性递推关系解的结构问题了.

定义 4.5　在 (4-20) 式中, 如果令 $b_n = 0$, 则称

$$a_n = c_1 a_{n-1} + c_2 a_{n-2} + \cdots + c_r a_{n-r} \quad (n \geqslant r) \tag{4-21}$$

为由 (4-20) 式导出的 r 阶常系数齐次线性递推关系. 称 (4-21) 式的特征多项式为 (4-20) 式的特征多项式, 亦即一个 r 阶非齐次线性常系数递推关系的特征多项式为它的导出递推关系的特征多项式. 也称 (4-21) 式的特征根为 (4-20) 的特征根.

定理 4.4　设 u_n' 是常系数线性非齐次递推关系 (4-20) 的一个特解, v_n 是其对应的导出常系数线性齐次递推关系 (4-21) 的通解, 则 $v_n + u_n'$ 是常系数线性非齐次递推关系 (4-20) 的通解.

证　因为 $\{v_n : n \geqslant 0\}$ 是 (4-21) 式的通解, 其一般形式为

$$v_n = P_1(n)\lambda_1^n + P_2(n)\lambda_2^n + \cdots + P_s(n)\lambda_s^n,$$

其中 λ_i 是递推关系 (4-20) 的 e_i 重特征根, $P_i(n)$ 是次数至多为 $e_i - 1$ 的多项式, $i = 1, 2, \cdots, s$ 且 $e_1 + e_2 + \cdots + e_s = r$. 对于递推关系 (4-20) 一个特解 $\{u_n' : n \geqslant 0\}$, 则当 $n \geqslant r$ 时, 成立

$$u_n' = \sum_{j=1}^{r} c_j u_{n-j}' + b_n.$$

于是

$$v_n + u_n' = \sum_{j=1}^{r} c_j(v_{n-j} + u_{n-j}') + b_n, \quad n \geqslant r.$$

即 $\{v_n + u_n' : n \geqslant 0\}$ 是 r 阶线性非齐次常系数递推关系 (4-20) 的解.

下面只需证 $\{v_n + u_n' : n \geqslant 0\}$ 也是非齐次常系数递推关系 (4-20) 的通解.

对递推关系 (4-20) 的任一特解 $\{u_n : n \geqslant 0\}$, 令 $u_k = v_k + u_k'(k = 0, 1, 2, \cdots, r-1)$, 由初始条件可得出一个以 $\{c_0, c_1, c_2, \cdots, c_r\}$ 为未知量的 r 元线性方程组.

经过观察发现, 这个线性方程组的系数矩阵仍是一个 (广义)Vandermonde 矩阵, 故这个线性方程组有唯一解, 这个解唯一确定了 $P_1(n), P_2(n), \cdots, P_s(n)$. 由此可知, 任一特解 $\{u_n : n \geqslant 0\}$ 都可由 $\{v_n + u'_n : n \geqslant 0\}$ 表出. 所以 $\{v_n + u'_n : n \geqslant 0\}$ 即为 r 阶非齐次常系数线性递推关系 (4-20) 的通解. ∎

由解的结构可知, 求解非齐次常系数线性递推关系的通解可按以下步骤求得.

(a) 先求出非齐次常系数线性递推关系的一个特解;

(b) 再求解该非齐次常系数线性递推关系对应的导出齐次递推关系的通解;

(c) 最后把两个解相加就得到非齐次常系数线性递推关系的通解.

通过前面的学习, 对于导出的齐次常系数线性递推关系的通解有求解公式, 所以利用这种方法求解非齐次常系数线性递推关系通解的关键是先求其一个特解. 然而, 对于一般的非齐次常系数线性递推关系, 要得到其某一个特解, 目前并没有一般的求解方法. 但是对于非齐次项 b_n 的一些特殊形式, 有一些规范的方法可以试求特解. 具体做法是试图通过 b_n 的特点, 猜测其特解的形式, 然后加以验证.

下面根据 b_n 的三种特殊情形给出尝试求解非齐次常系数线性递推关系的一个特解 $\{u'_n : n \geqslant 0\}$ 的方法.

1. 非齐次项 b_n 是 β^n 的形式

分以下两种情况.

(1) β 不是 (4-21) 式的特征根, 此时递推关系 (4-20) 具有如下形式的特解 $u'_n = A\beta^n$.

(2) β 是 (4-21) 式的 m 重特征根, 此时递推关系 (4-20) 具有如下形式的特解 $u'_n = An^m\beta^n$.

其中 A 为待定常数.

例 4.17 解例 4.6 中的递推关系 (4-8) 式

$$\begin{cases} a_n + a_{n-2} = 2^{n-3} & (n \geqslant 5), \\ a_3 = 1, a_4 = 2. \end{cases}$$

解 该递推关系所对应的导出递推关系为 $a_n + a_{n-2} = 0$, 其特征方程为 $x^2 + 1 = 0$. 下面先求 (4-8) 式的一个特解, 由于 2 不是特征方程的根, 假设其特解为 $a2^n$, 代入原递推关系得 $a2^n + a2^{n-2} = 2^{n-3}$, 求出 $a = 1/10$, 故 $2^n/10$ 即为 (4-8) 式的一个特解. 又因为该递推关系的特征方程有两个不同的特征根 $\pm \mathrm{i}$, 所以 (4-8) 式所对应的导出递推关系的通解是 $A_1 \mathrm{i}^n + A_2(-\mathrm{i})^n$, 所以 (4-8) 式的通解是

$$a_n = A_1 \mathrm{i}^n + A_2(-\mathrm{i})^n + \frac{2^n}{10}.$$

利用初始值可得线性方程组

$$\begin{cases} -A_1 \mathrm{i} + A_2 \mathrm{i} + \dfrac{8}{10} = 1, \\[3mm] A_1 + A_2 + \dfrac{16}{10} = 2, \end{cases}$$

其解为 $A_1 = (2+\mathrm{i})/10, A_2 = (2-\mathrm{i})/10$. 于是递推关系式 (4-8) 的通解为

$$a_n = \frac{2+\mathrm{i}}{10}\mathrm{i}^n + \frac{2-\mathrm{i}}{10}(-\mathrm{i})^n + \frac{2^n}{10} = \begin{cases} \dfrac{1}{5}(-1)^{\frac{n+1}{2}} + \dfrac{2^{n-1}}{5}, & n\text{为奇数}, \\[4mm] \dfrac{2}{5}(-1)^{\frac{n}{2}} + \dfrac{2^{n-1}}{5}, & n\text{为偶数}. \end{cases}$$

例 4.18　解递推关系

$$a_n - 4a_{n-1} + 4a_{n-2} = 2^n.$$

解　该递推关系对应的导出齐次递推关系的特征方程为 $x^2 - 4x + 4 = 0$, 解得特征根为 $x_1 = x_2 = 2$, 即 2 为二重特征根, 所以导出齐次递推关系的通解为 $v_n = (A_1 + A_2 n) \cdot 2^n$.

设对应的特解形式为 $u_n' = An^2 2^n$, 代入原递推关系得

$$An^2 2^n - 4A(n-1)^2 2^{n-1} + 4A(n-2)^2 2^{n-2} = 2^n,$$

化简得

$$2A \cdot 2^n = 2^n,$$

解出待定常数 $A = 1/2$, 即得到特解为 $u_n' = n^2 \cdot 2^{n-1}$, 故原递推关系的通解为

$$a_n = v_n + u_n' = n^2 \cdot 2^{n-1} + (A_1 + A_2 n) \cdot 2^n,$$

其中 A_1, A_2 为任意常数.

2. 非齐次项 b_n 是 n 的 t 次多项式 n^t 的形式

(1) 1 不是 (4-21) 式的特征根, 此时递推关系 (4-20) 具有如下形式的特解

$$u_n' = A_0 + A_1 n + \cdots + A_t n^t.$$

(2) 1 是 (4-21) 式的 $m\,(m \geqslant 1)$ 重特征根, 此时递推关系 (4-20) 具有如下形式的特解

$$u_n' = (A_0 + A_1 n + \cdots + A_t n^t) n^m,$$

其中 $A_0, A_1, \cdots, A_t$ 为待定常数.

例 4.19　解递推关系

$$\begin{cases} a_n - 5a_{n-1} - 6a_{n-2} - 2n + 3 = 0 \quad (n \geqslant 2), \\ a_0 = 5, a_1 = 10. \end{cases}$$

解　该递推关系对应的导出齐次递推关系为 $a_n - 5a_{n-1} - 6a_{n-2} = 0 \, (n \geqslant 2)$, 其特征方程为 $x^2 - 5x + 6 = 0$, 解得特征根为 $x_1 = 2, x_2 = 3$, 所以导出齐次递推关系的通解为 $v_n = A_1 \cdot 2^n + A_2 \cdot 3^n$.

因为 1 不是特征根, 设原非齐次递推关系对应的特解形式为 $u_n' = An + B$, 代入原非齐次递推关系得

$$5\left[A\left(n-1\right)+B\right] - 6\left[A\left(n-2\right)+B\right] + 2n - 3 = An + B,$$

化简得

$$2nA - 7A + 2B = 2n - 3.$$

解出待定常数 $A = 1, B = 2$, 即得到特解为 $u_n' = n + 2$, 故原递推关系的通解为

$$a_n = v_n + u_n' = A_1 \cdot 2^n + A_2 \cdot 3^n + n + 2,$$

其中 A_1, A_2 为待定常数, 代入初始条件 $a_0 = 5, a_1 = 10$, 得方程组

$$\begin{cases} A_1 + A_2 + 2 = 5, \\ 2A_1 + 3A_2 + 3 = 10, \end{cases}$$

解得 $A_1 = 2, A_2 = 1$, 所以原递推关系的通解为

$$a_n = 2^{n+1} + 3^n + n + 2.$$

例 4.20　解 4.1.2 节例 4.8 给出的递推关系.

$$\begin{cases} a_n = a_{n-1} + 2\left(n-1\right) \quad (n \geqslant 2), \\ a_1 = 2. \end{cases}$$

解　该递推关系对应的导出齐次递推关系为 $a_n - a_{n-1} = 0 \, (n \geqslant 2)$, 解得其特征根为 $x = 1$, 所以导出齐次递推关系的通解为 $v_n = A \cdot 1^n$, 其中 A 为待定常数.

因为 1 是 1 重特征根, 设原非齐次递推关系对应的特解形式为 $u_n' = (A_1 n + A_2)n$, 代入原非齐次递推关系得

$$A_1 \cdot n^2 + A_2 \cdot n = A_1 \cdot \left(n-1\right)^2 + A_2 \cdot \left(n-1\right) + 2\left(n-1\right) a_1 = 2,$$

化简得

$$2n \cdot A_1 + A_1 - A_2 = 2n - 2.$$

解出待定常数 $A_1 = 1, A_2 = -1$, 即得到特解为 $u'_n = n^2 - n$, 故原递推关系的通解为

$$a_n = v_n + u'_n = n^2 - n + A,$$

代入初始条件, 得原递推关系的通解为

$$a_n = v_n + u'_n = n^2 - n + 2.$$

3. 非齐次项 b_n 是 $n^t\beta^n$ 的形式

(1) β 不是 (4-21) 式的特征根, 此时递推关系 (4-20) 具有如下形式的特解

$$u'_n = (A_0 + A_1 n + \cdots + A_t n^t)\beta^n.$$

(2) β 是 (4-21) 式的 m 重特征根, 此时递推关系 (4-20) 具有如下形式的特解

$$u'_n = \left(A_0 + A_1 n + \cdots + A_t n^t\right) n^m \beta^n.$$

其中 $A_0, A_1, \cdots, A_t$ 为待定常数.

例 4.21　解递推关系

$$\begin{cases} a_n - 7a_{n-1} + 10a_{n-2} + 2 \cdot 3^{n-2} = 0 & (n \geqslant 2), \\ a_0 = 3, a_1 = 4. \end{cases}$$

解　该递推关系对应的导出齐次递推关系 $a_n - 7a_{n-1} + 10a_{n-2} = 0 \, (n \geqslant 2)$ 的特征方程为 $x^2 - 7x + 10 = 0$, 解得特征根为 $x_1 = 2, x_2 = 5$, 所以导出齐次递推关系的通解为 $v_n = A_1 \cdot 2^n + A_2 \cdot 5^n$.

因为 3 不是特征根, 设非齐次的原递推关系对应的特解形式为 $u'_n = A \cdot 3^n$, 代入原递推关系得

$$A \cdot 3^n - 7A \cdot 3^{n-1} + 10A \cdot 3^{n-2} = -2 \cdot 3^{n-2},$$

化简得

$$9A - 21A + 10A = -2,$$

解出待定常数 $A = 1$, 即得到特解为 $u'_n = 3^n$, 故原递推关系的通解为

$$a_n = v_n + u'_n = 3^n + A_1 \cdot 2^n + A_2 \cdot 5^n,$$

其中 A_1, A_2 为待定常数, 代入初始条件 $a_0 = 3, a_1 = 4$, 得方程组

$$\begin{cases} A_1 + A_2 + 1 = 3, \\ 2A_1 + 5A_2 + 3 = 4, \end{cases}$$

解得 $A_1 = 3, A_2 = -1$, 所以原递推关系的通解为

$$a_n = 3^n + 3 \cdot 2^n - 5^n.$$

例 4.22 解递推关系

$$\begin{cases} u_n = 4u_{n-1} - 4u_{n-2} + n2^n \quad (n \geqslant 2), \\ u_0 = 0, u_1 = 1. \end{cases}$$

解   该递推关系对应的导出齐次递推关系 $u_n = 4u_{n-1} - 4u_{n-2} = 0 \, (n \geqslant 2)$ 的特征方程为 $(x-2)^2 = 0$, 解得特征根为 $x_1 = x_2 = 2$, 所以导出齐次递推关系的通解为 $v_n = (A_1 + A_2 \cdot n) \cdot 2^n$, 其中 A_1, A_2 为待定常数.

因为 2 是二重特征根, 设非齐次的原递推关系对应的特解形式为 $u'_n = (A + Bn) \cdot n^2 \cdot 2^n$, 代入原递推关系得

$$(A + Bn) \cdot n^2 \cdot 2^n - 4(A + B(n-1))(n-1)^2 \cdot 2^{n-1}$$
$$+ 4(A + B(n-2))(n-2)^2 \cdot 2^{n-2} - n \cdot 2^n = 0,$$

化简得

$$(A + Bn) \cdot n^2 \cdot 2^2 - 4(A + B(n-1))(n-1)^2 \cdot 2 + 4(A + B(n-2))(n-2)^2 - n \cdot 2^2 = 0,$$

整理后得到线性方程组

$$\begin{cases} 8A - 24B = 0, \\ 24B - 4 = 0. \end{cases}$$

解出待定常数 $A = 1/2, B = 1/6$, 即得到特解为 $u'_n = \left(1 + \dfrac{n}{3}\right) \cdot n^2 \cdot 2^{n-1}$, 故原递推关系的通解为

$$u_n = v_n + u'_n = (A_1 + A_2 n) \cdot 2^n + \left(1 + \frac{n}{3}\right) \cdot n^2 \cdot 2^{n-1},$$

代入初始条件 $u_0 = 0, u_1 = 1$, 解得 $A_1 = 0, A_2 = -1/3$, 所以原递推关系的通解为

$$u_n = -\frac{n \cdot 2^n}{3} + \left(1 + \frac{n}{3}\right) \cdot n^2 \cdot 2^{n-1}.$$

对于某些特别的非齐次线性常系数递推关系, 还可以利用转化为齐次线性常系数递推关系的方法进行求解.

例 4.23 在同一个平面上画一个圆及 n 条直线, 每条直线均与其他直线在圆内相交, 如果没有三条及以上直线共点的情况, 问这些直线将圆内的部分分成了几块区域?

解 令 a_n 表示这 n 条直线将圆内的部分分成的区域数, 显然, $a_0 = 1, a_1 = 2, a_2 = 4$. 因为第 n 条直线和前 $n-1$ 条直线在圆内都相交, 所以它被切分成 n 条线段, 而每条线段都将其所在的区域一分为二, 所以有下面非齐次常系数线性递推关系成立

$$\begin{cases} a_n = a_{n-1} + n \quad (n \geqslant 1), \\ a_0 = 1, a_1 = 2, a_2 = 4, \end{cases}$$

由递推关系 $a_n = a_{n-1} + n$, 可得 $a_{n-1} = a_{n-2} + n - 1 (n \geqslant 2)$, 令两个式子相减可得

$$a_n - 2a_{n-1} + a_{n-2} = 1 \quad (n \geqslant 2),$$

从这个新的递推关系出发, 又可得 $a_{n-1} - 2a_{n-2} + a_{n-3} = 1 \, (n \geqslant 3)$, 将其再与上式相减, 得出与原递推关系等价的齐次递推关系

$$\begin{cases} a_n - 3a_{n-1} + 3a_{n-2} - a_{n-3} = 0 \quad (n \geqslant 3), \\ a_0 = 1, a_1 = 2, a_2 = 4, \end{cases}$$

按照特征根方法求解这个齐次递推关系, 得 $a_n = \dfrac{n(n+1)}{2} + 1$.

综上, 对非齐次线性常系数递推关系的求解关键是求解出其一个特解, 而一般情况下我们并没有规范的理论求解方法. 尽管如此, 对应非齐次项的三种不同的特殊形式, 我们能尝试给出其特解所对应的不同形式, 为了便于学习, 下面以表格的形式给出其对应关系, 见表 4.2.

表 4.2 线性常系数非齐次递推关系的非齐次项与特解形式的对应关系

b_n	β 与特征多项式根的比较	对应特解的一般形式
β^n	β 不是特征根	$A\beta^n$
	β 是 m 重特征根	$An^m\beta^n$
n^t	1 不是特征根	$A_0 + A_1 n + \cdots + A_t n^t$
	1 是 m 重特征根	$(A_0 + A_1 n + \cdots + A_t n^t) n^m$
$n^t\beta^n$	β 不是特征根	$(A_0 + A_1 n + \cdots + A_t n^t) \beta^n$
	β 是 m 重特征根	$(A_0 + A_1 n + \cdots + A_t n^t) n^m \beta^n$

4.4   母函数法解常系数线性递推关系

母函数法是一种常用的求解各类递推关系的解法, 它具有较广泛的适用性, 本节主要介绍如何利用母函数求解常系数线性递推关系.

4.4.1   齐次线性递推关系的求解

设 $\{a_n : n \geqslant 0\}$ 是一个数列, 它满足递推关系 (4-12), $G(x)$ 是 $\{a_n : n \geqslant 0\}$ 的母函数, 则

$$G(x) = a_0 + a_1 x + \cdots + a_n x^n + \cdots.$$

因为当 $n \geqslant r$ 时, $a_n - c_1 a_{n-1} - c_2 a_{n-2} - \cdots - c_r a_{n-r} = 0$, 所以

$$x^r(a_r - c_1 a_{r-1} - c_2 a_{r-2} - \cdots - c_r a_0) = 0,$$
$$x^{r+1}(a_{r+1} - c_1 a_r - c_2 a_{r-1} - \cdots - c_r a_1) = 0,$$
$$\cdots\cdots$$
$$x^r(a_n - c_1 a_{n-1} - c_2 a_{n-2} - \cdots - c_r a_{n-r}) = 0,$$
$$\cdots\cdots$$

将这些式子两边分别相加, 得到

$$G(x) - \sum_{i=0}^{r-1} a_i x^i - c_1 x \left(G(x) - \sum_{i=0}^{r-2} a_i x^i \right) - \cdots - c_r x^r G(x) = 0,$$

由此得

$$\left(1 - c_1 x - c_2 x^2 - \cdots - c_r x^r\right) G(x) = \sum_{i=0}^{r-1} a_i x^i - \sum_{j=1}^{r-1} c_j x^j \sum_{i=0}^{r-1-j} a_i x^i,$$

令

$$P(x) = \sum_{i=0}^{r-1} a_i x^i - \sum_{j=1}^{r-1} c_j x^j \sum_{i=0}^{r-1-j} a_i x^i, \quad K(x) = 1 - c_1 x - c_2 x^2 - \cdots - c_r x^r,$$

则 $P(x)$ 是一个次数不大于 $r-1$ 的多项式, 化简得 $G(x) = \dfrac{P(x)}{K(x)}$.

记

$$c(x) = x^r K\left(\frac{1}{x}\right) = x^r - c_1 x^{r-1} - \cdots - c_r,$$

称其为递推关系 (4-12) 的**特征多项式** (一般称 $c(x)$ 是 $K(x)$ 的互反多项式). 我们知道 $c(x)$ 在复数域上能分解成一次因式的乘积, 设为

$$c(x) = (x - \lambda_1)^{e_1}(x - \lambda_2)^{e_2} \cdots (x - \lambda_s)^{e_s},$$

其中 $\lambda_1, \lambda_2, \cdots, \lambda_s$ 互异, 称 λ_i 为递推关系 (4-12) 的 e_i 重特征根 $(i = 1, 2, \cdots, s)$, 因为 $c(x)$ 是 r 次多项式, 所以 $e_1 + e_2 + \cdots + e_s = r$. 于是

$$K(x) = x^r c\left(\frac{1}{x}\right) = 1 - c_1 x - c_2 x^2 - \cdots - c_r x^r = (1 - \lambda_1 x)^{e_1}(1 - \lambda_2 x)^{e_2} \cdots (1 - \lambda_s x)^{e_s},$$

故

$$G(x) = \frac{P(x)}{(1 - \lambda_1 x)^{k_1}(1 - \lambda_2 x)^{k_2} \cdots (1 - \lambda_s x)^{e_s}}. \tag{4-22}$$

易知 (4-22) 式是有理真分式, 即分子的次数低于分母的次数, 则有

$$\begin{aligned}
G(x) = {} & \frac{A_{11}}{1 - \lambda_1 x} + \frac{A_{12}}{(1 - \lambda_1 x)^2} + \cdots + \frac{A_{1e_1}}{(1 - \lambda_1 x)^{e_1}} \\
& + \frac{A_{21}}{1 - \lambda_2 x} + \frac{A_{22}}{(1 - \lambda_2 x)^2} + \cdots + \frac{A_{2e_2}}{(1 - \lambda_2 x)^{e_2}} \\
& + \cdots \\
& + \frac{A_{s1}}{1 - \lambda_s x} + \frac{A_{s2}}{(1 - \lambda_s x)^2} + \cdots + \frac{A_{se_s}}{(1 - \lambda_s x)^{e_s}},
\end{aligned} \tag{4-23}$$

即 $G(x) = \sum\limits_{i=1}^{s} \sum\limits_{j=1}^{e_i} \dfrac{A_{ij}}{(1 - \lambda_i x)^j}$, 其中 A_{ij} 是已知常数. 利用 Newton 二项式定理把 $(1 - \lambda_i x)^{-j}$ 展开, 我们有

$$G(x) = \sum_{i=1}^{s} \left(\sum_{j=1}^{e_i} A_{ij} \sum_{n \geqslant 0} \binom{n + j - 1}{j - 1} \lambda_i^n x^n \right),$$

交换和号得

$$G(x) = \sum_{n \geqslant 0} \left(\sum_{i=1}^{s} \left(\sum_{j=1}^{e_i} A_{ij} \binom{n + j - 1}{j - 1} \lambda_i^n \right) \right) x^n,$$

令

$$P_i(n) = \sum_{j=1}^{e_i} A_{ij} \binom{n + j - 1}{j - 1}, \quad i = 1, 2, \cdots, s.$$

则 $P_i(n)$ 是 n 的次数至多为 $e_i - 1$ 的多项式, 它的系数由初始值唯一确定. 于是

$$a_n = \sum_{i=1}^{s} P_i(n)\lambda_i^n,$$

其中 $P_1(n), P_2(n), \cdots, P_s(n)$ 共有 $e_1 + e_2 + \cdots + e_s = r$ 个待定系数由初始值唯一确定.

综上我们有下面的结论.

定理 4.5 设数列 $\{a_n : n \geqslant 0\}$ 满足 r 阶齐次线性常系数递推关系

$$a_n = c_1 a_{n-1} + c_2 a_{n-2} + \cdots + c_r a_{n-r} \quad (n \geqslant r), \tag{4-24}$$

$G(x)$ 是 $\{a_n : n \geqslant 0\}$ 的母函数, 则

(1) $G(x) = \dfrac{P(x)}{1 - c_1 x - \cdots - c_r x^r}, \deg P(x) < r$;

(2) 若 (4-15) 式的特征多项式 $c(x) = x^r - c_1 x^{r-1} - \cdots - c_r$ 有分解式

$$c(x) = (x - \lambda_1)^{e_1}(x - \lambda_2)^{e_2} \cdots (x - \lambda_s)^{e_s},$$

其中 $\lambda_1, \lambda_2, \cdots, \lambda_s$ 互异, $e_1 + e_2 + \cdots + e_s = r$, 则递推关系 (4-24) 的通解为

$$a_n = P_1(n)\lambda_1^n + P_2(n)\lambda_2^n + \cdots + P_s(n)\lambda_s^n, \quad \deg P_i(n) < e_i, \quad i = 1, \cdots, s,$$

其中 $P_1(n), P_2(n), \cdots, P_s(n)$ 为 n 的多项式, 共有 $e_1 + e_2 + \cdots + e_s = r$ 个待定系数, 它们可由初始值 $a_0, a_1, \cdots, a_{r-1}$ 唯一确定.

下面说明如何用初始值 $a_0, a_1, \cdots, a_{r-1}$ 求 $P_1(n), P_2(n), \cdots, P_s(n)$. 设

$$a_n = \sum_{i=1}^{s} P_i(n)\lambda_i^n = \sum_{i=1}^{s} \left(\sum_{j=1}^{e_i} b_{ij} n^{j-1} \right) \lambda_i^n, \tag{4-25}$$

其中 b_{ij} 是 $P_i(n)$ 中 n^{j-1} $(i = 1, 2, \cdots, s; j = 1, 2, \cdots, e_i)$ 的系数, $\lambda_1, \lambda_2, \cdots, \lambda_s$ 互异, 是特征多项式 $c(x)$ 的根. 把初始值 $a_0, a_1, \cdots, a_{r-1}$ 分别代入 (4-16) 式, 可得到下面的 r 元线性方程组:

$$\begin{cases} a_0 = b_{11} + b_{21} + \cdots + b_{s1}, \\ a_1 = (b_{11} + b_{12} + \cdots + b_{1e_1})\lambda_1^1 + \cdots + (b_{s1} + b_{s2} + \cdots + b_{se_s})\lambda_s^1, \\ \qquad\qquad\qquad\qquad \cdots\cdots \\ a_{r-1} = (b_{11} + b_{12}(r-1) + \cdots + b_{1e_1}(r-1)^{e_1-1})\lambda_1^{r-1} + \cdots + (b_{s1} + \cdots \\ \qquad\qquad + b_{se_s}(r-1)^{e_s-1})\lambda_s^{r-1}, \end{cases}$$

它的系数矩阵是

$$
\begin{pmatrix}
1 & 0 & \cdots & 0 & 1 & 0 & \cdots & 0 & \cdots & 1 & 0 & \cdots & 0 \\
\lambda_1 & \lambda_1 & \cdots & \lambda_1 & \lambda_2 & \lambda_2 & \cdots & \lambda_2 & \cdots & \lambda_s & \lambda_s & \cdots & \lambda_s \\
\lambda_1^2 & 2\lambda_1^2 & \cdots & 2^{e_1-1}\lambda_1^2 & \lambda_2^2 & 2\lambda_2^2 & \cdots & 2^{e_2-1}\lambda_2^2 & \cdots & \lambda_s^2 & 2\lambda_s^2 & \cdots & 2^{e_s-1}\lambda_s^2 \\
\vdots & \vdots & & \vdots & \vdots & \vdots & & \vdots & & \vdots & \vdots & & \vdots \\
\lambda_1^t & t\lambda_1^t & \cdots & t^{e_1-1}\lambda_1^t & \lambda_2^t & t\lambda_2^t & \cdots & t^{e_2-1}\lambda_2^t & \cdots & \lambda_s^t & t\lambda_s^t & \cdots & t^{e_s-1}\lambda_s^t
\end{pmatrix},
$$

其中 $t = r - 1$, 这种形式的矩阵称为广义 Vandermonde 矩阵, 其行列式的值是

$$
\left(\prod_{i=1}^{s} (-\lambda_i)^{\binom{e_i}{2}} \prod_{1 \leqslant i < j \leqslant s} (\lambda_j - \lambda_i)^{e_j e_i} \right) \prod_{i=1}^{s} \prod_{j=1}^{e_i} (e_i - j)!,
$$

因为 $\lambda_1, \lambda_2, \cdots, \lambda_s$ 互异, 所以广义 Vandermonde 行列式的值不为零. 因此, 上面的线性方程组有唯一解. 这样 b_{ij} 就被唯一确定, 即 $P_1(n), P_2(n), \cdots, P_s(n)$ 被求出, 从而求出 a_n 的表示式.

以上利用母函数方法求出了 r 阶齐次常系数性递推关系的解, 其解的形式和性质很类似于线性常微分方程的解. 下面通过几个具体的例子进行说明.

例 4.24 求解下列递推关系

$$
\begin{cases}
a_n = 8a_{n-1} - 16a_{n-2} & (n \geqslant 2), \\
a_0 = -1, a_1 = 0.
\end{cases}
$$

解 令 $G(x) = a_0 + a_1 x + a_2 x^2 + \cdots + a_n x^n + \cdots$, 则有

$$
\begin{aligned}
G(x) &= a_0 + a_1 x + a_2 x^2 + \cdots + a_n x^n + \cdots, \\
-8xG(x) &= -8a_0 x - 8a_1 x^2 - \cdots - 8a_{n-1} x^n - \cdots, \\
16x^2 G(x) &= 16a_0 x^2 + \cdots + 16a_{n-2} x^n + \cdots.
\end{aligned}
$$

将上面式子相加, 得

$$
G(x) = \frac{A + Bx}{1 - 8x + 16x^2} = \frac{A + Bx}{(1 - 4x)^2},
$$

其中 A, B 都是待定常数, 分式分解 $G(x)$, 得

$$
G(x) = \frac{A + Bx}{1 - 8x + 16x^2} = \frac{A}{(1 - 4x)} + \frac{B}{(1 - 4x)^2}
$$

$$= A\left(1 + 4x + 4^2x^2 + \cdots\right) + B\left(1 + 4x + 4^2x^2 + \cdots\right) \cdot \left(1 + 4x + 4^2x^2 + \cdots\right)$$

$$= A\left(1 + 4x + 4^2x^2 + \cdots\right) + B\left[1 + 4 \cdot (4x) + 3 \cdot (4x)^2 + 4 \cdot (4x)^3 + \cdots\right]$$

$$= A\sum_{n=0}^{\infty} 4^n x^n + B\sum_{n=0}^{\infty} (n+1)\, 4^n x^n = \sum_{n=0}^{\infty} \left(A \cdot 4^n + B \cdot (n+1)\, 4^n\right) x^n,$$

利用 $a_0 = -1, a_1 = 0$, 得

$$\begin{cases} A + B = -1, \\ 4A + 8B = 0, \end{cases}$$

解得 $A = -2, B = 1$. 所以

$$a_n = A \cdot 4^n + B \cdot (n+1)\, 4^n = -2 \cdot 4^n + (n+1)\, 4^n = (n-1)\, 4^n.$$

例 4.25   求解下列递推关系

$$\begin{cases} a_n = a_{n-1} + a_{n-2} \quad (n \geqslant 2), \\ a_0 = 1, a_1 = 3. \end{cases}$$

解   令 $G(x) = a_0 + a_1 x + a_2 x^2 + \cdots + a_n x^n + \cdots$, 则有

$$G(x) = a_0 + a_1 x + a_2 x^2 + \cdots + a_n x^n + \cdots,$$

$$-xG(x) = -a_0 x - a_1 x^2 - \cdots - a_{n-1} x^n - \cdots,$$

$$-x^2 G(x) = -a_0 x^2 - \cdots - a_{n-2} x^n - \cdots,$$

将上面式子相加, 并利用 $a_0 = 1, a_1 = 3$, 得

$$G(x) = \frac{1 + 2x}{1 - x - x^2},$$

由于 $x^2 + x - 1 = 0$ 的根为

$$x_1 = \frac{-1 + \sqrt{5}}{2}, \quad x_2 = \frac{-1 - \sqrt{5}}{2}.$$

分式分解 $G(x)$, 得

$$G(x) = \frac{1 + 2x}{1 - x - x^2} = \frac{1}{x - x_1} - \frac{1}{x - x_2} = \frac{1}{x_2}\frac{1}{1 - \dfrac{1}{x_2}x} - \frac{1}{x_1}\frac{1}{1 - \dfrac{1}{x_1}x}$$

$$= \frac{1}{x_2} \sum_{n=0}^{\infty} \left(\frac{x}{x_2} \right)^n - \frac{1}{x_1} \sum_{n=0}^{\infty} \left(\frac{x}{x_1} \right)^n = \sum_{n=0}^{\infty} \left[\left(\frac{1}{x_2} \right)^{n+1} - \left(\frac{1}{x_1} \right)^{n+1} \right] x^n,$$

故递推关系的解为

$$a_n = \left(\frac{-2}{1+\sqrt{5}} \right)^{n+1} - \left(\frac{2}{\sqrt{5}-1} \right)^{n+1}.$$

4.4.2　非齐次线性递推关系的求解

考虑 r 阶非齐次常系数线性递推关系的一般形式为

$$a_n = \sum_{j=1}^{r} c_j a_{n-j} + b_n \quad (n \geqslant r), \tag{4-26}$$

其中 $c_1, c_2, \cdots, c_r$ 都是常数, $c_r \neq 0$, b_n 是已知非齐次项.

定理 4.6　设数列 $\{a_n : n \geqslant 0\}$ 满足 r 阶非齐次常系数线性数递推关系 (4-26), $G(x)$ 是 $\{a_n : n \geqslant 0\}$ 的母函数, 则

(1) $G(x) = \dfrac{P(x) + Q(x)}{1 - c_1 x - \cdots - c_r x^r}$, $\deg P(x) < r$, 其中 $Q(x) = \displaystyle\sum_{n \geqslant r} b_n x^n$;

(2) 若 $\{u'_n : n \geqslant 0\}$ 是递推关系 (4-18) 的一个特解, 则 (4-26) 式有通解

$$a_n = u'_n + v_n = u'_n + \sum_{i=1}^{s} P_i(n) \lambda_i^n,$$

其中 $v_n = \displaystyle\sum_{i=1}^{s} P_i(n) \lambda_i^n$ 是 (4-18) 式对应的导出递推关系的通解.

说明　在表达式 (1) 中, $\dfrac{P(x)}{1 - c_1 x - \cdots - c_r x^r}$, $\deg P(x) < r$ 为齐次递推关系的部分得到的, 故只需对非齐次项的部分 $\dfrac{Q(x)}{1 - c_1 x - \cdots - c_r x^r}$ 进行展开求解即可, 具体的做法可参照齐次部分的推证. 定理的证明从略, 下面举例说明其用法.

例 4.26　求解下列递推关系

$$\begin{cases} a_n = 4a_{n-1} + 4^n, \\ a_0 = 3. \end{cases}$$

解　令 $G(x) = a_0 + a_1 x + a_2 x^2 + \cdots + a_n x^n + \cdots$, 则有

$$G(x) - a_0 = \sum_{n=1}^{\infty} a_n x^n = \sum_{n=1}^{\infty} \left(4a_{n-1} + 4^n \right) x^n$$

$$= \sum_{n=1}^{\infty} 4a_{n-1}x^n + \sum_{n=1}^{\infty} 4^n x^n$$

$$= 4x \sum_{n=1}^{\infty} a_{n-1}x^{n-1} + \sum_{n=1}^{\infty} 4^n x^n$$

$$= 4xG(x) + \frac{1}{1-4x} - 1,$$

解出 $G(x)$, 得

$$G(x) = \frac{2}{1-4x} + \frac{1}{(1-4x)^2}$$

$$= 2\sum_{n=0}^{\infty} 4^n x^n + \sum_{n=0}^{\infty} (n+1) 4^n x^n$$

$$= \sum_{n=0}^{\infty} [2 \cdot 4^n + (n+1) 4^n] x^n,$$

故递推关系的解为

$$a_n = (n+3) 4^n.$$

例 4.27 求解下列递推关系

$$\begin{cases} a_{n+1} = 2a_n + 4^n, \\ a_1 = 3. \end{cases}$$

解 令 $G(x) = a_0 + a_1 x + a_2 x^2 + \cdots + a_n x^n + \cdots$, 则对递推关系 $a_{n+1} = 2a_n + 4^n$ 的两边同时乘以 x^n, 并求和, 得

$$\sum_{n=0}^{\infty} a_{n+1}x^n = 2\sum_{n=0}^{\infty} a_n x^n + \sum_{n=0}^{\infty} 4^n x^n.$$

由 $a_1 = 3$, 可以反推出 $a_0 = 1$. 对上面和式整理得

$$\frac{1}{x}[G(x) - 1] = 2G(x) + \sum_{n=0}^{\infty} 4^n x^n = 2G(x) + \frac{1}{1-4x},$$

解出 $G(x)$ 得

$$G(x)(1 - 2x) = 1 + \frac{x}{1-4x},$$

即

$$G(x) = \frac{1}{(1-2x)} + \frac{x}{(1-4x)(1-2x)}.$$

由此得到了 a_n 的母函数的闭公式, 为了解出 a_n, 只需对 $G(x)$ 的闭公式进行展开, 假设展开式为

$$G(x) = \frac{1}{(1-2x)} + \frac{A}{(1-4x)} + \frac{B}{(1-2x)},$$

容易解出 $A = -\dfrac{1}{2}, B = \dfrac{1}{2}$. 即得

$$G(x) = \frac{1}{(1-2x)} - \frac{1}{2}\frac{1}{(1-4x)} + \frac{1}{2}\frac{1}{(1-2x)} = \frac{1}{2}\left[\frac{1}{(1-2x)} + \frac{1}{(1-4x)}\right]$$

$$= \frac{1}{2}\sum_{n=0}^{\infty}[(2x)^n + (4x)^n] = \sum_{n=0}^{\infty}\frac{1}{2}(2^n + 4^n)x^n,$$

所以递推关系的解为

$$a_n = \frac{1}{2}(2^n + 4^n).$$

4.5 其他类型递推关系的求解

由于递推关系形式的多样性、复杂性, 可以想象得到求解递推关系的难度. 下面本节将结合前面的学习, 介绍部分其他类型递推关系的建立及一些求解方法.

4.5.1 迭代法求解递推关系

例 4.28 求解 Hanoi 问题

$$\begin{cases} a_n = 2a_{n-1} + 1 & (n \geqslant 2), \\ a_1 = 1. \end{cases}$$

解 对任意的 $n \geqslant 2$, 利用递推关系 $a_2 = 2a_1 + 1, a_3 = 2a_2 + 1, \cdots, a_{n-1} = 2a_{n-2} + 1, a_n = 2a_{n-1} + 1$ 和初始值 $a_1 = 1$, 可得

$$a_n = 2a_{n-1} + 1 = 2(2a_{n-2} + 1) + 1 = 2^2 a_{n-2} + 2 + 1$$

$$= 2^2(2a_{n-3} + 1) + 2 + 1 = 2^3 a_{n-3} + 2^2 + 2 + 1 = \cdots$$

$$= 2^{n-1}a_1 + 2^{n-2} + \cdots + 2 + 1 = 2^n - 1.$$

例 4.29　解下列递推关系

$$\begin{cases} a_n = \dfrac{1}{2}a_{n-1} + \dfrac{1}{2^n} & (n \geqslant 1), \\ a_0 = 1. \end{cases}$$

解　原等式两边同时乘以 2^n, 利用迭代法进行求解

$$2^n a_n = 2^{n-1}a_{n-1} + 1 = 2^{n-2}a_{n-2} + 2 = \cdots = 2^0 a_0 + n = n + 1,$$

故 $a_n = \dfrac{n+1}{2^n}\, (n \geqslant 1)$. 观察发现当 $n = 0$ 时, 上式仍然成立, 故最终解为

$$a_n = \frac{n+1}{2^n} \quad (n \geqslant 0).$$

例 4.30　解下列递推关系.

$(1) \begin{cases} u_n = 3u_{n-1}^2, \\ u_0 = 1. \end{cases}$　$(2) \begin{cases} u_n^2 = 2u_{n-1}, \\ u_0 = 4, \end{cases}$　u_i是实数, $i \geqslant 0$.

解一　(1) $u_n = 3u_{n-1}^2 = 3(3u_{n-2}^2)^2 = 3^{1+2}(u_{n-2})^{2^2} = 3^{1+2}(3u_{n-3}^2)^{2^2}$

$$= 3^{1+2+2^2}u_{n-3}^{2^3} = 3^{1+2+2^2+2^3}u_{n-4}^{2^4} = \cdots = 3^{1+2+2^2+\cdots 2^{n-1}}u_0^{2^n}$$

$$= 3^{2^n - 1}.$$

(2) 由于 $u_n^2 = 2u_{n-1}$, 所以 $u_n = 2^{\frac{1}{2}}u_{n-1}^{\frac{1}{2}}$. 于是

$$u_n = 2^{\frac{1}{2}}u_{n-1}^{\frac{1}{2}} = 2^{\frac{1}{2}}\left(2^{\frac{1}{2}}u_{n-2}^{\frac{1}{2}}\right)^{\frac{1}{2}} = 2^{\frac{1}{2}+\frac{1}{2^2}}u_{n-2}^{\frac{1}{2^2}} = 2^{\frac{1}{2}+\frac{1}{2^2}+\frac{1}{2^3}}u_{n-3}^{\frac{1}{2^3}}$$

$$= \cdots = 2^{\frac{1}{2}+\frac{1}{2^2}+\frac{1}{2^3}+\cdots+\frac{1}{2^n}}u_0^{\frac{1}{2^n}} = 2^{\frac{1}{2}+\frac{1}{2^2}+\frac{1}{2^3}+\cdots+\frac{1}{2^n}}4^{\frac{1}{2^n}}$$

$$= 2^{\frac{1}{2}+\frac{1}{2^2}+\frac{1}{2^3}+\cdots+\frac{1}{2^{n-1}}+\left(\frac{1}{2^n}+\frac{1}{2^n}\right)2^{\frac{1}{2^n}}} = 2^{\frac{1}{2}+\frac{1}{2^2}+\frac{1}{2^3}+\cdots+\frac{1}{2^{n-2}}+\left(\frac{1}{2^{n-1}}+\frac{1}{2^{n-1}}\right)2^{\frac{1}{2^n}}}$$

$$= 2^{\frac{1}{2^n}+1}.$$

事实上, 我们可以把例 4.30 的一阶非线性递推关系 (1) 转化为一阶线性递推关系, 然后求解. 非线性递推关系 (2) 的转化问题留作练习.

解二　(1) 因为 $u_n = 3u_{n-1}^2$, 所以 $\lg 3u_n = 2\lg 3u_{n-1}$.

令 $v_n = \lg 3u_{n-1}$, 则 $v_{n-1} = \lg 3u_{n-1}$, 于是 $v_n = 2v_{n-1}$. 由此得 $v_n = 2^n v_0$. 因为 $u_0 = 1$, 所以 $v_0 = \lg 3$, $\lg 3u_n = v_n = 2^n \lg 3$, 由此解得

$$u_n = 3^{2^n - 1}.$$

一般来说, 用迭代法求解一阶线性递推关系是有效的. 考虑一阶线性递推关系的**简单形式**如下:

$$a_n = a_{n-1} + b(n) \quad (n \geqslant 1),$$

其中 $b(n)$ 是 n 的已知函数, 利用迭代法可得

$$
\begin{aligned}
a_n &= a_{n-1} + b(n) \\
&= a_{n-2} + b(n) + b(n-1) \\
&\quad\quad\cdots\cdots \\
&= a_0 + b(n) + b(n-1) + \cdots + b(2) + b(1).
\end{aligned}
$$

这是一阶递推关系简单形式的通解, a_0 是待定系数.

一阶线性递推关系的一般形式是

$$u_n = a(n) u_{n-1} + b(n) \quad (n \geqslant 1, a(n) \neq 0), \tag{4-27}$$

在上式两边同除以 $\displaystyle\prod_{j=1}^{n} a(j)$, 得到一个简单形式的一阶递推关系

$$\tilde{u}_n = \tilde{u}_{n-1} + \tilde{b}(n) \quad (n \geqslant 1), \tag{4-28}$$

其中,

$$\tilde{u}_n = \frac{u_n}{\displaystyle\prod_{j=1}^{n} a(j)}, \quad \tilde{b}(n) = \frac{b(n)}{\displaystyle\prod_{j=1}^{n} a(j)}. \tag{4-29}$$

因为 $u_1 = a(1)u_0 + b(1)$, 所以

$$u_0 = \frac{u_1}{a(1)} - \frac{b(1)}{a(1)} = \tilde{u}_1 - \tilde{b}_1(1) = \tilde{u}_0.$$

用一阶递推关系的简单形式的求解公式得到递推关系 (4-28) 的通解

$$\tilde{u}_n = \tilde{u}_0 + \sum_{k=1}^{n} \tilde{b}(k),$$

由 (4-29) 式,

$$u_n = \tilde{u}_n \prod_{j=1}^{n} a(j) = \left(u_0 + \sum_{k=1}^{n} \frac{b(k)}{\displaystyle\prod_{j=1}^{k} a(j)} \right) \prod_{j=1}^{n} a(j)$$

$$u_n = u_0 \prod_{j=1}^{n} a(j) + \sum_{k=1}^{n} \left(b(k) \prod_{j=k+1}^{n} a(j) \right). \qquad (4\text{-}30)$$

这是一阶线性递推关系的一般形式 (4-27) 的通解.

例 4.31   解递推关系

$$u_n = \frac{2}{n} \sum_{j=0}^{n} u_j + f(n) \quad (n \geqslant 1).$$

解   这是一个无限阶的递推关系. 在它的等式两边同乘以 n 可得下面两个式子:

$$n u_n = 2 \sum_{j=0}^{n-1} u_j + n f(n), \quad n \geqslant 1;$$

$$(n-1) u_{n-1} = 2 \sum_{j=0}^{n-2} u_j + (n-1) f(n-1), \quad n \geqslant 2.$$

注意到 $u_1 = 2u_0 + f(1)$, 当 $n \geqslant 2$ 时, 上面两个式子相减得

$$n u_n - (n-1) u_{n-1} = 2 u_{n-1} + n f(n) - (n-1) f(n-1),$$

于是

$$u_n = \frac{n+1}{n} u_{n-1} + f(n) - \frac{n-1}{n} f(n-1).$$

这样我们把一个无限阶的递推关系化简成一阶递推关系, 利用一阶递推关系的求解公式 (4-30) 可得

$$u_n = u_0 \prod_{j=1}^{n} \frac{j+1}{j} + \sum_{k=1}^{n} \left(\left(f(k) - \frac{k-1}{k} f(k-1) \right) \prod_{j=k+1}^{n} \frac{j+1}{j} \right).$$

例 4.32   求由 $0, 1, 2, 3$ 组成的含有偶数个 2 的 n 可重复排列的个数.

解   设由 $0, 1, 2, 3$ 组成的含有偶数个 2 的 n 可重复排列共有 a_n 个, 容易得到 $a_1 = 3$, 当 $n \geqslant 2$ 时, 在满足题意的 n 可重复排列中, 首项为 2 的有 $4^{n-1} - a_{n-1}$ 个, 首项不为 2 的有 $3a_{n-1}$ 个, 由加法原理得

$$a_n = 4^{n-1} - a_{n-1} + 3a_{n-1} = 2a_{n-1} + 2^{2n-2} \quad (n \geqslant 2),$$

两边同时除以 2^n, 得

$$\frac{a_n}{2^n} = \frac{a_{n-1}}{2^{n-1}} + 2^{n-2} = \frac{a_{n-2}}{2^{n-2}} + 2^{n-3} + 2^{n-2}$$

$$\cdots\cdots$$

$$= \frac{a_1}{2} + 2^0 + 2^1 + 2^2 + \cdots + 2^{n-2}$$

$$= \frac{3}{2} + 2^{n-1} - 1 = \frac{1}{2} + 2^{n-1},$$

所以

$$a_n = 2^{2n-1} + 2^{n-1} \quad (n \geqslant 2).$$

又因为当 $n = 1$ 时, 上式仍然成立, 故满足题意的 n 可重复排列共有

$$a_n = 2^{2n-1} + 2^{n-1} \quad (n \geqslant 1).$$

例 4.33 设空间的 n 个平面两两相交, 每 3 个平面有且仅有一个公共点, 任意 4 个平面都不共点, 问这样的 n 个平面把空间分割成多少个不重叠的区域?

解 设所给的 n 个平面把空间分割成 a_n 个不重叠的区域. 如果去掉第 n 个平面 π_n, 则剩下的 $n-1$ 个平面把空间分成 a_{n-1} 个不互相重叠的区域. 再把第 n 个平面加上, 则第 n 个平面 π_n 与其余 $n-1$ 个平面均相交, 共有 $n-1$ 条交线, 这 $n-1$ 条交线在平面 π_n 上, 它们两两相交, 但是无 3 条交线共点, 而这 $n-1$ 条交线把平面分成 $\frac{n(n-1)}{2} + 1$ 个不连通的区域, 每个这样的平面区域都把原来的空间区域一分为二, 所以 a_n 所满足的递推关系为

$$\begin{cases} a_n = a_{n-1} + \dfrac{n(n-1)}{2} + 1, \\ a_0 = 1, a_1 = 2. \end{cases}$$

用迭代法进行求解, 得

$$a_n = a_{n-1} + \frac{n(n-1)}{2} + 1 = a_{n-1} + \binom{n}{2} + 1$$

$$= a_{n-2} + \left[\binom{n-1}{2} + 1\right] + \binom{n}{2} + 1$$

$$\cdots\cdots$$

$$= a_1 + \left[\binom{2}{2} + 1\right] + \left[\binom{3}{2} + 1\right] + \cdots + \left[\binom{n}{2} + 1\right],$$

由初始条件 $a_0 = 1, a_1 = 2$, 得

$$a_n = \sum_{k=2}^{n} \begin{pmatrix} k \\ 2 \end{pmatrix} + n + 1 = \begin{pmatrix} n+1 \\ 3 \end{pmatrix} + n + 1 = \frac{n^3 + 5n + 6}{6} \quad (n \geqslant 0).$$

例 4.34　解下列递推关系:

$$\begin{cases} a_n^2 a_{n-2} = 10 a_{n-1}^3 & (n \geqslant 3), \\ a_1 = 1, a_2 = 10. \end{cases}$$

解　重新整理得

$$\left(\frac{a_n}{a_{n-1}} \right)^2 = 10 \frac{a_{n-1}}{a_{n-2}} \quad (n \geqslant 3),$$

令 $b_n = \dfrac{a_n}{a_{n-1}} \, (n \geqslant 2)$, 则 $b_2 = \dfrac{a_2}{a_1} = 10 \, (b_n > 0, n \geqslant 2)$, 且 $(b_n)^2 = 10 b_{n-1} \, (n \geqslant 3)$, 两边取对数可得

$$2 \lg b_n = 1 + \lg b_{n-1} \quad (n \geqslant 3).$$

利用迭代法进行求解得

$$2^n \lg b_n = 2^{n-1} \lg b_{n-1} + 2^{n-1} = 2^{n-2} \lg b_{n-2} + 2^{n-2} + 2^{n-1} = \cdots$$

$$= 2^2 \lg b_2 + 2^2 + 2^3 + \cdots + 2^{n-1} = 4 + 2^2 + 2^3 + \cdots + 2^{n-1}$$

$$= 1 + \left(1 + 2^2 + 2^3 + \cdots + 2^{n-1} \right),$$

即

$$2^n \lg b_n = 1 + 2^n - 1 = 2^n \quad (n \geqslant 3),$$

$$\lg b_n = 1 \Rightarrow b_n = 10 \quad (n \geqslant 3).$$

因为当 $n \geqslant 2$ 时, $b_2 = 10$, 即 $b_n = \dfrac{a_n}{a_{n-1}} = 10 \, (n \geqslant 2)$, 所以序列 $\{a_n : n \geqslant 1\}$ 是首项为 1, 公比为 10 的等比数列, 所以

$$a_n = 10^{n-1} \quad (n \geqslant 1).$$

4.5.2　卷积型递推关系的求解

例 4.35　设 $a_1, a_2, \cdots, a_n$ 是 n 个实数, 用 u_n 表示计算连乘积 $a_1 a_2 \cdots a_n$ 时添加圆括号的方法数, 这里在计算连乘积时, 保持 $a_1, a_2, \cdots, a_n$ 的顺序不变. 试求 u_n 的递推关系.

解 显然 $u_2 = 1$. 设 $n \geqslant 3$, 在计算连乘积 $a_1 a_2 \cdots a_n$ 时, 如果最外一层的两个括号形如

$$(a_1 a_2 \cdots a_r)(a_{r+1} a_{r+2} \cdots a_n),$$

那么第一个括号里的 r 个实数 $a_1, a_2, \cdots, a_r$ 有 u_r 种添加括号的方式, 第二个括号里的 $n-r$ 个实数 $a_{r+1}, a_{r+2}, \cdots, a_n$ 有 u_{n-r} 种添加括号的方式. 因此, 对于固定的 r, 加括号的方式数为 $u_r u_{n-r}$. 由于 r 可以取 $1, 2, 3, \cdots, n-1$, 故

$$u_n = u_1 u_{n-1} + u_2 u_{n-2} + \cdots + u_{n-1} u_1 = \sum_{j=1}^{n-1} u_j u_{n-j} \quad (n \geqslant 3).$$

利用 $u_2 = 1$ 和这个递推关系可确定 $u_1 = 1$, 我们有递推关系

$$\begin{cases} u_n = u_1 u_{n-1} + u_2 u_{n-2} + \cdots + u_{n-1} u_1 = \displaystyle\sum_{j=1}^{n-1} u_j u_{n-j} \quad (n \geqslant 2). \\ u_1 = 1, \end{cases}$$

这个递推关系也是无限阶的递推关系. 若补充 $u_0 = 0$, 则数列 $\{u_n\colon n \geqslant 0\}$ 满足递推关系

$$u_n = \sum_{j=0}^{n} u_j u_{n-j} \quad (n \geqslant 2). \tag{4-31}$$

具有这种形式的递推关系称为**卷积型递推关系**.

在第 2 章我们研究了 Catalan 数 $T_n = \dfrac{1}{n+1} \dbinom{2n}{n}$. 事实上, u_n 的解正是第 $n-1$ 个 Catalan 数 T_{n-1}. 下面借助母函数对递推关系进行求解.

设数列 $\{u_n\colon n \geqslant 0\}$ 满足卷积型递推关系 (4-23), $U(x)$ 是数列 $\{u_n \colon n \geqslant 0\}$ 的母函数, 则

$$U^2(x) = \left(\sum_{n=0}^{\infty} u_n x^n\right)\left(\sum_{n=0}^{\infty} u_n x^n\right) = \sum_{n=0}^{\infty}\left(\sum_{j=0}^{n} u_j u_{n-j}\right)x^n$$

$$= u_0^2 + (u_1 u_0 + u_0 u_1)x + \sum_{n=2}^{\infty} u_n x^n = U(x) + (2u_0 u_1 - u_1)x + (u_0^2 - u_0),$$

即 $U^2(x) = U(x) + bx + a$, 其中 $b = 2u_0 u_1 - u_1, a = u_0^2 - u_0$, 于是

$$U(x) = \frac{1 \pm \sqrt{1 + 4(bx + a)}}{2}.$$

一旦初始值 u_0, u_1 确定, 利用上式就可确定数列 $\{u_n: n \geqslant 0\}$ 的母函数 $U(x)$ 的闭公式. 特别地, 当 $u_0 = 0, u_1 = 1$ 时, 得

$$U(x) = \frac{1 \pm \sqrt{1 - 4x}}{2}.$$

因为 $U(0) = u_0 = 0$, 所以

$$U(x) = \frac{1}{2}(1 - \sqrt{1 - 4x})$$

是数列 $\{u_n: n \geqslant 0\}$ 的母函数 $U(x)$ 的闭公式.

由第 2 章知, $(1 - 4x)^{1/2}$ 的展开式中 x^{n+1} 的系数是 $-2T_n$, 其中 T_n 第 n 个 Catalan 数, 即 $T_n = C(2n, n)/(n + 1)$. 于是

$$\sqrt{1 - 4x} = \sum_{n \geqslant 0} \binom{\frac{1}{2}}{n} (-4x)^n = 1 + \sum_{n \geqslant 1} \frac{-2}{n} \binom{2n - 2}{n - 1} x^n,$$

从而有

$$U(x) = \frac{1}{2} \left(1 - \sqrt{1 - 4x}\right) = \sum_{n \geqslant 1} \frac{1}{n} \binom{2n - 2}{n - 1} x^n,$$

故

$$u_n = \frac{1}{n} \binom{2n - 2}{n - 1}.$$

即 u_n 是第 $n - 1$ 个 Catalan 数 T_{n-1}.

这种卷积型递推关系的推广导致另一类问题的解决. 考虑 $\{u_n: n \geqslant 0\}$ 和 $\{v_n: n \geqslant 0\}$ 是两个数列, 它们适合下面形式的递推关系:

$$u_n = v_{n-r}u_0 + v_{n-r-1}u_1 + \cdots + v_0 u_{n-r} \quad (n \geqslant k \geqslant r).$$

设 $U(x)$ 和 $V(x)$ 分别是数列 $\{u_n: n \geqslant 0\}$ 和 $\{v_n: n \geqslant 0\}$ 的母函数, 则

$$\sum_{n \geqslant k} u_n x^n = \sum_{n \geqslant k} (v_{n-r}u_0 + v_{n-r-1}u_1 + \cdots + v_0 u_{n-r}) x^n,$$

由此得

$$U(x) - u_0 - u_1 x - \cdots - u_{k-1} x^{k-1}$$

$$=x^r[V(x)U(x) - v_0u_0 - (v_1u_0 + v_0u_1)x - \cdots - (v_{k-r-1}u_0 + v_{k-r-2}u_1 + \cdots$$

$$+ v_0u_{k-r-1})x^{k-r-1}],$$

若 $U(x)$ 或 $V(x)$ 连同适当的初始值是已知的, 则可求出另一个.

例 4.36 考虑例题 4.7 中的递推关系 (4-9) 式

$$\begin{cases} b_n + b_{n-2} + \sum_{j=3}^{n-3} 2^{n-j-3}b_j = 2^{n-3} & (n \geqslant 5), \\ b_3 = 1, b_4 = 2. \end{cases} \tag{4-32}$$

解 补充 $b_0 = b_1 = b_2 = 0$ 后, 数列 $\{b_n: n \geqslant 0\}$ 满足

$$\begin{cases} b_n + b_{n-2} + \sum_{j=0}^{n-3} 2^{n-j-3}b_j = 2^{n-3} & (n \geqslant 3), \\ b_0 = b_1 = b_2 = 0 \, . \end{cases} \tag{4-33}$$

令

$$B(x) = \sum_{n \geqslant 0} b_n x^n, \quad A(x) = \sum_{n \geqslant 0} a_n x^n = 1 + x^2 + \sum_{n \geqslant 3} 2^{n-3} x^n = 1 + x^2 + \frac{x^3}{1 - 2x},$$

则递推关系 (4-33) 变成

$$\sum_{j=0}^{n} a_j b_{n-j} = 2^{n-3},$$

因此

$$A(x)B(x) = \sum_{n \geqslant 3} \left(\sum_{j=0}^{n} a_j b_{n-j} \right) x^n = \sum_{n \geqslant 3} 2^{n-3} x^n = \frac{x^3}{1 - 2x} = A(x) - x^2 - 1,$$

因为 $A(x)$ 可逆, 故

$$B(x) = 1 - \frac{1 + x^2}{A(x)} = 1 - \frac{(1 + x^2)(1 - 2x)}{(1 + x^2)(1 - 2x) + x^3}$$

$$= \frac{x^3}{1 - 2x + x^2 - x^3} = x^3 + 2x^4 + 3x^5 + 5x^6 + 9x^7 + \cdots.$$

例 4.37 在一个圆上等间隔地选出 $2n$ 个点, 令 a_n 表示将这些点连成对使得所连线段不相交的方法数, 试建立 a_n 的递推关系.

解 设 $2n$ 个点有 a_n 种不同的连接方式. 当 $n=1$ 时, 圆周上只有两个点, 连接方式唯一, 故 $a_1 = 1$. 设 $n > 1$, 从圆周上的某一点开始, 把这 $2n$ 个点按逆时针顺序依次用 $1, 2, \cdots, 2n$ 这个 $2n$ 数标号. 若把它们两两连接, 则标号为 1 的点只能与标号为偶数的点连接. 设 1 与 $2k$ 连接, $k \in \{1, 2, \cdots, n\}$, 则 1 到 $2k$ 之间的 $2(k-1)$ 点有 a_{k-1} 种不同的连接方式, 而 $2k+1$ 到 $2n$ 之间的 $2(n-k)$ 个点有 a_{n-k} 种不同的连接方式. 这样, 当 $n \geqslant 2$ 时, 有

$$a_n = a_0 a_{n-1} + a_1 a_{n-2} + a_2 a_{n-3} + \cdots + a_{n-1} a_0. \tag{4-34}$$

当 $n = 2$ 时, 圆周上只有 4 个点, 有两种连接方式. 一种连接方式为 1 和 2, 3 和 4 连接; 另一种连接方式为 1 和 4, 2 和 3 连接, 故 $a_2 = 2$. 由 (4-32) 式, $a_2 = a_0 a_1 + a_1 a_0$. 因为 $a_1 = 1$, 故 $a_0 = 1$.

若令 $u_n = a_{n-1}$, $u_0 = 0$, 则由 (4-32), 得到卷积型递归关系

$$\begin{cases} u_n = \sum_{j=0}^{n} u_j u_{n-j}, \\ u_0 = 0, u_1 = 1. \end{cases}$$

于是

$$u_n = \frac{1}{n} \begin{pmatrix} 2n-2 \\ n-1 \end{pmatrix}, \quad \text{即} \quad a_n = \frac{1}{n+1} \begin{pmatrix} 2n \\ n \end{pmatrix}.$$

例 4.38 用 h_n 表示通过作内部不相交的对角线, 把一个凸 $n+1$ 边形划分成三角区域的剖分数目, 求 h_n.

解 当 $n=2$ 时, 凸三边形是一个三角形, 没有内部不交的对角线, 故 $h_2 = 1$. 现在设 $n \geqslant 3$, 考虑一个有 $n+1$ 条边的凸多边形 Q(图 4.4), 取它的一条边看作底边. 在每一种将 Q 分割成三角形区域的剖分中, 这条底边都作为三角形区域 T 的一条边, 而这个三角形区域 T 把 Q 分割成两部分, 一部分是 $k+1$ 条边的凸多边形 Q_1, 另一部分是 $n-k+1$ 条边的凸多边形 Q_2, k 是 $1, 2, \cdots, n-1$ 中的某一个数.

对于包含底边的一个固定三角形 T, 有 $h_k h_{n-k}$ 种方法用内部不交的对角线把 Q 剖分成三角区域. 因为包含底边的三角形共有 $n-1$ 个, 由加法原理,

$$h_n = h_1 h_{n-1} + h_2 h_{n-2} + h_3 h_{n-3} + \cdots + h_{n-1} h_1. \tag{4-35}$$

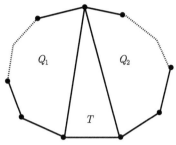

图 4.4 $n+1$ 条边的凸多边形 Q

令 $h_0 = 0$, 则
$$h_n = h_0 h_n + h_1 h_{n-1} + h_2 h_{n-2} + \cdots + h_n h_0.$$
它是卷积型递归关系, 因为 $h_2 = 1$, 所以 $h_1 = 1$. 因此 h_n 是第 $n-1$ 个 Catalan 数 T_{n-1}.

下面用另一种方法求出 h_n. 先求数列 $\{h_n : n \geqslant 3\}$ 满足的另一个递归关系.

在凸多边形 Q 的 $n+1$ 个顶点上分别依次标号为 $v_1, v_2, \cdots, v_{n+1}$, 对角线 $v_1 v_{k+1}$ 把 Q 分成两部分, 一部分是凸 $k+1$ 边形 Q_1, 其顶点为 $v_1, v_2, \cdots, v_{k+1}$; 另一部分是凸 $n-k+2$ 边形 Q_2, 其顶点为 $v_1, v_{k+1}, v_{k+2}, \cdots, v_{n+1}$. Q_1 的三角形剖分数为 h_k, Q_2 的三角形剖分数为 h_{n-k+1}. 对于特定的对角线 $v_1 v_{k+1}$ 的三角形剖分数为 $h_k h_{n-k+1}$, 这里 $k = 2, 3, \cdots, n-1$. 对应于顶点 v_1 的三角剖分数是
$$h_2 h_{n-1} + h_3 h_{n-2} + \cdots + h_{n-1} h_2.$$
由对称性, 对于其他各顶点的三角剖分数也有相同的表示. 在重复计算的情况下可得
$$(n+1)(h_2 h_{n-1} + h_3 h_{n-2} + \cdots + h_{n-1} h_2).$$

因为每条对角线的两个顶点都计算一次, 故应除以 2, 又因为每次对凸 $n+1$ 边形进行三角形剖分时, 都使用了 $n-2$ 条对角线, 所以还应除以 $n-2$. 消除重复计算, 我们得到
$$h_n = \frac{(n+1)}{2(n-2)}(h_2 h_{n-1} + h_3 h_{n-2} + \cdots + h_{n-1} h_2),$$
注意到 $h_1 = 1$. 由 (4-35) 式, 得
$$h_{n+1} - 2h_n = h_2 h_{n-1} + h_3 h_{n-2} + \cdots + h_{n-1} h_2,$$

于是

$$2(n-2)h_n = (n+1)(h_{n+1} - 2h_n),$$

$$(n+1)h_{n+1} = (4n-2)h_n.$$

令 $H_{n+1} = (n+1)h_{n+1}$, 则有

$$H_{n+1} = \frac{4n-2}{n}H_n.$$

即

$$H_{n+1} = \frac{2n(2n-1)}{nn}H_n, \quad \frac{H_{n+1}}{H_n} = \frac{2n(2n-1)}{nn}.$$

因为 $h_1 = 1$, $h_2 = 1$, 所以 $H_1 = 1$, $H_2 = 2$. 于是

$$H_{n+1} = \frac{H_{n+1}}{H_n} \cdot \frac{H_n}{H_{n-1}} \cdot \frac{H_{n-1}}{H_{n-2}} \cdots \frac{H_3}{H_2} \cdot \frac{H_2}{H_1}$$

$$= \frac{2n(2n-1)}{nn} \cdot \frac{(2n-2)(2n-3)}{(n-1)(n-1)} \cdots \frac{4 \cdot 3}{2 \cdot 2} \cdot \frac{2 \cdot 1}{1 \cdot 1} = \frac{(2n)!}{n!n!} = \begin{pmatrix} 2n \\ n \end{pmatrix},$$

亦即

$$h_{n+1} = \frac{1}{(n+1)} \begin{pmatrix} 2n \\ n \end{pmatrix}.$$

4.5.3　线性常系数递推关系组

4.5.3 递推
关系组

例 4.39　解递推关系

$$\begin{cases} a_n = 7a_{n-1} + b_{n-1}, \\ b_n = 7b_{n-1} + a_{n-1}, \\ a_1 = 7, b_1 = 1. \end{cases}$$

解　用母函数法进行求解. 首先反推计算 a_0 和 b_0, 即在原递推关系中令 $n = 1$, 得

$$\begin{cases} a_0 + 7b_0 = 1, \\ 7a_0 + b_0 = 7. \end{cases}$$

解之得 $a_0 = 1, b_0 = 0$. 设数列 $\{a\}_n, \{b_n\}$ 的母函数分别为 $A(x) = \sum\limits_{n=0}^{\infty} a_n x^n$, $B(x) = \sum\limits_{n=0}^{\infty} b_n x^n$, 将原递推关系的两个等式两边同时乘以 x^n, 并对 n 从 1 到 ∞ 求和, 可得 $A(x)$ 和 $B(x)$ 满足的方程组

$$
\begin{cases}
A(x) - 1 = 7xA(x) + xB(x), \\
B(x) = xA(x) + 7xB(x).
\end{cases}
$$

解这个方程组得

$$
A(x) = \frac{1 - 7x}{1 - 14x + 48x^2}, \quad B(x) = \frac{x}{1 - 14x + 48x^2},
$$

分别对其进行展开

$$
A(x) = \sum_{n=0}^{\infty} \frac{6^n + 8^n}{2} x^n, \quad B(x) = \sum_{n=0}^{\infty} \frac{8^n - 6^n}{2} x^n,
$$

故所求的数列为

$$
a_n = \frac{6^n + 8^n}{2}, \quad b_n = \frac{8^n - 6^n}{2} \quad (n \geqslant 0).
$$

有些组合计数问题可能表示成线性常系数递推关系组计算起来更方便.

例 4.40 (斐波那契兔子繁殖模型的推广) 第零个月有一对雌、雄各一的大兔子, 从第二个月开始, 每个月初都能生 α 个小雄兔, β 个小雌兔, 小雌兔满月后的每个月初也同样生 α 个雄兔, β 个雌兔. 问第 n 个月末共有兔多少只?

解 设 a_n 表示第 n 个月末雄兔的个数; b_n 表示第 n 个月末雌兔的个数. 可建立递推关系

$$
\begin{cases}
a_n = a_{n-1} + \alpha b_{n-2}, \\
b_n = b_{n-1} + \beta b_{n-2}.
\end{cases}
$$

由条件知, $a_0 = 1, a_1 = \alpha + 1, b_0 = 1, b_1 = \beta + 1$. 第二个递推关系是 2 阶齐次线性常系数递推关系, 它的特征多项式是 $x^2 - x - \beta$, 特征根是

$$
\frac{(1 + \sqrt{1 + 4\beta})}{2}, \quad \frac{(1 - \sqrt{1 + 4\beta})}{2}.
$$

于是通解为

$$
b_n = A\left(\frac{1 + \sqrt{1 + 4\beta}}{2}\right)^n + B\left(\frac{1 - \sqrt{1 + 4\beta}}{2}\right)^n,
$$

代入初始条件 $b_0=1$, $b_1 = \beta + 1$, 得线性方程组

$$
\begin{cases}
A + B = 1, \\
A\left(\dfrac{1+\sqrt{1+4\beta}}{2}\right) + B\left(\dfrac{1-\sqrt{1+4\beta}}{2}\right) = 1 + \beta,
\end{cases}
$$

求出 A 和 B 可确定 b_n, 利用第一个递推关系得

$$
a_n = a_1 + a\left(b_{n-2} + b_{n-3} + \cdots + b_1 + b_0\right) = 1 + a\left(b_{n-2} + b_{n-3} + \cdots + b_1 + b_0 + 1\right).
$$

特别地, 若 $\beta = 2$, 则第二个递推关系的特征根是 $2, -1$. 解得

$$
a_n = \begin{cases}
1 + \dfrac{1}{3}\left(2^{n+1} - 2\right)\alpha, & n\text{为偶数}, \\
1 + \dfrac{1}{3}\left(2^{n+1} - 1\right)\alpha, & n\text{为奇数}.
\end{cases}
\qquad
b_n = \frac{1}{3}2^{n+2} - \frac{1}{3}\left(-1\right)^n.
$$

例 4.41 设 $S = \{0, 1, 2, 3\}$. 求 S 上 0 和 1 不相邻的长为 n 的序列个数 a_n.

解 用 x_n 表示以 0 或 1 开头的符合要求的长为 n 的序列个数, 用 y_n 表示以 2 或 3 开头的符合要求的长为 n 的序列个数, 于是 $x_n + y_n = a_n$. 并且有下面的递推关系

$$
\begin{cases}
x_n = x_{n-1} + 2y_{n-1}, \\
y_n = 2x_{n-1} + 2y_{n-1},
\end{cases}
\qquad n \geqslant 2, \quad x_1 = y_1 = 2.
$$

将上式中的两个方程相减得

$$
\begin{cases}
x_n - y_n = -x_{n-1}, \\
y_n = x_n + x_{n-1},
\end{cases}
$$

由此可得到一个齐次线性常系数递推关系 $x_n = 3x_{n-1} + x_{n-2}$. 解出 x_n 再求 y_n.

下面用代数的方法求解原递推关系组, 令

$$
v_n = \begin{pmatrix} x_n \\ y_n \end{pmatrix}, \quad A = \begin{pmatrix} 1 & 2 \\ 2 & 2 \end{pmatrix}
$$

分别是未知量所成的 2×1 矩阵和原递推关系组的系数矩阵, 则递推关系组可表示成

$$
v_n = Av_{n-1},
$$

它是序列 $\{v_n: n \geqslant 0\}$ 的一阶递推关系, 反复迭代得 $v_n = A^{n-1}v_1 = A^n v_0$. 所求问题转化为求 A^n. 因 $x_1 = y_1 = 2$, 所以

$$\left\{ \begin{array}{l} 2 = x_0 + 2y_0, \\ 2 = 2x_0 + 2y_0 \end{array} \right. \Rightarrow \left\{ \begin{array}{l} x_0 = 0, \\ y_0 = 1. \end{array} \right.$$

因为 A 是对称矩阵, 所以 A 与对角矩阵相似, 且对角矩阵的对角线元素是 A 的特征值. 利用矩阵 A 特征多项式

$$|\lambda I - A| = \left| \begin{array}{cc} \lambda - 1 & -2 \\ -2 & \lambda - 2 \end{array} \right|,$$

求得 A 的两个特征值是 $\lambda_1 = \dfrac{(3 + \sqrt{17})}{2}, \lambda_2 = (3 - \sqrt{17})$, 其特征向量为

$$\xi_1 = \left(\begin{array}{c} t_1 \\ t_2 \end{array} \right), \quad \xi_2 = \left(\begin{array}{c} -t_2 \\ t_1 \end{array} \right), \quad 其中 t_1 = \sqrt{\frac{\sqrt{17} - 1}{2\sqrt{17}}}, \quad t_2 = \sqrt{\frac{\sqrt{17} + 1}{2\sqrt{17}}}.$$

令 $T = (\xi_1, \xi_2)$. 因为 ξ_1 和 ξ_2 是两个正交单位向量, 所以 T 是正交矩阵. 注意到 $A = T\Lambda T^{-1}$, 其中

$$\Lambda = \left(\begin{array}{cc} \lambda_1 & 0 \\ 0 & \lambda_2 \end{array} \right),$$

于是

$$\begin{aligned} x_n + y_n &= (1,1)v_n = (1,1)A^n \left(\begin{array}{c} 0 \\ 1 \end{array} \right) = \frac{1}{2}(0,1)A^{n+1} \left(\begin{array}{c} 0 \\ 1 \end{array} \right) \\ &= \frac{1}{2}(0,1)T\Lambda^{n+1}T^{-1} \left(\begin{array}{c} 0 \\ 1 \end{array} \right) = \frac{1}{2}(t_2, t_1)\Lambda^{n+1} \left(\begin{array}{c} t_2 \\ t_1 \end{array} \right) \\ &= \frac{\sqrt{17} + 1}{4\sqrt{17}} \left(\frac{3 + \sqrt{17}}{2} \right)^{n+1} + \frac{\sqrt{17} - 1}{4\sqrt{17}} \left(\frac{3 - \sqrt{17}}{2} \right)^{n+1}. \end{aligned}$$

例 4.42 在十进制数中, 求 5 出现偶数次的 $n(n \geqslant 1)$ 位数的个数.

解 用 a_n 表示 n 位十进制数中 5 出现偶数次的 n 位数的个数,
用 b_n 表示 n 位十进制数中 5 出现奇数次的 n 位数的个数, 这里 $n \geqslant 1$.

实际上, 一个十进制的 n 位数是集合 $S = \{0, 1, 2, \cdots, 9\}$ 上的一个 n 元字, 或者说是 S 上的一个允许重复的 n 排列, 但是按照通常数的概念来理解, 当 $n \geqslant 2$

时, n 位数的第一位不能是 0, 故 S 上 n 位十进制数的个数是 $9 \times 10^{n-1}$. 为了与这个计数公式一致, 我们不考虑十进制数 "0", 故 $a_1 = 8$, $b_1 = 1$.

解一 设 $n > 1$, 则一个 n 位数

$$p_1 p_2 \cdots p_n$$

可由一个 $n-1$ 位数 $p_1 p_2 \cdots p_{n-1}$ 在末位添加 p_n 得到. 由此可知, 当 $n > 1$ 时, 5 出现偶数次的 n 位十进制数的集合可划分成两部分, 一部分是在含有偶数个 5 的 $n-1$ 位十进制数的末位添加除 5 以外的其他 9 个数中的一个得到的, 这样的数共有 $9a_{n-1}$ 个; 另一部分是在含有奇数个 5 的 $n-1$ 位十进制数的末位添加 5 得到的, 这样的数共有 b_{n-1} 个. 类似地, 5 出现奇数次的情形有类似的讨论, 于是, 我们得到下面的递推关系组.

$$\begin{cases} a_n = 9a_{n-1} + b_{n-1}, \\ b_n = 9b_{n-1} + a_{n-1}. \end{cases} \tag{4-36}$$

设 $A(x)$ 是数列 $\{a_n \colon n \geqslant 1\}$ 的母函数, $B(x)$ 是数列 $\{b_n \colon n > 0\}$ 的母函数, 即

$$A(x) = a_1 + a_2 x + a_3 x^2 + \cdots + a_n x^{n-1} + \cdots,$$

$$B(x) = b_1 + b_2 x + b_3 x^2 + \cdots + b_n x^{n-1} + \cdots.$$

在 (4-36) 式的第一个方程两边同乘 x^{n-1}, 再对 n 从 2 到 ∞ 求和, 得

$$A(x) - a_1 = 9xA(x) + xB(x),$$

类似地, 由第二个方程可得

$$B(x) - b_1 = 9xB(x) + xA(x).$$

这样, 我们得到关于母函数 $A(x)$ 和 $B(x)$ 的二元一次方程组:

$$\begin{cases} (1 - 9x)A(x) - xB(x) = 8, \\ -xA(x) + (1 - 9x)B(x) = 1, \end{cases}$$

解这个方程得

$$A(x) = \frac{-71x + 8}{(1 - 8x)(1 - 10x)},$$

$$B(x) = \frac{1 - x}{(1 - 8x)(1 - 10x)}.$$

把 $A(x)$ 表示成部分分式, 得

$$A(x) = \frac{1}{2}\left(\frac{7}{1-8x} + \frac{9}{1-10x}\right) = \frac{1}{2}\sum_{k=0}^{\infty}(7\cdot 8^k + 9\cdot 10^k)x^k,$$

比较上式两边同次项系数, 得

$$a_n = \frac{7}{2}8^{n-1} + \frac{9}{2}10^{n-1}.$$

解二 当 $n \geqslant 2$ 时, $n-1$ 位的十进制数有 $9 \times 10^{n-2}$ 个, 从中去掉含有偶数个 5 的数, 余下的便是含有奇数个 5 的 $n-1$ 位数. 于是, 有下面的递推关系组:

$$\begin{cases} a_n = 9a_{n-1} + b_{n-1}, \\ b_{n-1} = 9 \times 10^{n-2} - a_{n-1}. \end{cases} \tag{4-37}$$

把这个递推关系组转化成一阶递推关系:

$$\begin{cases} a_n = 8a_{n-1} + 9 \times 10^{n-2} \quad (n \geqslant 2), \\ a_1 = 8. \end{cases}$$

由此可得 $a_0 = \dfrac{71}{80}$. 用一阶递推关系的求解公式 (4-30) 得

$$a_n = 71 \times 10^{-1} \times 8^{n-1} + \sum_{k=1}^{n} 9 \times 10^{k-2} \times 8^{n-k}.$$

也可用母函数解递推关系 (4-37), 设

$$A(x) = a_1 + a_2 x + a_3 x^2 + \cdots + a_n x^{n-1} + \cdots,$$

$$-8xA(x) = -8a_1 x - 8a_2 x^2 - 8a_3 x^3 - \cdots - 8a_n x^n - \cdots,$$

可得

$$(1-8x)A(x) = 8 + (a_2 - 8a_1)x + (a_3 - 8a_2)x^2 + \cdots + (a_{n+1} - 8a_n)a_n x^n + \cdots.$$

由递推关系 (4-37) 知, 当 $n \geqslant 2$ 时, $a_{n+1} - 8a_n = 9 \times 10^{n-1}$, 于是

$$(1-8x)A(x) = 8 + 9x + 9 \times 10x^2 + \cdots + 9 \times 10^{n-2}x^{n-1} + 9 \times 10^{n-1}x^n + \cdots$$

$$= 8 + 9x[1 + 10x + (10x)^2 + (10x)^3 + \cdots + (10x)^n + \cdots]$$

$$= 8 + \frac{9x}{1-10x} = \frac{8-71x}{1-10x},$$

于是

$$A(x) = \frac{8-71x}{(1-8x)(1-10x)},$$

与解一的母函数一致, 故

$$a_n = \frac{7}{2} \cdot 8^{n-1} + \frac{9}{2} \cdot 10^{n-1}.$$

上面几个例子说明了常系数递推关系组的应用和解法. 常用的常系数递推关系组的解法大致可分为三种: ① 母函数方法; ② 代数方法; ③ 化常系数递推关系组为独立的常系数递推关系的方法. 当然, 可用解线性方程组的诸方法. 有些时候, 母函数方法更容易也更直接. 至于用什么方法要具体情况具体分析.

4.5.4 错位排列

4.5.4 错位排列

例 4.43 n 个有序的元素应有 $n!$ 个不同排列, 如果一个排列使得所有的元素都不在原来的位置上, 则称该排列为错位排列. 试求所有 n 个元素的错位排列个数.

解 容易列举出以下错位排列.

12 的错位排列是唯一的, 即 21.

123 的错位排列有 231, 312.

1234 的错位排列有

$$4321, 3412, 2143;$$
$$2341, 4312, 2413;$$
$$3421, 3142, 4123.$$

设 n 个数 $1, 2, \cdots, n$ 的错位排列总数为 D_n, 即得 $D_2 = 1, D_3 = 2, D_4 = 9$. 分析如下 n 个元素错位排列的结构

1	2	$\cdots$	$i-1$	i	$i+1$	$\cdots$	$n-2$	$n-1$	n

取固定元素 n, 有两种情况.

(1) n 与其他的 $n-1$ 个数之一互换, 其余 $n-2$ 个数错位排列.

1	2	$\cdots$	$i-1$	n	$i+1$	$\cdots$	$n-2$	$n-1$	i

此时 n 在第 i 个位置, i 在第 n 个位置, 则 $1, 2, \cdots, i-1, i+1, \cdots, n-2, n-1$ 在各自位置上错位排列, 这时共有 $(n-1)D_{n-2}$ 种排法.

(2) 除 n 之外的 $n-1$ 个数错位排列, 然后 n 分别与其中每个数互换得到的错位排列.

1	n	$\cdots$	$i-1$	*	$i+1$	$\cdots$	$n-2$	$n-1$	i

此时 n 在第 i 个位置, i 不在第 n 个位置, 相当于 $1, 2, \cdots, n-1$ 在各自位置上错位排列, 然后 n 与第 i 个位置上的元素交换, 这时共有 $(n-1)D_{n-1}$ 种排法.

显然 (1) 与 (2) 中错位排列均不相同, 所有错位排列又必为上面两种情况. 综上, 由加法原理可得 $D_n = (n-1)(D_{n-1} + D_{n-2})(n \geqslant 3)$, 由初始值 $D_2 = 1, D_3 = 2, D_4 = 9$, 可反推出 $D_0 = 1, D_1 = 0$, 所以错位排列的递推关系可写作

$$\begin{cases} D_n = (n-1)(D_{n-1} + D_{n-2}) & (n \geqslant 2), \\ D_0 = 1, D_1 = 0, \end{cases} \tag{4-38}$$

由 (4-38) 式, 整理可得

$$D_n - nD_{n-1} = -\left[D_{n-1} - (n-1)D_{n-2} \right],$$

取 $b_n = D_n - nD_{n-1}$, 则 (4-38) 式改写为

$$\begin{cases} b_n = -b_{n-1}, \\ b_0 = 1, b_1 = -1, \end{cases}$$

解之得 $b_n = (-1)^n$, 因而

$$D_n - nD_{n-1} = (-1)^n. \tag{4-39}$$

设 $\{D_n\}$ 的指数型母函数为

$$G_e(x) = D_0 + D_1 \cdot \frac{x}{1!} + + D_2 \cdot \frac{x^2}{2!} + \cdots = \sum_{n=0}^{\infty} D_n \cdot \frac{x^n}{n!},$$

将 (4-39) 式两边同时乘以 $\dfrac{x^n}{n!}$, 并对 n 进行求和, 化简可得

$$G_e(x) - xG_e(x) = e^{-x}.$$

解出 $G_e(x)$ 得

$$G_{\mathrm{e}}(x) = \frac{\mathrm{e}^{-x}}{1-x} = (1 + x + x^2 + \cdots)\left(1 - x + \frac{x^2}{2!} - \cdots\right),$$

对比 $\dfrac{x^n}{n!}$ 的系数, 可得错位排列的个数为

$$D_n = n!\left[1 - 1 + \frac{1}{2!} - \cdots + (-1)^n \frac{1}{n!}\right]. \tag{4-40}$$

关于错位排列的进一步研究, 将会在下一章容斥原理中给出介绍, 本节不再赘述.

4.6　差 分 方 程

差分方程是数值分析中的重要内容, 相对于处理连续型问题的微分方程而言, 差分方程通常用于处理离散型问题, 它是求解时间序列问题的基础, 是一种递推地定义一个序列的方程式. 利用差分的思想方法解递推关系可能会收到意想不到的效果, 本节主要介绍差分的定义、性质, 以及利用差分方程解线性递推关系的应用方法举例.

4.6.1　差分

在数学分析中我们知道, 微分 $\dfrac{\mathrm{d}y}{\mathrm{d}x}$ 可以用来刻画自变量为连续时候的变化率, 相对应地, 对于自变量为离散情形下的变化情况, 则可以用差商 $\dfrac{\Delta y}{\Delta x}$ 来刻画. 如果取 $\Delta x = 1$, 则 $\Delta y = y(n+1) - y(n)$ 可以近似表示 y 的变化率.

记 $M = \{f | f : \mathbb{N}_0 \to \mathbb{C}\}$, 它是以非负整数集 $\mathbb{N}_0$ 为定义域, 以复数域 $\mathbb{C}$ 为值域的函数的集合. 事实上, M 是数列的集合.

定义 4.6 (M 上的**差分算子** Δ)　对任意 $f \in M$, 若

$$\Delta f(n) = f(n+1) - f(n),$$

则称 Δf 为 f 的**一阶差分**. 一般地, 如果 $k > 1$, 则 $\Delta^k f = \Delta(\Delta^{k-1} f)$ 称为 f 的 **k 阶差分**.

例如,

$$\Delta^2 f(n) = \Delta(\Delta f(n)) = (f(n+2) - f(n+1)) - (f(n+1) - f(n))$$
$$= f(n+2) - 2f(n+1) + f(n).$$

例 4.44 求 $\Delta(x^3)$, $\Delta^2(x^3)$, $\Delta^3(x^3)$, $\Delta^4(x^3)$.

解 $\Delta\left(x^3\right) = (x+1)^3 - x^3 = 3x^2 + 3x + 1$;

$$\Delta^2\left(x^3\right) = \Delta\left(3x^2+3x+1\right) = 3\left(x+1\right)^2 + 3\left(x+1\right) + 1 - \left(3x^2 + 3x + 1\right)$$

$$= 6x + 6;$$

$$\Delta^3\left(x^3\right) = \Delta\left(6x + 6\right) = 6\left(x + 1\right) + 6 - \left(6x + 6\right) = 6;$$

$$\Delta^4\left(x^3\right) = \Delta\left(6\right) = 6 - 6 = 0.$$

定义 4.7 对任意 $f \in M$, 若

$$\mathbf{E}f(n) = f(n+1),$$

则称 $\mathbf{E}$ 为 M 上的**移位算子**. 如果 $k > 1$, 定义 $\mathbf{E}^k f(n) = \mathbf{E}\left(\mathbf{E}^{k-1} f(n)\right) = f(n+k)$.

特别地, 记 $\mathbf{I} = \mathbf{E}^0 = \Delta^0$(称为**恒等算子**), 则有

$$\begin{cases} \Delta = \mathbf{E} - \mathbf{I}, \\ \mathbf{E} = \mathbf{I} + \Delta. \end{cases} \tag{4-41}$$

如上定义了 M 上的三个算子, 这些算子可以进行加、减、乘以及数乘运算, 并且满足结合律、交换律和分配律. 关于移位算子 $\mathbf{E}$ 有乘法逆元 $\mathbf{E}^{-1}$, 一般来说, 差分算子 Δ 没有乘法逆元, 但是当限定对某些特殊的函数作差分时, 差分算子 Δ 有乘法逆元. 在作运算时, 常常用数字 "1" 替换恒等算子 $\mathbf{I}$.

例如, 由 (4-41) 式可得

$$\Delta^2 f(n) = (\mathbf{E} - \mathbf{I})^2 f = (\mathbf{E}^2 - 2\mathbf{E} + \mathbf{I})f,$$

$$f(n + 2) = \mathbf{E}^2 f(n) = (\Delta + \mathbf{I})^2 f(n) = (\Delta^2 + 2\Delta + \mathbf{I})f(n).$$

一般地, 我们有下面的结论.

定理 4.7 设 $f \in M$, 则有公式

(i) $\Delta^k f(n) = (\mathbf{E} - \mathbf{I})^k f(n) = \sum_{i=0}^{k} (-1)^{k-i} \binom{k}{i} \mathbf{E}^i f(n) = \sum_{i=0}^{k} (-1)^{k-i} \binom{k}{i} f(n+i)$;

(ii) $f(n + k) = \mathbf{E}^k f(n) = (\mathbf{I} + \Delta)^k f(n) = \sum_{i=0}^{k} \binom{k}{i} \Delta^i f(n)$.

函数 f 与差分之间的关系是一种二项式反演关系. 由差分的定义, 常数的差分为零. 因为 $\Delta n^d = (n+1)^d - n^d$ 是 n 的次数至多为 $d-1$ 的多项式, 所以 $\Delta^k n^d = 0$ 如果 $k > d$.

推论 4.2 对 $\mathbb{N}_0$ 中的两个数 k, d, 把函数 $f(n) = n^d$ 的 k 阶差分在 0 处的值 $\Delta^k n^d|_{n=0}$ 记为 $\Delta^k 0^d$, 则 $\Delta^k 0^d = k! S(d, k)$, 这里 $S(d, k)$ 是第二类 Stirling 数.

证 在定理 4.7(ii) 中取 $f(n) = n^d$, 则对给定的 d,

$$n^d = \sum_{k=0}^n \binom{n}{k} \Delta^k f(0) = \sum_{k=0}^n \binom{n}{k} \Delta^k 0^d$$

$$= \sum_{k=0}^n \frac{\Delta^k 0^d}{k!}(n)_k = \sum_{k=0}^d \frac{\Delta^k 0^d}{k!}(n)_k \quad n = 1, 2, \cdots, d.$$

从而上式是一个 d 次多项式, 即 $x^d = \sum_{i=0}^d \frac{\Delta^k 0^d}{k!}(x)_k$, 又因为 $x^d = \sum_{k=0}^d S(d, k)(x)_k$, 所以 $\Delta^k 0^d = k! S(d, k)$. ∎

定义 4.8 对实数域 $\mathbb{R}$ 上的任一函数 $f(x)$, 定义 $f(x)$ 的差分算子 Δ 为

$$\Delta f(x) = f(x+1) - f(x),$$

称 Δf 为 f 的**一阶差分**. 一般地, 如果 $k>1$, 定义 $\Delta^k f = \Delta(\Delta^{k-1} f)$ 为 f 的 **k 阶差分**.

由上述定义可知, 若 $f(x)$ 是 n 次多项式, 则 $\Delta f(x)$ 的次数至多是 $n-1$. 故我们有以下定理.

推论 4.3 设 $f(x)$ 是一个 n 次多项式, 则 $\Delta^n f$ 是常数, 且 $\Delta^{n+1} f = 0$.

定理 4.8 设 $m \geqslant k \geqslant 0$, 则

$$\Delta^k \binom{x}{m} = \binom{x}{m-k}.$$

证 因为

$$\binom{x}{m} = \frac{x(x-1)\cdots(x-m+1)}{m!},$$

所以

$$\Delta \binom{x}{m} = \frac{(x+1)x(x-1)\cdots(x-m+2)}{m!} - \frac{x(x-1)\cdots(x-m+1)}{m!}$$

$$= \frac{x(x-1)\cdots(x-m+2)}{(m-1)!} = \begin{pmatrix} x \\ m-1 \end{pmatrix},$$

假设 $k-1$ 时结论成立, 即

$$\Delta^{k-1} \begin{pmatrix} x \\ m \end{pmatrix} = \begin{pmatrix} x \\ m-k+1 \end{pmatrix}.$$

则

$$\Delta^k \begin{pmatrix} x \\ m \end{pmatrix} = \Delta \left(\Delta^{k-1} \begin{pmatrix} x \\ m \end{pmatrix} \right) = \Delta \begin{pmatrix} x \\ m-k+1 \end{pmatrix}$$

$$= \frac{(x+1)x(x-1)\cdots(x-m+k+1)}{(m-k+1)!} - \frac{x(x-1)\cdots(x-m+k)}{(m-k+1)!}$$

$$= \frac{x(x-1)\cdots(x-m+k+1)}{(m-k)!} = \begin{pmatrix} x \\ m-k \end{pmatrix}. \qquad ■$$

推论 4.4 设 $m \geqslant k \geqslant 0$, 则

$$\Delta^k (x)_m = m! \begin{pmatrix} x \\ m-k \end{pmatrix} = \frac{m!}{(m-k)!} (x)_{m-k}.$$

定义 4.9 设 $m \geqslant 0$, 定义多项式 $\begin{pmatrix} x \\ m \end{pmatrix}$ 的**逆差分算子** Δ^{-1} 为

$$\Delta^{-1} \begin{pmatrix} x \\ m \end{pmatrix} = \begin{pmatrix} x \\ m+1 \end{pmatrix}.$$

一般地, 若 $k \geqslant 0$, 则 $\Delta^{-k} \begin{pmatrix} x \\ m \end{pmatrix} = \begin{pmatrix} x \\ m+k \end{pmatrix}$.

容易验证, 当 $m \geqslant 1$ 时, 对于这类函数, Δ^{-1} 和 Δ 互为逆元. 当 $m=0$ 时, 对于一个零次多项式, Δ^{-1} 是 Δ 的右逆元, 但不是 Δ 的左逆元. 对于常数 a, $\Delta a = 0$, $\Delta^{-1} a = ax$, $\Delta \Delta^{-1} a = a$, $\Delta^{-1} \Delta a = 0$.

定理 4.9 设 $m \geqslant 1$, 则多项式 $(x)_m = x(x-1)(x-2)\cdots(x-m+1)$ 的差分算子 Δ 有逆. 特别地, 若 $k, m \geqslant 0$, 则

$$\Delta^{-k} (x)_m = \frac{k!}{(m+k)!} (x)_{m+k}.$$

证　因为 $(x)_m = m! \begin{pmatrix} x \\ m \end{pmatrix}$, 所以

$$\Delta^{-k}(x)_m = m!\Delta^{-k}\begin{pmatrix} x \\ m \end{pmatrix} = m!\begin{pmatrix} x \\ m+k \end{pmatrix} = \frac{m!}{(m+k)!}(x)_{m+k}. \quad \blacksquare$$

推论 4.5　设 $m, k \geqslant 0$, $f(x)$ 是一个 m 次多项式, 则存在常数 $a_0, a_1, \cdots, a_m$ 使得

$$f(x) = a_0 (x)_0 + a_1 (x)_1 + \cdots + a_m (x)_m,$$

并且

$$\Delta^{-k}f(x) = \sum_{i=0}^m a_i \frac{i!}{(i+k)!}(x)_{i+k} = \sum_{i=0}^m a_i i! \begin{pmatrix} x \\ i+k \end{pmatrix}.$$

4.6.2　差分表

设 $f(x)$ 是实数域 $\mathbb{R}$ 上的任一函数, 称下面的数值表为 $f(x)$ 的**差分表**.

$$
\begin{array}{cccc}
f(0) & f(1) & f(2) & f(3) \cdots \\
\Delta f(0) & \Delta f(1) & \Delta f(2) & \Delta f(3) \cdots \\
\Delta^2 f(0) & \Delta^2 f(1) & \Delta^2 f(2) & \Delta^2 f(3) \cdots \\
\multicolumn{4}{c}{\cdots\cdots} \\
\Delta^k f(0) & \Delta^k f(1) & \Delta^k f(2) & \Delta^k f(3) \cdots \\
\multicolumn{4}{c}{\cdots\cdots}
\end{array}
$$

差分表的第一行是通过依次取 $x = 0, 1, 2, \cdots$ 来计算 $f(x)$ 的值, 并把它们排列成一行得到的. 当 $k \geqslant 2$ 时, 差分表的第 k 行是通过依次取 $x = 0, 1, 2, \cdots$ 来计算 $\Delta^{k-1}f(x)$ 的值, 并把它们排列成一行得到的. 显然每个差分表被它的第一行的值唯一确定, 也被其左边沿值

$$f(0), \quad \Delta f(0), \quad \cdots, \quad \Delta^k f(0), \quad \cdots$$

唯一确定. 若 $f(x)$ 是多项式或 $f(x)$ 属于 M, 则 $f(x)$ 被其差分表唯一确定.

定理 4.10　设 $p(x)$ 是一个 n 次多项式, 则

$$p(x) = \sum_{m=0}^n \begin{pmatrix} x \\ m \end{pmatrix} \Delta^m p(0) = \begin{pmatrix} x \\ 0 \end{pmatrix} p(0) + \begin{pmatrix} x \\ 1 \end{pmatrix} \Delta p(0) + \cdots + \begin{pmatrix} x \\ n \end{pmatrix} \Delta^n p(0).$$

证　由推论 4.3, $x(x-1)\cdots(x-m+1)/m!$ 的差分表的左边沿值为

$$0, \quad 0, \quad \cdots, \quad 0, \quad 1, \quad 0, \quad \cdots,$$

它仅有第 $m+1$ 元为 1 其他元素全为 0. 令

$$h(x) = \sum_{m=0}^{n} \binom{x}{m} \Delta^m p(0),$$

则 $h(x)$ 的差分表的左边沿值是 $p(0), \Delta p(0), \cdots, \Delta^n p(0), 0, \cdots$. 因为 $p(x)$ 被其差分表唯一确定, 并且 $p(x)$ 和 $h(x)$ 的差分表有相同的左边沿值

$$p(0), \quad \Delta p(0), \quad \cdots, \quad \Delta^n p(0),$$

又差分表被其左边沿值唯一确定, 所以

$$p(x) = h(x) = \sum_{m=0}^{n} \binom{x}{m} \Delta^m p(0). \qquad \blacksquare$$

定理 4.11 设 $p(x)$ 是一个 n 次多项式, 则

$$\sum_{t=1}^{m} p(t) = \sum_{k=0}^{n} \binom{m+1}{k+1} \Delta^k p(0).$$

证 由定理 4.10,

$$\sum_{t=1}^{m} p(t) = \sum_{t=1}^{m} \sum_{k=0}^{n} \binom{t}{k} \Delta^k p(0) = \sum_{k=0}^{n} \left(\sum_{t=1}^{m} \binom{t}{k} \right) \Delta^k p(0),$$

由第 1 章例 1.33,

$$\sum_{t=1}^{m} \binom{t}{k} = \binom{m+1}{k+1}.$$

故定理得证. $\qquad \blacksquare$

如果令 $p(x) = x^n$, 由定理 4.11 和定理 4.7 的推论, 我们有

$$1^n + 2^n + \cdots + m^n = \sum_{k=0}^{m} \binom{m+1}{k+1} k! S(n,k).$$

例 4.45 设 $p(x) = x^4$, 则其差分表为

$$0 \quad 1 \quad 16 \quad 81 \quad 256 \quad 625 \quad \cdots$$
$$1 \quad 15 \quad 65 \quad 175 \quad 369 \quad \cdots$$

$$14 \quad 50 \quad 110 \quad 194 \quad \cdots$$
$$36 \quad 60 \quad 84 \quad \cdots$$
$$24 \quad 24 \quad \cdots$$
$$0 \quad \cdots$$

由定理 4.10,

$$n^4 = \binom{n}{1} + 14 \binom{n}{2} + 36 \binom{n}{3} + 24 \binom{n}{4}.$$

由定理 4.11,

$$1^4 + 2^4 + \cdots + n^4 = \sum_{k=0}^{4} \binom{n+1}{k+1} k! S(4, k).$$

因为 $k! S(4,k) = \Delta^k p(0)$, 所以由 $p(n) = n^4$ 的差分表得

$$1^4 + 2^4 + \cdots + n^4$$

$$= \binom{n+1}{2} + 14 \binom{n+1}{3} + 36 \binom{n+1}{4} + 24 \binom{n+1}{5}$$

$$= \frac{1}{30} n(n+1) \left(15 + 70(n-1) + 45(n-1)(n-2) + 6(n-1)(n-2)(n-3) \right)$$

$$= \frac{n(n+1)(6n^3 + 9n^2 + n - 1)}{30} = \frac{n(n+1)(2n+1)(3n^2 + 3n - 1)}{30}.$$

例 4.46 $h_2(n)$ 表示一平面被 n 条位于一般位置的直线 (每两条直线交于一点, 没有三条交于一点) 所划分的区域数; $h_3(n)$ 表示三维空间被 n 个位于一般位置的平面 (每两个平面交于一条直线, 没有三个平面交于一条直线, 每三个平面交于一点, 但没有四个平面交于一点) 所划分的区域数. 试求 $h_2(n)$, $h_3(n)$.

解 用 $h_1(n)$ 表示一条直线被 n 个不重合的点所划分的线段数. 我们有

$$h_1(0) = 1, \quad h_1(1) = 2, \quad h_1(3) = 3, \quad \cdots, \quad h_1(n) = n + 1.$$

考虑平面被 $n-1$ 条位于一般位置的直线划分成 $h_2(n-1)$ 个区域, 在平面内插入第 n 条直线使其位于一般位置. 先前的 $n-1$ 条直线与第 n 条直线交于 $n-1$ 个不同点, 它们把第 n 条直线分割成 $h_1(n-1)$ 段. 这样第 n 条直线的每一段都把该段所路过的区域分成两个区域. 于是

$$h_2(n) = h_2(n-1) + h_1(n-1) \quad 或 \quad h_2(n) - h_2(n-1) = h_1(n-1) = \Delta h_2(n-1),$$

这个式子表明 $h_2(n)$ 的差分表可从 $h_1(n)$ 的差分表得到, 方法是在 $h_1(n)$ 的差分表的上面排出新的一行

$$h_2(0), \quad h_2(1), \quad h_2(2), \quad \cdots .$$

现在考虑三维空间被 $n-1$ 个位于一般位置的平面划分成 $h_3(n-1)$ 个区域, 在这个空间中插入第 n 个平面使其位于一般位置. 先前的 $n-1$ 个平面与第 n 个平面交于 $n-1$ 条直线, 这 $n-1$ 条直线在第 n 个平面上位于一般位置, 它们把第 n 个平面分割成 $h_2(n-1)$ 平面区域. 而每一个这样平面区域把该平面所路过的空间区域分成两个空间区域. 于是

$$h_3(n) = h_3(n-1) + h_2(n-1) \quad 或 \quad h_3(n) - h_3(n-1) = h_2(n-1) = \Delta h_3(n-1),$$

这个式子表明 $h_3(n)$ 的差分表可从 $h_2(n)$ 的差分表得到, 方法是在 $h_2(n)$ 的差分表的上面排出新的一行

$$h_3(0), \quad h_3(1), \quad h_3(2), \quad \cdots .$$

这样利用 $h_1(n)$ 的差分表可得到 $h_2(n), h_3(n)$ 的差分表

$$
\begin{array}{ccccc}
h_3(0) & h_3(1) & h_3(2) & h_3(3) & \cdots \\
h_2(0) & h_2(1) & h_2(2) & h_2(3) & \cdots \\
1 & 2 & 3 & 4 & \cdots \\
1 & 1 & 1 & 1 & \cdots \\
0 & 0 & 0 & 0 & \cdots
\end{array}
$$

因 $h_2(0) = 1$, 故 $h_2(n)$ 的差分表的左边沿值是 $1\,1\,1\,0\,0\cdots$, 所以, 由定理 4.10,

$$h_2(n) = \binom{n}{0} + \binom{n}{1} + \binom{n}{2}.$$

同理, 故 $h_3(n)$ 的差分表的左边沿值是 $1\,1\,1\,1\,0\,0\cdots$, 所以, 由定理 4.10,

$$h_3(n) = \binom{n}{0} + \binom{n}{1} + \binom{n}{2} + \binom{n}{3}.$$

4.6.3 差分方程

4.6.3 差分方程

定义 4.10 含有自变量、未知函数及其差分的方程, 称为差分方程. 它的一般形式为

$$F(x, f(x), \Delta f(x), \cdots, \Delta^n f(x)) = 0.$$

通常将 $n = 1$ 时, 称之为一阶差分方程, 当 $n \geqslant 2$ 时, 称之为高阶差分方程.

为了更好地描述递推关系与差分方程的联系, 给出差分方程的另一种定义的描述.

定义 4.11 设有正整数 r, 如果数列 $\{a_n : n \geqslant 0\}$ 满足一个 r 阶递推关系

$$a_n = F(a_{n-1}, \quad a_{n-2}, \quad \cdots, \quad a_{n-r}, n),$$

则存在一个函数 D, 使得

$$D(a_n, \quad a_{n+1}, \quad a_{n+2}, \quad \cdots, \quad a_{n+r}, \quad n) = 0.$$

注意到 $\mathbf{E}^i a_n = a_{n+i} \ (i = 1, 2, \cdots, r)$, 于是上式可写为

$$D(a_n, \mathbf{E}a_n, \mathbf{E}^2 a_n, \cdots, \mathbf{E}^r a_n, n) = 0.$$

因为 $\mathbf{E} = \mathbf{I} + \Delta$, 所以存在一个 $r + 2$ 元函数 g, 使得

$$g(a_n, \Delta a_n, \Delta^2 a_n, \cdots, \Delta^r a_n, n) = 0. \tag{4-42}$$

称 (4-42) 式为 r 阶差分方程, 并说数列 $\{a_n : n \geqslant 0\}$ 满足这个差分方程.

上述表明由一个数列满足的 r 阶递推关系可以导出一个该数列满足的 r 阶差分方程. 反之, 因为 $\Delta = \mathbf{E} - \mathbf{I}$, 所以由一个数列满足的 r 阶差分方程可以导出一个该数列满足的递推关系. 且如果一个是线性常系数方程时, 则另一个同样也是线性常系数方程.

考虑 r 阶常系数线性递推关系

$$u_n = c_1 u_{n-1} + c_2 u_{n-2} + \cdots + c_r u_{n-r} + g(n), \tag{4-43}$$

如果数列 $\{a_n : n \geqslant 0\}$ 满足这个递推关系, 则当 $n \geqslant r$ 时,

$$a_n - c_1 a_n - 1 - c_2 a_{n-2} - \cdots - c_r a_{n-r} = g(n),$$

于是, 当 $n \geqslant 0$ 时,

$$a_{n+r} - c_1 a_{n+r} - 1 - c_2 a_{n+r-2} - \cdots - c_r a_n = g(n+r),$$

由此可知, 数列 $\{a_n : n \geqslant 0\}$ 满足下面递推关系

$$u_{n+r} - c_1 u_n + r - 1 - c_2 u_{n+r-2} - \cdots - c_r u_n = g(n+r). \tag{4-44}$$

现在考虑下面的 r 阶非齐次常系数线性递推关系

$$u_{n+r} + c_1 u_{n+r-1} + c_2 u_{n+r-2} + \cdots + c_r u_n = q(n), \tag{4-45}$$

其中 $c_r \neq 0$, $q(n)$ 是一个已知非零函数.

当 $q(n)$ 为零函数时, 则 r 阶齐次常系数线性递推关系

$$u_{n+r} + c_1 u_{n+r-1} + c_2 u_{n+r-2} + \cdots + c_r u_n = 0 \tag{4-46}$$

是 (4-45) 式对应的导出递推关系. 显然, 由 (4-46) 式导出的方程

$$x^n(x^r + c_1 x^{r-1} + c_2 x^{r-2} + \cdots + c_r) = 0 \tag{4-47}$$

在复数域上恰有 $n+r$ 个根, 因为 $c_r \neq 0$, 所以方程 (4-47) 恰有 n 个零根.

同前面一样, 称多项式

$$c(x) = x^r + c_1 x^{r-1} + c_2 x^{r-2} + \cdots + c_r$$

为递推关系 (4-46) 的特征多项式, 它的根称为特征根.

下面再次给出递推关系解的结构的两个定理. 并说明利用差分也可以求解递推关系.

定理 4.12 设 $a_1, a_2, \cdots, a_s$ 是 (4-46) 式的全部不同特征根, 其重数分别为 $e_1, e_2, \cdots, e_s$, $P_i(n) = (b_{i1} + b_{i2}n + b_{i3}n^2 + \cdots + b_{ie_i}n^{e_i-1})\alpha_i^n$ 是 n 的多项式, 其中 b_{ij} 是常数, $i = 1, 2, \cdots, s$; $j = 1, 2, \cdots, e_i$, 则递推关系 (4-46) 的通解为

$$\sum_{i=1}^{s} P_i(n)\alpha_i^n.$$

若 $q(n)$ 是非零函数, 则有下面的结论.

定理 4.13 若 $\{u_n': n \geqslant 0\}$ 是递推关系 (4-45) 的一个特解, 则 (4-45) 有通解

$$u_n = u_n' + \sum_{i=1}^{s} P_i(n)\alpha_i^n,$$

其中 $\sum_{i=1}^{s} P_i(n)\alpha_i^n$ 是 (4-45) 的导出递推关系 (4-46) 的通解.

用这种形式表示递推关系的优点是, 可以利用差分算子来求解递推关系的一个特解.

递推关系 (4-46) 可以用移位算子 $\mathbf{E}$ 写出:

$$(\mathbf{E}^r + c_1\mathbf{E}^{r-1} + c_2\mathbf{E}^{r-2} + \cdots + c_r\mathbf{I})u_n = q(n),$$

则

$$\mathbf{E}^r + c_1\mathbf{E}^{r-1} + c_2\mathbf{E}^{r-2} + \cdots + c_r\mathbf{I} = c(\mathbf{E}),$$

这里 $c(x)$ 是递推关系 (4-45) 的特征多项式, 故 $c(\mathbf{E})$ 也是一个多项式. 因为 $c_r \neq 0$, 所以 $c(\mathbf{E})$ 可逆. 于是

$$u_n = \frac{1}{c(\mathbf{E})}q(n) \tag{4-48}$$

是递推关系 (4-45) 的一个特解.

为了求 (4-45) 式的特解, 根据 $q(n)$ 的形态, 我们考虑下面三种情形.

情形 1 $q(n)$ 是一个多项式.

求多项式的 k 阶差分比较容易, 因为 $q(n)$ 是一个多项式, 所以在 (4-48) 式中用 Δ 替换 $\mathbf{E}$ 似乎更方便求解. 把 $c(\mathbf{E})$ 改写成 $c(\mathbf{I}+\Delta)=g(\Delta)$.

若 $g(\Delta)$ 可逆, 把 $\dfrac{1}{c(\mathbf{I}+\Delta)}$ 展开成幂级数, (4-48) 式可写成

$$u_n = \frac{1}{c(\mathbf{I}+\Delta)}q(n) = (a_0 + a_1 + \cdots + a_k\Delta^k + \cdots)q(n),$$

这里 $a_i\,(i=0,1,2,\cdots)$ 是常数, 上式的右边是一个关于 n 的多项式, 它的次数不超过 $q(n)$ 的次数.

若 $g(\Delta)$ 不可逆, 则 $g(\Delta)=\Delta^m r(\Delta)$, 其中 $r(\Delta)$ 可逆. 因为 $\Delta = \mathbf{E}-\mathbf{I}$, 所以 $g(\Delta)$ 不可逆当且仅当 1 是 $c(x)$ 的根. 把 $\dfrac{1}{r(\Delta)}$ 展开成幂级数, 得

$$u_n = \frac{1}{\Delta^m r(\Delta)}q(n) = \Delta^{-m}(c_0 + c_1\Delta + \cdots + c_k\Delta^k + \cdots)q(n).$$

综上, 当 $q(n)$ 是一个多项式时, 关于求 r 阶非齐次常系数线性递推关系的特解问题, 有下面的求解公式.

公式 4.1 若 1 不是 $c(x)$ 的根, 则递推关系 (4-45) 的特解是

$$u_n = \frac{1}{c(I+\Delta)}q(n).$$

公式 4.2 若 1 是 $c(x)$ 的 m 重根, 即 $c(x) = (x-1)^m r(x)$, 则递推关系 (4-45) 的特解

$$u_n = \frac{1}{\Delta^m r(\Delta)}q(n).$$

例 4.47 求下面递推关系的特解

$$u_{n+2} + u_{n+1} + u_n = n^2 + n + 1.$$

解 因为 $c(x) = x^2 + x + 1$, 所以 1 不是 $c(x)$ 的根. 由公式 4.1,

$$u_n = (\Delta^2 + 3\Delta + 3\mathbf{I})^{-1}(n^2 + n + 1)$$

$$= 3^{-1}(3^{-1}\Delta^2 + \Delta + \mathbf{I})^{-1}(n^2 + n + 1)$$

$$= 3^{-1}[\mathbf{I} - (\Delta + 3^{-1}\Delta^2) + (\Delta + 3^{-1}\Delta^2)2 - \cdots](n^2 + n + 1)$$

$$= 3^{-1}[\mathbf{I} - \Delta + 2 \cdot 3^{-1}\Delta^2 + \cdots](n^2 + n + 1)$$

$$= 3^{-1}[\mathbf{I} - \Delta + 2 \cdot 3^{-1}\Delta^2 + \cdots]((n)_2 + 2(n)_1 + 1)$$

$$= 3^{-1}[n(n-1) + 2n + 1 - 2n - 2 + 4 \cdot 3^{-1}]$$

$$= 3^{-1}(n^2 - n + 3^{-1}),$$

得 $3^{-1}\left(n^2 - n + 3^{-1}\right)$ 是这个递推关系的特解.

例 4.48 求下面递推关系的特解

$$u_{n+4} - 5u_{n+3} + 9u_{n+2} - 7u_{n+1} + 2u_n = n^3 + 1.$$

解 因为 $c(x) = x^4 - 5x^3 + 9x^2 - 7x + 2 = (x-1)^3(x-2)$, 所以 1 是 $c(x)$ 的 3 重根. 于是 $c(\mathbf{E}) = (\mathbf{E} - \mathbf{I})^3(\mathbf{E} - 2\mathbf{I}) = \Delta^3(\Delta - \mathbf{I})$, 由公式 4.2,

$$u_n = \frac{1}{\Delta^3(\Delta - \mathbf{I})}(n^3 + 1) = \frac{-1}{\Delta^3}(\mathbf{I} + \Delta + \Delta^2 + \Delta^3 + \cdots)(n^3 + 1).$$

把 $n^3 + 1$ 用 $(n)_0, (n)_1, (n)_2, (n)_3$ 表示, 即

$$n^3 + 1 = (n)_3 + 3(n)_2 + (n)_1 + (n)_0,$$

由推论 4.4,

$$\left(\mathbf{I} + \Delta + \Delta^2 + \Delta^3 + \cdots\right)\left(n^3 + 1\right)$$

$$= (n)_3 + 3(n)_2 + (n)_1 + (n)_0 + 3(n)_2 + 6(n)_1 + (n)_0 + 6(n)_1 + 6(n)_0 + 3!(n)_0,$$

于是

$$u_n = \Delta^{-3}\left[(n)_3 + 6(n)_2 + 13(n)_1 + 14\right],$$

由推论 4.5,

$$u_n = -\left[14\binom{n}{3} + 13\binom{n}{4} + 12\binom{n}{5} + 6\binom{n}{6}\right].$$

情形 2 $q(n) = a^n$, 这里 a 是一个非零常数.

对于这种情形, 这个移位算子 $\mathbf{E}$ 作用在 a^n 上与作用在 u_n 上有相同的效应. 事实上, $\mathbf{E}a^n = a^{n+1} = a \cdot a^n$, 一般地, 对任意的正整数 k,

$$\mathbf{E}^k a^n = a^{n+k} = a^k \cdot a^n,$$

于是 $c(\mathbf{E})a^n = c(a)a^n$, 这里 $c(x)$ 是递推关系的特征多项式. 这样, 如果 a 不是 $c(x)$ 的根, 则

$$u_n = \frac{1}{c(a)} a^n$$

是递推关系 (4-45) 的特解.

若 a 是 $c(x)$ 的 m 重根, 即 $c(x) = (x-a)^m r(x)$, $r(a) \neq 0$, 则

$$(\mathbf{E} - a)^m u_n = \frac{1}{r(a)} a^n. \tag{4-49}$$

为了得到进一步的结果, 令

$$u_n = a^n \cdot v_n, \tag{4-50}$$

因为对任意的正整数 k, $\mathbf{E}^k(a^n \cdot v_n) = a^{n+k} \cdot v_{n+k} = a^n[(a\mathbf{E})^k]v_n$, 所以

$$(\mathbf{E} - a)^m u_n = a^n(a\mathbf{E} - a)^m v_n,$$

与 (4-49) 式比较, 得

$$a^m(\mathbf{E} - 1)^m v_n = \frac{1}{r(a)},$$

由此求出

$$v_n = \frac{1}{a^m r(a)} \frac{1}{\Delta^m} = \frac{1}{a^m r(a)} \binom{n}{m}.$$

将此式代入 (4-50) 得

$$u_n = \frac{a^{n-m}}{r(a)} \binom{n}{m}.$$

综上, 当 $q(n) = a^n$ 时, 这里 a 是一个非零常数, 关于求 r 阶非齐次常系数线性递推关系的特解问题, 有下面的求解公式.

公式 4.3 若 a 不是 $c(x)$ 的根, 则

$$u_n = \frac{1}{c(a)} q(n)$$

是递推关系 (4-45) 的特解.

公式 4.4 若 a 是 $c(x)$ 的 m 重根, 即 $c(x) = (x-1)^m r(x)$, 则

$$u_n = \frac{a^{n-m}}{r(a)} \begin{pmatrix} n \\ m \end{pmatrix}$$

是递推关系 (4-45) 的特解.

情形 3 $q(n)$ 为任意的非零函数. 由 (4-48), $u_n = \dfrac{1}{c(\mathbf{E})} q(n)$. 因为 $c(\mathbf{E})$ 是多项式, 所以 $\dfrac{1}{c(\mathbf{E})}$ 可以用部分分式展成幂级数. 设 $\alpha_1, \alpha_2, \cdots, \alpha_s$ 是 $c(x)$ 的所有不同根, 其重数分别为 $e_1, e_2, \cdots, e_s$, 则

$$\frac{1}{c(\mathbf{E})} = \sum_{i=1}^{s} \left(\frac{A_{i1}}{(\mathbf{E} - \alpha_i)} + \frac{A_{i2}}{(\mathbf{E} - \alpha_i)^2} + \cdots + \frac{A_{ie_i}}{(\mathbf{E} - \alpha_i)^{e_i}} \right),$$

为了获得一个特解, 我们需要确定 $\dfrac{q(n)}{c(\mathbf{E})}$ 中的每一项, 因此需要解下面形式的方程:

$$v_n = \frac{1}{(\mathbf{E} - \alpha)^t} q(n), \tag{4-51}$$

这个方程的变形是

$$(\mathbf{E} - \alpha)^t v_n = q(n), \tag{4-52}$$

再一次作替换, 令

$$v_n = \alpha^n \cdot w_n. \tag{4-53}$$

像情形 2 那样,

$$(\mathbf{E} - \alpha)^t v_n = \alpha^{n+t} (\mathbf{E} - 1)^t w_n,$$

由 (4-52),

$$w_n = \frac{-1}{\Delta^t} \left[\alpha^{-n-t} q(n) \right],$$

代入 (4-53), 得

$$v_n = \alpha^n \frac{-1}{\Delta^t} \left[\alpha^{-n-t} q(n) \right].$$

这样, 我们能确定 $\dfrac{q(n)}{c(\mathbf{E})}$ 中的每一项, 因而就能得到递推关系 (4-45) 的一个特解.

4.7* 拓展阅读——递推与分治算法

4.7 拓展一阶线性分式递推关系

分治, 即分而治之, 在计算机程序设计中, 分治算法和动态规划算法、图算法、贪心算法、摊还分析算法等都是重要的程序设计算法. 分治的主要思想是将复杂的问题分解为两个或者多个相似或者相同的子问题进行求解, 如果此时的子问题仍然比较复杂, 则继续将复杂的子问题进行分解, 直到最终分解的子问题便于直接求解, 再将所有子问题的解 (如果存在) 合并给出原问题的解, 这种算法设计策略叫做分治法.

具体地, 对于一个规模为 n 的问题, 如果该问题比较复杂, 则可以考虑将原问题分割成 $k(2 \leqslant k \leqslant n)$ 个子问题; 若这 k 个子问题的解都存在, 且由这些子问题的解能够合并得到原问题的解, 则此时分治的算法策略是适用的. 由于分治算法分裂出的原问题的这 k 个子问题往往是原问题的小规模形式, 相互独立且具有相同或者相似的结构和性质, 以不断缩小问题规模为目的重复应用分治法, 可以使子问题 (的子问题) 规模不断缩小, 直到子问题缩小到易于直接进行求解, 这样的算法过程与递推关系有着相同的思路, 自然地通常也应用递推关系来处理分治问题 (也存在递推关系以外的方法). 实际上分治与递推经常同时应用在算法设计中, 并成为快速排序、傅里叶变换等一些高效算法的基础.

应用分治算法可以求解一些经典的算法问题, 如二分查找、大整数相乘、循环赛日程表、矩阵乘法的 Strassen 算法、棋盘覆盖问题、Hanoi 问题, 以及一些相关排序问题等. 分治法在每层的递推实现中一般有以下三个步骤.

(1) 分解: 将原问题分解为若干个规模较小、与原问题相同或相似的实例.

(2) 解决: 对小规模子问题进行递推求解.

(3) 合并: 将子问题的解合并成原问题的解.

想要深入了解分治算法的读者可以阅读 T. H. Cormen 等著的《算法导论》一书, 下面仅以最大子段求和问题为例进行说明.

例 4.49 最大子段求和问题的分治解法.

给定由 n 个整数 (可能为负整数) 组成的序列 $(a_1, a_2, \cdots, a_n)$, 求该序列连续的子段和的形如 $\sum\limits_{k=i}^{j} a_k \, (1 \leqslant i \leqslant j \leqslant n)$ 最大值. 如果该序列的所有元素都是负整数时, 定义其最大子段和为 0. 如序列 $(-18, 13, -2, 15, -3, 0)$ 的最大子段求和为

$$\sum_{k=2}^{4} a_k = a_2 + a_3 + a_4 = 26.$$

利用分治算法进行求解最大子段求和问题策略为

(1) **分解** 将原问题分解为规模较小的两个平衡子问题、即将序列 $(a_1, a_2, \cdots, a_n)$ 划分成长度相同的两个子问题 $(a_1, a_2, \cdots, a_{\lfloor n/2 \rfloor})$ 和 $(a_{\lfloor n/2 \rfloor+1}, \cdots, a_n)$，则原问题的最大子段可能出现在以下三种情况.

(i) 可能出现在左子序列;

(ii) 可能出现在右子序列;

(iii) 可能出现在包含 $a_{\lfloor n/2 \rfloor}$ 的中间部分元素构成的子序列.

(2) **解决** 对于第 (i) 种和第 (ii) 种情况可以用递推的方法进行求解, 对于第 (iii) 种情况, 需要分别计算 $S_1 = \max \sum_{k=i}^{\lfloor n/2 \rfloor} a_k \, (1 \leqslant i \leqslant \lfloor n/2 \rfloor)$, $S_2 = \max \sum_{k=\lfloor n/2 \rfloor+1}^{j} a_k \, (\lfloor n/2 \rfloor < j \leqslant n)$, 此时 $S_1 + S_2$ 为所求最大子段的和.

(3) **合并** 将子问题的解合并成原问题的解. 即比较以上三种划分情况下的最大子段和, 取其三者之中的最大者即为原问题的解.

习 题 4

4.1 解下列递推关系.

(a) $\begin{cases} a_n = 2a_{n-1} + 2^n & (n \geqslant 1), \\ a_0 = 3. \end{cases}$

(b) $\begin{cases} a_n = na_{n-1} + (-1)^n & (n \geqslant 1), \\ a_0 = 3. \end{cases}$

(c) $\begin{cases} a_n = 2a_{n-1} - 1 & (n \geqslant 1), \\ a_0 = 2. \end{cases}$

(d) $\begin{cases} a_n = \dfrac{1}{2} a_{n-1} + \dfrac{1}{2^n} & (n \geqslant 1), \\ a_0 = 1. \end{cases}$

(e) $\begin{cases} a_n = 4a_{n-2} & (n \geqslant 2), \\ a_0 = 2, a_1 = 1. \end{cases}$

4.2 已知 $h(0)=2$, 当 $n \geqslant 1$ 时, $h(n) > 0$, 且 $h^2(n) - h^2(n-1) = 3^n$, 且求 $h(n)$.

4.3 求解下列递推关系.

(a) $\begin{cases} a_n = 4a_{n-1} - 3a_{n-2} & (n \geqslant 2), \\ a_0 = 3, a_1 = 5. \end{cases}$

(b) $\begin{cases} a_n = 5a_{n-1} - 6a_{n-2} & (n \geqslant 2), \\ a_0 = 4, a_1 = 9. \end{cases}$

(c) $\begin{cases} a_n = 6a_{n-1} - 11a_{n-2} + 6a_{n-3} & (n \geqslant 3), \\ a_0 = 2, a_1 = 7, a_2 = 25. \end{cases}$

(d) $\begin{cases} a_n = 5a_{n-1} - 8a_{n-2} + 4a_{n-3} & (n \geqslant 3), \\ a_0 = 2, a_1 = 3, a_2 = 7. \end{cases}$

(e) $\begin{cases} a_n = 7a_{n-1} - 15a_{n-2} + 9a_{n-3} & (n \geqslant 3), \\ a_0 = -1, \ a_1 = -2, \ a_2 = 1. \end{cases}$

(f) $\begin{cases} a_n = 9a_{n-1} - 27a_{n-2} + 27a_{n-3} & (n \geqslant 3), \\ a_0 = 2, \ a_1 = 6, \ a_2 = 0. \end{cases}$

(g) $\begin{cases} a_n = 5a_{n-1} - 6a_{n-2} + 2n - 3 & (n \geqslant 2), \\ a_0 = 5, \ a_1 = 10. \end{cases}$

(h) $\begin{cases} a_n = 4a_{n-1} - 5a_{n-2} + 2a_{n-3} + 2^n & (n \geqslant 3), \\ a_0 = 4, \ a_1 = 10, \ a_2 = 19. \end{cases}$

(i) $\begin{cases} a_{n+1} = 3a_n + b_n - 4, \\ b_{n+1} = 2a_n + 2b_n + 2 \end{cases} \quad (n \geqslant 0), a_0 = 4, b_0 = 0.$

4.4 在由 A, B, C, D 组成的允许重复的排列中, 求 AB 至少出现一次的排列数目.

4.5 在 n 位四进制数中, 求 2 和 3 必须出现偶次的数目.

4.6 在由 a, b, c 三个文字组成的 n 位符号串中, 试求不出现 aa 的符号串的数目.

4.7 证明正整数 n 都可以唯一地表示成不同的且不相邻的斐波那契数之和. 即 $n = \sum_{i \geqslant 2} a_i F_i, a_i a_{i+1} = 0, a_i = 0, 1.$ 其中 $F_1 = F_2 = 1.$

4.8 一个书柜中有 m 格, 每格各放 n 册同类的书, 不同格放的书类型不同. 现取出整理后重新放回, 但不打乱相同类. 试问无一本放在原来位置的方案数应为多少.

4.9 平面上有两两相交但无三线共点的 n 条直线, 试求这 n 条直线把平面分成多少个区域.

4.10 在一圆周上取 n 个点, 过一对顶点可作一弦, 不存在三弦共点的现象, 问这些弦能把圆分割成几部分?

4.11 在 n 位二进制数中, 求相邻两位不出现 11 的数的个数.

4.12 在由 n 个文字构成的, 长度为 k 的允许重复的排列中, 不允许一个文字连续出现 3 次, 求这样的排列的数目.

4.13 求矩阵 $\begin{pmatrix} 3 & -1 \\ 0 & 2 \end{pmatrix}^{100}$.

4.14 用 a_n 表示具有整数边长且周长为 n 的三角形的个数.

(a) 证明 $a_n = \begin{cases} a_{n-3}, & n \text{ 是偶数}, \\ a_{n-3} + \dfrac{n + (-1)^{\frac{n+1}{2}}}{4}, & n \text{ 是奇数}. \end{cases}$

(b) 求序列 $\{a_n : n \geqslant 0\}$ 的母函数.

4.15 设 $n \geqslant 0, a_n = \sum_{k=0}^{n} \binom{n+k}{2k}, \quad b_n = \sum_{k=0}^{n-1} \binom{n+k}{2k+1}.$

(a) 证明 $a_{n+1} = a_n + b_{n+1}, b_{n+1} = a_n + b_n.$

(b) 求序列 $\{a_n\}$ 与 $\{b_n\}$ 的母函数.

(c) 用斐波那契数来表示 a_n 与 b_n.

4.16　用 1 或 2 两数字写 n 位数, 其中任意相邻两个位置不全为 1. 记 n 位数的个数为 $f(n)$, 求 $f(10)$.

4.17　用 1, 2, 3 三个数字写 n 位数, 要求数中不出现紧挨着的两个 1. 问能构成多少个 n 位数?

4.18　设 a_n 为下述自然数 N 的个数: N 的各位数字之和为 n, 且每位数字只能取 1, 3 或 4. 证明 a_{2n} 为完全平方数, $n = 1, 2, \cdots$.

4.19　有排成一行的 n 个方格, 用红、黄、蓝三色涂每个格子, 每格涂一色, 要求任何相邻的格不同色, 且首尾两格也不同色. 问有多少种涂法?

4.20　把一枚硬币连掷 n 次, 在投掷过程中发生接连两次正面向上的概率是多少?

4.21　用 0, 1, 2, 3, 4 可以构成多少个各相邻数字恰好相差 1 的 n 位数?

4.22　将 m 个 $(m \geqslant 1)$ 抽屉排成一排, 把 n 个相同的小球全部放入其中, 使得右边每个抽屉中小球的个数不超过它左边每个抽屉中小球的个数, 设这样的放法共有 $F_{m,n}$ 种.

(1) 求 $F_{1,n}$.

(2) 若 $F_{m,0} = 1$, 求证: $F_{m,n} = \begin{cases} F_{n,n} & m > n \geqslant 1, \\ F_{m-1,n} + F_{m,n-m} & 1 < m \leqslant n. \end{cases}$

(3) 计算 $F_{3,8}$.

第 5 章　容 斥 原 理

计数问题是组合数学中重要的研究内容. 加法原理是一个重要的计数公式, 它的原理是将需要计数的集合中的元素划分为若干个容易计数的非空子集合, 子集合的并集是需要计数的集合, 而任意两个不相同的子集合的交集为空集. 如果满足上述条件, 则需要计数的集合的元素个数就是每个子集合元素个数之和.

但是在很多计数问题中, 将需要计数的集合划分为两两互不相交的子集合是困难的, 这就限制了加法原理的使用范围. 容斥原理 (又称作出与入原理、包含排斥原理和交互分类原理等) 是组合数学的一个基本的计数原理, 它能够解决子集合之间交集非空情况下若干个有限集并集或者交集的计数问题, 因此比加法原理具有更为广泛的应用.

5.1　容 斥 原 理

前面学习了加法原理, 所谓加法原理就是分类相加的方法, 其形象描述和数学描述如下.

加法原理的形象描述: 相互独立的事件 P 和 Q 分别有 k 和 l 种方法产生, 则产生 P 或 Q 的方法数为 $k+l$ 种.

加法原理的数学描述: 设 A 为有限集, 若 $A_i \subset A, \bigcup_{i=1}^{n} A_i = A(i = 1, 2, \cdots, n)$, 并且当 $i \neq j$ 时, $A_i \cap A_j = \varnothing$, 则有 $|A| = \sum_{i=1}^{n} |A_i|$, 如图 5.1 所示.

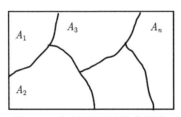

图 5.1　加法原理的数字描述

加法原理是将需要计算元素个数的集合划分为若干个互不相交的非空子集, 通过计算各个子集元素个数的总和来达到计数的目的. 但是有时要将一个集合划分为互不相交的非空子集是困难的, 因此有相当数量的一类组合计数问题无法直接利用加法原理. 比如要求计算某一集合 A 中不满足某组性质 (或某组限制条件) 的元素个数, 而在这类问题中, A 中满足组中任何一部分性质的元素个数往往相对而言是易求的, 容斥原理就是解决这一类计数问题的有力工具, 它给出了用满足组中某些性质的元素来表示不满足该组性质的元素个数的一个计数公式.

在学习容斥原理之前先来看几个简单的例子.

例 5.1 求不超过 100 的正整数中 2 或者 3 的倍数的个数.

解 不超过 100 的正整数中 2 的倍数是所有的偶数, 共 50 个; 而 3 的倍数的个数是 $\left\lfloor \dfrac{100}{3} \right\rfloor$, 为 33 个. 由于 $\left\lfloor \dfrac{100}{6} \right\rfloor$ 个数既是 2 的倍数, 又是 3 的倍数, 因此需要把重复计数的这些数减去, 问题的答案为 $50 + 33 - 16 = 67$.

例 5.1 的求解过程可用下面的集合运算来表示 (图 5.2).

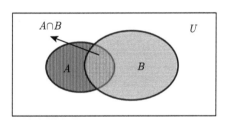

图 5.2 两个集合的运算示意图

设 U 为全集, A 和 B 为 U 的两个子集合, 则有下面的公式成立:

$$|A \cup B| = |A| + |B| - |A \cap B|.$$

例 5.2 求不超过 100 的正整数中 2 或者 3 或者 5 的倍数的个数.

解 不超过 100 的正整数中 2 的倍数是所有的偶数, 共 50 个;

不超过 100 的正整数中 3 的倍数的个数是 $\left\lfloor \dfrac{100}{3} \right\rfloor$, 为 33 个.

不超过 100 的正整数中 5 的倍数的个数是 $\left\lfloor \dfrac{100}{5} \right\rfloor$, 为 20 个.

不超过 100 的正整数中既是 2 的倍数又是 3 的倍数的数有 $\left\lfloor \dfrac{100}{6} \right\rfloor = 16$ 个;

不超过 100 的正整数中既是 2 的倍数又是 5 的倍数的数有 $\left\lfloor \dfrac{100}{10} \right\rfloor = 10$ 个;

不超过 100 的正整数中既是 3 的倍数又是 5 的倍数的数有 $\left\lfloor \dfrac{100}{15} \right\rfloor = 6$ 个;

不超过 100 的正整数中既是 2 的倍数又是 3 的倍数还是 5 的倍数的数有
$\left\lfloor \dfrac{100}{30} \right\rfloor = 3$ 个;

问题的答案为 $50 + 33 + 20 - 16 - 16 - 10 - 6 + 3 = 74$.

例 5.2 的求解过程可用下面的集合运算来表示 (图 5.3).

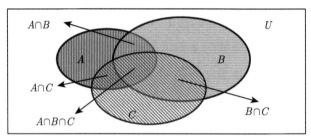

图 5.3   三个集合的运算示意图

设 U 为全集, A, B 和 C 为 U 的三个子集合, 则有下面的计数公式成立:

$$|A \cup B \cup C| = |A| + |B| + |C| - |A \cap B| - |B \cap C| - |C \cap A| + |A \cap B \cap C|.$$

上述公式的证明采用**贡献法**的方法, 即证明集合中任意一个元素对于公式两端的贡献是相同的. 为此, 我们将全集 U 中的所有元素分为以下四类.

第一类是不属于子集合 A 或者 B 或者 C 的元素, 显然这类元素对于公式两端的贡献为 0.

第二类是仅属于某一个子集合的元素, 例如只属于子集合 A 但是不属于子集合 B 或者 C 的元素. 这类元素在等式左右两端的贡献都为 1.

第三类是恰好属于三个子集合 A, B 和 C 中的任意两个的元素, 例如属于子集合 A, B 但是不属于 C 中元素. 这类元素在等式左端的计数为 1, 在等式右端计数也为 1 次.

第四类是同时属于三个子集合 A, B 和 C 的元素, 这类元素在等式左端的计数为 1, 在等式右端计数时计数了 3 次, 又排除了 3 次, 最后又计数 1 次, 在等式右端计数也为 1 次.

这样我们就证明了全集中的任意一个元素对于等式左右两端的贡献相同, 证明完毕. ■

在上述的例子中, 基本的求解思路就是为了计算具有某些属性的元素的个数, 就要排斥不应该包含在计数中的元素, 同时要包含被错误排斥的元素的数目, 反复的包含排斥, 做到不重复不遗漏, 最终会达到精确计数的目的. 这就是容斥原理的基本思想.

下面将上述的集合元素的计数公式进行推广, 从而给出容斥原理的一般形式. 为了便于容斥原理的推广, 我们通过下面的术语来描述问题.

考虑由 n 个物品组成的一个集合 $A = \{a_1, a_2, \cdots, a_n\}$, $P_1, P_2, \cdots, P_m$ 是与 A 中元素相关的一组性质, 对于任意的一个性质 $P_i(i = 1, 2, \cdots, m)$, A 中任意一个元素 $a_j(j = 1, 2, \cdots, n)$ 必然具有或者不具有该性质, 并且任意的一个性质 P_i, 至少有一个元素具有该性质, 否则该性质与 A 中元素不相关.

问题 1 设 $A = \{a_1, a_2, \cdots, a_n\}$ 是一个有限集, $P_1, P_2, \cdots, P_m$ 是与 A 中元素相关的一组性质, 求 A 中至少具有某一个性质 $P_i(i = 1, 2, \cdots, m)$ 的元素个数.

对于 m 个性质 $P_1, P_2, \cdots, P_m$, 可以如下定义 A 的 m 个非空子集合:

$$A_i = \{x : x \in A, x \text{具有} P_i\}, \quad i = 1, 2, \cdots, m.$$

则问题 1 可以通过集合论的语言给出一个等价描述.

问题 2 设 $A = \{a_1, a_2, \cdots, a_n\}$ 是一个有限集, $A_1, A_2, \cdots, A_m$ 是 A 的 m 个非空子集合, 求 A 中属于某一个子集合 $A_i(i = 1, 2, \cdots, m)$ 的元素个数.

实际上, 问题 1 和问题 2 的描述完全等价, 给定有限集 A 及其 m 个非空子集合 $A_1, A_2, \cdots, A_m$, 只要定义 x 具有性质 P_i 当且仅当 x 属于子集合 $A_i(i = 1, 2, \cdots, m)$, 同样可以通过子集合 $A_1, A_2, \cdots, A_m$ 给出与 A 中元素相关的 m 个性质, 将问题 2 转化为问题 1.

在例 5.2 中, 集合 A 为不超过 100 的正整数, 设性质 P_1 是能被 2 整除, 性质 P_2 是能被 3 整除, 性质 P_3 是能被 5 整除, 则例 5.2 就是要求不超过 100 的正整数中具有某个性质 $P_i(i = 1, 2, 3)$ 的元素个数. 如果定义集合 A_1 是不超过 100 的正整数中 2 的倍数, 定义集合 A_2 是不超过 100 的正整数中 3 的倍数, 定义集合 A_3 是不超过 100 的正整数中 5 的倍数, 则例 5.2 就是要求集合 $A \cup B \cup C$ 的元素个数.

定理 5.1(容斥原理) 设 A 是一个有限集, $A_1, A_2, \cdots, A_m$ 是 A 的 m 个非空子集合, 则

$$|A_1 \cup A_2 \cup \cdots \cup A_m| = \sum_{i=1}^{m} |A_i| - \sum_{1 \leqslant i < j \leqslant m} |A_i \cap A_j| + \sum_{1 \leqslant i < j < k \leqslant m} |A_i \cap A_j \cap A_k|$$

$$- \cdots + (-1)^{m-1} |A_1 \cap A_2 \cap \cdots \cap A_m|.$$

证一 (数学归纳法) 显然, 当 $m = 2$ 时有 $|A_1 \cup A_2| = |A_1| + |A_2| - |A_1 \cap A_2|$, 结论成立.

不妨对于 $m - 1$ 结论成立, 即

$$|A_1 \cup A_2 \cup \cdots \cup A_{m-1}|$$

$$= \sum_{i=1}^{m-1} |A_i| - \sum_{1 \leqslant i < j \leqslant m-1} |A_i \cap A_j|$$

$$+ \sum_{1 \leqslant i < j < k \leqslant m-1} |A_i \cap A_j \cap A_k| - \cdots$$

$$+ (-1)^{m-2} |A_1 \cap A_2 \cap \cdots \cap A_{m-1}|. \tag{5-1}$$

则对于 m 有

$$|A_1 \cup A_2 \cup \cdots \cup A_m|$$

$$= |(A_1 \cup A_2 \cup \cdots \cup A_{m-1}) \cup A_m|$$

$$= |(A_1 \cup A_2 \cup \cdots \cup A_{m-1})| + |A_m|$$

$$- |(A_1 \cup A_2 \cup \cdots \cup A_{m-1}) \cap A_m|. \tag{5-2}$$

由于

$$|(A_1 \cup A_2 \cup \cdots \cup A_{m-1}) \cap A_m|$$

$$= |(A_1 \cap A_m) \cup (A_2 \cap A_m) \cup \cdots \cup (A_{m-1} \cap A_m)|$$

$$= \sum_{i=1}^{m-1} |A_i \cap A_m| - \sum_{1 \leqslant i < j \leqslant m-1} |A_i \cap A_j \cap A_m|$$

$$+ \sum_{1 \leqslant i < j < k \leqslant m-1} |A_i \cap A_j \cap A_k \cap A_m| - \cdots$$

$$+ (-1)^{m-2} |A_1 \cap A_2 \cap \cdots \cap A_{m-1} \cap A_m|. \tag{5-3}$$

将公式 (5-1) 和公式 (5-3) 代入公式 (5-2) 整理后定理得证. ■

证二 (贡献法)   我们采用贡献法的思想证明集合 A 中任意一个元素对于定理等式左右两端的贡献都相同. 我们对 A 中的所有元素分以下两种情况讨论.

5.1 容斥原理其他证明

第一种情况, $a \notin A_i (i = 1, 2, \cdots, m)$, 即不属于 m 个非空子集合中的任何一个. 显然, 这类元素在等式左右两端的贡献都为 0, 结论成立.

第二种情况, a 恰好属于 m 个非空子集合中的 $k(1 \leqslant k \leqslant m)$ 个. 不失一般性, 不妨设 $a \in A_i (i = 1, 2, \cdots, k)$. 则这类元素在等式左端的计数次数为 1; 在等式右端的计数次数为

$$C_k^1 - C_k^2 + C_k^3 - \cdots + (-1)^{k-1} C_k^k. \tag{5-4}$$

由二项式展开 $(1-1)^k = C_k^0 - C_k^1 + C_k^2 - \cdots + (-1)^k C_k^k$ 可知, (5-4) 式的结果为 1, 结论成立.

由于集合 A 中的所有元素要么属于第一种情况, 要么属于第二种情况, 所以集合 A 中的所有元素对于等式两端的贡献都是相同的, 定理得证. ■

由 De Morgan 定律可知, $\overline{A_1 \cup A_2 \cup \cdots \cup A_m} = \overline{A_1} \cap \overline{A_2} \cap \cdots \cap \overline{A_m}$. 结合定理 5.1, 有下述定理.

定理 5.2(容斥原理的对偶形式) 设 A 是一个有限集, $A_1, A_2, \cdots, A_m$ 是 A 的 m 个非空子集合, 则

$$|\overline{A_1} \cap \overline{A_2} \cap \cdots \cap \overline{A_m}|$$

$$= |A| - \sum_{i=1}^{m} |A_i| + \sum_{1 \leqslant i < j \leqslant m} |A_i \cap A_j| - \sum_{1 \leqslant i < j < k \leqslant m} |A_i \cap A_j \cap A_k| + \cdots$$

$$+ (-1)^m |A_1 \cap A_2 \cap \cdots \cap A_m|.$$

定理 5.2 的结论可由定理 5.1 和 De Morgan 定律推导得到, 证明从略. 定理 5.1 和定理 5.2 的结论我们统称为**容斥原理**.

容斥原理可以看作是加法原理的推广形式, 具有更为广泛的应用. 在利用容斥原理求解具体问题时一般遵循下述的步骤.

(1) 根据具体的问题首先确定全集 A 和相应的子集合 $A_1, A_2, \cdots, A_m$, 这里确定子集合的重要原则是要保证任意个子集合交集的元素个数容易计算.

(2) 根据计数问题的具体需求利用定理 5.1 或者定理 5.2 进行计算. 当需要计算子集合 $A_1, A_2, \cdots, A_m$ 并集 $|A_1 \cup A_2 \cup \cdots \cup A_m|$ 的元素个数 (或具有某一种性质) 时采用定理 5.1, 当计算 $|\overline{A_1} \cap \overline{A_2} \cap \cdots \cap \overline{A_m}|$ 时采用定理 5.2.

例 5.3 求由 a、b、c、d、e、f 这六个字符组成的全排列中不允许出现 ace 和 df 的排列数.

解 定义全集 A 是由 a、b、c、d、e、f 这六个字符组成的全排列, 则 $|A| = 6!$. 定义子集合 A_1 是由 a、b、c、d、e、f 这六个字符组成的全排列中出现 ace 的排列, 则 $|A_1| = 4!$. 定义子集合 A_2 是由 a、b、c、d、e、f 这六个字符组成的全排列中出现 df 的排列, 则 $|A_2| = 5!$. 故有

$$|\overline{A_1} \cap \overline{A_2}| = |A| - |A_1| - |A_2| + |A_1 \cap A_2|$$

$$= 6! - 4! - 5! + 3!$$

$$= 582.$$

例 5.4(错排问题) 给定 n 个有序的元素 $1, 2, \cdots, n$ 的一个排列, 如果该排

列使得所有的元素都不在原来的位置上, 则称该排列为错排. 求所有 n 个元素的错位排列数 D_n.

解 设全集 A 是由 n 个有序的元素 $1, 2, \cdots, n$ 组成的全排列, 则 $|A| = n!$. 定义 $A_i(i = 1, 2, \cdots, n)$ 是 A 中第 i 个元素在第 i 个位置的排列组成的子集合, 则 $|A_i| = (n-1)!$. 类似地, 有

$$|A_i \cap A_j| = (n-2)!, \ i \neq j, \quad |A_i \cap A_j \cap A_k| = (n-3)!, \ i \neq j \neq k, \cdots,$$

$$|A_1 \cap A_2 \cap \cdots \cap A_n| = (n-n)!,$$

则有

$$
\begin{aligned}
D_n &= \left| \overline{A_1} \cap \overline{A_2} \cap \cdots \cap \overline{A_n} \right| \\
&= |A| - \sum_{i=1}^{n} |A_i| + \sum_{1 \leqslant i < j \leqslant n} |A_i \cap A_j| - \sum_{1 \leqslant i < j < k \leqslant n} |A_i \cap A_j \cap A_k| + \cdots \\
&\quad + (-1)^n |A_1 \cap A_2 \cap \cdots \cap A_n| \\
&= n! - C_n^1 (n-1)! + C_n^2 (n-2)! - C_n^3 (n-3)! + \cdots (-1)^n C_n^n (n-n)! \\
&= n! - \frac{n!}{1!} + \frac{n!}{2!} - \frac{n!}{3!} + \cdots + (-1)^n \frac{n!}{n!} \\
&= n! \left(1 - \frac{1}{1!} + \frac{1}{2!} - \frac{1}{3!} + \cdots + (-1)^n \frac{1}{n!} \right).
\end{aligned}
$$

例 5.5(Euler 函数) 不超过正整数 $n(n > 1)$ 且与 n 互素的正整数的个数记为 $\varphi(n)$, 称为 Euler 函数, 求 Euler 函数 $\varphi(n)$.

解 由整数的唯一分解定理可知, 每个正整数可以唯一地表示成若干个素数方幂乘积的形式. 不妨设 $n = p_1^{r_1} p_2^{r_2} \cdots p_m^{r_m}$, 其中 $r_i(i = 1, 2, \cdots, m)$ 为正整数, $p_i(i = 1, 2, \cdots, m)$ 是互不相同的素数. 定义 $A = \{1, 2, \cdots, n\}$, 则 $|A| = n$. 定义 A 中的子集合 $A_i = \{x \in A, p_i | x\}(i = 1, 2, \cdots, m)$, 则 $|A_i| = \dfrac{n}{p_i}$. 类似地, 有

$$|A_i \cap A_j| = \frac{n}{p_i p_j}, \ i \neq j, \quad |A_i \cap A_j \cap A_k| = \frac{n}{p_i p_j p_k}, \quad i \neq j \neq k, \ \cdots,$$

$$|A_1 \cap A_2 \cap \cdots \cap A_m| = \frac{n}{p_1 p_2 \cdots p_m},$$

则有

$$\varphi(n) = \left| \overline{A_1} \cap \overline{A_2} \cap \cdots \cap \overline{A_m} \right|$$

$$=|A| - \sum_{i=1}^{m} |A_i| + \sum_{1 \leqslant i < j \leqslant m} |A_i \cap A_j| - \sum_{1 \leqslant i < j < k \leqslant m} |A_i \cap A_j \cap A_k| + \cdots$$

$$+ (-1)^m |A_1 \cap A_2 \cap \cdots \cap A_m|$$

$$=n - \sum_{i=1}^{m} \frac{n}{p_i} + \sum_{1 \leqslant i < j \leqslant m} \frac{n}{p_i p_j} - \sum_{1 \leqslant i < j < k \leqslant m} \frac{n}{p_i p_j p_k} + \cdots + (-1)^m \frac{n}{p_1 p_2 \cdots p_m}$$

$$=n \left(1 - \frac{1}{p_1}\right)\left(1 - \frac{1}{p_2}\right) \cdots \left(1 - \frac{1}{p_m}\right).$$

例 5.6 求由 1 到 9 组成的每种数字出现至少一次的 $n(n \geqslant 9)$ 位数的个数.

解 定义 A 为由 1 到 9 组成的 $n(n \geqslant 9)$ 位数的全体组成的集合, 则 $|A| = 9^n$. 定义 A 中的子集合 $A_i(i = 1, 2, \cdots, 9)$ 为不含数字 i 的 n 位数, 则 $|A_i| = 8^n$. 类似地, 有

$$|A_i \cap A_j| = 7^n, \; i \neq j, \quad |A_i \cap A_j \cap A_k| = 6^n, \; i \neq j \neq k, \quad \cdots,$$

$$|A_1 \cap A_2 \cap \cdots \cap A_9| = (9 - 9)^n,$$

则所求 n 位数的个数为

$$|\bar{A_1} \cap \overline{A_2} \cap \cdots \cap \overline{A_9}|$$

$$=|A| - \sum_{i=1}^{9} |A_i| + \sum_{1 \leqslant i < j \leqslant 9} |A_i \cap A_j| - \sum_{1 \leqslant i < j < k \leqslant 9} |A_i \cap A_j \cap A_k| + \cdots$$

$$+ (-1)^9 |A_1 \cap A_2 \cap \cdots \cap A_9|$$

$$=9^n + \sum_{l=1}^{9} (-1)^l C_9^l (9 - l)^n$$

$$=\sum_{l=0}^{8} (-1)^l C_9^l (9 - l)^n.$$

5.2 容斥原理的推广形式

给定有限集 A 及其相关的一组性质 $P_1, P_2, \cdots, P_m$, 上节所讲的容斥原理解决了求 A 中至少具有某一个性质 $P_i(i = 1, 2, \cdots, m)$ 的元素个数或者 A 中不具有任一性质 $P_i(i = 1, 2, \cdots, m)$ 的元素个数的计数问题. 但是如果要求有限集 A 中恰好具有 k 个性质的元素个数的问题, 容斥原理无法解决. 为此, 需要将容斥原理的结论进行推广.

例 5.7 一个学校只有三门课程: 数学、物理、化学, 每个学生至少要修一门课程. 已知修这三门课的学生分别有 170, 130, 120 人; 同时修数学、物理的学生 45 人; 同时修数学、化学的有 20 人; 同时修物理、化学的有 22 人; 同时修三门的有 3 人.

(1) 这所学校共有多少学生?

(2) 只修一门课的学生有多少?

(3) 只修两门课的学生有多少?

解   用集合 A 表示该学校的全体学生, 不妨用 A_1, A_2, A_3 分别表示学校里面修数学、物理和化学的学生. 由题意可知 $|A_1| = 170$, $|A_2| = 130$, $|A_3| = 120$, $|A_1 \cap A_2| = 45$, $|A_1 \cap A_3| = 20$, $|A_2 \cap A_3| = 22$, $|A_1 \cap A_2 \cap A_3| = 3$. 则学校共有学生数为

$$|A| = |A_1 \cup A_2 \cup A_3| = |A_1| + |A_2| + |A_3| - |A_1 \cap A_2|$$

$$- |A_1 \cap A_3| - |A_2 \cap A_3| + |A_1 \cap A_2 \cap A_3|$$

$$= 170 + 130 + 120 - 45 - 20 - 22 + 3 = 336.$$

单修一门数学课的学生数为

$$\left|A_1 \cap \overline{A_2} \cap \overline{A_3}\right| = |A_1| - |A_1 \cap A_2| - |A_1 \cap A_3| + |A_1 \cap A_2 \cap A_3|.$$

类似地, 单修物理课和化学课的学生数分别为

$$\left|\overline{A_1} \cap A_2 \cap \overline{A_3}\right| = |A_2| - |A_1 \cap A_2| - |A_2 \cap A_3| + |A_1 \cap A_2 \cap A_3|.$$

$$\left|\overline{A_1} \cap \overline{A_2} \cap A_3\right| = |A_3| - |A_1 \cap A_3| - |A_2 \cap A_3| + |A_1 \cap A_2 \cap A_3|.$$

综上, 只修一门课的学生数为

$$\left|A_1 \cap \overline{A_2} \cap \overline{A_3}\right| + \left|\overline{A_1} \cap A_2 \cap \overline{A_3}\right| + \left|\overline{A_1} \cap \overline{A_2} \cap A_3\right|$$

$$= |A_1| + |A_2| + |A_3| - 2(|A_1 \cap A_2| + |A_1 \cap A_3| + |A_2 \cap A_3|) + 3\,|A_1 \cap A_2 \cap A_3|$$

$$= 170 + 130 + 120 - 2(45 + 20 + 22) + 9$$

$$= 255.$$

由类似的分析可知, 只修两门课程的学生数为

$$\left|A_1 \cap A_2 \cap \overline{A_3}\right| + \left|\overline{A_1} \cap A_2 \cap A_3\right| + \left|A_1 \cap \overline{A_2} \cap A_3\right|$$

$$= (|A_1 \cap A_2| + |A_1 \cap A_3| + |A_2 \cap A_3|) - 3\,|A_1 \cap A_2 \cap A_3|$$

$$=45 + 20 + 22 - 9$$

$$=78.$$

如果将修某门课程看作是与全校学生相关的一组性质, 例 5.7 中所求的只修一门课程的学生数就相当于恰好具有一种性质的学生人数, 只修两门课程的学生数就相当于求恰好具有两种性质的学生人数. 将例 5.7 的结论进行推广即可得到容斥原理的推广形式.

问题 3　设 $A = \{a_1, a_2, \cdots, a_n\}$ 是一个有限集, $P_1, P_2, \cdots, P_m$ 是与 A 中元素相关的一组性质, $A_1, A_2, \cdots, A_m$ 是 A 中分别具有性质 $P_1, P_2, \cdots, P_m$ 的元素组成的子集合, 求 A 中至少恰好具有 $r(1 \leqslant r \leqslant m)$ 个性质的元素个数 $N(r)$.

为了描述方便, 我们定义下面的记号.

$$\omega(1) = \sum_{i=1}^{m} |A_i|, \omega(2) = \prod_{1 \leqslant i < j \leqslant m} |A_i \cap A_j|, \cdots, \omega(m) = |A_1 \cap A_2 \cap \cdots \cap A_m|.$$

且规定 $\omega(0) = |A|$.

定理 5.3(容斥原理的推广形式, Jordan 公式)　设 A 是一个有限集, $P_1, P_2, \cdots, P_m$ 是与 A 中元素相关的一组性质, $A_1, A_2, \cdots, A_m$ 是 A 中分别具有性质 $P_1, P_2, \cdots, P_m$ 的元素组成的子集合, 则 A 中至少恰好具有 $r(1 \leqslant r \leqslant m)$ 个性质的元素个数

$$N(r) = \omega(r) - C_{r+1}^1 \omega(r+1) + C_{r+2}^2 \omega(r+2) - \cdots + (-1)^{m-r} C_m^{m-r} \omega(m).$$

证 (贡献法)　我们依然采用贡献法的思想证明定理 5.3. 我们只需要证明集合 A 中任意一个元素对于定理等式左右两端的贡献都相同. 我们对全集 A 中的所有元素分以下三种情况讨论.

第一种情况, 对于全集 A 中的元素 a, 如果元素 a 具有的性质小于 r. 显然, 这类元素在等式左右两端的计数次数都为 0, 结论成立.

第二种情况, a 恰好具有 r 个性质. 不失一般性, 不妨设 $a \in A_i(i = 1, 2, \cdots, r)$. 则这类元素在等式左端的计数次数为 1; 在等式右端, a 对于 $\omega(r)$ 的贡献为 1, 对于 $\omega(r+1), \omega(r+2), \cdots, \omega(m)$ 的贡献均为 0, 在等式右端的计数次数也为 1, 结论成立.

第三种情况, a 具有多于 r 个性质. 不妨设 a 具有 $r+i(i = 1, 2, \cdots, m-r)$ 个性质, 显然 a 在 $\omega(r)$ 被计数了 C_{r+i}^r 次, 在 $\omega(r+1)$ 被计数了 C_{r+i}^{r+1} 次, 以此类推在 $\omega(r+i)$ 被计数了 C_{r+i}^{r+i} 次, 也就是 1 次. 那么 a 在等式右端的计数次数为

$$C_{r+i}^r - C_{r+1}^1 C_{r+i}^{r+1} + \cdots + (-1)^i C_{r+i}^i C_{r+i}^{r+i}$$

$$=C_{r+0}^0 C_{r+i}^r - C_{r+1}^1 C_{r+i}^{r+1} + \cdots + (-1)^i C_{r+i}^i C_{r+i}^{r+i}.$$

由于 $C_{r+t}^t C_{r+i}^{r+t} = \dfrac{(r+t)!}{t!r!} \cdot \dfrac{(r+i)!}{(r+t)!(i-t)!} = \dfrac{(r+i)!}{i!r!} \cdot \dfrac{i!}{t!(i-t)!} = C_{r+i}^r \cdot C_i^t,$

我们有

$$C_{r+i}^r - C_{r+1}^1 C_{r+i}^{r+1} + \cdots + (-1)^i C_{r+i}^i C_{r+i}^{r+i}$$

$$= C_{r+i}^r C_i^0 - C_{r+i}^r C_i^1 + \cdots + (-1)^i C_{r+i}^r C_i^i$$

$$= C_{r+i}^r [C_i^0 - C_i^1 + \cdots + (-1)^i C_i^i] = 0$$

由贡献法可知, 定理 5.3 成立. ■

例 5.8　现在有七位客人围着圆桌就餐, 其中有六位客人是三对夫妻.

(1) 如果要求所有夫妻都不相邻, 总共有多少种不同的就坐方法?

(2) 如果要求恰好有两对夫妻不相邻, 总共有多少种不同的就坐方法?

解　(1) 用集合 A 表示七位客人围着圆桌就坐的所有不同方式构成的集合, 显然有

$$|A| = \frac{7!}{7} = 6!.$$

用 $A_i(i = 1, 2, 3)$ 来表示第 i 对夫妻相邻就坐的不同方式所构成的集合, 由于每队夫妻相邻的方式有两种, 所以有

$$|A_i| = 2 \cdot \frac{6!}{6} = 240(i = 1, 2, 3). \quad |A_i \cap A_j| = 2^2 \cdot \frac{5!}{5} = 96(i \neq j).$$

$$|A_1 \cap A_2 \cap A_3| = 2^3 \cdot 3! = 48.$$

由容斥原理可知, 所有夫妻均不相邻的坐法数为

$$|\overline{A_1} \cap \overline{A_2} \cap \overline{A_3}|$$

$$= |A| - (|A_1| + |A_2| + |A_3|) + (|A_1 \cap A_2| + |A_1 \cap A_3|$$

$$+ |A_2 \cap A_3|) - |A_1 \cap A_2 \cap A_3|$$

$$= 6! - 3 \cdot 240 + 3 \cdot 96 - 48$$

$$= 240.$$

(2) 由推广的容斥原理, 恰好有两对夫妻不相邻的坐法数为

$$N(2) = \omega(1) - C_2^1 \omega(2) + C_3^2 \omega(3) = 720 - 2 \cdot 288 + 3 \cdot 48 = 288.$$

例 5.9 设 X 是一个 n 元集, $X_1, X_2, \cdots, X_k$ 是 X 的非空子集, 如果 X 上的一个 k 排列 $a_{i_1} a_{i_2} \cdots a_{i_k}$ 满足 $a_{i_j} \in X_j, j = 1, 2, \cdots, k$, 则称这样的排列为 X 上的 $(X_1, X_2, \cdots, X_k)$-限位排列. 设 $n \geqslant 2$. 求 $\mathbb{N}_n$ 上的满足下面条件的排列 $a_1 a_2 \cdots a_n$ 的个数 U_n. 其中 a_i 不能取自下面阵列的第 i 列, $i = 1, 2, \cdots, n$.

$$
\begin{array}{cccccccc}
1 & 2 & 3 & 4 & \cdots & n-2 & n-1 & n \\
2 & 3 & 4 & 5 & \cdots & n-1 & n & 1
\end{array}
$$

解 设 $X_i = \mathbb{N}_n / \{i, i+1\}, i = 1, 2, \cdots, n-1, X_n = \mathbb{N}_n / \{1, n\}$, 则 U_n 是 $\mathbb{N}_n$ 上的一个 $(X_1, X_2, \cdots, X_n)$-限位排列的个数. 记 A_i 为 $a_i \in X_i$ 的 n-排列 $a_1 a_2 \cdots a_n$ 的集合, $i = 1, 2, \cdots, n$, 于是

$$
|A_i| = 2(n-1)!, \quad i = 1, 2, \cdots, n.
$$

但对于 $1 \leqslant i < j \leqslant n, |A_i \cap A_j|$ 没有统一的计数公式. 为此, 称 A_i 中的元素具有性质 $P_i, i = 1, 2, \cdots, n$. 记 A 是 $\mathbb{N}_n$ 上所有 n 排列的集合. 于是 U_n 是 A 中不具有性质 $P_1, P_2, \cdots, P_n$ 的全排列的数目. 由定理 5.3 可知,

$$
U_n = e_0 = s_0 - s_1 + s_2 - \cdots + (-1)^n s_n.
$$

在上面公式中, s_k 表示具有 k 个性质的 n 排列数, $k = 0, 1, 2, \cdots, n$. 为了求 s_k, 我们再定义 $2n$ 个性质 $\alpha_1, \beta_1, \alpha_2, \beta_2, \cdots, \alpha_n, \beta_n$.

称 A 的一个 n 排列 $a_1 a_2 \cdots a_n$ 具有性质 α_i, 若 $a_i = i, i = 1, 2, \cdots, n$; 称 A 的一个 n 排列 $a_1 a_2 \cdots a_n$ 具有性质 β_i, 若 $a_i = i+1, i = 1, 2, \cdots, n-1$, 具有性质 β_n, 若 $a_n = 1$. 于是, A 的一个排列具有性质 P_i 当且仅当这个排列同时具有性质 α_i 和 $\beta_i, i = 1, 2, \cdots, n$.

但 $\alpha_1, \beta_1, \alpha_2, \beta_2, \cdots, \alpha_n, \beta_n$ 这 $2n$ 个性质是不独立的, 事实上, 在一个排列中, 对于 $i = 2, 3, 4, \cdots, n$, 具有性质 α_i 时就不能具有性质 β_{i-1}, 也不能具有性质 β_i, 具有性质 α_1 时就不能具有性质 β_n, 也不能具有性质 β_1. 若把这 $2n$ 个性质按 $\alpha_1 \beta_1 \alpha_2 \beta_2 \cdots \alpha_n \beta_n$ 的顺序排成一个圆周上 (α_1 与 β_n 相邻), 则一个排列不能同时具有出现在这个圆上的两个相邻性质. 因此, 一个排列具有出现在这个圆周上的 k 个性质, 当且仅当这 k 个性质是这个圆周上某 k 个两两不相邻的性质. 故 s_k 是从这个圆周上选取 k 个两两不相邻元素的方法数的 $(n-k)!$ 倍.

在这个圆周上选取 k 个两两不相邻元素的方法数等于 $\mathbb{N}_{2n}$ 的不包含两个相邻整数的 k-子集的个数 $f^*(2n, k)$, 这里认为 1 和 $2n$ 是相邻的.

$$
f^*(2n, k) = \frac{2n}{2n-k} \binom{2n-k}{k}, \quad 0 \leqslant k \leqslant n.
$$

于是

$$s_k = \frac{2n}{2n-k} \binom{2n-k}{k} (n-k)!, \quad 0 \leqslant k \leqslant n.$$

把 s_k 代入求解后可得

$$U_n = \sum_{k=0}^{n} (-1)^k \frac{2n}{2n-k} \binom{2n-k}{k} (n-k)!.$$

例 5.10　n 对夫妇参加宴会, 围刚好有 $2n$ 座位的圆桌就座, 要求男女相间并且每对夫妇两人不得相邻. 若座位无编号且不考虑人员入座的先后顺序, 问 n 对夫妇有多少种就座方式?

解　容易验证当 $n < 3$ 时, 这样的就坐方式是不存在的, 不妨设 $n \geqslant 3$. 因为人员入座的先后顺序与就座方式无关, 所以可让 n 位女士按要求先入座, 然后 n 位男士再按要求入座.

因为座位无编号, 所以 n 位女士有 $(n-1)!$ 种入座方式. 选定 n 位女士的一种入座方式, 从某一位开始, 按逆时针顺序将 n 位女士编号为 $1, 2, \cdots, n$, 并将编号为 i 的女士的先生也编号为 i. 再把 n 个空位编号, 第 n 位女士与第 1 位女士之间的位置编号为 1, 第 i 位女士与第 $i+1$ 位女士之间的位置编号为 $i+1, i = 1, 2, \cdots, n-1$.

按题目要求, 对于 $i = 1, 2, \cdots, n-1$, 编号为 i 的男士不能入座第 i 号和第 $i+1$ 号位置, 可以在其他 $n-2$ 个座位中的任何一个就座; 编号为 n 的男士不能入座第 n 号和第 1 号位置, 可以在其他 $n-2$ 个座位中的任何一个就座.

假定 n 位男士已全部入座, 在第 i 号位置就座的男士编号为 $a_i (1 \leqslant i \leqslant n)$, 则 $a_1 a_2 \cdots a_n$ 为 $\mathbb{N}_n$ 的一个全排列, 而且 a_i 不能取自下面阵列的第 i 列, $i = 1, 2, \cdots, n-1, n$.

$$\begin{array}{ccccccc} 1 & 2 & 3 & 4 & \cdots & n-2 & n-1 & n \\ 2 & 3 & 4 & 5 & \cdots & n-1 & n & 1 \end{array}$$

由例 5.8, 男士入座的方法数为 U_n, 故 n 对夫妇按要求入座的方法数为 $(n-1)! U_n$. 即 n 对夫妇按要求入座的方法数是

$$(n-1)! \sum_{k=0}^{n} (-1)^k \frac{2n}{2n-k} \binom{2n-k}{k} (n-k)!.$$

5.3 应用举例

容斥原理的应用非常广泛, 对于很多组合计数问题, 通过容斥原理都可以有效地进行解决.

例 5.11 设 n 元集 $S=\{x_1, x_2, \cdots, x_n\}$, $p_i \leqslant q_i$ ($i = 1, 2, \cdots, n$) 是非负整数, 从 S 中允许重复地选取 k 个元素, 要求 x_i 的出现的次数不超过 q_i 也不小于 p_i, $i = 1, 2, \cdots, n$, 这样的 k-组合数记为 a_k. 求 a_k 的计数公式.

解 对问题进行转化, 等价于求解 a_k 是不定方程 $x_1 + x_2 + \cdots + x_n = k$ 满足 $p_i \leqslant x_i \leqslant q_i$ 的整数解的个数, $i = 1, 2, \cdots, n$. 如果令 $y_i = x_i - p_i$, $i = 1, 2, \cdots, n$, 则上述问题转化为求不定方程 $y_1 + y_2 + \cdots + y_n = k - p_1 - p_2 - \cdots - p_n$ 满足 $0 \leqslant y_i \leqslant q_i - p_i$, $i = 1, 2, \cdots, n$ 的非负整数解问题.

为了表述方便, 我们求下面不定方程

$$x_1 + x_2 + \cdots + x_n = k$$

满足 $0 \leqslant i_i \leqslant m_i$, $i = 1, 2, \cdots, n$ 的整数解的个数 c_k.

设 A 是上述不定方程的非负整数解集合, A_i 是 A 中那些使得 $x_i > m_i$ 的解构成的子集, $i = 1, 2, \cdots, n$. 于是, 上述不定方程的满足条件的解的个数是

$$c_k = \left| \bar{A}_1 \cap \bar{A}_2 \cap \cdots \cap \bar{A}_n \right| = |A| - \sum_{1 \leqslant i \leqslant n} |A_i| + \sum_{1 \leqslant i < j \leqslant n} |A_i \cap A_j|$$

$$- \sum_{1 \leqslant i < j < k \leqslant n} |A_i \cap A_j \cap A_k| + \cdots + (-1)^n |A_1 \cap A_2 \cap \cdots \cap A_n|.$$

注意 $|A_{i_1} \cap A_{i_2} \cap \cdots \cap A_{i_r}|$ 是 A 中适合 $x_{i_j} > m_{i_j}$ ($j = 1, 2, \cdots, r$) 的解的个数, 也是 $x_1 + x_2 + \cdots + x_n = k - m_{i_1} - m_{i_2} - \cdots - m_{i_r} - r$ 的非负整数解的个数, 因此有

$$|A_{i_1} \cap A_{i_2} \cap \cdots \cap A_{i_r}| = \binom{n + k - m_{i_1} - m_{i_2} - \cdots - m_{i_r} - r - 1}{n - 1}.$$

于是,

$$c_k = \left| \bigcap_{i=1}^{n} \bar{A}_i \right| = \binom{n + k - 1}{n - 1} - \sum_{1 \leqslant i \leqslant n} \binom{n + k - m_i - 2}{n - 1}$$

$$+ \sum_{1 \leqslant i < j \leqslant n} \binom{n + k - m_i - m_j - 3}{n - 1}$$

$$- \sum_{1 \leqslant i < j < l \leqslant n} \binom{n+k-m_i-m_j-m_l-4}{n-1} + \cdots$$

$$+ (-1)^n \binom{k-m_1-m_2-\cdots-m_n-1}{n-1}.$$

例 5.12 求在四元集 $X=\{a, b, c, d\}$ 中允许重复地取 20 个元素的组合个数 a_{20}, 其中 a, b, c, d 的出现次数满足 $1 \leqslant a \leqslant 6, 0 \leqslant b \leqslant 7, 4 \leqslant c \leqslant 8, 2 \leqslant d \leqslant 6$.

解 根据题意可知, a_{20} 是不定方程 $x_1 + x_2 + x_3 + x_4 = 20$ 的满足 $1 \leqslant x_1 \leqslant 6, 0 \leqslant x_2 \leqslant 7, 4 \leqslant x_3 \leqslant 8, 2 \leqslant x_4 \leqslant 6$ 的整数解的个数, 也是不定方程 $x_1 + x_2 + x_3 + x_4 = 13$ 的满足 $0 \leqslant x_1 \leqslant 5, 0 \leqslant x_2 \leqslant 7, 0 \leqslant x_3 \leqslant 4, 0 \leqslant x_4 \leqslant 4$ 的整数解的个数. a_{20} 可由上面的公式求出, 其中 $n = 4, k = 13, m_1 = 5, m_2 = 7, m_3 = m_4 = 4$.

$$a_{20} = \binom{4+13-1}{3} - \binom{4+13-5-2}{3} - \binom{4+13-7-2}{3}$$

$$- 2\binom{4+13-4-2}{3}$$

$$+ \binom{4+13-5-7-3}{3} + 2\binom{4+13-5-4-3}{3}$$

$$+ 2\binom{4+13-7-4-3}{3} + \binom{4+13-4-4-3}{3}$$

$$- 2\binom{4+13-5-7-4-4}{3} - \binom{4+13-5-4-4-4}{3}$$

$$- \binom{4+13-7-4-4-4}{3}$$

$$=560 - (120 + 56 + 2 \times 165) + 2 \times 10 + 2 + 20 = 96.$$

例 5.13 有 a, b 两副纸牌, 各有 n 张编号自 1 至 n 的牌, 洗牌后配成 n 对, 每对里包含 a, b 各一张牌, 称上述过程为配对. 如果有一对里的两张牌它们的编号相同, 就说有一个相合. 问至少有一个相合的配对方法有多少种?

解 记 A_i 为 i 号牌相合的配对方法的集合, $i = 1, 2, \cdots, n$, 则至少有一个相合的配对方法的集合是 $A_1 \cup A_2 \cup \cdots \cup A_n$.

A_i 中的配对方法可这样得到, 把 n 张 a 牌一字摆开 (与先后顺序无关), 先让 i 号牌相合, 然后把 b 牌的其余 $n-1$ 张牌在 a 牌的其余 $n-1$ 张牌上随意排列, 得到 $n-1$ 张牌的配对, 故有

$$|A_i| = (n-1)!, \quad i = 1, 2, \cdots, n.$$

同理, $|A_i \cap A_j| = (n-2)!, 1 \leqslant i < j \leqslant n, |A_i \cap A_j \cap A_k| = (n-3)!, 1 \leqslant i < j < k \leqslant n, \cdots,$

$$|A_1 \cap A_2 \cap \cdots \cap A_n| = 0! = 1.$$

由容斥原理可知,

$$|A_1 \cup A_2 \cup \cdots \cup A_n| = \binom{n}{1}(n-1)! - \binom{n}{2}(n-2)! + \cdots + (-1)^{n-1}\binom{n}{n}0!$$

$$= n!\left(\frac{1}{1!} - \frac{1}{2!} + \frac{1}{3!} - \frac{1}{4!} + \cdots + (-1)^{n-1}\frac{1}{n!}\right).$$

这就是**耦合问题**, 由蒙特莫特 (P. R. Montmont) 首先提出并解决. 耦合问题与错排问题互补.

例 5.14 用 $p_n(k)$ 表示 $\mathbb{N}_n$ 的恰好有 k 个数在原来位置上的全排列的数目, 说一个数 m 在全排列的原来位置上是指, 从左至右 m 在全排列的第 m 个位置上. 证明:

$$\sum_{k=0}^{n} k p_n(k) = n!.$$

证 若恰好有 k 个数在原来位置上, 则 $\mathbb{N}_n$ 的其余的 $n-k$ 个数对应的排列是一个 $n-k$ 元错位排列. 我们有, $p_n(k) = C(n,k)D_{n-k}$. 对 k 从 0 到 n 求和有

$$\sum_{k=0}^{n} k p_n(k) = \sum_{k=1}^{n} k \binom{n}{k} D_{n-k} = \sum_{k=1}^{n} n \binom{n-1}{k-1} D_{(n-1)-(k-1)}.$$

令 $r = k-1$, 则

$$\sum_{k=0}^{n} k p_n(k) = n \sum_{r=0}^{n-1} \binom{n-1}{r} D_{(n-1)-r} = n \cdot (n-1)! = n!.$$

将 $\mathbb{N}_{n-1}$ 的 $n-1$ 个数的全排列分成 n 类, $n-1$ 个位置上的数都不耦合, 恰有一个位置上的数耦合, 恰有两个位置上的数耦合, $\cdots$, $n-1$ 个位置上的数都耦

合. 这 n 个类是两两不相交的, 第 r 类的全排列数是 $C(n-1,r)D_{n-1-r}$, $r = 0,1,2,\cdots,n-1$. 于是,

$$n \sum_{r=0}^{n-1} \binom{n-1}{r} D_{(n-1)-r} = (n-1)!. \qquad \blacksquare$$

例 5.15　设 $a_1, a_2, \cdots, a_n$ 是 n 个不同的字母. 求用 n 对字母 $a_1, a_1, a_2, a_2, \cdots, a_n, a_n$ 组成的 $2n$ 元排列中相同字母不相邻的排列个数 $g(n)$.

解　设 A 是由 n 对字母 $a_1, a_1, a_2, a_2, \cdots, a_n, a_n$ 组成的 $2n$ 元排列的集合, A_i 是 A 中两个 a_i 相邻的排列的集合, $i = 1, 2, \cdots, n$, 则 $g(n) = |\overline{A_1} \cap \overline{A_2} \cap \cdots \cap \overline{A_n}|$. 由定理 1.4, $|A| = (2n)!/2^n$.

对任意给定的 $1 \leqslant i_1 < i_2 < \cdots < i_k \leqslant n$, $|A_{i_1} \cap A_{i_2} \cap \cdots \cap A_{i_k}|$ 是由 k 个字母 $a_{i_1}, a_{i_2}, \cdots, a_{i_k}$ 和其余的 $n-k$ 对字母组成的 $2n-k$ 元排列的个数, 这种排列的个数是 $(2n-k)!/2^{n-k}$. 即

$$|A_{i_1} \cap A_{i_2} \cap \cdots \cap A_{i_k}| = (2n-k)!/2^{n-k},$$

由公式 5-4,

$$g(n) = \frac{(2n)!}{2^n} - \binom{n}{1} \frac{(2n-1)!}{2^{n-1}} + \binom{n}{2} \frac{(2n-2)!}{2^{n-2}} - \cdots + (-1)^n n!.$$

例 5.16　在由 4 个 x, 3 个 y, 2 个 z 构成的全排列中, 求不出现 xxxx, yyy, zz 图像的排列数.

解　记出现 xxxx 图像的排列的集合为 A_1, 出现 yyy 图像的排列的集合为 A_2, 出现 zz 图像的排列的集合为 A_3. xxxx 作为一个单元出现进行排列, 考虑到 y 重复 3 次, z 重复 2 次, 故

$$|A_1| = 6!/(3!2!) = 60, \quad |A_2| = 7!/(4!2!) = 105, \quad |A_3| = 8!/(4!3!) = 280,$$

$$|A_1 \cap A_2| = 4!/2! = 12, \quad |A_1 \cap A_3| = 5!/3! = 20,$$

$$|A_2 \cap A_3| = 6!/4! = 30, \quad |A_1 \cap A_2 \cap A_3| = 3! = 6,$$

4 个 x, 3 个 y, 2 个 z 的全排列中不同的排列数为 $9!/(4!3!2!) = 1260$. 所以

$$|A_1 \cap A_2 \cap A_3| = 1260 - |A_1| - |A_2| - |A_3| + |A_1 \cap A_2| + |A_1 \cap A_3| + |A_2 \cap A_3|$$
$$- |A_1 \cap A_2 \cap A_3|$$
$$= 1260 - (60 + 105 + 280) + (12 + 20 + 30) - 6$$
$$= 871.$$

5.4* 容斥原理在 RSA 公钥加密算法中的应用

为了在不安全的网络中实现保密通信, 密码学中早期采用对称密码体制对数据进行加密. 对称密码体制加密和解密的密钥通常相同或者可以相互推导. 对称密码体制的工作原理如图 5.4 所示, 通信的双方首先需要产生一个共享的密钥; 发送者 Alice 利用共享的密钥采用加密算法对明文消息进行加密, 从而产生对应的密文. 接下来, Alice 将产生的密文通过不安全的网络发送给接收者 Bob, Bob 收到密文以后利用共享的密钥和解密算法对密文进行解密就可以恢复出 Alice 想发送的明文消息. 对称密码体制具有较好的安全性和加解密效率, 在公开网络中实现保密通信发挥了重要的作用. 但对称密码体制也存在固有的三个缺陷.

图 5.4 不安全信道通信模型

第一个缺陷称为密钥协商问题. 为了使用对称密码体制进行保密通信, 首先通信双方要建立一个共享的密钥, 通常采用的方式是私人会面以交换密钥或者采用可信的方式进行线下的传输. 因为通信双方是通过远程的网络进行通信的, 采用私人会面的方式建立密钥是极为不便的. 第二个缺陷称为密钥管理问题. 假设现在有 n 个人想要通过对称密码体制实现两两之间的保密通信, 那么任意两个人之间就要建立一个共享的密钥, 整个系统中需要的密钥数量为 C_n^2, 而每个用户需要保存的密钥数量为 $n-1$. 当 n 很大时, 对于用户来说, 密钥管理的负担很重, 极为不便. 第三个缺陷是不具有不可否认性, 或者说不具有签名的功能. 考虑一个场景, 假设 Alice 和 Bob 通过对称密码体制进行通信, Alice 利用共享的密钥对某个非法消息进行了加密, 然后将密文发送给 Bob. 但是, 非法的消息被警方截获, 由于发送该非法消息需要负法律责任, Alice 就谎称该消息是 Bob 产生的, 由于密钥是 Alice 和 Bob 共享的 Bob 也无法证明该消息是 Alice 产生后发送的.

为了解决对称密码体制的弊端, 1976 年, Whitfield Diffie 和 Martin Hell-man 发表了 "new directions in cryptography" 一文, 首次提出了公开密钥体制 (简称为 "公钥密码") 的思想, 介绍了公钥加密和数字签名的新构想. 自此, 开启了密码学历史上一场伟大的变革. 2016 年 3 月, 美国计算机协会 (ACM) 宣布授予两位伟大的密码研究专家 Whitfield Diffie 和 Martin Hellman 2015 年的 ACM 图灵奖, 他们对密码学的杰出贡献得到了世人的认可. 在一个公钥密码体制中, 解密密钥和加密密钥不同, 解密功能和加密功能是分离的, 这样, 用户加密密钥可以公开, 但解密密钥需要保密, 并且由加密密钥很难推出解密密钥. 由于加密密钥可以公开, 因而利用公钥密码体制可以实现在公开网络中的保密通信. 例如 Alice 可以利用 Bob 的公钥加密想发送的消息并将对应的密文进行发送, Bob 接收到密文后利用自己的解密密钥就可以实现解密. 公钥密码体制如今已成为大多数互联网安全应用的基础, 是一种无需事先共享密钥就可以在两个用户之间安全地传送信息的方法, 不同于通信双方必须提前商定密钥的对称加密算法.

公钥密码的提出被视为是现代密码学的开端, 具有划时代的意义. 但是, 由 Whitfield Diffie 和 Martin Hellman 最初所提出的 MH 背包算法于 1984 年被破译, 因而失去了实际意义. 真正有生命力的公开密钥加密系统算法是由 Ronald Rivest、Adi Shamir 和 Leonard Adlemen 共同设计的 RSA 算法. 他们 1977 年的研究成果 "A method for obtaining digital signatures and public-key cryptosystems", 提出了第一个真正安全的公钥密码体制, 现已用他们的名字的首字母命名, 称为 RSA 公钥密码体制. RSA 公钥密码体制得到了广泛的应用, 先后被 ISO、ITU、SWIFT 等国际化标准组织采用作为标准. RSA 已经成为事实上的国际标准. 几十年来, RSA 密码体制经历了各种攻击和考验, 不断成熟完善, 逐渐为人们所接受, 并以其利于理解与操作、安全性高的优点, 迅速影响了全世界的加密算法发展与应用进程.

RSA 公钥加密算法包括密钥产生算法、加密算法和解密算法.

使用 RSA 公钥体制的任一用户 (例如用户 B) 构造密钥生成算法为

(1) 随机选取两个大的素数 p 和 q, , 并计算 $n = pq, \phi(n) = (p-1)(q-1)$.

(2) 随机地选择 e, 使 $1 < e < \phi(n), \gcd(e, \phi(n)) = 1$.

(3) 利用扩展的欧几里得算法求 e 模 $\phi(n)$ 的逆元 $d, 1 < d < \phi(n)$, 使

$$ed \equiv 1(\mathrm{mod}\phi(n)).$$

(4) (用户 B) 的公开加密密钥是 n, e(加密指数), 解密密钥是 d(解密指数), p 与 q.

假设用户 A 要向用户 B 发送消息. A 首先要将消息分组, 分组长度 l 要保证

$2^l \leqslant n$. 用 m 表示某一组消息的十进制数, $0 \leqslant m < n$, 那么由用户 A 和用户 B 分别实施的加密变换和解密变换如下.

加密算法: $E_{\mathrm{B}}(m) = m^e \equiv c(\bmod n)$.

解密算法: $D_{\mathrm{B}}(c) = c^d(\bmod n)$.

RSA 的安全性极大地依赖于模数 n 的因数分解, 更为准确地说其安全性完全由模数的 Euler 函数值决定. 如果 n 分解成 p 与 q 的乘积, 那么就很容易计算出 $\phi(n) = (p-1)(q-1)$, 于是任何人都可以根据公开密钥 e 计算出解密密钥 d.

Euler 函数的计算公式如下: 设 $n = p_1^{e_1} p_2^{e_2} \cdots p_r^{e_r}$, $p_1, p_2, \cdots, p_r$ 为两两不同的素数, 则

$$\varphi(n) = \prod_{i=1}^{r} p_i^{e_i-1}(p_i - 1) = n\left(1 - \frac{1}{p_1}\right) \cdots \left(1 - \frac{1}{p_r}\right).$$

如例 5.5 所示, Euler 函数的计算公式正是通过容斥原理推导得到的. 由 Euler 函数的计算公式可知, RSA 公钥密码算法的安全性完全依赖于对模数 n 的分解. 为了保证 RSA 公钥密码体制的安全性, 通常要求 $n = pq$ 必须足够大, 使得分解 n 在目前的计算机上是计算上不可行的. 根据目前分解 n 的算法, 分解 150 位十进制数 (512 比特) 已经可以做到. 因此, 用户选择的 p 和 q 都应大于 80 位的十进制数.

习 题 5

5.1 求不大于 500 而被 3, 5, 7 中的一个整除的自然数的个数.

5.2 一次会议有 1990 位数学家参加, 每人至少有 1327 位合作者. 证明: 可以找到 4 位数学家, 他们当中每两个人都合作过.

5.3 在 a, b、c, d, e, f 六个字母的全排列中, 求不允许出现 abc 和 de 的排列的个数.

5.4 在 52 张的一副桥牌中, 任取 13 张, 其中没有某一种花色, 问有多少种取法?

5.5 在 $1, 2, \cdots, 9$ 的全排列中, 求偶数都在原来位置上, 其余都不在原位置上的全排列的个数.

5.6 分别计算不超过 120 的合数和质数的个数.

5.7 (1) r 个不同的球, 放入 n 个不同的盒内 $(r \geqslant n)$, 求放法总数 $f(r,n)$.

(2) r 个不同的球, 放入 n 个相同的盒内 $(r \geqslant n)$, 求没有空盒的放法总数 $S(r,n)$.

5.8 由数字 1, 2 和 3 组成 n 位数, 要求 n 位数中 1, 2 和 3 的每一个至少出现一次. 求所有这种 n 位数的个数.

5.9 给定 1978 个集合, 每个集合都恰含有 40 个元素, 每两个集合都恰有一个公共元素, 任何三个集合没有公共元素. 求这个 1978 个集合的并集所含元素的个数.

5.10 设 $S = \{1, 2, \cdots, 280\}$. 求最小的自然数 n, 使得 S 的每个含有 n 个元素子集都含有 5 个两两互质的数.

5.11　以 A 表示方程 $x_1 + x_2 + \cdots + x_{2n} = n$ 满足约束条件:

$$x_1 + x_2 + \cdots + x_j \leqslant \frac{1}{2}j \quad (1 \leqslant j \leqslant 2n - 1)$$

及 $0 \leqslant x_j \leqslant 1 (1 \leqslant j \leqslant 2n)$ 的整数解 $(x_1, x_2, \cdots, x_{2n})$ 的全体, 求 $|A|$.

5.12　甲、乙打乒乓球, 最后甲以 21 : 16 获胜. 求在比赛过程中甲一直领先的比分序列的种数.

5.13　把编号为 1 至 r 个球放入 n 个无区分的盒里 $(r \geqslant n)$. 求没有空盒的放法总数 $S(r, n)$.

5.14　$n \geqslant 2$, 对于任意正整数 k, 求最小的正整数 $f(k)$, 使得有 n 个集合 $A_1, A_2, \cdots, A_n$, 满足

(1) $|A_i| = k$,　$i = 1, 2, \cdots, n$;

(2) 若 $i \neq j$, $A_i \cap A_j = \varnothing$, $i = 1, 2, \cdots, n$;

(3) $|A_1 \cup A_2 \cup \cdots \cup A_n| = f(k)$.

第 6 章 鸽笼原理

在前面我们已经介绍了大量的组合计数问题以及处理组合计数问题的一些方法和技巧. 但是在具体的组合问题中, 要对某些特定排列或组合的方案数进行计数, 前提是这些方案是存在的. 本章所介绍的鸽笼原理是解决某些组合问题存在性的一个基本而重要的原理, 虽然其原理简单, 但是却有着复杂而又丰富多彩的应用.

6.1 鸽笼原理的简单形式

在介绍鸽笼原理之前, 首先来看两个简单的引例.

引例 6.1 在边长为 2 的等边三角形内任取 5 个点, 则其中必有 2 个点, 它们之间的距离不大于 1.

如图 6.1 所示, 我们取等边三角形每条边的中点并进行连线, 则边长为 2 的等边三角形被划分成 4 个边长为 1 的等边三角形. 5 个点要被分配到 4 个边长为 1 的等边三角形中, 必然有 2 个点落在同一个边长为 1 的等边三角形中, 因此它们之间的距离不大于 1.

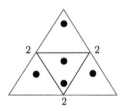

图 6.1 等边三角形的鸽笼原理示意图

引例 6.2 (匈牙利数学家 Louis Posa 的故事)　Louis Posa 小时候被称为数学神童, 只用了半分钟就巧妙解答了匈牙利著名数学家 Paul Erdos 提出的问题, 即在 $1, 2, \cdots, 2n$ 中任取 $n+1$ 个不同的数, 那么这 $n+1$ 个数中必有两个数互素.

Posa 的解答很巧妙, 他将 $2n$ 个正整数分为 n 组, $1, 2$ 一组, $3, 4$ 一组, 以此类推, $2n-1, 2n$ 一组, 则从中任取 $n+1$ 个不同的数, 必然有两个数在同一组内, 而同一组内的两个数是相邻的, 相邻的两个正整数必然互素.

Posa 的解答就用到了鸽笼原理. 下面我们给出鸽笼原理的形象描述.

定理 6.1(鸽笼原理的形象描述)　$n+1(n \geqslant 1)$ 只鸽子飞回 n 个鸽笼, 则至少有一个鸽笼里至少有两只鸽子.

鸽笼原理最早由德国数学家 Dirichlet 在 1834 年提出, 当时他并不称为鸽笼原理, 而是称为抽屉法则. 下面我们给出鸽笼原理的数学描述.

定理 6.2(鸽笼原理的数学描述)　设 A 是有限集, $|A| \geqslant n+1$. $A_i \subseteq A(i = 1, 2, \cdots, n)$ 且有

$$\bigcup_{i=1}^{n} A_i = A,$$

则必有正整数 $k(1 \leqslant k \leqslant n)$, 使得 $|A_k| \geqslant 2$.

鸽笼原理可采用反证法证明, 具体证明留给读者自证.

鸽笼原理虽然形式简单, 但是却有着变化多样且丰富多彩的应用. 下面先看一个鸽笼原理在日常生活中的应用.

例 6.1　某次会议共有 n 位代表参加, 那么在这 n 位代表中, 至少要有 2 位代表认识的人数相等.

证　分两种情况讨论, 如果 n 位代表中每一位代表至少认识其余 $n-1$ 位中的一位, 则代表认识的人数可以是 $1, 2, \cdots, n-1$, 共 $n-1$ 种可能. 现在有 n 位代表, 认识人数的可能情况只有 $n-1$ 种, 根据鸽笼原理, 至少要有 2 位代表认识的人数相等, 结论成立.

考虑另外一种情况, 如果 n 位代表中存在一位代表与其余 $n-1$ 位中的代表都不认识, 则所有代表认识的人数可以是 $0, 1, \cdots, n-2$, 同样是 $n-1$ 种可能, 因为不可能有代表认识的人数达到 $n-1$. 现在有 n 位代表, 认识人数的可能情况只有 $n-1$ 种, 根据鸽笼原理, 至少要有 2 位代表认识的人数相等, 结论同样成立. ■

假设 Alice 和 Bob 在玩一种纸牌游戏, 其规则如下, 每张纸牌代表一个整数, 如 J 为 11, K 为 13, A 为 1 等. 每人各取 5 张牌, 然后交换牌, 并由其中一人先出牌再轮流出牌, 若当前牌数字之和能被 10 整除则判最后出牌者胜, 十张牌出完后所有牌数字之和不能被 10 整除视为平局. 两人玩了若干局以后, Alice 发现一个奇怪的问题, 怎么没有出现平局呢? 难道真的没有平局吗? 事实上, 这种纸牌游戏不可能存在平局, 原理由下面的例 6.2 可推理出.

例 6.2　设 $a_1, a_2, \cdots, a_n$ 是 n 个正整数, 证明: 其中必存在正整数 k 和 $l(0 \leqslant k < l \leqslant n)$, 使得 $a_{k+1} + a_{k+2} + \cdots + a_l$ 能被 n 整除.

证　令 $s_i = a_1 + a_2 + \cdots + a_i(i = 1, 2, \cdots, n)$, 若存在一个 $s_l(1 \leqslant l \leqslant n)$ 能被 n 整除, 则结论成立. 否则, $s_1, s_2, \cdots, s_n$ 模 n 只可能同余于 $1, 2, \cdots, n-1$. 则由鸽笼原理, $s_1, s_2, \cdots, s_n$ 中必有两个模 n 同余.

不妨设 s_k 和 $s_l(1 \leqslant k < l \leqslant n)$ 模 n 同余, 则有 $s_l - s_k = a_{k+1} + a_{k+2} + \cdots + a_l$

能被 n 整除. ∎

例 6.3 证明: 在 $1, 2, \cdots, 2n$ 中任取 $n+1$ 个不同的数, 则这 $n+1$ 个数中必有两个数, 满足其中一个数是另外一个数的倍数.

证 设这 $n+1$ 个数为 $a_1 < a_2 < \cdots < a_{n+1}$. 由于任意一个正整数都可以表示为 2 的方幂乘上一个奇数的形式, 不妨记 $a_i = 2^{m_i} b_i$, 其中 $m_i \geqslant 0$, b_i 为奇数; 且由于这 $n+1$ 个数是从 $1, 2, \cdots, 2n$ 中任取的, 因此 $1 \leqslant b_i \leqslant 2n - 1, i = 1, \cdots, n+1$.

因为 $1, 2, \cdots, 2n$ 中恰有 n 个不同的奇数, 故由鸽笼原理, $b_1, \cdots, b_{n+1}$ 中至少有两个相同, 不妨设 $b_i = b_j$, $1 \leqslant i < j \leqslant n+1$. 因此有 $a_i \mid a_j$. ∎

由上面的例题可以看出, 对一个具体的可以应用鸽笼原理解决的组合数学存在性问题应搞清三个问题.

(1) 什么是 "鸽子"?

(2) 什么是 "鸽笼"?

(3) 鸽子、鸽笼数量分别多少?

只有具体问题具体分析, 针对问题找到不同情况下的 "鸽子" 和 "鸽笼", 才能巧妙地应用鸽笼原理求解具体问题.

例 6.4 设 A 为等差数列 $1, 4, 7, \cdots, 100$ 中任意选取 19 个相异整数所成之集合. 证明: 在 A 中必有两个相异整数, 其和为 104.

证 等差数列 $1, 4, 7, \cdots, 100$ 中能够配对使其和为 104 的共有 16 对, 如图 6.2 所示, 其中 1 和 52 找不到相异于自身的配对数使其和为 104.

1	52	4	7	10	...	49
×	×	100	97	94	...	55

图 6.2 例 6.4 的配对示意图

从等差数列 $1, 4, 7, \cdots, 100$ 中任意选取 20 个相异整数, 目的是想要证明有两个相异整数使其和能够为 104. 我们考虑最坏的情况, 即选择的 19 个相异整数中选择了 1 和 52 作为 A 中的元素, 剩余的元素为 17 个, 我们将 17 视为鸽子数, 将 16 对能够配对的相异整数视为鸽笼, 那么根据鸽笼原理, 至少会有两个相异整数其和为 104. ∎

例 6.5 随意地给正十边形的 10 个顶点编上号码 $1, 2, \cdots, 10$, 证明: 必有一个顶点, 该顶点及与之相邻的两个顶点的号码之和不小于 17.

证 以 $A_1, A_2, \cdots, A_{10}$ 表示正十边形的 10 个顶点, 以 $m_i (i = 1, 2, \cdots, 10)$ 表示顶点 A_i 及与 A_i 相邻的两个顶点的号码之和, 则显然 $m_1, m_2, \cdots, m_{10}$ 之和为 1 到 10 的和的三倍, 等于 165.

我们将 165 看作鸽子数量, 将 $m_1, m_2, \cdots, m_{10}$ 视为鸽笼, 根据鸽笼原理, 必有正整数 $k(1 \leqslant k \leqslant 10)$, 使得 $m_k \geqslant 17$.

这表明必有一个顶点, 该顶点及与之相邻的两个顶点的号码之和不小于 17. ∎

6.2 鸽笼原理的推广形式

6.2 鸽笼原理的推广形式

之前学习了鸽笼原理的简单形式, 下面我们来学习鸽笼原理的推广形式.

定理 6.3(推广的鸽笼原理的形象描述) 设 $m_1, m_2, \cdots, m_n$ 为正整数, 现有 n 个鸽笼, 但是总共有 $m_1 + m_2 + \cdots + m_n - n + 1$ 只鸽子. 那么必存在一个 $k(1 \leqslant k \leqslant n)$, 满足第 k 个鸽笼中至少有 m_k 只鸽子.

定理 6.4(推广的鸽笼原理的数学描述) 设 A 是有限集, $A_1, A_2, \cdots, A_n$ 是 A 的子集, $m_1, m_2, \cdots, m_n$ 为正整数. 如果 $|A| \geqslant m_1 + m_2 + \cdots + m_n - n + 1$, 且满足

$$\bigcup_{i=1}^{n} A_i = A,$$

则必有正整数 $k(1 \leqslant k \leqslant n)$, 使得 $|A_k| \geqslant m_k$.

推广的鸽笼原理证明依然是采用反证法, 证明较为简单, 具体的证明留给读者. 下面来看推广的鸽笼原理的两个推论.

推论 6.1 设 A 是有限集, $m_1, m_2, \cdots, m_n$ 都是正整数. 若有 $|A| \geqslant m$, $A_i \subseteq A \ (i = 1, 2, \cdots, n)$, 且 $\bigcup_{i=1}^{n} A_i = A$. 则必有正整数 $k(1 \leqslant k \leqslant n)$, 使得

$$|A_k| \geqslant \left[\frac{m-1}{n} \right] + 1.$$

推论 6.1 是推广的鸽笼原理 $m_1 = \cdots = m_n = \left[\dfrac{m-1}{n} \right] + 1$ 的特殊情况.

推论 6.2 设 A 是有限集, $m_1, m_2, \cdots, m_n$ 都是正整数. 若有 $|A| \geqslant n(m-1) + 1$, $A_i \subseteq A \ (i = 1, 2, \cdots, n)$ 且 $\bigcup_{i=1}^{n} A_i = A$. 则必有正整数 $k(1 \leqslant k \leqslant n)$, 使得

$$|A_k| \geqslant m,$$

推论 6.2 是推广的鸽笼原理 $m_1 = \cdots = m_n = m$ 的特殊情况.

例 6.6 证明: 任一个长为 $mn+1$ 的实数列中, 或者有一个长为 $m+1$ 的递增子数列, 或者有一个长为 $n+1$ 的递减子数列.

证 设此数列为 $a_1, a_2, \cdots, a_{mn+1}$, 记为 A. 若 A 中有项数为 $m+1$ 的递增子数列, 则结论成立. 否则, 我们证明存在项数为 $n+1$ 的递减子数列.

现在从头开始考虑项数最大的递增子序列. 以 l_i 表示序列 A 的以 a_i 为首项的所有递增子序列中项数的最大值, 则 $l_i \leqslant m (i = 1, 2, \cdots, mn+1)$.

则由推广形式的鸽笼原理, 这 $mn+1$ 个 l_i 中至少有 $n+1$ 个彼此相等, 不妨设 $n+1$ 个彼此相等的为 $l_{i_1} = l_{i_2} = \cdots = l_{i_{n+1}}(i_1 < i_2 < \cdots < i_{n+1})$, 则有 $a_{i_1} > a_{i_2}$, 否则 $a_{i_1} \leqslant a_{i_2} \Rightarrow l_{i_1} \geqslant l_{i_2} + 1$, 矛盾. 因此有 $a_{i_1} > a_{i_2} > \cdots > a_{i_{n+1}}$, 从而结论成立. ∎

例 6.7 给定 11 个整数, 则其中必有 6 个整数之和能被 6 整除.

证 每个正整数模 3 的余数为 0, 1, 2 这三种情况. 显然, 由鸽笼原理知

(1) 11 个整数 $\{a_1, a_2, \cdots, a_{11}\}$ 中必有 3 个整数之和能被 3 整除, 不妨设 $3 | b_1 = a_1 + a_2 + a_3$;

(2) 8 个整数 $\{a_4, a_5, \cdots, a_{11}\}$ 中必有 3 个整数之和能被 3 整除, 不妨设 $3 | b_2 = a_4 + a_5 + a_6$;

(3) 5 个整数 $\{a_7, a_8, a_9, a_{10}, a_{11}\}$ 中必有 3 个整数之和能被 3 整除, 不妨设 $3 | b_3 = a_7 + a_8 + a_9$;

(4) 3 个整数 $\{b_1, b_2, b_3\}$ 中必有 2 个整数之和能被 2 整除, 不妨设 $2 | b_1 + b_2$;

(5) 综合上述知

$$2 | b_1 + b_2, \quad 3 | b_1 + b_2,$$

从而 $6 | b_1 + b_2 = a_1 + a_2 + a_3 + a_4 + a_5 + a_6$. ∎

例 6.8 将 $[1, 65]$ 划分为 4 个子集, 必有一个子集中有一数是同子集中的两数之差.

证 反证法. 假设命题为假, 即存在划分 $P_1 \cup P_2 \cup P_3 \cup P_4 = [1, 65]$, 使得 $P_i (i = 1, 2, 3, 4)$ 中不存在一个数是其中两数之差.

因 $\left\lceil \dfrac{65}{4} \right\rceil = 17$, 则有一子集至少有 17 个元素, 设这 17 个元素从小到大为 $a_1, a_2, \cdots, a_{17}$, 不妨设 $A = \{a_1, a_2, \cdots, a_{17}\} \subset P_1$.

令 $b_{i-1} = a_i - a_1 (2 \leqslant i \leqslant 17)$, 设 $B = \{b_1, b_2, \cdots, b_{16}\} \subset [1, 65]$. 由反证假设 $B \cap P_1 = \varnothing$, 因而 $B \subset P_2 \cup P_3 \cup P_4$. 因 $\left\lceil \dfrac{16}{3} \right\rceil = 6$, 不妨设 $\{b_1, b_2, \cdots, b_6\} \subseteq P_2$, 令 $c_{i-1} = b_i - b_1 (2 \leqslant i \leqslant 6)$.

设 $C = \{c_1, c_2, \cdots, c_5\} \subset [1, 65]$. 由反证假设 $C \cap (P_1 \cup P_2) = \varnothing$, 故有 $C \subset P_3 \cup P_4$.

说明　$c_{i-1} = a_{i+1} - a_2 (2 \leqslant i \leqslant 6)$ 不可能在 P_1 中, 因 $\left\lceil \dfrac{5}{2} \right\rceil = 3$, 不妨设 $\{c_1, c_2, c_3\} \subset P_3$, 令 $d_{i-1} = c_i - c_1 (i = 2, 3)$.

设 $D = \{d_1, d_2\} \subset [1, 65]$. 由反证假设 $D \cap (P_1 \cup P_2 \cup P_3) = \varnothing$, 故有 $D \subset P_4$. 由反证假设, $d_2 - d_1 \notin P_1 \cup P_2 \cup P_3$, 且 $d_2 - d_1 \notin P_4$, 故 $d_2 - d_1 \notin [1, 65]$, 矛盾.

说明　$d_{i-1} = c_i - c_1 (i = 2, 3) = b_{i+1} - b_2 = a_{i+2} - a_3$ 不可能在 P_1, P_2, P_3 任一个中. 矛盾, 因此结论成立. ■

例 6.9　设 $a_1 a_2 \cdots a_{20}$ 是由 10 个 0 和 10 个 1 组成的二进制数, 把它们依次放进 A 盒中, $b_1 b_2 \cdots b_{20}$ 是任意的二进制数, 令 $b_1 b_2 \cdots b_{20} b_1 b_2 \cdots b_{20} = c_1 c_2 \cdots c_{40}$, 把它们依次放进 B 盒中, B 盒保持不动, 移动 A 盒, 每次移动一个格子的位置. 证明: 存在某个 $i, 1 \leqslant i \leqslant 20$, 使得移动第 i 次时, $c_i c_{i+1} c_2 \cdots c_{i+19}$ 与 $a_1 a_2 \cdots a_{20}$ 至少有 10 位对应相等.

证　因为 $c_i = c_{i+10}, i = 1, 2, \cdots, 10$, 所以当 A 盒移动 $1, 2, \cdots, 20$ 次后, 每一个 c_j 遍历 $a_1 a_2 \cdots a_{20}$. 因为 $a_1 a_2 \cdots a_{20}$ 中有 10 个 0 和 10 个 1, 所以每一个 c_j 都有 10 位次对应相等. 从而共有 $10 \times 20 = 200$ 位次对应相等. 记

$$A_k = \{a_i \mid \text{移动 } k \text{ 次后 } a_i = c_{k+i}\}, \quad k = 1, 2, \cdots, 20.$$

于是 $|A_k|$ 是 $c_k c_{k+1} c_2 \cdots c_{k+19}$ 与 $a_1 a_2 \cdots a_{20}$ 对应位相等位数. 因为共有 200 位次对应相等, 所以

$$|A_1| + |A_2| + \cdots + |A_{20}| = 200.$$

由推论鸽笼原理, 必有正整数 k $(1 \leqslant k \leqslant n)$, 使得 $|A_k| \geqslant m$. 即移动第 k 次时, $c_k c_{k+1} c_2 \cdots c_{k+19}$ 与 $a_1 a_2 \cdots a_{20}$ 至少有 10 位对应相等. ■

6.3　Ramsey 定理

6.3 Ramsey 定理

数学中那些很深奥的问题常常是从对一些日常事实的研究开始的. 组合数学中著名的 Ramsey 定理就是由鸽笼原理为基础而推演得到的. 1958 年, 《美国数学月刊》刊登了一道有趣的中学数学竞赛题, 称为六人集会问题, 即任意 6 个人聚会必有三个人认识或互相不认识.

为了解决六人集会问题, 我们首先将该问题转化为图染色问题. 以 A, B, C, D, E, F 这 6 个顶点表示这六个人, 如果两个人相互认识则用红边连接, 如果两个人相互不认识则用蓝边连接, 如图 6.3 所示, 将六人集会问题转化为完全图 K_6 的二染色问题. 即对于完全图 K_6 的每条边任意用红色或者蓝色进行染色, 必然存在一个全红或者全蓝的三角形.

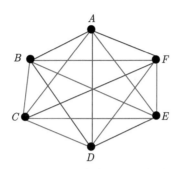

图 6.3   六人集会问题示意图

六人集会问题的解答是采用鸽笼原理. 考虑由顶点 A 引出的 5 条边. 由于这 5 条边只有两种染色选择, 所以由鸽笼原理至少有 3 条边染了同一种颜色. 不失一般性, 不妨设 AB, AD, AF 染蓝色. 考虑三角形 $\triangle BDF$. 若 $\triangle BDF$ 的有一边都是蓝色, 则显然命题成立; 否则 $\triangle BDF$ 三边都是红色, 此时 $\triangle BDF$ 是同色的红色三角形.

六人集会问题说明, 对于完全图 K_n, 若对 K_n 的每条边随意地用红蓝两种颜色进行染色, 只要 $n \geqslant 6$ 就可以保证, 在任意进行二染色的 K_n 中可以找到一个同色的三角形. 但是对于完全图 K_5, 存在某种二染色法, 使得在行二染色的 K_5 中既找不到红色的三角形, 也无法找到蓝色的三角形.

设 S 是任一个集合, r 是正整数, 用记号 $T_r(S)$ 表示 S 的所有 r-子集所构成的集合, 稍后将经常用这个记号. 我们还可以用集合论的语言表述六人集会问题的结论.

结论 6.1   设 S 是 n 元集. 若 $n \geqslant 6$, 则对 $T_2(S)$ 的任意 2-划分: $T_2(S) = H_1 \cup H_2(H_1 \cap H_2 = \varnothing)$, 必存在 S 的一个 3 元子集 S_3, 使得 $T_2(S_3) \subseteq H_1$ 或者 $T_2(S_3) \subseteq H_2$.

对于六人集会问题, 可以做进一步的推广. 下面证明, 任意的九个人聚会, 必然有三个人相互认识或者四个人相互不认识. 与六人集会问题类似进行转化, 可将上述问题转化为以下的结论.

定理 6.5   用红蓝两种颜色对完全图 K_9 的边任意染色, 则染色后要么存在一个红色的 K_3, 要么存在一个蓝色的 K_4.

证   下面证明边二染色的完全图 K_9 中如果不存在红色的 K_3, 则必存在一个蓝色的 K_4.

不妨设 $v_1, v_2, v_3, v_4, v_5, v_6, v_7, v_8, v_9$ 是 K_9 的 9 个顶点. 那么从顶点 v_1 出发引出 8 条边用红蓝两种颜色进行染色, 由鸽笼原理, 至少有 4 条边是同色的, 不妨设 $v_1 v_2, v_1 v_3, v_1 v_4, v_1 v_5$ 是红色的. 若 v_2, v_3, v_4, v_5 中有一条边是红色的, 例如 $v_2 v_3$ 为红色, 则 v_1, v_2, v_3 是红色的 K_3; 若 v_2, v_3, v_4, v_5 中相互连接的边都不是红色的,

则 v_2, v_3, v_4, v_5 的点导出子图是蓝色的 K_4. ∎

在 1959 年,《美国数学月刊》又对六人集会问题进行了推广, 提出了一个新的命题: 任意 18 个人的集会上, 一定有四个人相互认识, 或者相互不认识. 类似的, 我们可以采用鸽笼原理来证明上述命题, 具体的证明留给读者. 下面我们来考虑更为一般的情况, 即 Ramsey 问题:

对给定的整数 p 和 $q \geqslant 2$, n 为多大时才能保证, 二染色的完全图 K_n 或者有红色的 K_p, 或者有蓝色的 K_q?

对于上述问题, 首先要考虑这样满足条件的 n 是否存在. 进一步, 如果存在的话, 最小的 n 是多少? 我们把满足条件的最小的 n 称为 Ramsey 数, 记为 $r(p, q)$. 对于上述问题, Ramsey 给出了解答, Ramsey 定理的结论给出了数 $r(p, q)$ 的定义, 同时还断言, 这样的数 $R(p, q)$ 是存在的. 因为 K_1 是单色的, 所以 $r(p, 1) = r(1, q) = 1$. 由 Ramsey 数的定义知, $r(2, q) = q, r(p, 2) = p$. 由六人集会问题的结论可知, $r(3, 3) = 6$. 另外由对称性知, $r(q, p) = r(p, q)$.

定理 6.6(Ramsey 定理)   对于任意给定的两个大于 1 的正整数 p, q, 数 $r(p, q)$ 存在. 特别地, 当 $p, q \geqslant 3$ 时, 下面递归不等式成立

$$r(p, q) \leqslant r(p-1, q) + r(p, q-1).$$

证   对 $p + q$ 作归纳法. 已经知道 $r(1, q) = r(p, 1) = 1$ 和 $r(2, q) = r(q, 2) = q$, 故当 $p + q = 5$ 时, 定理成立.

设 $p + q > 5$, 假设 $5 \leqslant p + q < m$ 时定理成立. 我们证明当 $p + q = m$ 时, $r(p, q)$ 存在且定理中的不等式成立.

设 $n = r(p-1, q) + r(p, q-1)$, 考虑用红蓝两种颜色染完全图 K_n 的二染色. 任取 K_n 的一个点 v, 则 v 在 K_n 中共连出的边数为 $n-1 = r(p-1, q) + r(p, q-1) - 1$. 由鸽笼原理, 下述两种情形之一必出现:

(a) 这 $n - 1$ 条边当中有 $r(p, q-1)$ 条红色边;

(b) 这 $n - 1$ 条边当中有 $r(p-1, q)$ 条蓝色边.

不妨设情形 (a) 出现, 考察用这 $t = r(p, q-1)$ 条红边与 v 相邻的点构成的完全图 K_t. 由归纳法假设, $r(p, q-1)$ 存在, 由对称性, K_t 中或者有一个蓝 K_p, 或者有一个红 K_{q-1}, 这时在 K_{q-1} 中添加点 v 以及与 v 关联的 $q-1$ 条红边后得到一个都是红边的完全图 K_q, 故 $n \geqslant r(p, q)$, 且不等式成立. 由归纳法原理, 命题得证. ∎

运用图论中子图、补图的概念, Ramsey 数 $r(p, q)$ 也可描述为具有下述性质的 n 的最小值: 如果 G 是有 n 个点的简单图, 则或者 G 中含有子图 K_p, 或者 $\bar{G}$ 中含有子图 K_q.

对于二染色的 Ramsey 问题我们还可以进行进一步的推广.

定理 6.7　对于任意给定的 3 个正整数 $p, q, r(p, q \geqslant r)$, 总存在一个只依赖于 p, q, r 的最小正整数 $r(p, q; r)$. 当 $n \geqslant r(p, q; r)$ 时, 用 r 两种颜色对完全图 K_n 的边任意染色, 则染色后要么存在一个同色的 K_p, 要么存在一个同色的 K_q.

在定理 6.7 中令 $r = 2$, 即染色数为 2 时, 则定理 6.7 即为定理 6.6. 对定理 6.7 作进一步的推广, 有下面的 Ramsey 定理的一般形式.

定理 6.8(Ramsey 定理的一般形式)　对任意给定的 $t + 1(t \geqslant 2)$ 个正整数 $q_1, q_2, \cdots, q_t, r(q_i \geqslant r, i = 1, 2, \cdots, t)$, 总存在一个只依赖于 $q_1, q_2, \cdots, q_t, r$ 的最小正整 $R(q_1, q_2, \cdots, q_t; r)$, 当有限集 S 的元素个数 $n \geqslant R(q_1, q_2, \cdots, q_t; r)$ 时, 对 $T_r(S)$ 的任一个 t-划分: $T_r(S) = H_1 \cup H_2 \cup \cdots \cup H_t$, 必存在一个自然数 $i(1 \leqslant i \leqslant t)$, S 有一个 q_i 元子集 S_{q_i} 使得 $T_r(S_{q_i}) \subseteq H_i$.

定理 6.8 中的 $R(q_1, q_2, \cdots, q_t; r)$ 称为 Ramsey 数. 定理 6.6 是定理 6.8 中当 $r = t = 2$ 的情形.

为了证明定理 6.8, 我们只需证明对任意 $t + 1(t \geqslant 2)$ 个正整数 $q_1, q_2, \cdots, q_t, r$ $(q_i \geqslant r, i = 1, 2, \cdots, t)$, Ramsey 数 $R(q_1, q_2, \cdots, q_t; r)$ 是有限的.

当 $r = 1$ 时, 定理 6.7 可知存在一个最小的正整数 $R(q_1, q_2, \cdots, q_t; r)$, 当有限集 S 的元素个数 $n \geqslant R(q_1, q_2, \cdots, q_t; r)$ 时, 对 $T_1(S) = S$ 的任一 t-划分

$$T_r(S) = H_1 \cup H_2 \cup \cdots \cup H_t,$$

必存在一个自然数 $i(1 \leqslant i \leqslant t)$, S 有一个 q_i 元子集 S_{q_i} 使得 $T_1(S_{q_i}) \subseteq H_i$. 即必有正整数 $i(1 \leqslant i \leqslant t)$, 使得 $|H_i| \geqslant q_i$. 这正是鸽笼原理的推广形式, 故

$$R(q_1, q_2, \cdots, q_t; 1) = q_1 + q_2 + \cdots + q_t - t + 1.$$

下面设 $r \geqslant 2$. 先证明几个引理.

引理 6.1　对任意的正整数 q 和 r, $R(q, r; r) = R(r, q; r) = q$.

证　设 S 是至少有 q 个元的集合. 考虑对 $T_r(S)$ 的任一个 2-划分: $T_r(S) = H_1 \cup H_2$, 则有下面两种情形之一发生.

(1) $H_2 \neq \varnothing$. 这时 H_2 有一个 S 的 r-子集, 故 S 有一个 r 元子集 S_r, 使得 $T_r(S_r) \subseteq H_1$.

(2) $H_2 = \varnothing$. 这时 S 的所有 r-子集都在 H_1 中, 故 S 有一个 q 元子集 S_q, 使得 $T_r(S_q) \subseteq H_1$.

无论如何, 我们有

$$R(q, r; r) \leqslant q.$$

因为 $q-1$ 元集 S 没有 q 元子集, 所以存在 $T_r(S)$ 的一个 2-划分: $T_r(S) = H_1 \cup H_2$, 其中 $H_2 = \varnothing$, 满足 S 没有 q 元子集 S_q, 使得 $T_r(S_q) \subseteq H_1$, S 也没有 r 元子集

S_r, 使得 $T_r(S_r) \subseteq H_2$. 故

$$R(q,r;r) > q-1, \quad 即 R(q,r;r) \geqslant q.$$

由上可得

$$R(q,r;r) = q.$$

由对称性知,

$$R(q,r;r) = R(r,q;r) = q. \qquad \blacksquare$$

引理 6.2 对任意正整数 $q_1, q_2, r(q_i \geqslant r, i = 1, 2), R(q_1, q_2; r)$ 存在, 而且

$$R(q_1, q_2; r) \leqslant R(R(q_1-1, q_2; r), R(q_1, q_2-1; r); r-1) + 1.$$

证 对 $R(q_1, q_2; r)$ 作归纳法. 已知

$$R(q_1, q_2; 1) = q_1 + q_2 - 1, \quad R(q, r; r) = R(r, q; r) = q.$$

归纳法假设: 当 $p, q \geqslant r-1$ 时, $R(p, q; r-1)$ 存在; 当 $p < q_1$ 时, $R(p, q_2; r)$ 存在; 当 $q < q_2$ 时, $R(q_1, q; r)$ 存在.

现在设 $q_i > r, i = 1, 2$, 由归纳法假设, $R(q_1-1, q_2; r)$ 和 $R(q_1, q_2-1; r)$ 存在. 设 $n_1 = R(q_1-1, q_2; r), n_2 = R(q_1, q_2-1; r)$.

设 S 是一个集合, 且

$$|S| = R(n_1, n_2; r-1) + 1.$$

再设 $a \in S, M = S \setminus \{a\}$. 对 $T_r(S)$ 的任一个 2-划分: $T_r(S) = H_1 \cup H_2$, 可按下法确定 $T_{r-1}(M)$ 的一个 2-划分:

$$T_{r-1}(M) = A_1 \cup A_2,$$

对 M 的任一 $(r-1)$-子集 R, 若 $R \cup \{a\} \in H_1$, 则令 $R \in A_1$. 若 $R \cup \{a\} \in H_2$, 则令 $R \in A_2$.

由于 $|M| = R(n_1, n_2 ; r-1)$. 由 Ramsey 数的定义知, M 有一个 n_1 元子集 M_{n_1}, 使得 $T_{r-1}(M_{n_1}) \subseteq A_1$, 或者 M 有一个 n_2 元子集 M_{n_2}, 使得 $T_{r-1}(M_{n_2}) \subseteq A_2$.

假设 M 有一个 n_1 元子集 M_{n_1}, 使得 $T_{r-1}(M_{n_1}) \subseteq A_1$. 因为 $n_1 = R(q_1-1, q_2; r)$, 由 Ramsey 数的定义知, M_{n_1} 作为 S 的子集, 对 $T_r(M_{n_1})$ 的一个 2-划分:

$$T_r(M_{n_1}) = B_1 \cup B_2, \quad 其中 B_1 \subseteq H_1, B_2 \subseteq H_2.$$

M_{n_1} 有一个 q_1–1 元子集 U, 使得 $T_r(U) \subseteq B_1 \subseteq H_1$, 或者 M_{n_1} 有一个 q_2 元子集 V, 使得 $T_r(V) \subseteq B_2 \subseteq H_2$.

若是前者, 则 $T_r(U) \subseteq H_1$, 这时令 $W = U \cup \{a\}$, 则 W 是 S 的 q_1 元子集. 对 W 的任一 r-子集, 如果它不含 a, 则它是 U 的 r-子集, 因而它属于 H_1; 如果它含 a, 则它是 a 和 U 的一个 $(r-1)$-子集的并. 因为 U 是 M_{n_1} 的子集, 所以 U 的所有 $(r-1)$-子集都属于 A_1. 从而有 W 的这个 r-子集是 a 和 A_1 的一个 $(r-1)$-子集的并. 故 W 是 S 的 q_1 元子集, 且它的所有 r-子集都属于 A_1.

若是后者, V 是 S 的 q_2 元子集, 且 $T_r(V) \subseteq H_2$. 由 Ramsey 数的定义, $R(q_1,q_2;r) \leqslant |S|$.

对于 M 有一个 n_2 元子集 M_{n_2}, 使得 $T_{r-1}(M_{n_2}) \subseteq A_2$ 的情形可类似处理. 由归纳法原理, 引理 6.2 成立. ∎

现在给出定理 6.8 的证明.

对 t 作归纳法. $t = 1$ 是平凡的. $t=2$ 时, 定理 6.8 即为定理 6.7.

今假设定理 6.8 对 $t-1$ 成立, 证明对 t 也成立. 记定理中的 $T_r(S)$ 的一个 t-划分为

$$T_r(S) = A_1 \cup A_2 \cup \cdots \cup A_{t-1}, \quad A_i = \begin{cases} H_i, & 1 \leqslant i \leqslant t-2, \\ H_{t-1} \cup H_t, & i = t-1. \end{cases}$$

由定理 6.7 和归纳法假设, 下面两个数存在:

$$q = R(q_{t-1}, q_{t-2}; r), \quad R(q_1, q_2, \cdots, q_{t-2}, q; r).$$

我们只需证明对任意给定的 $t+1(t \geqslant 3)$ 个正整数

$$q_1, q_2, \cdots, q_t, r \quad (q_i \geqslant r, i = 1, 2, \cdots, t),$$

下面递归不等式成立.

$$R(q_1, q_2, \cdots, q_t; r) \leqslant R(q_1, q_2, \cdots, q_{t-2}, q; r).$$

若

$$|S| = R(q_1, q_2, \cdots, q_{t-2}, q; r),$$

由归纳法假设, 或者对某个 $i(1 \leqslant i \leqslant t-2), S$ 有一个 q_i 元子集 S_{q_i} 使得

$$T_r(S_{q_i}) \subseteq H_i,$$

或者 S 有一个 q 元子集 S_q 使得

$$T_r(S_q) \subseteq H_{t-1} \cup H_t.$$

若后者成立, 则有

$$T_r(S_q) = B_{t-1} \cup B_t, \quad \text{其中} B_1 \subseteq H_{t-1}, B_2 \subseteq H_t.$$

因为 $q = R(q_{t-1}, q_{t-2}; r)$, 所以或者 S_q 有一个 q_{t-1} 元子集 U, 使得

$$T_r(U) \subseteq B_1 \subseteq H_{t-1},$$

或者 S_q 有一个 q_t 元子集 V, 使得

$$T_r(V) \subseteq B_2 \subseteq H_t.$$

上述结论表明, 对 $T_r(S)$ 的任一个 t-划分:

$$T_r(S) = H_1 \cup H_2 \cup \cdots \cup H_t$$

必存在一个自然数 $i(1 \leqslant i \leqslant t)$, S 有一个 q_i 元子集 S_{q_i} 使得 $T_r(S_{q_i}) \subseteq H_i$. 故 $|S| \geqslant R(q_1, q_2, \cdots, q_t; r)$, 定理得证. ∎

　　Ramsey 定理具有非常重要的理论价值, Ramsey 定理的本质就是表明任何一个足够大的结构中必存在一个给定大小的规则子结构. 但是上述定理仅仅证明了 Ramsey 数的存在性, 并没有给出求 Ramsey 数的有效方法. 到目前为止, 我们还没有找到有效的途径求 Ramsey 数. 一般地, 确定 Ramsey 数是异常困难的. Erdös 多次用下面的比喻来说明求 Ramsey 数的困难程度. 设想一群外星人侵入地球, 并威胁说如果地球人不能在一年内求出 $r(5, 5)$ 的值, 他们就要消灭地球人类. 此时我们最好的策略也许是动员地球上所有计算机和计算机科学家来解决这个问题, 以使地球人类免遭灭顶之灾. 然而如果外星人要求我们求出 $r(6, 6)$ 的值, 那么我们除了对这批入侵者发动先发制人的打击外, 别无其他选择.

　　确定 Ramsey 数 $R(q_1, q_2, \cdots, q_t; r)$ 是一件非常困难的事情. 即使是 $r = t = 2$ 简单的情形, Ramsey 数 $R(p, q; 2)$ 也是非常非常困难的. 目前确定的 Ramsey 数只有 9 个. 它们分别是

$$r(3,3) = 6, \quad r(3,4) = 9, \quad r(3,5) = 14,$$

$$r(3,6) = 18, \quad r(3,7) = 23, \quad r(3,8) = 28,$$

$$r(3,9) = 36, \quad r(4,4) = 18, \quad r(4,5) = 25.$$

　　到目前为止, Ramsey 数 $r(p, q)$ 我们知道的很少. 当 $3 \leqslant p \leqslant q \leqslant 9$ 时, $r(p, q)$ 的值和非平凡的界在表 6.1 列出.

表 6.1   **Ramsey 数 $r(p,q)$ 的部分数值表**

q	p						
	3	4	5	6	7	8	9
3	6	9	14	18	23	28	36
4		18	25	[35-41]	[49-61]	[56-84]	[69-115]
5			[43-49]	[58-87]	[80-143]	[95-216]	[121-316]
6				[102-165]	[111-298]	[127-495]	[153-780]
7					[205-540]	[216-1031]	[?-1731]
8						[282-1870]	[?-3583]
9							[565-6588]

除了在表中列出的 9 个精确值外, 再也没有发现其他的关于 $r(p,q)$ 的精确值, 其中 $r(p,q) = 28$ 还是借助于计算机的大量运算才得以确定的. 所以, 人们只好转而确定 $r(p,q)$ 的上下界. 关于 $r(p,q)$ 的上界有一个简洁表达式, 它是厄尔多斯 (P. Erdös) 和泽克勒斯 (G.Szekeres) 在 1935 年得到的, 即下面的定理.

定理 6.9   当 $p,q \geqslant 2$ 时, $r(p,q) \leqslant \dbinom{p+q-2}{p-1}$.

证   记 $m = p + q$, 对 m 作归纳法. 在 $m = 4$ 时, 由 $r(2,2) = 2$, 定理成立. 因为 $r(p,2) = r(2,p) = 2$, 所以当 $p = 2$ 或 $q = 2$ 时, 定理成立. 即 $k = 5$ 时, 定理成立.

设 $k \geqslant 5, p,q \geqslant 2$, 并假设当 $m = k$ 时, 定理成立. 考虑 $m = k + 1$ 时的情形. 由 Ramsey 定理可知,

$$r(p,q) \leqslant r(p,q-1) + r(p-1,q).$$

由归纳法假设,

$$r(p,q) \leqslant \binom{p+q-3}{p-1} + \binom{p+q-3}{p-2} = \binom{p+q-2}{p-1}.$$

由归纳法原理, 定理 6.9 成立.   ■

一般求 $r(p,q)$ 的下界大多采用构造的方法. 对于 $r(p,p)$, Erdös 在 1947 年发现 $r(p,p)$ 的一个下界, 它完全不用任何构造, 用数学推理的方法给出的. 下面的定理就是 Erdös 发现的下界.

定理 6.10   当 $p \geqslant 3$ 时, $r(p,p) \geqslant 2^{p/2}$.

证   显然 2-色完全图 K_n 共有 $2^{n(n-1)/2}$ 个, 其中包含单色 K_p 的 2-色完全图

K_n 的个数不超过

$$\binom{n}{p} \cdot 2 \cdot 2^{\binom{n}{2}-\binom{p}{2}}.$$

上式在计算单色 K_p 时许多情形被重复计算. 因此, 如果有 m 使得

$$\binom{m}{p} 2^{\binom{m}{2}-\binom{p}{2}+1} < 2^{\binom{m}{2}}, \quad \text{即} \quad \binom{m}{p} < 2^{\binom{p}{2}-1}$$

成立, 则必存在一个 2-色完全图 K_m 不包含单色 K_p. 由 $r(p,p)$ 的定义知, $r(p,p) > m$. 因为 $\binom{m}{p} < \dfrac{m^p}{2^{p-1}}$, 所以

$$\binom{2^{p/2}}{p} < \frac{2^{\frac{p^2}{2}}}{2^{p-1}} = 2^{\frac{p^2}{2}-p+1} = 2^{\frac{1}{2}(p^2-p)-1} \cdot 2^{\frac{-p}{2}+2} \leqslant 2^{\binom{p}{2}-1}.$$

即 $m = 2^{\frac{p}{2}}$ 时, $\binom{m}{p} < 2^{\binom{p}{2}-1}$ 成立. 由 $r(p,p)>m$, 得 $r(p,p) \geqslant 2^{p/2}$. ■

6.4　应 用 举 例

本节给出鸽笼原理和 Ramsey 定理的一些典型应用.

例 6.10　已知平面上有任意三点不共线的 10 个点, 且每两点之间连一线段. 每条线段被染上 k 种颜色之一, 而且满足条件, 对于这 10 个点中的任意 k 个点, 其两两所连的线段被染上了所有 k 种颜色. 求所有可能满足条件的整数 k, 其中 $1 \leqslant k \leqslant 10$.

解　这个问题等价于 k 为何值时, 一个 k-色完全图 K_{10} 的每个完全子图 K_k 都是满色的.

我们先证明 $k \leqslant 4$ 是不可能的. 对于 $k = 1$ 和 $k = 2$ 无需证明. 当 $k = 3$ 时, 取 K_{10} 的一点 a, 与 a 关联的边有 9 条. 由鸽笼原理, 一定有两条边同色, 不妨设 ab, ac 为两条同色的边. 因此, 由点 a, b, c 导出的完全子图不能包含 3 种颜色的边, 故 $k = 3$ 是不可能的.

现在考虑 $k = 4$ 时的情形.

若 K_{10} 有一点 a, 使得与 a 关联的边中至少有 4 条同色, 不妨设 ab, ac, ad, ae 是 4 条蓝色边. 由点 b, c, d, e 导出的子图 K_4 中共有 6 条边, 其中一定有蓝色的边, 否则结论成立. 不妨设为 bc 为蓝边, 则由 a, b, c, d 导出的完全图中至少有 4 条蓝色边, 因而它不能是满色的.

若 K_{10} 的每个点所引的 9 条边中至多有 3 条是同色的, 由鸽笼原理, 恰有三条是同色的. 设 a 是 K_{10} 的一点, ab, ac, ad 是与 a 关联的 3 条同色边, 说它们是蓝色的, 则与 a 关联的其他的边都不是蓝色的. 而且我们还知道三条边 bc, bd, cd 中的每一条都不能是蓝色的, 否则由点 a, b, c, d 导出的完全图不是满色的. 因为与 a 关联的其他边都不是蓝色的, 所以其他 6 个点中的任意三个点两两所连的边中一定有一条被染成蓝色. 此时, 对于这 6 个点来说, 把其他三种颜色看作一种颜色, 视为红色, 则这种染色没有红三角形. 由六人集会问题的结论可知, 在这 6 个点中一定有一个蓝色三角形. 不妨设为 $\triangle efg$ 是蓝色三角形, 因为由 b, c, d, e 导出的完全子图中一定有蓝边, 而前面已经得到 bc, bd, cd 都不是蓝边, 所以 be, ce, de 中至少有一个是蓝色边. 不妨假设 de 是蓝色的, 则在由点 d, e, f, g 导出的完全子图中至少有 4 条边是蓝色的, 因而它不是满色的.

综上所述, $k \leqslant 4$ 是不可能的.

下面证明 $k \geqslant 5$ 是可能的. 对于 $k=10$ 无需证明. 设 K_{10} 的 10 个点分别为 $0, 1, 2, 3, 4, 5, 6, 7, 8, 9$. 分两种情形讨论.

情形 1 $6 \leqslant k \leqslant 9$.

我们直接给出 K_{10} 的一个 k-着色, 使得它的每个子图 K_k 是满色的. 对于将要出现的和式, 我们取模 9 的余数. 将连接点 i 和点 j 的边染上第 $i+j$ 种颜色, 其中 $0 \leqslant i < j \leqslant 8$. 将连接点 9 和点 i 的边染上第 $2i$ 种颜色, 其中 $0 \leqslant i \leqslant 8$. 如此染色方法满足与 K_{10} 的每个点关联的 9 条边没有两条是同色的, 即 9 种颜色均出现; 相同颜色的两条边没有公共端点, 即同一种颜色的边集构成 K_{10} 的完美匹配, 亦即上述的 k-着色是 K_{10} 的一因子分解. 因此每种颜色的边在 K_{10} 中恰出现 5 次.

我们证明 $\gamma(K_k)=9$. 若有一种颜色的边未在 K_k 中出现, 说红色, 则 K_k 与 K_{10-k} 之间的红边至少有 k 条, 这是因为 K_{10} 的每个点关联的 9 条边没有两条是同色的. 因为每种颜色的边在 K_{10} 中恰好出现 5 次, 所以 $k \leqslant 5$, 矛盾. 这个矛盾表明 $\gamma(K_k)=9$. 如果 $k<9$, 则用多余的颜色染的边可以忽略, 故 K_{10} 存在一个 k-着色, 使得它的每个完全子图 K_k 是满色的.

情形 2 $k=5$.

我们直接给出 K_{10} 的一个 5-着色, 使得它的每个子图 K_5 是满色的. 因为 K_{10} 可以分解成 5 条 Hamilton 路 P_1, P_2, P_3, P_4, P_5 的并, 所以我们能给出 K_{10} 的一个 5-着色为: P_i 的边都染颜色 $i, i=1, 2, 3, 4, 5$. 因为在 K_{10} 的删除 K_5 的所有边, 则剩下的图中路的长度最多是 7, 所以 P_i 至少有两条边在 K_5 中. 这说明 K_5 是满色的.

对于 $k=5$ 这种情形, 我们有多种方法给出 K_{10} 的一个 5-着色, 使得它的每个子图 K_5 是满色的, 其方法是把 K_{10} 分解成 5 个边不交的生成子图 $G_1, G_2, G_3,$

G_4, G_5 的并, 所以我们能给出 K_{10} 的一个 5-着色为 G_i 的边都染颜色 $i, i = 1, 2, 3, 4, 5$. 例如, 设已知的 10 个点分别为 0, 1, 2, 3, 4, 5, 6, 7, 8, 9. 每个子图包括由 4 个点所构成的完全图 K_4 和剩余 6 个点的三条独立边. 取定一个子图后, 其他 4 个子图由循环排列所得, 如表 6.2 所示.

表 6.2   子图构成

第一个子图 G_1	02 05 09 25 29 59	13	67	48
第二个子图 G_2	24 27 21 47 41 71	35	89	60
第三个子图 G_3	46 49 43 69 63 93	57	01	82
第四个子图 G_4	68 61 65 81 85 15	79	23	04
第五个子图 G_5	80 83 87 03 07 37	91	45	26

对 K_{10} 的每个子图 K_5, G_i 至少有一条边在 K_5 中, $i = 1, 2, 3, 4, 5$. 证明留作练习. 所以对于每一种颜色在这个完全子图 K_5 中都包含一条染有这种颜色的边, 即 K_5 是满色的.   ■

例 6.11   在一个凸多边形中作出所有对角线. 给定正整数 k, 将凸多边形的每条边和每条对角线都染上 k 种颜色中的一种, 使得不存在以凸多边形顶点为顶点的单色封闭折线. 问满足上述条件的多边形最多有几个顶点?

解   满足条件的多边形最多有 $2k$ 个顶点. 此问题的解决需要以下简单事实. 设 $n \geqslant 3$, 用 n 条线段连接 n 个点所得图形必有封闭折线.

设此多边形的顶点数目为 n, 于是 n 边形共有 $\dfrac{n(n-1)}{2}$ 条边和对角线. 若有 n 条线段染有同一颜色, 则必有一条封闭折线是单色封闭折线, 此与已知矛盾. 所以, 每种颜色的线段条数都不超过 $n - 1$. 从而 $\dfrac{n(n-1)}{2} \leqslant k(n-1)$, 即 $n \leqslant 2k$.

下面指出, 当 $n = 2k$ 时, 满足要求的染色存在. 设 $a_1, a_2, \cdots, a_{2k}$ 是正 $2k$ 边形的 $2k$ 个点, 并将折线 $a_1 a_{2k}, a_2 a_{2k-1}, \cdots, a_k a_{k+1}$ 染上第一种颜色. 将由这 k 条折线旋转 $\dfrac{\pi}{k}$ 弧度所得到的折线染上第二种颜色, 再将由第一条折线, 旋转 $\dfrac{2\pi}{k}$ 弧度所得到的折线染上第三种颜色, 等等. 不难看出, 每条线段都恰好染上 k 种颜色中的一种, 且不存在同色封闭折线.

例 6.12   连接圆周上 9 个不同点的 36 条弦, 每条弦要么染成红色, 要么染成蓝色, 我们称它们为 "红边" 或 "蓝边". 假定由这 9 个点中每 3 点为顶点的三角形都含有 "红边". 证明: 这 9 个点中存在 4 个点, 两两连接的 6 条边都是红边.

证   设圆周上的 9 个点为 $a_1, a_2, \cdots, a_9$. 显然每个 a_i 都要与其他 8 个点有边相连, 根据这些边的染色情况分两种情形.

情形 1 若存在一点 a_1 向其他点引出至少 4 条蓝边, 不妨设这 4 条蓝边为 $a_1a_2, a_1a_3, a_1a_4, a_1a_5$. 则 $a_2a_3, a_2a_3, a_2a_5, a_3a_4, a_3a_5, a_4a_5$ 均为红色, 即存在 4 点 a_2, a_3, a_4, a_5, 其中每两点连的都是红边.

情形 2 若每一点向其他各点引出的蓝边不多于 3 条, 则每一点向其他各点连的红边至少为 5 条. 如果每一点都恰好引出 5 条红边, 则 9 个点恰引出 $9 \times 5/2 = 22.5$ 条红边, 这是不可能的, 因为边数必为整数. 因此, 必存在一个点, 说 a_7, 向其他各点连的红边至少为 6 条. 不妨设 a_7 与 $a_1, a_2, a_3, a_4, a_5, a_6$ 连的边 $a_7a_1, a_7a_2, a_7a_3, a_7a_4, a_7a_5, a_7a_6$ 都是红边, 这时 5 条边 $a_1a_2, a_1a_3, a_1a_4, a_1a_5, a_1a_6$ 至少有三条同色, 说 a_1a_2, a_1a_3, a_1a_4 是同色的.

若 a_1a_2, a_1a_3, a_1a_4 同为蓝边, 由条件知, a_2a_3, a_3a_4, a_3a_4 均为红边, 此时点 a_7, a_2, a_3, a_4 所连的 6 条边均为红边.

若 a_1a_2, a_1a_3, a_1a_4 同为红边, 则三角形 $\triangle a_2a_3a_4$ 的三边依条件不能全是蓝边, 即至少有一条红边, 不妨设 a_2a_3 为红边, 这时点 a_1, a_2, a_3, a_7 所连的 6 条边均为红边. 综上问题得证. ∎

例 6.13 给定平面点集 $P = \{P_1, P_2, \cdots, P_{1994}\}$, P 中任意 3 点不共线, 将 P 中的点分成 83 组, 使得每组至少有 3 个点, 且每点恰好属于一组, 然后将在同一组的任意两点用同一线段相连, 不在同一组的两点不连线段, 这样得到一个图 G, 不同的分组方式得到不同的图. 将图 G 中所含的以 P 中的点为顶点的三角形个数记为 $m(G)$.

(1) 求 $m(G)$ 的最小值 m_0;

(2) 设 G^* 是使得 $m(G^*) = m_0$ 的一个图. 若将 G^* 的边 (指以 P 的点为端点的线段) 用 4 种颜色染色, 每条边恰好染一种颜色, 证明: 存在一种染色方案, 使 G^* 染色后不含同色三角形.

解一 显然每个图由 P 的点的分组方式唯一确定. 但是这样的图有一个共同特征: 它有 83 个支, 每个支都是完全图.

(1) 设 $m(G) = m_0$, G 由分组 $X_1, X_2, \cdots, X_{83}$ 得到, 这里 $\{X_1, X_2, \cdots, X_{83}\}$ 是 P 的 83 部分拆, 而且 $|X_i| \geqslant 3, i = 1, 2, \cdots, 83$. 令 $|X_i| = x_i$, 则有 $x_1 + x_2 + \cdots + x_{83} = 1994$, 且

$$m_0 = \binom{x_1}{3} + \binom{x_2}{3} + \cdots + \binom{x_{83}}{3}.$$

下面证明当 $1 \leqslant i \neq j \leqslant 83$ 时, 有 $|x_i - x_j| \leqslant 1$.

事实上, 若存在 $i, j (1 \leqslant i, j \leqslant 83)$, 使得 $|x_i - x_j| \geqslant 2$, 不妨设 $x_i > x_j$, 则作

P 的点的分组 $Y_1, Y_2, \cdots, Y_{83}, Y_i$ 为第 i 组的点的集合, $1 \leqslant i, j \leqslant 83$, 使得

$$
y_k = |Y_k| = \begin{cases} x_k, & k \neq j, \\ x_i - 1 & k = i, \\ x_j + 1, & k = j. \end{cases}
$$

这样的分组显然存在, 于是对于由分组 $Y_1, Y_2, \cdots, Y_{83}$ 得到的图案 G', 有

$$
m(G') = \binom{y_1}{3} + \binom{y_2}{3} + \cdots + \binom{y_{83}}{3},
$$

而

$$
\begin{aligned}
m(G') - m_0 &= \binom{y_i}{3} + \binom{y_j}{3} - \binom{x_i}{3} - \binom{x_j}{3} \\
&= \binom{x_i - 1}{3} + \binom{x_j + 1}{3} - \binom{x_i}{3} - \binom{x_j}{3} \\
&= \binom{x_j}{2} - \binom{x_i}{2},
\end{aligned}
$$

因为 $x_i > x_j$, 所以 $m(G') - m_0 < 0$, 这与 m_0 的最小性相矛盾. 所以

$$
1994 = 83 \times 24 + 2 = 81 \times 24 + 2 \times 25,
$$

因此 $m_0 = 81C(24, 3) + C(25, 3) = 168544$.

(2) 设图 G^* 是由 P 的 83 部分拆 $\{X_1, X_2, \cdots, X_{83}\}$ 得到, 由 (1) 不妨设

$$
|X_1| = |X_2| = \cdots = |X_{81}| = 24, \quad |X_{82}| = |X_{83}| = 25.
$$

下面给出 G^* 的一种染色方法, 使得对 G^* 的边用 4 种不同颜色染色后不含同色三角形.

我们将集合 X_i 及所连线段构成的图称为 G^* 的第 i 个支, 它是一个完全图, 记为 G_i^*, $i = 1, 2, \cdots, 83$. 对于 G_{83}^*, 令 $X_{83} = Y_1 \cup Y_2 \cup Y_3 \cup Y_4 \cup Y_5$ 使得 $Y_i \cap Y_j = \varnothing, (1 \leqslant i \neq j \leqslant 5), |Y_i| = 5, i = 1, 2, 3, 4, 5$. 注意: 由点集 Y_i 导出的子图与 K_5 同构, 将每个子集 Y_i 中任意两点所连的线段用红、蓝两种颜色按外圈染一种色, 内圈染另外一种颜色的方法染色; 把每个 Y_i 视为点, 用黑、白两种颜色将两个不同子集 Y_i 和 Y_j 之间所连的线段也按上述的方法染色, 也就是说, 在 G_{83}^*

中连接 Y_i 和 $Y_j (i \neq j)$ 之间所有线段染相同的颜色, 这样染色后的 G_{83}^* 显然不含同色三角形.

对于 G_{82}^*, 可用 G_{83}^* 的方法去染色. 至于 $G_i^* (1 \leqslant i \leqslant 81)$ 的染法, 可先添加一新点并将该点与原来的 24 点各连一条线段, 然后按 G_{83}^* 的染色方法染色, 染色完成之后, 再把这个新点及与该点所连的线段去掉就得到 $G_i^* (1 \leqslant i \leqslant 81)$ 的一种染色, G_i^* 的这样染色也不包含同色三角形.

解二 (1) 设 $m(G) = m_0$, G 由分组 $X_1, X_2, \cdots, X_{83}$ 得到, 这里 $\{X_1, X_2, \cdots, X_{83}\}$ 是 P 的 83 部分拆, 而且 $|X_i| \geqslant 3, i = 1, 2, \cdots, 83$. 令 $|X_i| = x_i$, 则有 $x_1 + x_2 + \cdots + x_{83} = 1994$, 且

$$m_0 = \begin{pmatrix} x_1 \\ 3 \end{pmatrix} + \begin{pmatrix} x_2 \\ 3 \end{pmatrix} + \cdots + \begin{pmatrix} x_{83} \\ 3 \end{pmatrix}.$$

当 $(1 \leqslant i \neq j \leqslant 83)$ 时, 我们用另外一种方法证明 $|x_i - x_j| \leqslant 1$. 事实上, 若存在 i, j, 使得 $|x_i - x_j| \geqslant 2$, 不妨设 $x_i > x_j$, 则 $x_i \geqslant x_j + 2$. 将 X_i 中的一点移至 X_j, 这样的分组符合要求, 它对应的图记为 G'. 于是,

$$m(G') = m(G) - C(x_i - 1, 2) + C(x_j, 2).$$

因为 $x_i - 1 > x_j$, 所以 $m_0 - m(G') = C(x_j, 2) - C(x_{i-1}, 2) > 0$, 这与 m_0 为最小值矛盾.

(2) 设图 G^* 是由 P 的 83 部分拆 $\{X_1, X_2, \cdots, X_{83}\}$ 得到, 由 (1) 不妨设

$$|X_1| = |X_2| = \cdots = |X_{81}| = 24, \quad |X_{82}| = |X_{83}| = 25.$$

集合 X_i 及所连线段构成的图记为 G_i^*, $i = 1, 2, \cdots, 83$. 下面给出 G^* 的另一种染色方法, 使得对 G^* 的边用 4 种不同颜色染色后不含同色三角形.

设 $X_{83} = \{P_1, P_2, \cdots, P_{25}\}$, 定义线段 $P_i P_j (1 \leqslant i \neq j \leqslant 25)$ 的长度为

$$|P_i P_j| = \begin{cases} |j - i|, & 1 \leqslant |j - i| \leqslant 12, \\ 25 - |j - i|, & 13 \leqslant |j - i| \leqslant 24. \end{cases}$$

由此可知, G_{83}^* 中的每条边都定义了长度, 且这些边的长度只能是 $1, 2, 3, \cdots, 12$ 这些数, 且 G_{83}^* 中的每个三角形 $\triangle P_i P_j P_k (1 \leqslant i < j < k \leqslant 25)$, $j - i$ 与 $k - j$ 中至多有一个大于 12. 否则 $k - i = (k - j) + (j - i) \geqslant 26$, 这是一个矛盾.

对 G_{83}^* 中的任一个三角形 $\triangle P_i P_j P_k$, 不妨设 $1 \leqslant i < j < k \leqslant 25$, 我们考察这个三角形的三条边的长度之间的关系, 只有下列几种可能.

(a) $1 \leqslant j - i \leqslant 12, 1 \leqslant k - j \leqslant 12, 1 \leqslant k - i \leqslant 12$, 这时

$$|P_iP_j| + |P_jP_k| = (j - i) + (k - j) = k - i = |P_iP_k|.$$

(b) $1 \leqslant j - i \leqslant 12, 1 \leqslant k - j \leqslant 12, k - i \geqslant 13$, 这时

$$|P_iP_j| + |P_jP_k| + |P_iP_k| = (j - i) + (k - j) + [25 - (k - i)] = 25.$$

(c) $j - i \geqslant 13, 1 \leqslant k - j \leqslant 12, k - i \geqslant 13$, 这时

$$|P_iP_j| = 25 - (j - i) = [25 - (k - i)] + (k - j) = |P_jP_k| + |P_iP_k|.$$

(d) $1 \leqslant j - i \leqslant 12, k - j \geqslant 13, k - i \geqslant 13$, 这时

$$|P_jP_k| = 25 - (k - j) = [25 - (k - i)] + (j - i) = |P_iP_k| + |P_iP_j|.$$

综上, 我们有下面的结论: 对 G_{83}^* 中的任何一个三角形, 设它的三边长度分别是 a, b, c. 若 $a \leqslant b \leqslant c$, 则

$$a + b + c = 25 \quad \text{或} \quad a + b = c. \tag{6-1}$$

因为 G_{83}^* 中的每条边的长度只能是 $1, 2, 3, \cdots, 12$ 这些数, 我们把这 12 个数划分成四个 3-子集 A_1, A_2, A_3, A_4, 使得每个 3-子集中的三个数不满足 (6-1) 式.

设 $A_1 = \{1, 4, 7\}, A_1 = \{3, 5, 9\}, A_1 = \{6, 10, 11\}, A_1 = \{2, 8, 12\}$. 现构造 G_{83}^* 的染色方案如下, 如果线段 $P_iP_j (1 \leqslant i \neq j \leqslant 25)$ 的长度属于 A_k, 则线段 P_iP_j 染第 k 种颜色, $k = 1, 2, 3, 4$. 因为从 A_k 中任意取 3 个数 (可重复取) 均不满足 (6-1) 式, 故不存在三边同为第 k 种颜色的三角形, $k = 1, 2, 3, 4$. ∎

例 6.14 有甲、乙两个航空公司为 n 个地区服务, 任意两个地区之间都仅有一个公司单独经营的可往返的直达航线. 证明以下结论.

若 $n = 5$, 并已知对任意 3 个地区之间的 3 条航线, 每个公司都至少经营其中的一条航线, 则两个公司都各自经营着一条环游这 5 个地区的航线.

当 $n = 10$ 时, 必有某家公司可以提供两条各自环游奇数个地区的航线, 而且两条环游航线不经过同一地区.

证 n 个地区用 n 个点 $a_1, a_2, \cdots, a_n$ 表示. 两地区 a_i 与 a_j 之间的航线若由甲公司经营则用红线连接, 若由乙公司经营则用蓝线连接.

若 $n = 5$, 先证明每个点引出的红边、蓝边各 2 条. 若由点 a_1 引出了 3 条红边, 说 a_1a_2, a_1a_3, a_1a_4. 依题设, a_2a_3, a_2a_4, a_3a_4 都为蓝边. 于是, $\triangle a_2a_3a_4$ 没有红边, 与题设矛盾.

再证明没有 4 条边同色的四边形. 否则, 设 $a_2a_3, a_3a_4, a_4a_5, a_5a_2$ 同为红边. 依题设, a_2a_4, a_3a_5 必为蓝边, a_1a_2 与 a_1a_3 至少有一条蓝边, 不妨设 a_1a_2 为蓝边. 因为由 a_4 引出的 4 条边中已有 a_4a_5 与 a_4a_3 两条红边, 故 a_4a_1 必为蓝边, 从而 $\triangle a_1a_2a_4$ 的 3 条边都是蓝边, 与题设矛盾.

因为每个点引出的红边、蓝边各 2 条, 所以红边个数和蓝边个数各为 5 条. 因为没有同色三角形, 又没有同色四边形, 所以只能有同色五边形. 若红色的五边形是 $a_1a_2a_3a_4a_5$, 则蓝色的五边形是 $a_1a_3a_5a_2a_4$. 于是, 由甲公司独自经营的环游航线是 $a_1a_2a_3a_4a_5a_1$, 由乙公司独自经营的环游航线是 $a_1a_3a_5a_2a_4a_1$.

当 $n=10$ 时, 由前面的例题知, 每个 2-色完全图 K_{10} 都存在同色三角形. 设 $\triangle a_8a_9a_{10}$ 为同色三角形, 则以 $\{a_1, a_2, \cdots, a_7\}$ 为顶点的 2-色完全图中也有同色三角形, 说是 $\triangle a_5a_6a_7$. 如果这两个同色三角形有相同颜色, 则无需再证.

下面设 $\triangle a_5a_6a_7$ 为红边三角形, $\triangle a_8a_9a_{10}$ 为蓝边三角形, 在 $\{a_5, a_6, a_7\}$ 与 $\{a_8, a_9, a_{10}\}$ 之间的 9 条边中必有 5 条同色, 不妨设有 5 条红边. 于是, $\{a_8, a_9, a_{10}\}$ 中必有一点, 由该点引出 2 条红边, 不妨设为 a_8a_6 与 a_8a_7 为红边. 于是又得一个红边三角形 $\triangle a_6a_7a_8$.

考虑由 $\{a_1, a_2, a_3, a_4, a_5\}$ 导出的 2-色完全图. 如果该图中有同色三角形, 比如 $\triangle a_1a_2a_3$, 则 $\triangle a_1a_2a_3$ 必与 $\triangle a_6a_7a_8$ 或 $\triangle a_8a_9a_{10}$ 有相同颜色, 即有两个颜色相同的同色三角形. 如果该图中没有单色三角形, 则由 (1) 知, 该图中必含一个红边的五边形与一个蓝边的五边形. 因而, 既有一个红色三角形 $\triangle a_6a_7a_8$ 与一个红边五边形, 又有一个蓝边三角形 $\triangle a_8a_9a_{10}$ 与一个蓝边五边形, 并且同色三角形与五边形没有公共的顶点. ■

6.5* Ramsey 定理在通信中的应用

Ramsey 定理是组合数学中解决存在性问题的一个重要定理, 该定理极大地促进和推动了组合数学等学科的发展, 关于 Ramsey 定理的研究和 Ramsey 数的求解已经成为组合数学中的一个重要研究分支. 然而, Ramsey 定理仅保证了 Ramsey 数的存在性, 对于 Ramsey 数的求解并没有给出有效的方法. 当前, 对于 Ramsey 数的求解依然是组合数学中一个悬而未决的困难问题. 即便如此, Ramsey 定理在计算机网络、数据检索等领域依然有非常重要的应用. 下面介绍 Ramsey 定理在网络通信中的一个应用.

在网络通信中, 分组交换网 (packet switching network) 是一种新型的交换网络, 它主要用于数据通信. 在通信过程中, 通信双方以分组为单位、使用存储转发机制实现数据交互的通信方式, 被称为分组交换, 它将用户通信的数据划分成多个更小的等长数据段, 在每个数据段的前面加上必要的控制信息作为数据段的首部, 每个带有首部的数据段就构成了一个分组. 首部指明了该分组发送的地址, 当交换机收到分组之后, 将根据首部中的地址信息将分组转发到目的地, 这个过程就是分组交换.

我们将网络中的通信设备用图中的点来表示, 不同通信设备之间的通信链路用图中的边来表示, 这样就得到了一个网络通信图. 为了对问题进行简化, 不妨假设任意两个通信设备之间都存在通信链路, 即我们考虑的图为完全图. 在某些通信应用中, 需要将设备两两配对作为一个整体, 即将图中的顶点两两配对, 要保证某些通信链路出现短路故障时, 任意两个配对的设备之间还存在一条链路来维持通信. 如图 6.4 所示, 现在考虑有 6 个通信设备组成的完全图, 其中顶点 x_1 和 x_2 配对, 顶点 y_1 和 y_2 配对, 顶点 z_1 和 z_2 配对, 进一步我们假设通信故障发生在如中继点、AP 接入点等中间设施上, 同类设施出现故障将影响共享该设施的所有链路. 为此, 对于共享同一类通信设施的链路, 我们用同一种颜色来进行标记. 如图 6.4 所示, 如果标红色的通信设施出现了故障, 那么顶点对 x_1 和 x_2 以及顶点对 z_1 和 z_2 将无法进行通信, 因为两个配对的顶点对之间没有可用的通信链路. 从图的角度来说, 上述结论基于以下的事实. 四条边 (x_1, z_2), $(x_2\ z_2)$, (x_1, z_1) 以及 (x_2, z_2) 构成了一个长度为 4 的圈 C_4. 通常, 我们要保证通信网络的鲁棒性, 即某一个中间通信设施出现故障时, 我们依然希望任意两对配对的顶点之间有可用的链路. 根据上述的分析可知, 应该在设计通信网络时尽量避免单色的圈 C_4 出现.

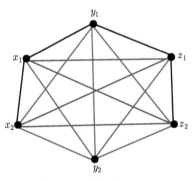

图 6.4   网络通信链路图

根据已知的结论, Ramsey 数 $r(C_4, C_4) = 6$. 因此, 如果只有两类中间的通信设施, 即图中的边仅用两种颜色染色, 那么必然存在一个 5 个顶点的通信网络使得该通信网络中不出现单色 C_4 的链接方式. 而已经证明 Ramsey 数 $r(C_4, C_4, C_4) = 11$, 因此存在一个 10 个顶点的网络, 该网络采用三种中间的通信设施即可保证没有单色的 C_4 出现.

在网络中, 由于中间的通信设备通常较为昂贵, 因此在保证网络可靠连通的前提下希望中间设备尽可能少. 为此考虑如下的问题. 假设有一个 n 个节点的通信网络, 要求该网络中不出现单色 C_4 的条件下需要中间设备的个数最少是多少个? 即要求满足 $r(C_4, C_4, \cdots, C_4) > n$(共 r 个 C_4) 的最小的 r 是多少? 根据上述分析的结论我们知道, 对于节点个数 $n=6$ 的情况, 有 $r(C_4, C_4) = 6$ 和 $r(C_4, C_4, C_4) = 11$, 因此 $r = 3$, 我们需要三个中间设施来保证不存在单色的 C_4. n 个顶点的完全图共有 $\dfrac{n(n-1)}{2}$ 条边, 而根据 Erdös 所证明的结论, 当一个图的阶为 n 时, 如果该图至少有 $\dfrac{1}{2}n^{3.2} + \dfrac{1}{4}n$ 条边, 则它总含有 C_4. 因此, 对于 n 个顶点的完全图, 如果我们用 r 个颜色对边进行染色, 由鸽笼原理, 则必有某个颜色的边数为 $\dfrac{n(n-1)}{2r}$, 我们要选择 r 个颜色使得不存在同色的边数超过 $\dfrac{1}{2}n^{3.2} + \dfrac{1}{4}n$, 因此应该选择 r 个颜色使其满足 $\dfrac{n(n-1)}{2r} < \dfrac{1}{2}n^{3.2} + \dfrac{1}{4}n$.

习 题 6

6.1 设 A 为从等差数列 $1, 4, 7, \cdots, 100$ 中任意选取 20 个相异整数所成之集合. 证明: 在 A 中必有两个相异整数, 其和为 104.

6.2 在选拔赛结束后, 邀请了 4 个年级的优胜者 11 人举行座谈. 问能否安排他们围圆桌就坐, 使任意连坐在一起的 5 个人中都包含各个年级的优胜者?

6.3 一个国际社团的成员来自 6 个国家, 共有成员 1978 人, 用 $1, 2, 3, \cdots, 1978$ 编号. 试证明: 该社团至少有一个成员的号码与他的两个同胞的号码之和相等, 或是他的一个同胞的号码的两倍.

6.4 在边长为 1 的正三角形上有 10 个点, 则必定有二点其距离至多为 1/3.

6.5 正三角形 ABC 各边长为 1, 将 ABC 所围成的点集合任意分成 S_1, S_2, S_3 三区域, 则必定有某一 S_i, 其中存在两点它们的距离不小于 $\left(\sqrt{3}\right)^{-1}$.

6.6 房间里有 9 个人, 任意 3 人中总有 2 人相互认识. 证明: 其中总有 4 个人彼此认识.

6.7 平面上有 6 个点, 任何三点都是不等边三角形的顶点. 证明: 在这些三角形中有一个三角形的最短的边同时是另一个三角形的最长的边.

6.8 空间 6 条直线, 其中任意 3 条直线都不共面. 证明: 必存在 3 条直线满足下列条件之一:

(1) 两两异面;

(2) 互相平行:

(3) 交于同一点.

6.9 对每个正整数 k, Ramsey 数 r_k 有下面的上界:

$$r_k \leqslant 1 + 1 + k + k(k-1) + \cdots + \dfrac{k!}{2!} + \dfrac{k!}{1!} + k!,$$

也可以写成 $r_k \leqslant [k!\mathrm{e}] + 1$, 其中 $\mathrm{e} = 1 + \dfrac{1}{1!} + \dfrac{1}{2!} + \cdots + \cdots + \dfrac{1}{k!} + \cdots$.

6.10   房间里有 9 个人, 有一个人认识另外两个人, 有两个人每人认识另外四个人, 有四个人每人认识另外五个人, 余下的两个人每人认识另外六个人. 证明: 有三个人他们相互都认识.

6.11   若 $r(p-1, q)$ 和 $r(p, q-1)$ 都是偶数, 则 $r(p, q) < r(p-1, q) + r(p, q-1)$.

6.12   证明: 在任何 18 个人中, 总有 4 个人相互认识, 或者相互不认识.

6.13   任给正整数 k, 存在最小的正整数 n_0, 使得当 $n \geqslant n_0$ 时, 对 N_n 的每个 k-着色, 必有同色的 $x, y, z \in \mathbb{N}_n$ 满足 $x + y = z$. 这里的 x, y 和 z 不必相异.

6.14   空间 8 个顶点两两相连, 共连有 36 条线段. 对这 36 条线段进行二色染色, 证明: 必存在 3 条无公共端点的同色线段.

6.15   将数集 $\{1, 2, \cdots, N\}$ 分成互不相交的 n 个子集. 证明: 当 N 充分大时, 一定有一个子集同时含有数 x, y 及这两个数的差 $|x - y|$.

6.16   柱以五边形 $A_1 A_2 A_3 A_4 A_5$ 和 $B_1 B_2 B_3 B_4 B_5$ 为上、下底面, 这个多边形的每一条边及每一条线段 $A_i B_j \, (i, j = 1, 2, \cdots, 5)$ 均涂上红色或蓝色, 每一个以棱柱顶点为顶点的, 以已涂色的线段为边的三角形都不是同色三角形. 证明: 上、下底的 10 条边的颜色一定相同.

6.17   用红、蓝、黄三种颜色对平面上的点染色, 对任意的正实数 a, b, 必存在三个三角形, 它们彼此相似, 相似比为 $1 : a : b$, 且每个三角形的三顶点同色.

6.18   正九边形的 9 个顶点中每个顶点用红、蓝两色之一着色. 由 3 个同色顶点确定的三角形称为同色三角形. 证明: 由这 9 个顶点可以确定两个同色三角形, 这两个三角形全等而且顶点的颜色又相同.

第 7 章 Polya 计数定理

本章主要研究一类特殊的计数问题 —— Polya 计数. Polya 计数是近代组合数学中几个最经典的结果之一, 该问题的求解过程蕴含着深刻的数学思想, 揭示了一类具有组合意义的计数问题的规律.

7.1 Polya 计数问题导入

7.1 Polya 计数问题引入

我们先考虑一个简单的例子. 某个美术馆的墙上有一个固定的正方形区域被分成四个全相等的小方格, 如图 7.1 所示.

图 7.1   正方形区域分割示意图

现在用黑与白两种颜色对每一小方格进行着色, 使得着色后的每个小方格非黑即白. 显然, 由于每种颜色可以重复使用, 且每个小格都有两种着色方案, 由乘法原理, 所有可能的着色方案共有 $2^4 = 16$ 种, 如图 7.2 所示.

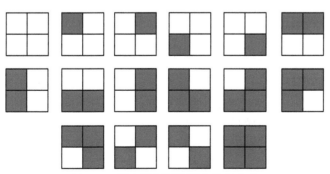

图 7.2   正方形区域的所有染色方案

假设有一种田字形状的装饰地砖, 也用黑白两种颜色, 有多少种着色方案呢?

这种不同的装饰地砖也有这 16 种吗? 当然不是! 因为地砖是可以顺时针或者逆时针旋转的, 所以上述有些着色方案对于装饰地砖来说是相同的, 即可以经过适当的旋转从一种图案得到另一种图案. 如图 7.2 所示, 只有一小方格染成黑色的四种方案对应田字格形的装饰地砖是同一种着色方案. 所以这种不同的装饰地砖共有六种, 如图 7.3 所示.

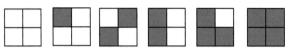

图 7.3　正方形区域的不同染色方案

　　这个问题的难点在于被着色对象的几何对称性. 简单来说, 一个几何形体, 在平面或者空间的保距移动作用下, 与原几何图形完全一致, 这样的移动称为原几何形体的对称. 在着色问题里, 被着色对象可以作某些旋转或者移动, 在不同的旋转或移动之下, 由于对称性, 某些着色方案是完全等价的.

　　再考虑另外一个类似的问题. 在固定的正六边形顶点上摆放一个黑球、一个红球和四个白球的方法有多少种? 直接简单枚举所有结果可知, 答案是 $6 \times 5 = 30$(种). 如果正六边形不固定, 不同的摆放方法有多少种?

　　最后再看一个特殊的计数问题.

　　在一张卡片上打印一个由数字 0, 1, 6, 8, 9 组成的四位数码, 需要多少张卡片? 显然, 由这 5 个数字组成的四位数共有 $5 \times 5 \times 5 \times 5 = 625$ 张. 但是, 简单分析可以知道, 有些数码翻转后可以直接表示另一个数码, 也就是说两个不同的数码可以共用一张卡片. 比如 0668 和 8990 就可以用一张卡片打印. 也就是说, 允许旋转的话, 实际需要的卡片少于 625 张, 那么至少需要多少张卡片呢? 这个问题的本质是判断不同数码的等价性及其计数.

　　综合上述几个问题可以看出, 此类计数问题的关键是: 准确找出表述计数问题的恰当数学描述, 以明确的数学方式区分要进行计数的问题中哪些方案应是等同的, 哪些是不同的. 这相当于要在计数对象构成的集合上定义一种等价关系, 使得进行计数的真正对象不是集合的元素, 而是集合元素的等价类. 这就是 Polya 计数问题的核心思路.

　　本章以置换群作为理论基础, 重点研究此类针对不同等价类的计数问题. 这个问题最早起源于化学中的异构体枚举问题. 1937 年, 匈牙利数学家 Polya 以《关于群、图与化学化合物的组合计算方法》为题, 发表了长达 110 页的在组合数学中具有深远意义的著名论文. 核心是基于群的理论, 结合母函数方法, 建立起了一个有关计数的定理——Polya 计数定理. 7.2 节先介绍置换群及其计数模式, 然后再引入 Polya 计数定理及其应用.

7.2 置换群及其计数模式

7.2 置换群及其计数模式

7.2.1 群与置换群

上一节中, 我们引入的几个典型的计数问题, 本质上是要先明确哪些染色方案是等同的, 然后求出计数公式. 不同方案等价的问题, 需要借助置换群的概念来处理. 为此, 首先引入群的定义.

定义 7.1 给定一个非空集合 G 及集合上的一个二元运算 "$*$", 如果运算满足如下条件.

(1) **封闭性** 即对于任意的 $a, b \in G$, 有

$$a * b \in G;$$

(2) **结合律成立** 即对于任意的 $a, b, c \in G$, 有

$$(a * b) * c = a * (b * c);$$

(3) **存在单位元** 即存在一个元素 $e \in G$, 对于任意元素 $a \in G$, 有

$$a * e = e * a = a;$$

(4) **存在逆元** 即对于任意的 $a \in G$, 存在 $b \in G$, 使得

$$a * b = b * a = e$$

(元素 b 称为元素 a 的逆元, 可记为 $b = a^{-1}$), 则称集合 G 关于运算 "$*$" 构成一个群, 或者称 $\langle G, * \rangle$ 是一个**群**, 有时也简称 G 是一个群.

群 $\langle G, * \rangle$ 中的二元运算 "$*$" 也称为乘法. 对于群中两个元素的运算 $a * b$, 也可简记为 ab; 如果集合 G 中的元素个数是有限的, 则称 $\langle G, * \rangle$ 为有限群, 其元素个数 $|G|$ 称为群的阶.

如果对于任意的 $a, b \in G$, 都有 $a * b = b * a$, 则称该运算满足交换律, 对应的群称为交换群或者 Abel 群. 当然, 群中的运算通常不满足交换律.

我们来看一个简单的群的例子.

例 7.1 证明整数集合 $\mathbb{Z}$ 在正常加法运算下构成群.

证 直接按照定义 7.1 中四个条件进行验证即可. 两个整数相加仍然是整数, 即满足封闭性; 结合律显然; 整数 0 为单位元; 对于任意整数 $m \in \mathbb{Z}$, 显然有 $-m \in \mathbb{Z}$, 满足 $m + (-m) = 0$, 即任意元素均存在逆元; 综上可知, 整数集合 $\mathbb{Z}$ 在正常加法运算下构成群. ■

同理可以验证, 整数在乘法运算下不构成群. 因为一个整数 $m \in \mathbb{Z}$ 在乘法运算下的逆元为 $\dfrac{1}{m}$, 而这个逆元不是整数.

为了研究置换群, 我们首先引入子群的定义.

定义 7.2 给定一个群 $\langle G, * \rangle$, H 是 G 的一个非空子集, 对于 G 中的相同运算 "$*$", 如果 $\langle H, * \rangle$ 也构成一个群, 则称 $\langle H, * \rangle$ 是 $\langle G, * \rangle$ 的**子群**.

例如, 整数集合 $\mathbb{Z}$ 和有理数集合 $\mathbb{Q}$ 均是实数集合 $\mathbb{R}$ 的非空子集, 则在普通加法运算下, $\langle \mathbb{Z}, + \rangle$, $\langle \mathbb{Q}, + \rangle$ 和 $\langle \mathbb{R}, + \rangle$ 均构成群; 进一步, $\langle \mathbb{Z}, + \rangle$ 是 $\langle \mathbb{Q}, + \rangle$ 和 $\langle \mathbb{R}, + \rangle$ 的子群, $\langle \mathbb{Z}, + \rangle$ 和 $\langle \mathbb{Q}, + \rangle$ 均是 $\langle \mathbb{R}, + \rangle$ 的子群. 如果考虑普通乘法运算, 则 $\langle \mathbb{Z}, * \rangle$ 不构成群, $\langle \mathbb{Q}, * \rangle$ 和 $\langle \mathbb{R}, * \rangle$ 均构成群, 且 $\langle \mathbb{Q}, * \rangle$ 是 $\langle \mathbb{R}, * \rangle$ 的子群.

置换群是一类特殊的群, 是 Polya 计数相关结论的理论基础.

我们首先介绍置换的概念.

定义 7.3 有限集合 S 上的一个双射 (一一对应) π 称为 S 上的一个**置换**.

简单来说, 置换就是将一些对象的排列次序进行调整. 比如扑克牌, 洗牌的过程就可以看作一个置换; 再比如一个教室里的同学, 组织同学们相互调整座位的过程, 也构成置换.

一般来说, 对于 n 个元素构成的集合 S, 记其 n 个元素分别为 $1, 2, 3, \cdots, n$, 则一个置换 π 可记为

$$\pi = \begin{pmatrix} 1 & 2 & 3 & \cdots & n \\ a_1 & a_2 & a_3 & \cdots & a_n \end{pmatrix},$$

即 $\pi(k) = a_k$, 表示在置换 π 的作用下, 元素 1 变为 a_1, 元素 2 变为 a_2, 元素 k 变为 a_k.

用函数的语言来描述, 置换的第一行元素是定义域, 第二行元素是值域; 第一行元素是第二行对应元素的原像, 第二行元素是第一行对应元素的像. 其中, 置换

$$\pi_0 = \begin{pmatrix} 1 & 2 & 3 & \cdots & n \\ 1 & 2 & 3 & \cdots & n \end{pmatrix}$$

保持所有元素不变, 称为恒等置换或单位置换.

例 7.2 给定三个元素的集合 $S = \{1, 2, 3\}$, 确定集合上的所有不同置换.

解 不同的置换共有 6 个, 分别为

$$\pi_0 = \begin{pmatrix} 1 & 2 & 3 \\ 1 & 2 & 3 \end{pmatrix}, \quad \pi_1 = \begin{pmatrix} 1 & 2 & 3 \\ 2 & 3 & 1 \end{pmatrix}, \quad \pi_2 = \begin{pmatrix} 1 & 2 & 3 \\ 3 & 1 & 2 \end{pmatrix},$$

$$\pi_3 = \left(\begin{array}{ccc} 1 & 2 & 3 \\ 1 & 3 & 2 \end{array} \right), \quad \pi_4 = \left(\begin{array}{ccc} 1 & 2 & 3 \\ 3 & 2 & 1 \end{array} \right), \quad \pi_5 = \left(\begin{array}{ccc} 1 & 2 & 3 \\ 2 & 1 & 3 \end{array} \right).$$

对于一个具有 n 个元素的集合 S, 我们来计算不同置换的个数.

不失一般性, 假设 $S = \{a_1, a_2, \cdots, a_n\}$, 则对于集合 S 上一个置换 π, $\pi(a_1)$ 有 n 种选择. 当 $\pi(a_1)$ 选定后, $\pi(a_2)$ 有 $n-1$ 种选择, 以此类推, $\pi(a_n)$ 有 1 种选择. 因此, 具有 n 个元素的集合 S 上不同的置换数量为 $n!$ 个, 一般将其所有置换组成的集合记为 S_n.

定义 7.4 对于 n 个元素构成的集合 S, 设 $\pi_1, \pi_2 \in S_n$, 给定 S_n 上的乘法 (复合运算)"∘", 则两个置换的**复合** $\pi_1 \circ \pi_2$ 表示先对集合 S 中的元素作置换 π_2, 再作置换 π_1 得到的置换.

对于集合 S 中的一个元素 a_i, $\pi_1 \circ \pi_2(a_i) = \pi_1(\pi_2(a_i))$.

例 7.3 给定两个置换 $\pi_1, \pi_2, \pi_3 \in S_3$, 进行复合运算 $\pi_1 \circ \pi_2$ 得到的新置换为 π_0, $\pi_3 \circ \pi_2$ 的结果为 π_5.

解 根据例 7.2 可知,

$$\pi_1 = \left(\begin{array}{ccc} 1 & 2 & 3 \\ 2 & 3 & 1 \end{array} \right), \quad \pi_2 = \left(\begin{array}{ccc} 1 & 2 & 3 \\ 3 & 1 & 2 \end{array} \right), \quad \pi_3 = \left(\begin{array}{ccc} 1 & 2 & 3 \\ 1 & 3 & 2 \end{array} \right),$$

$\pi_1 \circ \pi_2$ 表示先对 S 中的元素作置换 π_2, 再作置换 π_1, 因此, 对于集合 $S = \{1, 2, 3\}$ 上的元素, 可以看出

$$1 \xrightarrow{\pi_2} 3 \xrightarrow{\pi_1} 1, \quad 2 \xrightarrow{\pi_2} 1 \xrightarrow{\pi_1} 2, \quad 3 \xrightarrow{\pi_2} 2 \xrightarrow{\pi_1} 3,$$

故 $\pi_1 \circ \pi_2 = \pi_0$;

同样分析可知,

$$1 \xrightarrow{\pi_2} 3 \xrightarrow{\pi_3} 2, \quad 2 \xrightarrow{\pi_2} 1 \xrightarrow{\pi_3} 1, \quad 3 \xrightarrow{\pi_2} 2 \xrightarrow{\pi_3} 3,$$

故 $\pi_3 \circ \pi_2 = \pi_5$.

在例 7.3 中, 可以看出 $\pi_3 \circ \pi_2 = \pi_2 \circ \pi_3 = \pi_5$, 也就是说这两个置换是可交换的. 但是需要注意的是, 两个置换的复合运算通常是不可交换的.

例 7.4 设集合 $S = \{1, 2, 3, 4\}$, 给定 S_4 上的两个元素

$$\sigma_1 = \left(\begin{array}{cccc} 1 & 2 & 3 & 4 \\ 1 & 4 & 2 & 3 \end{array} \right), \quad \sigma_2 = \left(\begin{array}{cccc} 1 & 2 & 3 & 4 \\ 2 & 1 & 3 & 4 \end{array} \right),$$

则

$$\sigma_1 \circ \sigma_2 = \left(\begin{array}{cccc} 1 & 2 & 3 & 4 \\ 1 & 4 & 2 & 3 \end{array} \right) \circ \left(\begin{array}{cccc} 1 & 2 & 3 & 4 \\ 2 & 1 & 3 & 4 \end{array} \right) = \left(\begin{array}{cccc} 1 & 2 & 3 & 4 \\ 4 & 1 & 2 & 3 \end{array} \right),$$

$$\sigma_2 \circ \sigma_1 = \begin{pmatrix} 1 & 2 & 3 & 4 \\ 2 & 1 & 3 & 4 \end{pmatrix} \circ \begin{pmatrix} 1 & 2 & 3 & 4 \\ 1 & 4 & 2 & 3 \end{pmatrix} = \begin{pmatrix} 1 & 2 & 3 & 4 \\ 2 & 4 & 1 & 3 \end{pmatrix},$$

显然, $\sigma_1 \circ \sigma_2 \neq \sigma_2 \circ \sigma_1$.

根据置换及其复合运算的定义, 可以给出置换群的概念.

定理 7.1　记 S_n 为 n 元集合 S 上所有置换构成的集合, 则在置换的复合运算 "$\circ$" 下, $\langle S_n, \circ \rangle$ 构成一个群, 称为 n 次**对称群**, 群的阶为 $n!$. 对称群 $\langle S_n, \circ \rangle$ 的任何一个子群均称为**置换群**, 对称群是一类特殊的置换群.

证　按照群的基本定义, 可以直接验证.

(1) **封闭性**　对于任意两个置换 $\pi_1, \pi_2 \in S_n$, 不失一般性, 可以令

$$\pi_1 = \begin{pmatrix} 1 & 2 & 3 & \cdots & n \\ a_1 & a_2 & a_3 & \cdots & a_n \end{pmatrix}, \quad \pi_2 = \begin{pmatrix} a_1 & a_2 & a_3 & \cdots & a_n \\ b_1 & b_2 & b_3 & \cdots & b_n \end{pmatrix},$$

则有

$$\pi_2 \circ \pi_1 = \begin{pmatrix} 1 & 2 & 3 & \cdots & n \\ b_1 & b_2 & b_3 & \cdots & b_n \end{pmatrix} \in S_n.$$

(2) **结合律**　即对于任意的 $\pi_1, \pi_2, \pi_3 \in S_n$, 不妨令

$$\pi_3 = \begin{pmatrix} b_1 & b_2 & b_3 & \cdots & b_n \\ c_1 & c_2 & c_3 & \cdots & c_n \end{pmatrix},$$

则有

$$(\pi_3 \circ \pi_2) \circ \pi_1 = \begin{pmatrix} 1 & 2 & 3 & \cdots & n \\ c_1 & c_2 & c_3 & \cdots & c_n \end{pmatrix} = \pi_3 \circ (\pi_2 \circ \pi_1).$$

(3) **存在单位元**　显然 $\langle S_n, \circ \rangle$ 的单位元为

$$\pi_0 = \begin{pmatrix} 1 & 2 & 3 & \cdots & n \\ 1 & 2 & 3 & \cdots & n \end{pmatrix}.$$

(4) **存在逆元**　对于任意的置换 $\pi_1 \in S_n$, 记

$$\pi_1^{-1} = \begin{pmatrix} a_1 & a_2 & a_3 & \cdots & a_n \\ 1 & 2 & 3 & \cdots & n \end{pmatrix},$$

则有

$$\pi_1 \circ \pi_1^{-1} = \pi_1^{-1} \circ \pi_1 = \pi_0.$$

注意, 根据群的相关定义, 通常可以省略置换的复合运算符 "∘", 即 $\pi_1 \circ \pi_2 = \pi_1\pi_2$. ■

置换群是研究 Polya 计数理论的基础. 此外, 置换群自身具有很重要的性质, 可以证明任意一个 n 阶有限群均与某个置换群同构, 即可以用某一个置换群表示.

7.2.2 循环与置换的性质

本节讨论置换的性质及表示方法.

首先引入一个记号,

$$(a_1 \quad a_2 \quad \cdots \quad a_m) = \begin{pmatrix} a_1 & a_2 & \cdots & a_{m-1} & a_m \\ a_2 & a_3 & \cdots & a_m & a_1 \end{pmatrix}$$

称为 m 阶循环.

具体来说, 我们可以给出如下定义.

定义 7.5 对于集合 S 上的一个置换 π, 如果存在 S 中的 m 个元素 $a_1, a_2, \cdots, a_m$, 满足 $\pi(a_1) = a_2, \pi(a_2) = a_3, \cdots, \pi(a_k) = a_1$, 且对于 S 中的其余元素 a_k, 均有 $\pi(a_k) = a_k$, 则置换 π 称为一个长度为 m 的**循环**, 简称 m **阶循环**, 记为 $(a_1 \quad a_2 \quad \cdots \quad a_m)$.

例如, 设集合 $S = \{1, 2, 3, 4, 5\}$, 则如下定义的置换

$$(1 \quad 3 \quad 5) = \begin{pmatrix} 1 & 2 & 3 & 4 & 5 \\ 3 & 2 & 5 & 4 & 1 \end{pmatrix},$$

是一个 3 阶循环. 这里元素 2 和 4 不出现, 表示在该置换作用下, 2 和 4 保持不变. 事实上, 3 阶循环 $(1 \quad 3 \quad 5) = (1 \quad 3 \quad 5)(2)(4)$. 类似地, 可以给出一个 5 阶循环为

$$(1 \quad 4 \quad 5 \quad 2 \quad 3) = \begin{pmatrix} 1 & 2 & 3 & 4 & 5 \\ 4 & 3 & 1 & 5 & 2 \end{pmatrix}.$$

从循环的定义可以看出, 给定一个置换 (m 阶循环)$(a_1 \quad a_2 \quad \cdots \quad a_m)$, 哪一个元素为首是不重要的, 一个置换完全是由元素的相邻关系决定的.

例如, 3 阶循环 $(1 \quad 3 \quad 5) = (3 \quad 5 \quad 1) = (5 \quad 1 \quad 3)$ 表示的均为同一个置换.

如果两个循环没有共同的元素, 则称两个循环是不相交的. 循环是一类特殊的置换, 循环的乘法 (复合运算) 与置换的复合运算完全一致. 在置换的乘法定义

中, 我们看到, 置换通常是不可交换的. 但是如果两个循环不相交, 则可以看出其在乘法运算下可交换.

例如, 5 个元素的两个不相交置换 $(1 \quad 3 \quad 5) \circ (2 \quad 4) = (2 \quad 4) \circ (1 \quad 3 \quad 5)$. 但是, 相交置换的乘法不可交换.

例 7.5   给定两个 3 阶循环 (置换)$\pi_1 = (1 \quad 3 \quad 4)$, $\pi_2 = (1 \quad 2 \quad 3)$, 求 $\pi_1 \circ \pi_2$ 与 $\pi_2 \circ \pi_1$.

解   首先计算 $\pi_1 \circ \pi_2$, 对于元素 1, 在两个置换的复合运算下, 可以推出

$$1 \xrightarrow{\pi_2} 2 \xrightarrow{\pi_1} 2 \Rightarrow 1 \xrightarrow{\pi_1 \circ \pi_2} 2.$$

同理, 对于元素 2, 可以推出

$$2 \xrightarrow{\pi_2} 3 \xrightarrow{\pi_1} 4 \Rightarrow 2 \xrightarrow{\pi_1 \circ \pi_2} 4;$$

对于元素 3, 可以推出

$$3 \xrightarrow{\pi_2} 1 \xrightarrow{\pi_1} 3 \Rightarrow 3 \xrightarrow{\pi_1 \circ \pi_2} 3;$$

对于元素 4, 可以推出

$$4 \xrightarrow{\pi_2} 4 \xrightarrow{\pi_1} 1 \Rightarrow 4 \xrightarrow{\pi_1 \circ \pi_2} 1.$$

因此, $\pi_1 \circ \pi_2 = (1 \quad 2 \quad 4)(3) = (1 \quad 2 \quad 4)$.

类似分析可知, $\pi_2 \circ \pi_1 = (1)(2 \quad 3 \quad 4) = (2 \quad 3 \quad 4)$.

根据循环的定义, 可以给出如下定理.

定理 7.2   任意一个置换均可以表示为若干个不相交的循环的乘积.

证   对于集合 S 上的任意一个置换 π, 任取一个元素 $a_1 \in S$, 如果对于一组不等于 a_1 的元素 $a_2, a_3, \cdots, a_k$, 有 $\pi(a_1) = a_2, \pi(a_2) = a_3, \cdots, \pi(a_k) = a_1$, 则得到一个 k 阶循环 $(a_1 \quad a_2 \quad \cdots \quad a_k)$.

如果得到的循环包含集合 S 中的所有元素, 则终止; 否则, 在剩余元素中再任取一个元素, 重复上述过程, 得到一个新的循环. 这个新的循环与已有循环是不相交的.

显然, 最终能够穷举集合中的所有元素. 也就是说, 置换被分解为若干个不相交循环的乘积. 需要注意的是, 不相交循环的乘积是可交换的, 因此一个置换的循环分解在不考虑循环顺序时是唯一的. ■

下面, 我们来讨论一类特殊的循环.

定义 7.6   长度为 2 的循环称为**对换或换位**.

定理 7.3   任意一个循环均可表示为若干对换的乘积.

证 对于给定循环, 直接写出其分解式即可. ■

给定一个 k 阶循环 $(a_1 \quad a_2 \quad \cdots \quad a_k)$, 可以看出其分解式可以写为

$$(a_1 \quad a_2 \quad \cdots \quad a_k) = (a_1 \quad a_k)(a_1 \quad a_{k-1}) \cdots (a_1 \quad a_2).$$

例如, $(1 \quad 4 \quad 5 \quad 2 \quad 3) = (1 \quad 3)(1 \quad 2)(1 \quad 5)(1 \quad 4)$. 可以看出, 元素 1 在左边置换作用下变为 4, 在右边对换作用下也变换为 4; 元素 2 在左边置换作用下变为 3, 在右边对换作用下先变为 1, 再变为 3.

一个置换分解为不相交循环的方式是唯一的, 但是分解成对换乘积的方式并不唯一, 甚至对换的数量也可以不同.

例如, $(1 \quad 2)(3) = (1 \quad 2)(1 \quad 3)(1 \quad 3) = (2 \quad 3)(1 \quad 3)(2 \quad 3)$.

虽然一个置换分解成对换乘积的方式不唯一, 但是有一个性质是确定的. 对一个固定的置换, 其分解成对换后的, 对换数量的奇偶性是不变的.

定义 7.7 如果一个置换可以分解为奇数个对换的乘积, 则称为**奇置换**; 如果可以分解为偶数个对换之积, 则称为**偶置换**.

根据奇置换和偶置换定义, 可以看出, 两个置换的奇偶性与其乘积的奇偶性有如下关系, 奇置换与奇置换的乘积为偶置换, 奇置换与偶置换的乘积为奇置换, 偶置换与偶置换的乘积为偶置换.

对于 n 次对称群 $\langle S_n, \circ \rangle$, 存在一个特殊的子群, 它是由所有偶置换构成的. 下面进行详细讨论.

定理 7.4 在 n 元集合 S 上, 所有偶置换构成的集合 A_n, 在置换的乘法 (复合运算) 下构成 S_n 的一个阶为 $\dfrac{n!}{2}$ 的群, 称为 n 元交错群.

证 按照群的定义进行说明即可, 首先 A_n 显然是 S_n 的子集; 恒等置换为偶置换, 因此 A_n 是非空集合; 任何两个偶置换的乘积也是偶置换, 因此满足封闭性; 在对称群中, 置换的乘积满足结合律, 因此在 A_n 中, 结合律也满足; 显然, 恒等置换就是单位元; 最后, 分析偶置换逆元的存在性. 显然一个偶置换可以分解为偶数个对换之积, 即

$$\pi = (i_1 \quad j_1)(i_2 \quad j_2) \cdots (i_{2k} \quad j_{2k}),$$

则令 $\pi^{-1} = (i_{2k} \quad j_{2k}) \cdots (i_2 \quad j_2)(i_1 \quad j_1)$.

由于 $(i_m \quad j_m)(i_m \quad j_m) = (i_m)(j_m)$, 可以看出

$$\pi\pi^{-1} = (i_1 \quad j_1)(i_2 \quad j_2) \cdots (i_{2k} \quad j_{2k})(i_{2k} \quad j_{2k}) \cdots (i_2 \quad j_2)(i_1 \quad j_1)$$

$$= \cdots = (i_1 \quad j_1)(i_2 \quad j_2)(i_2 \quad j_2)(i_1 \quad j_1) = (i_1 \quad j_1)(i_1 \quad j_1)$$

$$= (1)(2) \cdots (n),$$

同理 $\pi^{-1}\pi = (1)(2)\cdots(n)$; 也即每个偶置换均存在逆元.

综上可知, A_n 是 S_n 的一个子群.

下面分析 A_n 中元素的个数. 对于任意一个偶置换 $\pi \in A_n$, 任意取 S_n 的一个对换 $(i \quad j)$, 则根据置换运算的性质可知, $(i \quad j)\pi$ 为奇置换. 也即 A_n 中的任意一个偶置换, 均可与一个固定对换作乘积得到一个奇置换 (且可以说明这些奇置换是两两不同的). 因此, S_n 中奇置换的数量不少于偶置换数量. 类似可以说明, S_n 中偶置换的数量不少于奇置换数量. 也就是说, S_n 中奇偶置换数量相等, 从而证明 $|A_n| = \dfrac{n!}{2}$. ■

例 7.6　给定等边三角形, 在某些旋转和翻转作用下, 三角形是能够重合的, 用顶点集合 $S = \{1, 2, 3\}$ 上的置换表示所有能够保证重合的变换.

解　可以将初始状态视为两个完全重合的三角形, 旋转和翻转可以认为是固定下面的三角形, 然后对上面三角形进行操作, 使得上下两个三角形再次重合 (图 7.4).

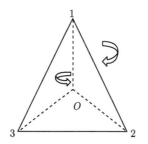

图 7.4　等边三角形在群作用下的示意图

可能的变换方式包括以下 6 种.

(1) 上三角形绕中心点 O 顺时针旋转 $0°$, 也就是保持不动, 此时相当于不作任何变换, 顶点直接保持原来的对应关系, 可以用顶点间的恒等变换 $(1)(2)(3)$ 表示, 顶点间对应关系为

$$1 \to 1, \quad 2 \to 2, \quad 3 \to 3.$$

(2) 上三角形绕中心点 O 顺时针旋转 $120°$, 则上三角形的顶点 1 与下三角形的顶点 2 重合, 顶点 2 与顶点 3 重合, 顶点 3 与顶点 1 重合, 即可以用顶点间的置换 $(1 \quad 2 \quad 3)$ 表示, 顶点间对应关系为

$$1 \to 2, \quad 2 \to 3, \quad 3 \to 1.$$

(3) 上三角形绕中心点 O 顺时针旋转 $240°$, 则上三角形的顶点 1 与下三角形的顶点 3 重合, 顶点 2 与顶点 1 重合, 顶点 3 与顶点 2 重合, 即可以用顶点间的

置换 (1　3　2) 表示, 顶点间对应关系为

$$1 \to 3, \quad 2 \to 1, \quad 3 \to 2.$$

(4) 上三角形绕顶点 1 和中心点 O 连成的轴翻转 180°, 对应顶点间的置换为 (1) (2　3), 顶点间对应关系为

$$1 \to 1, \quad 2 \to 3, \quad 3 \to 2.$$

(5) 上三角形绕顶点 2 和中心点 O 连成的轴翻转 180°, 对应顶点间的置换为 (2) (1　3).

(6) 上三角形绕顶点 3 和中心点 O 连成的轴翻转 180°, 对应顶点间的置换为 (3) (1　2).

显然, 这就是能够保证三角形重合的所有变换, 对应于顶点间的 6 个置换. 这恰好就是 3 次对称群 S_3.

例 7.7 在平面上放置一个正 n 边形 $(n > 2)$. 从某一顶点开始按逆时针方向依次把各顶点标记为 $1, 2, \cdots, n$. 其位置确定后, 让其围绕它的中心在平面上旋转最终与初始状态重合, 则共有 n 个这样的旋转. 按逆时针方向旋转 $\dfrac{360°}{n}$ 所确定的置换记为 $\pi = (1, 2, \cdots, n)$, 则这 n 个旋转确定 n 个置换是

$$\theta, \quad \pi, \quad \pi^2, \quad \cdots, \quad \pi^{n-1}.$$

显然构成 $\mathbb{N}_n$ 上的 n 阶置换群, 也称为 n 阶**循环群**.

7.2.3　共轭类与循环指标多项式

1. 共轭类

由定理 7.2 可知, 任意一个置换均可以表示为若干个不相交循环的乘积, 且这种表示与各循环出现的先后次序无关. 因此, 给定对称群 S_n, 对于 $\forall \pi \in S_n$, 可以得到分解式

$$\pi = (a_1 \quad a_2 \quad \cdots \quad a_{k_1})(b_1 \quad b_2 \quad \cdots \quad b_{k_2}) \cdots (f_1 \quad f_2 \quad \cdots \quad f_{k_m}),$$

其中 $k_1 + k_2 + \cdots + k_m = n$. 如果置换 π 中 k 阶循环出现 C_k 次, 记为 $(k)^{C_k}$. 则置换 π 可以表示为如下形式

$$(1)^{C_1}(2)^{C_2} \cdots (n)^{C_n},$$

称其为**置换** π **的格式**.

例如, 置换 $(1\ \ 2)(3\ \ 4\ \ 6)(5\ \ 7\ \ 8\ \ 9)$ 可以表示为 $(1)^0(2)^1(3)^1(4)^1(5)^0$ $(6)^0(7)^0(8)^0(9)^0$, 省略指标为 0 的项, 简记为 $(2)^1(3)^1(4)^1$; 置换 $(1)(2)(3\ 4)(5\ 7)$ $(6\ 8\ 9)$ 可以表示为 $(1)^2(2)^2(3)^1(4)^0(5)^0(6)^0(7)^0(8)^0(9)^0$, 同样省略指标为 0 的项, 简记为 $(1)^2(2)^2(3)^1$.

在对称群 S_n 中, 与置换 π 具有相同格式 $(1)^{C_1}(2)^{C_2}\cdots(n)^{C_n}$ 的所有置换集合, 称为该格式对应的**共轭类**, 记为 $\left[(1)^{C_1}(2)^{C_2}\cdots(n)^{C_n}\right]$.

定理 7.5   在 n 次对称群 S_n 中, 属于格式 $(1)^{C_1}(2)^{C_2}\cdots(n)^{C_n}$ 的共轭类, 元素个数为

$$\frac{n!}{c_1!\cdots c_n!\, 1^{c_1}2^{c_2}\cdots n^{c_n}}.$$

证 $1,2,\cdots,n$ 的全排列有 $n!$ 个. 每个排列中的元素按照格式 $(1)^{C_1}(2)^{C_2}\cdots$ $(n)^{C_n}$ 顺序填入, 则可得到属于该格式的一个置换. 反之, 该共轭类的所有置换均可按此方法得到. 但此过程中可能存在重复计数, 主要分为两类.

(1) k 阶循环与开头元素无关, 即循环 $(a_1\ \ a_2\ \ \cdots\ \ a_k) = (a_2\ \ a_3\ \ \cdots\ \ a_k\ \ a_1) = \cdots$, 一个 k 阶循环有 k 种表示方法, C_k 个 k 阶循环重复了 k^{C_k} 次. 此类重复的总数为 $1^{c_1}2^{c_2}\cdots n^{c_n}$.

(2) 任意的 C_k 个 k 阶循环均满足交换性, 其不同排列数为 $c_1!\cdots c_n!$. 故此类重复的总数为 $c_1!\cdots c_n!$.

综上可以推出定理结论. ∎

例 7.8   在对称群 S_4 中, 求 $(1)^2(2)^1$ 所属共轭类置换数量并给出所有共轭置换.

解   共轭类中的置换个数为 $\dfrac{4!}{2!\cdot 1!\cdot 1^2\cdot 2^1} = 6$.

共轭类中的置换包括

$$(1)(2)(3\ \ 4),\quad (1)(3)(2\ \ 4),\quad (1)(2\ \ 3)(4),$$

$$(1\ \ 4)(2)(3),\quad (1\ \ 3)(2)(4),\quad (1\ \ 2)(3)(4).$$

2. 循环指标多项式

对称群共轭类的概念可以推广到一般的置换群, 从而导出描述置换群结构的新概念——循环指标多项式.

定义 7.8   给定作用于集合 $S = \{1,2,\cdots,n\}$ 的置换群 G, Γ 为群 G 中置换的所有不同格式构成的集合, 定义群 G 的**循环指标多项式**为

$$P(G; x_1, x_2, \cdots, x_n)$$

$$= \frac{1}{|G|} \sum_{(1)^{C_1}(2)^{C_2}\cdots(n)^{C_n} \in \Gamma} \left| \left[(1)^{C_1}(2)^{C_2} \cdots (n)^{C_n} \right] \right| x_1^{C_1} \cdots x_n^{C_n},$$

其中, $\left[(1)^{C_1}(2)^{C_2} \cdots (n)^{C_n} \right]$ 是格式为 $(1)^{C_1}(2)^{C_2} \cdots (n)^{C_n}$ 的所有置换集合 (共轭类).

由定义可以看出, 如果 G 是 n 元单位置换群, 则其循环指标多项式为 x_1^n. 事实上, 循环指标多项式有效刻画了置换群的基本性质, 清晰描述了置换群中满足特定格式的置换个数.

例 7.9 计算对称群 S_n 的循环指标多项式.

解 对于对称群 S_n, 格式为 $(1)^{C_1}(2)^{C_2} \cdots (n)^{C_n}$ 的置换对应了方程 $C_1 + 2C_2 + \cdots + nC_n = n$ 的一组非负整数解. 结合定理 7.5 可得

$$P(x_1, x_2, \cdots, x_n) = \frac{1}{|G|} \sum_{(1)^{C_1}(2)^{C_2}\cdots(n)^{C_n} \in \Gamma} \left| \left[(1)^{C_1}(2)^{C_2} \cdots (n)^{C_n} \right] \right| x_1^{C_1} \cdots x_n^{C_n}$$

$$= \frac{1}{n!} \sum_{C_1+2C_2+\cdots+nC_n=n} \frac{n!}{c_1! \cdots c_n! 1^{c_1} 2^{c_2} \cdots n^{c_n}} x_1^{C_1} \cdots x_n^{C_n}$$

$$= \sum_{C_1+2C_2+\cdots+nC_n=n} \frac{1}{c_1! \cdots c_n!} \left(\frac{x_1}{1} \right)^{C_1} \cdots \left(\frac{x_n}{n} \right)^{C_n},$$

即 S_n 的循环指标多项式为 $\displaystyle\sum_{C_1+2C_2+\cdots+nC_n=n} \frac{1}{c_1! \cdots c_n!} \left(\frac{x_1}{1} \right)^{C_1} \cdots \left(\frac{x_n}{n} \right)^{C_n}$, 其中 $C_1, C_2, \cdots, C_n$ 为非负整数.

例 7.10 给出 3 阶对称群 S_3 的循环指标多项式.

解 满足方程 $C_1 + 2C_2 + 3C_3 = 3$ 的非负整数解为 $(3, 0, 0)$, $(1, 1, 0)$, $(0, 0, 1)$.

由例 7.9 可知, $P(x_1, x_2, x_3) = \frac{1}{3!} x_1^3 + x_1 \left(\frac{x_2}{2} \right) + \left(\frac{x_3}{3} \right) = \frac{1}{6} \left(x_1^3 + 3x_1 x_2 + 2x_3 \right)$.

其中, $3x_1 x_2$ 表示在 3 阶对称群 S_3 中, 格式为 $(1)^1(2)^1$ 的置换有 3 个.

在本章开篇提出, 主要研究对象具有几何对称性或者等价性的计数问题. 置换等价恰好就描述了这种对象的对称性或者等价性. 下一节, 我们将重点研究基于置换群的计数模型与方法.

7.3 Polya 计数定理

7.3 Polya 计数定理

7.3.1 置换群诱导的等价关系

首先回顾等价关系的性质.

给定一个集合, 由集合中元素构成的有序对所组成的集合称为关系. 一个集合 S 上的二元关系, 实质上是该集合笛卡儿集 $S \times S$ 的子集.

对于集合 S 上的一个二元关系 $R \subseteq S \times S$, 我们主要回顾三条基本性质.

自反性　如果 $\forall a \in S$, 有 $\langle a, a \rangle \in R$, 则称关系 R 满足自反性.

对称性　$\forall a, b \in S$, 如果 $\langle a, b \rangle \in R$, 均有 $\langle b, a \rangle \in R$, 则称关系 R 满足对称性.

传递性　$\forall a, b, c \in S$, 如果 $\langle a, b \rangle, \langle b, c \rangle \in R$, 可以推出 $\langle a, c \rangle \in R$, 则称关系 R 满足传递性.

如果集合上的一个关系具有自反性、对称性和传递性, 则称其为等价关系. 典型的等价关系有整数集合上的等于关系、三角形的相似关系、一个学校学生之间的同姓关系等等.

可以根据两个元素是否等价将其进行分类. 实际上, 如果将等价的元素分为一类, 则构成对集合的一个划分. 也就是可以按照等价关系将集合分为一些互不相交的非空子集, 且所有子集的并集恰好等于原集合. 这些不相交的非空子集构成不同的等价类.

下面, 我们利用置换群来定义等价关系.

定义 7.9　设 $\langle G, \circ \rangle$ 是集合 S 上的一个置换群, 定义

$$R = \{ \langle a, b \rangle | \pi(a) = b, \exists \pi \in G \}$$

为由 $\langle G, \circ \rangle$ **诱导的 S 上的二元关系**.

例 7.11　给定集合 $S = \{1, 2, 3\}$ 以及置换群 $G = \{e, (2 \ \ 3)\}$, 求其诱导的二元关系.

解　$e = (1)(2)(3) = \begin{pmatrix} 1 & 2 & 3 \\ 1 & 2 & 3 \end{pmatrix}$, 记 $\pi = (2 \ \ 3)$, 则 $\pi = \begin{pmatrix} 1 & 2 & 3 \\ 1 & 3 & 2 \end{pmatrix}$.

对于任意的 $i \in S$ 显然有 $e(i) = i$.

此外, $\pi(1) = 1, \pi(2) = 3, \pi(3) = 2$.

因此, G 诱导的二元关系 $R = \{ \langle 1, 1 \rangle, \langle 2, 2 \rangle, \langle 3, 3 \rangle, \langle 2, 3 \rangle, \langle 3, 2 \rangle \}$.

定理 7.6　置换群 G 诱导的 S 上的二元关系是等价关系.

证　主要说明关系满足自反性、对称性和传递性.

(1) 由于群中含有单位元 e, 也就是恒等置换, 因此对于 $\forall i \in S$, 有 $e(i) = i$. 即, $\langle i, i \rangle \in R$, 也即满足自反性.

(2) 对于 $\forall i, j \in S$, 如果 $\langle i, j \rangle \in R$, 则 $\exists \pi \in G$, 使得 $\pi(i) = j$. 由于群中存在逆元, 因此 $\exists \pi^{-1} \in G$, 使得 $\pi^{-1}(j) = i$, 即 $\langle j, i \rangle \in R$, 对称性满足.

(3) 对于 $\forall i, j, k \in S$, 如果 $\langle i, j \rangle, \langle j, k \rangle \in R$, 则 $\exists \pi_1, \pi_2 \in G$, 使得 $\pi_1(i) = j$ 且

$\pi_2(j) = k$; 由于群中运算封闭, 因此 $\pi_2\pi_1 \in G$, 且

$$\pi_2\pi_1(i) = \pi_2(\pi_1(i)) = \pi_2(j) = k,$$

即 $\langle i,k \rangle \in R$, 传递性满足.

综上, 置换群诱导的二元关系是等价关系. ■

按照等价关系的性质, 一个等价关系就决定了集合的一个划分, 不同划分之间交集为空, 每个划分均是一个等价类. 对于置换群 G 诱导的等价关系 R, 某个元素 $i \in S$ 所属等价类可以表示为

$$[i]_R = \{j|j \in S, \langle i,j \rangle \in R\} = \{j|j = \pi(a), \pi \in G\}.$$

元素 $i \in S$ 所属等价类中的元素均可由群 G 中的某个置换作用得到, 反之, 任何不能由群 G 中置换作用于 i 得到的元素均不属于 $[i]_R$.

元素 $i \in S$ 所属等价类 $[i]_R$ 也称为 i 在群 G 作用下的轨道. 在不引起混淆的情况下, $[i]_R$ 可以简记为 $[i]$.

7.3.2 Burnside 定理

Burnside 定理可以视为 Polya 计数定理的特殊形式, 主要是对给定置换群所诱导的等价类进行计数.

定义 7.10 给定集合 S, 对某个元素 $i \in S$, 如果一个置换 π 满足 $\pi(i) = i$, 则称元素 i 为在该置换 π 作用下的不变元. 置换 π 作用下不变元的个数记为 $C_1(\pi)$.

事实上, 不变元就是在置换 π 作用下保持不动的元素, 不变元的个数则可认为是长度为 1 的循环的个数.

定义 7.11 给定集合 S 上的置换群 G, 对某个元素 $i \in S$, 集合

$$G_i = \{\pi|\pi(i) = i, \pi \in G\}$$

称为 i 不动置换类.

显然, i 不动置换类表示的是置换群 G 中保持元素 i 不动的所有置换的集合. 并且可以证明, i 不动置换类 G_i 在置换的乘法运算下, 构成置换群 G 的一个子群.

定理 7.7 给定 i 不动置换类 G_i 在置换的乘法运算下构成置换群 G 的一个子群, 称为 i 的稳定子群.

证 直接按群的基本定义即可证明. ■

例 7.12 给定集合 $S = \{1,2,3,4\}$ 以及置换群 $G = \{e, (1\ \ 2), (3\ \ 4), (1\ \ 2)(3\ \ 4)\}$, 求所有置换对应的不变元及不动置换类.

解 先求不同置换对应的不变元:

$e = (1)(2)(3)(4)$, 因此, 置换 e 的不变元为 1, 2, 3, 4;

$(1\quad 2) = (1\quad 2)(3)(4)$ 对应的不变元为 $3, 4$;

$(3\quad 4) = (1)(2)(3\quad 4)$ 对应的不变元为 $1, 2$;

$(1\quad 2)(3\quad 4)$ 没有不变元.

再计算不动置换类:

保持元素 1 不动的置换集合为 $G_1 = \{e, (3\quad 4)\}$;

保持元素 2 不动的置换集合为 $G_2 = \{e, (3\quad 4)\}$;

保持元素 3 不动的置换集合为 $G_3 = \{e, (1\quad 2)\}$;

保持元素 4 不动的置换集合为 $G_4 = \{e, (1\quad 2)\}$.

给定集合 S 及置换群 G, 集合 S 中的一个元素 i 所在的轨道 (等价类)$[i]$ 与其稳定子群 G_i 之间具有深刻联系.

定理 7.8　给定集合 S 上的置换群 G, 对于 $\forall i \in S$, 等式 $|G| = |[i]| \cdot |G_i|$ 成立.

证　不失一般性, 令 $[i] = \{a_1 = i, a_2, a_3, \cdots, a_m\}$, 则对于 $\forall a_k \in [i]$, 必然存在置换 $\pi_k \in G$, 满足 $\pi_k(i) = a_k$. 即置换 π_k 将元素 i 直接映射为等价类中的元素 a_k

$$i \xrightarrow{\pi_k} a_k, \quad k = 1, 2, \cdots, m.$$

令 $\pi_k G_i = \{\pi_k \pi | \pi \in G_i\}$, 其中 $k = 1, 2, \cdots, m$, 则 $\pi_k \pi(i) = a_k$, 即

$$i \xrightarrow{\pi \in G_i} i \xrightarrow{\pi_k} a_k,$$

故元素 i 在任意 $\sigma = \pi_k \pi \in \pi_k G_i$ 的作用下, 变为其等价类中的元素 a_k.

显然, $\pi_k G_i \subseteq G$ 且对于任意的整数 $k \neq l$, $\pi_k G_i \cap \pi_l G_i = \varnothing$. 因此有

$$\pi_1 G_i \cup \pi_2 G_i \cup \cdots \cup \pi_m G_i \subseteq G.$$

另一方面, 给定任意的置换 $\pi \in G$, 必然存在 a_l 使得 $\pi(i) = a_l$. 根据等价类的定义, 存在一个置换 $\pi_l \in G$, 满足 $\pi_l(i) = a_l$. 因此有

$$i \xrightarrow{\pi \in G} a_l \xrightarrow{\pi_l^{-1}} i,$$

即 $\pi_l^{-1} \pi(i) = i$, 从而推出 $\pi_l^{-1} \pi \in G_i$, 也即 $\pi \in \pi_l G_i$. 置换 $\pi \in G$ 是任意的, 因此有

$$G \subseteq \pi_1 G_i \cup \pi_2 G_i \cup \cdots \cup \pi_m G_i,$$

综上可知, $G = \pi_1 G_i \cup \pi_2 G_i \cup \cdots \cup \pi_m G_i$ 成立, 再根据 $\pi_k G_i \cap \pi_l G_i = \varnothing$ 可以推出

$$|G| = |\pi_1 G_i| + |\pi_2 G_i| + \cdots + |\pi_m G_i| = |[i]| \cdot |G_i|. \qquad \blacksquare$$

从定理结论可以看出, 给定集合 S 及置换群 G, 对于集合 S 中的一个元素 i, 其所在轨道中的元素个数与其稳定子群的阶之积恰好等于置换群的阶. 由此, 我们可以给出 Burnside 定理.

定理 7.9 (Burnside 定理) 设 G 是集合 S 上的置换群, 则 G 诱导的 S 上等价类个数为

$$M = \frac{1}{|G|} \sum_{\pi \in G} C_1(\pi),$$

其中 $C_1(\pi)$ 是在置换 π 作用下不变元的个数.

证 定义由有序对 $\langle \pi, i \rangle$ 构成的集合 $T = \{\langle \pi, i \rangle | \pi \in G, i \in S, \pi(i) = i\}$. 可以看出, 集合元素的个数为置换群 G 中所有置换对应的不变元个数之和, 也等于集合 S 中所有元素 i 对应的不动置换类 G_i 的元素之和. 换言之, 可以按照置换对应的不变元或者元素对应的不动置换类对集合进行计数.

(1) 按照不变元计数. 一个置换 π 对应的不变元个数, 即满足 $\pi(i) = i$ 的 i 的个数 $C_1(\pi)$; 因此, 当跑遍置换群 G 中所有置换时, 可得

$$|T| = \sum_{\pi \in G} C_1(\pi).$$

(2) 按照不动置换类计数. 给定元素 $i \in S$ 对应的不动置换类 G_i, 满足 $\pi(i) = i$ 的 π 的个数为 $|G_i|$. 因此, 当跑遍集合 S 中所有元素 i 时, 可得

$$|T| = \sum_{i \in S} |G_i|.$$

由以上两种计数方式, 可得

$$\sum_{\pi \in G} C_1(\pi) = \sum_{i \in S} |G_i|.$$

若集合 S 可以划分为 M 个不同的等价类, 不妨记为 $[i_1], [i_2], \cdots, [i_M]$, 则由定理 7.8 有

$$\sum_{i \in [i_t]} |G_i| = |[i]| \cdot |G_i| = |G|,$$

因此可得

$$\sum_{i \in S} |G_i| = \sum_{t=1}^{M} \sum_{i \in [i_t]} |G_i| = \sum_{t=1}^{M} |G| = M |G|,$$

从而推出

$$M = \frac{1}{|G|} \sum_{i \in S} |G_i| = \frac{1}{|G|} \sum_{\pi \in G} C_1(\pi).$$ ■

例 7.13   给定集合 $S = \{1,2,3,4\}$ 以及置换群 $G = \{e, (1 \quad 3), (2 \quad 4),$ $(1 \quad 3)(2 \quad 4)\}$, 求 G 诱导的等价类个数.

解 e 是恒等置换, 对应的不变元的个数, 也即 1 阶循环个数为 4, $C_1(e) = 4$; 同理可得 $C_1((1 \quad 3)) = C_1((2 \quad 4)) = 2$; $C_1((1 \quad 3)(2 \quad 4)) = 0$.

因此有

$$M = \frac{1}{|G|}[4 + 2 + 2 + 0] = 2,$$

对应的等价类即为 $\{1,3\}$, $\{2,4\}$.

我们来回顾本章开篇提出的问题.

例 7.14   在一张卡片上打印一个由数字 $0,1,6,8,9$ 组成的四位数码, 需要多少张卡片?

解   理论上, 5 个数字组成的四位数共有 $5 \times 5 \times 5 \times 5 = 625$ 种, 可以用集合 $S = \{a_1, a_2, \cdots, a_{625}\}$ 表示. 一个四位数 a_i 翻转可以表示另一个四位数 a_j, 即 a_i 绕中点旋转 $180°$ 可以与 a_j 重合. 因此, 可以按照变换规则, 定义集合 S 上的置换群 $G = \{\pi_0 = 0°, \pi_1 = 180°\}$, 也就是作恒等变换或者绕中点旋转 $180°$.

对于恒等置换 π_0, 其对应的不变元个数为 $C_1(\pi_0) = 625$;

对于 π_1, 两个数旋转重合的充分必要条件为 a_i 的第一位数字与 a_j 的第四位数字互为倒转 (0 与 0, 1 与 1, 6 与 9, 8 与 8, 9 与 6); a_i 的第二位数字与 a_j 的第三位数字互为倒转. 例如 1881, 6969 等. 对满足性质的数进行统计可知, 第一位数字有 5 种选择, 第二位数字有 5 种选择, 第三、第四位完全由前两位决定, 因此 $C_1(\pi_1) = 25$.

根据 Burnside 定理, 需要的卡片数量为 $M = \frac{1}{2}(625 + 25) = 325$.

例 7.15   对一个可以在平面上旋转 (不可翻转) 的正方形, 用白、红两种颜色对其四个顶点进行着色, 一共有多少种不同的着色方案?

解   对正方形的四个顶点进行编号如图 7.5 所示.

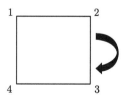

图 7.5   正方形平面旋转示意图

如果正方形是固定的, 染色方案为 $2 \times 2 \times 2 \times 2 = 16$ 种. 用 w 和 r 分别表示白色和红色, 同时四元组表示四个顶点的着色方案, 则可以列出所有 16 种方案分别为

$$a_1 = (r, r, r, r), \quad a_2 = (r, r, r, w), \quad a_3 = (r, r, w, r), \quad a_4 = (r, r, w, w),$$

$$a_5 = (r, w, r, r), \quad a_6 = (r, w, r, w), \quad a_7 = (r, w, w, r), \quad a_8 = (r, w, w, w),$$

$$a_9 = (w, r, r, r), \quad a_{10} = (w, r, r, w), \quad a_{11} = (w, r, w, r), \quad a_{12} = (w, r, w, w),$$

$$a_{13} = (w, w, r, r), \quad a_{14} = (w, w, r, w), \quad a_{15} = (w, w, w, r), \quad a_{16} = (w, w, w, w).$$

如果两种不同方案在旋转作用下能够重合, 则本质上认为是同一种方案.

解决问题的关键是确定 16 种方案对应的集合 $S = \{a_1, a_2, \cdots, a_{16}\}$ 上不同置换对应的不变元.

考虑正方形绕中心顺时针旋转, 则不同旋转对应的置换集为

$$G = \{\pi_0 = 0°, \pi_1 = 90°, \pi_2 = 180°, \pi_3 = 270°\}.$$

该集合在旋转的合成运算下显然构成群, 也就对应集合 $S = \{a_1, a_2, \cdots, a_{16}\}$ 上的置换群.

下面计算不同置换对应的不变元个数.

(1) 对于恒等置换 π_0, 其在集合 S 上的作用相当于 $\pi_0 = (a_1)(a_2) \cdots (a_{16})$, 因此对应的不变元个数为 $C_1(\pi_0) = 16$.

(2) 对于置换 π_1, $a_2 = (r, r, r, w)$ 顺时针旋转 $90°$ 后将变为 $a_9 = (w, r, r, r)$, a_9 变为 a_5, a_5 变为 a_3. 实际上, 其在集合 S 上的作用相当于 $\pi_1 = (a_1)(a_2 \quad a_9 \quad a_5 \quad a_3)(a_4 \quad a_{10} \quad a_{13} \quad a_7)(a_6 \quad a_{11})(a_8 \quad a_{12} \quad a_{14} \quad a_{15})(a_{16})$, 因此不变元也就是 1 阶循环个数为 2, 也即 $C_1(\pi_1) = 2$.

(3) 置换 π_2 在集合 S 上的不变元为 a_1, a_6, a_{11} 和 a_{16}, 即 $C_1(\pi_2) = 4$; 其在集合 S 上的作用相当于 $\pi_2 = (a_1)(a_2 \quad a_5)(a_3 \quad a_9)(a_4 \quad a_{13})(a_6)(a_7 \quad a_{10})(a_8 \quad a_{14})(a_{11})(a_{12}a_{15})(a_{16})$.

(4) 置换 π_3 相当于 $\pi_3 = (a_1)(a_2 \quad a_3 \quad a_5 \quad a_9)(a_4 \quad a_7 \quad a_{13} \quad a_{10})(a_6 \quad a_{11})(a_8 \quad a_{15} \quad a_{14} \quad a_{12})(a_{16})$, 即 $C_1(\pi_3) = 2$.

根据 Burnside 定理, 不同的染色方案数为 $M = \dfrac{1}{4}(16 + 2 + 4 + 2) = 6$.

7.3.3 Polya 定理

7.3.2 小节的 Burnside 定理可以用于解决具有几何对称性的对象计数问题. 例如可以在平面上旋转的正方形顶点着色问题. 显然, 相关结论可以进行拓展, 考

虑更一般的计数模型, 但是问题会变得复杂, 计算量将显著增加. 比如用 10 种颜色对可以在平面上旋转的正方形顶点进行着色, 按照 Burnside 定理的结论, 我们需要考虑将 $10 \times 10 \times 10 \times 10 = 10000$ 种染色方案作为元素构成集合 S, 研究集合上的置换及其不变元的个数. 本小节针对这类一般性问题, 引入 Polya 定理进行计数.

Polya 定理可以利用着色模型来描述. 假设有 n 个对象, 用 m 种颜色对其着色, 计算不同的着色方案数量. 如果在这 n 个对象构成的集合上有一个置换群, 则一种着色方案在某个置换作用下能够变成另一种着色方案, 将其视为本质上相同的方案. 例如上一节例题中, 正方形顶点着色方案, 由于正方形可以在平面上旋转, 表面上不同的着色方案在置换作用下是相同的.

我们利用 Burnside 定理来解着色问题时, 置换作用的对象是用 m 种颜色对 n 个对象进行着色后的方案集合, 当颜色数量较多时, 作用对象较多不便于处理. 在 Polya 定理中, 置换是作用在着色对象上, 对象集比着色方案集要小, 且与颜色数量无关.

定理 7.10(Polya 定理)   给定 n 个对象构成的集合 T, 对于集合上的一个置换群 R, 用 m 种颜色对 n 个对象进行着色, 则不同的着色方案数为

$$M = \frac{1}{|R|} \left[m^{C(\sigma_1)} + m^{C(\sigma_2)} + \cdots + m^{C(\sigma_k)} \right],$$

其中, 置换群 $R = \{\sigma_1, \sigma_2, \cdots, \sigma_k\}$, $C(\sigma_i)$ 是置换 σ_i 的不相交循环的个数.

在具体证明定理之前, 我们先进行简单分析. 用 m 种颜色对 n 个对象进行着色后的方案集合 S 有 m^n 个元素, 这个集合上的置换与直接作用于 n 个着色对象的置换之间有什么联系呢? 给定置换群 R 上的一个置换 σ, 将会在着色方案集合 S 上诱导出一个置换 π. 只要能够证明 $m^{C(\sigma)} = C_1(\pi)$ 即可.

我们以例 7.15 进行说明. 着色对象正方形可以在平面上旋转不同角度, 对应四个顶点间的四个置换:

$$\sigma_0 = (1)(2)(3)(4), \quad \sigma_1 = (1 \quad 2 \quad 3 \quad 4),$$

$$\sigma_2 = (1 \quad 3)(2 \quad 4), \quad \sigma_3 = (1 \quad 4 \quad 3 \quad 2).$$

对应于 16 种顶点着色方案构成的集合上的置换,

$\pi_0 = (a_1)(a_2) \cdots (a_{16}),$

$\pi_1 = (a_1)(a_2 \quad a_9 \quad a_5 \quad a_3)(a_4 \quad a_{10} \quad a_{13} \quad a_7)(a_6 \quad a_{11})(a_8 \quad a_{12} \quad a_{14} \quad a_{15})(a_{16}),$

$\pi_2 = (a_1)(a_2 \quad a_5)(a_3 \quad a_9)(a_4 \quad a_{13})(a_6)(a_7 \quad a_{10})(a_8 \quad a_{14})(a_{11})(a_{12} \quad a_{15})(a_{16}),$

$\pi_3 = (a_1)(a_2 \quad a_3 \quad a_5 \quad a_9)(a_4 \quad a_7 \quad a_{13} \quad a_{10})(a_6 \quad a_{11})(a_8 \quad a_{15} \quad a_{14} \quad a_{12})(a_{16})$.

简单分析可以看出, $C(\sigma_0) = 4$, $C(\sigma_1) = 1$, $C(\sigma_2) = 2$, $C(\sigma_3) = 1$. 因此

$$m^{C(\sigma_0)} = 2^4 = 16 = C_1(\pi_0), \quad m^{C(\sigma_1)} = 2^1 = 2 = C_1(\pi_1),$$

$$m^{C(\sigma_2)} = 2^2 = 4 = C_1(\pi_2), \quad m^{C(\sigma_3)} = 2^1 = 2 = C_1(\pi_3).$$

进一步分析可以发现, 在置换 π_i 作用下不变的着色方案, 恰好对应于 σ_i 的每个不相交循环中对象染同一种颜色对应的着色方案. 例如, $\sigma_3 = (1 \quad 4 \quad 3 \quad 2)$ 只有一个不相交循环, 四个对象均染相同颜色, 则对应 π_3 的不变元 $a_1 = (r, r, r, r)$ 和 $a_{16} = (w, w, w, w)$; $\sigma_2 = (1 \quad 3)(2 \quad 4)$ 有两个不相交循环 $(1 \quad 3)$ 和 $(2 \quad 4)$, 每个循环的两个对象分别染相同颜色, 共有 4 种方案, 对应 π_2 的不变元 $a_1 = (r, r, r, r)$, $a_6 = (r, w, r, w)$, $a_{11} = (w, r, w, r)$ 和 $a_{16} = (w, w, w, w)$.

下面我们给出 Polya 定理的证明.

定理 7.10 的证明 用 m 种颜色对 n 个对象进行着色后的方案集合 S 有 m^n 个元素,

置换群 R 中的每个置换对应于着色对象的一个全排列, 也对应集合 S 中 m^n 个着色方案的一个全排列.

换言之, n 个对象构成的集合 T 上的置换群 R, 对应于作用在集合 S 上的群 G, 因此有

$$|G| = |R|,$$

且满足 $C_1(\pi_i) = m^{C(\sigma_i)}$. 因此, 结合 Burnside 定理可得

$$M = \frac{1}{|G|} \sum_{\pi_i \in G} C_1(\pi_i) = \frac{1}{|R|} \left[m^{C(\sigma_1)} + m^{C(\sigma_2)} + \cdots + m^{C(\sigma_k)} \right]. \quad \blacksquare$$

7.3.4 Polya 定理的推广

7.3.3 小节我们介绍了 Burnside 定理和 Polya 计数定理, 本节重点讨论 Polya 定理的推广结果.

1. 母函数形式的 Polya 定理

Polya 定理给出了用 m 种颜色对 n 个对象进行着色的方案数量. 进一步, Polya 定理也可以进一步推广到母函数形式, 用于对具体着色方案进行枚举.

假设对象集合为 $S = \{a_1, a_2, a_3, a_4\}$, 用三种颜色 c_1, c_2, c_3 进行着色, 比如用 c_1 对 a_1 着色, c_2 对 a_2 着色, 用 c_3 对 a_3 着色, 用 c_1 对 a_4 着色. 如果规定着色对象顺序为 a_1, a_2, a_3, a_4, 则该着色方案可以表示为 $c_1 c_2 c_3 c_1$. 当然, 如果不

关心具体对象的颜色, 只研究一个方案使用了哪些颜色, 则可以把 $c_1 c_2 c_3 c_1$ 记为 $c_1^2 c_2 c_3$.

给定三个同样的球, 用 b, g, r, y 四种颜色进行着色, 则所有可能的方案可以记为

$$(b + g + r + y)^3.$$

由于三个球是一样的, 因此乘法可交换, 从而有

$$(b + g + r + y)^3$$
$$= b^3 + g^3 + r^3 + y^3 + 3b^2 g + 3b^2 r + 3b^2 y$$
$$+ 3g^2 b + 3g^2 r + 3g^2 y + 3r^2 b + 3r^2 g + 3r^2 y$$
$$+ 3y^2 b + 3y^2 g + 3y^2 r + 6bgr + 6bgy + 6bry + 6gry,$$

展开式中的每一项表示一类方案, 每一项前面的系数表示此类方案的数量. 例如 $3g^2 b$ 表示两个球染颜色 g, 一个球染颜色 b 对应的方案数量为 3, 分别为 ggr, grg, rgg.

我们可以将此方法应用于 Polya 定理.

定理 7.11　给定 n 个对象构成的集合 T, 对于集合上的一个置换群 R, 用 m 种颜色 $c_1, c_2, \cdots, c_m$ 对 n 个对象进行着色. 令 $C_k(\sigma)$ 表示置换 σ 中 k 阶循环的个数, 且

$$s_k = c_1^k + c_2^k + \cdots + c_m^k,$$

则多项式

$$P(R) = \frac{1}{|R|} \sum_{\sigma \in R} \prod_{k=1}^{n} s_k^{C_k(\sigma)},$$

展开合并同类项后, $c_1^{i_1} c_2^{i_2} \cdots c_m^{i_m}$ 前的系数表示 i_1 个对象着 c_1 色, i_2 个对象着 c_2 色, $\cdots$, i_m 个对象着 c_m 色时, 本质上不同的着色方案数, 其中 $i_1 + i_2 + \cdots + i_m = n$.

定理说明　对于 n 个对象, 用 m 种颜色着色, 对应于置换 σ 的 k 阶循环的元素, 其 k 个元素 (对象) 用同一种颜色染色, 也就是该颜色用了 k 次. 在 Polya 定理中, 我们有

$$M = \frac{1}{|R|} \left[m^{C(\sigma_1)} + m^{C(\sigma_2)} + \cdots + m^{C(\sigma_k)} \right],$$

将每个 $m^{C(\sigma_1)}$ 用 $(c_1 + c_2 + \cdots + c_m)^{C_1(\sigma_i)} \cdots (c_1^n + c_2^n + \cdots + c_m^n)^{C_n(\sigma_i)}$ 替换即可得到定理结论. 反过来, 如果令 $c_1 = c_2 = \cdots = c_m = 1$, 则得到 $(c_1 + c_2 + \cdots +$

$c_m)^{C_1(\sigma_i)} \cdots (c_1^n + c_2^n + \cdots + c_m^n)^{C_n(\sigma_i)} = m^{C_1(\sigma_i) + \cdots + C_n(\sigma_i)} = m^{C(\sigma_i)}$, 也就是 Polya 定理的基本形式.

我们也可以从循环指标多项式的角度来研究母函数形式的 Polya 定理. 对作用于集合 $S = \{1, 2, \cdots, n\}$ 的置换群 G, 我们介绍过循环指标多项式

$$P(G; x_1, x_2, \cdots, x_n) = \frac{1}{|G|} \sum_{(1)^{C_1}(2)^{C_2} \cdots (n)^{C_n} \in \Gamma} \left| \left[(1)^{C_1}(2)^{C_2} \cdots (n)^{C_n} \right] \right| x_1^{C_1} \cdots x_n^{C_n}.$$

在该多项式中, 如果置换群 G 中元素的格式为 $(1)^{C_1}(2)^{C_2} \cdots (n)^{C_n}$, 则对应 $P(G; x_1, x_2, \cdots, x_n)$ 中的一项 $x_1^{C_1} \cdots x_n^{C_n}$; 另一方面, 令 $G = R$, 则群 G 中格式为 $(1)^{C_1}(2)^{C_2} \cdots (n)^{C_n}$ 的置换, 也对应定理 7.11 中 $P(R)$ 的一项 $\prod_{k=1}^{n} s_k^{C_k(\sigma)}$.

对比 $P(R)$ 和 $P(G; x_1, x_2, \cdots, x_n)$ 的表达式可以看出: 将后者的 x_i 用 s_i 替换, 则循环指标多项式 $P(G; x_1, x_2, \cdots, x_n)$ 变换为

$$P(G; s_1, s_2, \cdots, s_n) = \frac{1}{|G|} \sum_{(1)^{C_1}(2)^{C_2} \cdots (n)^{C_n} \in \Gamma} \left| \left[(1)^{C_1}(2)^{C_2} \cdots (n)^{C_n} \right] \right| s_1^{C_1} \cdots s_n^{C_n},$$

即合并同类项后的 $P(R)$.

如果一个置换 $\sigma \in \left[(1)^{C_1}(2)^{C_2} \cdots (n)^{C_n} \right]$, 则其不相交循环个数为 $C(\sigma) = C_1 + C_2 + \cdots + C_n$. 因此, 令 $x_1 = x_2 = \cdots = x_n = m$, 则可得到 Polya 定理不同着色方案数

$$M = \frac{1}{|R|} \left[m^{C(\sigma_1)} + m^{C(\sigma_2)} + \cdots + m^{C(\sigma_k)} \right] = P(G; m, m, \cdots, m).$$

例 7.16 用 b, g, r 三种颜色的珠子组成四颗珠子的项链, 有哪些不同的方案?

解 如图 7.6 所示, 要使得项链能够重合, 则可以实现的不同对称变换包括: 围绕圆心顺 (逆) 时针旋转 $0°, 90°, 180°, 270°$ 以及绕 xy 和 mn 两条轴分别旋转 $180°$.

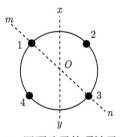

图 7.6　四颗珠子的项链示意图

不同变换在集合 $T = \{1, 2, 3, 4\}$ 上的具体作用为

$$\sigma_0 = (1)\,(2)\,(3)\,(4)\,, \quad \sigma_1 = (1 \quad 2 \quad 3 \quad 4)\,,$$

$$\sigma_2 = (1 \quad 3)\,(2 \quad 4)\,, \quad \sigma_3 = (1 \quad 4 \quad 3 \quad 2)\,,$$

$$\sigma_4 = (1 \quad 2)\,(3 \quad 4)\,, \quad \sigma_5 = (1)\,(3)\,(2 \quad 4)\,,$$

$$\sigma_6 = (1 \quad 3)\,(2)\,(4)\,, \quad \sigma_7 = (1 \quad 4)\,(2 \quad 3)\,,$$

其中, σ_0, σ_1, σ_2, σ_3 对应围绕圆心顺 (逆) 时针旋转 $0°$, $90°$, $180°$, $270°$; σ_4 和 σ_5 对应绕 xy 和 mn 两条轴分别旋转 $180°$; $\sigma_6 = \sigma_2\sigma_5$, 对应先绕 mn 轴旋转 $180°$, 再顺时针转动 $180°$, 本质上也可认为是绕 2 和 4 连成的轴旋转 $180°$; $\sigma_7 = \sigma_2\sigma_4$, 对应先绕 xy 轴旋转 $180°$, 再顺时针转动 $180°$, 本质上也可认为是绕与 xy 垂直的轴旋转 $180°$.

可以验证 $R = \{\sigma_i | i = 1, 2, \cdots, 7\}$ 构成一个置换群. 其中, $C_1(\sigma_0) = 4$, $C_4(\sigma_1) = C_4(\sigma_3) = 1$, $C_2(\sigma_2) = C_2(\sigma_4) = C_2(\sigma_7) = 2$, $C_1(\sigma_5) = C_1(\sigma_6) = 2$, $C_2(\sigma_5) = C_2(\sigma_6) = 1$, 其余 $C_k(\sigma_i) = 0$.

根据 Polya 定理, 不同方案数为

$$M = \frac{1}{|R|}\left[m^{C(\sigma_1)} + m^{C(\sigma_2)} + \cdots + m^{C(\sigma_k)}\right] = \frac{1}{8}\left(3^4 + 2 \cdot 3 + 3 \cdot 3^2 + 2 \cdot 3^3\right) = 21.$$

具体方案可以根据定理 7.11 计算如下,

$$P(R) = \frac{1}{|R|}\sum_{\sigma \in R}\prod_{k=1}^{n} s_k^{C_k(\sigma)}$$

$$= \frac{1}{8}[(b + g + r)^4 + 2(b^4 + g^4 + r^4) + 3(b^2 + g^2 + r^2)^2$$

$$+ 2(b + g + r)^2(b^2 + g^2 + r^2)]$$

$$= b^4 + g^4 + r^4 + b^3g + b^3r + br^3 + gr^3 + g^3b + g^3r$$

$$+ 2b^2g^2 + 2b^2r^2 + 2g^2r^2 + 2b^2rg + 2bgr^2 + 2bg^2r,$$

其中 g^2r^2 前的系数为 2, 表示两个颜色为 g, 两个颜色为 r 的珠子, 可以组合出的不同项链数为 2, 如图 7.7 所示.

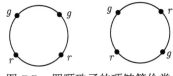

图 7.7 四颗珠子的项链等价类

2. 两个不相交集合上的置换

在一些具体应用中, 可能涉及作用于不相交集合上的两个置换, 这样的置换对构成的置换群同样可以用 Polya 计数模式进行分析.

给定两个不相交的非空集合 A, B, 置换群 G_1 和 G_2 分别为两个集合上的置换群. 对于 $\sigma_1 \in G_1$ 和 $\sigma_2 \in G_2$, 定义集合 $A \cup B$ 上的置换 $\pi = (\sigma_1, \sigma_2)$, 给定 $\forall x \in A \cup B$, 有

$$\pi(x) = (\sigma_1, \sigma_2)(x) = \begin{cases} \sigma_1(x), & x \in A, \\ \sigma_2(x), & x \in B. \end{cases}$$

因为 $\sigma_1 \in G_1$ 和 $\sigma_2 \in G_2$ 是不相交的, 由循环的基本性质可知, $\pi = (\sigma_1, \sigma_2) = \sigma_1\sigma_2$.

例如, 给定集合 $A = \{1, 2\}$ 上的置换 $\sigma_1 = (1 \quad 2)$ 和 $B = \{3, 4, 5\}$ 上的置换 $\sigma_2 = (3)(4 \quad 5)$, 则有 $\pi = (\sigma_1, \sigma_2) = \sigma_1\sigma_2 = (1 \quad 2)(3)(4 \quad 5)$. 因此, 对于两对置换 (σ_1, σ_2) 和 (τ_1, τ_2), 其合成运算可以视为 $(\sigma_1, \sigma_2) \circ (\tau_1, \tau_2) = (\sigma_1\tau_1, \sigma_2\tau_2)$. 据此, 可以证明这些置换对的合成也构成群.

定理 7.12 给定两个不相交的非空集合 A, B, 在两个集合上分别定义置换群 G_1 和 G_2, 定义置换集合

$$G = \{(\sigma_1, \sigma_2) | \sigma_1 \in G_1, \sigma_2 \in G_2\},$$

则 G 构成集合 $A \cup B$ 上的置换群; 如果群 G_1 和 G_2 的循环指标多项式分别为 $P(G_1)$, $P(G_2)$, 则群 G 的循环指标多项式为 $P(G) = P(G_1) \cdot P(G_2)$.

定理的证明直接按定义验证即可.

例 7.17 给定集合 $A = \{1, 2\}$, $B = \{3, 4, 5\}$ 及两个集合上的对称群 S_2 和 S_3, 确定集合 $A \cup B$ 上的置换群对应的循环指标多项式.

解 由对称群 S_2 和 S_3 的定义可得 $G = \{(\sigma, \pi) | \sigma \in S_2, \pi \in S_3\}$.

$$\begin{aligned} P(G) &= P(S_2) \cdot P(S_3) \\ &= \frac{1}{2}\left(x_1^2 + x_2\right) \cdot \frac{1}{6}\left(x_1^3 + 3x_1x_2 + 2x_3\right) \end{aligned}$$

$$= \frac{1}{12} \left(x_1^5 + 4x_1^3 x_2 + 2x_1^2 x_3 + 3x_1 x_2^2 + 2x_2 x_3 \right).$$

7.4   应 用 举 例

7.4 Polya
计数定理
的应用

本节我们以几个例子说明 Polya 计数定理的应用.

例 7.18   将 2 个黄球、3 个红球放入编号为 A 和 B 的两个盒子中, 计算不同的放置方案, 并列举出所有方案.

解   记球的集合为 $T = \{x_1, x_2, x_3, x_4, x_5\}$, 其中 x_1 和 x_2 表示两个黄球, 其余为三个红球. 问题等价于用两种颜色对集合中的 5 个元素进行染色. 如果 x_i 着 A 色, 表示将 x_i 放入盒子 A 中. 在该问题中, 同颜色的球是可以互换的, 相当于在集合 $T = \{x_1, x_2\} \cup \{x_3, x_4, x_5\}$ 上有两个置换构成的置换对 (σ, π), 其中 σ 作用于 $\{x_1, x_2\}$, π 作用于 $\{x_3, x_4, x_5\}$. 显然, $\sigma \in S_2$(二次对称群), $\pi \in S_3$(三次对称群).

$$S_2 = \{\sigma_0 = (x_1)(x_2), \sigma_1 = (x_1 \quad x_2)\},$$

$$S_3 = \left\{ \begin{array}{l} \pi_0 = (x_3)(x_4)(x_5), \pi_1 = (x_3 \quad x_4)(x_5), \pi_2 = (x_3 \quad x_5)(x_4), \\ \pi_3 = (x_3)(x_4 \quad x_5), \pi_4 = (x_3 \quad x_4 \quad x_5), \pi_5 = (x_3 \quad x_5 \quad x_4) \end{array} \right\},$$

考虑所有可能置换对构成的置换群

$$G = \{(\sigma_i, \pi_j) | \sigma_i \in S_2, \pi_j \in S_3\}, \quad i = 0, 1; j = 0, 1, 2, 3, 4, 5.$$

可以看出

$$C(\sigma_0) + C(\pi_0) = 5,$$

$$C(\sigma_0) + C(\pi_1) = C(\sigma_0) + C(\pi_2) = C(\sigma_0) + C(\pi_3) = 4,$$

$$C(\sigma_0) + C(\pi_4) = C(\sigma_0) + C(\pi_5) = 3,$$

$$C(\sigma_1) + C(\pi_0) = 4,$$

$$C(\sigma_1) + C(\pi_1) = C(\sigma_1) + C(\pi_2) = C(\sigma_1) + C(\pi_3) = 3,$$

$$C(\sigma_1) + C(\pi_4) = C(\sigma_1) + C(\pi_5) = 2,$$

根据 Polya 定理, 不同方案数为

$$M = \frac{1}{12} \left(2^5 + 4 \cdot 2^4 + 5 \cdot 2^3 + 2 \cdot 2^2 \right) = 12.$$

当然, 我们也利用母函数形式的 Polya 定理, 或者直接利用循环指标多项式计算, 根据定理 7.12, 集合 $T = \{x_1, x_2\} \cup \{x_3, x_4, x_5\}$ 上置换的循环指标多项式为

$$P(G) = P(S_2) \cdot P(S_3)$$

$$= \frac{1}{12} \left(x_1^5 + 4x_1^3 x_2 + 2x_1^2 x_3 + 3x_1 x_2^2 + 2x_2 x_3 \right),$$

显然, 在 $P(G)$ 中直接取 $x_1 = x_2 = \cdots = x_n = m = 2$ 也可以验证不同方案数为 12.

当盒子 A 放置完成后, 剩余的球全放置于盒子 B. 盒子 A 的 12 种放置方式分别为

{}, {黄}, {黄、红}, {黄、红、红}, {黄、红、红、红}, {黄、黄}, {黄、黄、红}, {黄、黄、红、红}, {黄、黄、红、红、红}, {红}, {红、红}, {红、红、红}.

例 7.19(逻辑电路设计) 在逻辑电路中, 可以用几种基本逻辑门组成任何复杂的电路, 如与门 $\wedge$、或门 $\vee$、非门 $\neg$. 简单来说, 逻辑电路的输入和输出可以看作只有 0 和 1 两种, 也就是一个布尔函数. 如果想实现三个输入一个输出的逻辑电路 (三元布尔函数), 共需要多少种不同的电路? 当然, 调换输入端的顺序是容易的, 如果两个不同的逻辑电路能够通过调整输入端的顺序, 而不改变.

问题分析 三元布尔函数的输入自变量为 x, y, z, 取值共有 000, 001, 010, 011, 100, 101, 110, 111 等 8 种可能, 每一个输入均可选择输出 0 或者 1, 因此共有 $2^8 = 256$ 个不同的函数. 理论上需要 256 个逻辑电路, 但是输入端的调整, 可能得到完全等价的函数, 因此实际电路数量少于 256.

例如, 令 $f(x, y, z) = (x \vee \neg y) \wedge z$, 当输入 $xyz = 001$ 时, $f(x, y, z) = 1$; 同样输入 $xyz = 001$, 但是调整输入 x, y, z 的顺序, 则可以得到 $f(y, z, x) = 0$ 和 $f(z, x, y) = 0$, 也就是说函数 $f(x, y, z)$ 和 $f(y, z, x)$, $f(z, x, y)$ 不相同. 但是这三个函数的电路实现是一样的, 区别仅仅是输入的顺序不同, 因此将其视为同一个电路.

解 将 8 种可能的输入用十进制表示, 得到输入集合 $A = \{0, 1, 2, 3, 4, 5, 6, 7\}$, 将其视为着色对象, 将输出 0 和 1 视为两种颜色. 即对于 $\forall i \in A$, $f(i) = 0$ 表示输入 i 的颜色为 0, 否则输入 i 的颜色为 1.

逻辑电路输入端顺序的改变, 本质上对应于集合 $T = \{x, y, z\}$ 上的一个置换, 集合 T 上的置换与集合 A 上的置换是一一对应的. 根据上述分析, 这种置换将一种着色方案 (布尔函数赋值) 变为另一种着色方案, 则两种方案的电路实现本质上是相同的. 关键是计算本质上不同的着色方案 (逻辑电路). 这样就能够将逻辑电路计数问题与 Polya 计数定理联系起来.

集合 T 上的所有置换构成一个特殊的置换群——三次对称群 S_3, S_3 导出了集合 A 上的一个置换群 G. 我们可以给出如下对应关系.

$$(x)\,(y)\,(z) \to \sigma_0 = (0)\,(1)\,(2)\,(3)\,(4)\,(5)\,(6)\,(7),$$

$$(x)\,(y\quad z) \to \sigma_1 = (0)\,(1\quad 2)\,(3)\,(4)\,(5\quad 6)\,(7),$$

$$(x\quad z)\,(y) \to \sigma_2 = (0)\,(1\quad 4)\,(2)\,(3\quad 6)\,(5)\,(7),$$

$$(x\quad y)\,(z) \to \sigma_3 = (0)\,(1)\,(2\quad 4)\,(3\quad 5)\,(6)\,(7),$$

$$(x\quad y\quad z) \to \sigma_4 = (0)\,(1\quad 2\quad 4)\,(3\quad 6\quad 5)\,(7),$$

$$(x\quad z\quad y) \to \sigma_5 = (0)\,(1\quad 4\quad 2)\,(3\quad 5\quad 6)\,(7),$$

其中, $C(\sigma_0) = 8$, $C(\sigma_1) = C(\sigma_2) = C(\sigma_3) = 6$, $C(\sigma_4) = C(\sigma_5) = 4$. 因此, 不同电路的数量为 $M = \dfrac{1}{6}\left[2^8 + 3 \cdot 2^6 + 2 \cdot 2^4\right] = 80$.

设 $R = \{0,1\}$, $D = B^n = \{(a_1, a_2, \cdots, a_n) | a_i \in R, i = 1,2,\cdots,n\}$, 则称 B^n 中元素为 n **元布尔向量**, R^D 中元素称为 n **元布尔函数**. 显然, n 元布尔向量有 2^n 个, n 元布尔函数共有 2^{2^n} 个. n 元布尔函数是一种逻辑函数, 在现代密码学中发挥重要的作用. 下面例子与 n 元布尔函数有关.

例 7.20(布尔函数计数问题)　设 R^D 是 n 元布尔函数的集合, R^D 中的两个 n 元布尔函数 f 和 g 称为**对合**的, 若 $f(a_1, a_2, \cdots, a_n) = g(a_n, a_{n-1}, \cdots, a_1)$. 求 R^D 中对合 n 元布尔函数的个数.

解　因为 R^D 是 n 元布尔函数的集合, 所以 D 是长为 n 的 (0,1)-序列的集合. 因此, D 中共有 2^n 个 (0,1)-序列. 设 $D = \{L_1, L_2, \cdots, L_{2^n}\}$, $R = \{0,1\}$. 再设 θ 是 D 到自身的恒等映射, σ 是 D 到自身的 "反序置换": 即 σ 把 D 中序列 $a_1 a_2 \cdots a_n$ 映射成 $a_n a_{n-1} \cdots a_1$, 于是 $\sigma^2 = \theta$. 因此 $G = \{\theta, \sigma\}$ 是 D 上的 2 阶 2^n 元置换群. 设 $f \in R^D$, 则

$$f(L_1, L_2, \cdots, L_{2^n}) = (f(L_1), f(L_2), \cdots, f(L_{2^n}))$$

是一个长为 2^n 的 (0,1)-序列. 这样就可以建立 R^D 到 B^{2^n} 的一个映射, 显然这种映射是一一对应, 故 $|R^D| = |B^{2^n}|$.

对于 $g \in R^D$, 可以看出 $(g(\sigma L_1), g(\sigma L_2), \cdots, g(\sigma L_{2^n}))$ 是一个长为 2^n 的 (0,1)-序列, 所以存在 $f \in R^D$ 使得

$$f(L_1, L_2, \cdots, L_{2^n}) = (g(\sigma L_1), g(\sigma L_2), \cdots, g(\sigma L_{2^n})),$$

因此 G 是作用在 R^D 上的 2^n 元置换群.

置换群 G 对应的循环指标多项式为

$$P(G; x_1, x_2) = \frac{1}{|G|} \sum_{(1)^{C_1}(2)^{C_2} \in \Gamma} \left| \left[(1)^{C_1}(2)^{C_2} \right] \right| x_1^{C_1} x_2^{C_2},$$

格式为 $(1)^{C_1}(2)^{C_2}$ 的置换对应方程 $C_1 + 2C_2 = 2^n$ 的一组非负整数解. 因为 $\sigma^2 = \theta$, 所以 σ 只含有 1 阶循环或 2 阶循环, 其中 1 阶循环的个数是 D 中在 σ 作用下不变的序列个数 $2^{\lceil n/2 \rceil}$, 2 阶循环的个数为 $\dfrac{(2^n - 2^{\lceil n/2 \rceil})}{2}$. 于是 G 的循环指标多项式为

$$P(G; x_1, x_2) = \frac{1}{2}(x_1^{2^n} + x_1^{2^{\lceil n/2 \rceil}} x_2^{2^{n-1} - 2^{\lceil n/2 \rceil - 1}}),$$

由 Polya 计数定理, 对合 n 元布尔函数的个数为

$$P(G, 2, 2) = \frac{1}{2}(2^{2^n} + 2^{2^{\lceil n/2 \rceil - 1}(2^{n - \lceil n/2 \rceil} + 1)}).$$

例 7.21 设 R^D 是 n 元布尔函数的集合, R^D 中的一个 n 元布尔函数 f 称为对称的, 若对任一个置换 $\sigma \in S_n$ 都有 $f(a_1, a_2, \cdots, a_n) = f(a_{\sigma(1)}, a_{\sigma(2)}, \cdots, a_{\sigma(n)})$, 求 R^D 中对称 n 元布尔函数的个数.

解 因为 R^D 是 n 元布尔函数的集合, 所以 D 是长为 n 的 (0,1)-序列的集合. 因此, D 有 2^n 个 (0,1)-序列. 设 $D = \{L_1, L_2, \cdots, L_{2^n}\}$, $R = \{0, 1\}$. 再设 σ 是 D 到自身的按下述方式的映射: 即 σ 把 D 中序列 $a_1 a_2 \cdots a_n$ 映射成 $a_{\sigma(1)} a_{\sigma(2)} \cdots a_{\sigma(n)}$, 于是 $\sigma \in S_n$. 因此 $G = \{\sigma | \sigma \in S_n\}$ 是 D 上的 $n!$ 阶 2^n 元置换群. 设 $f \in R^D$, 则

$$f(L_1, L_2, \cdots, L_{2^n}) = (f(L_1), f(L_2), \cdots, f(L_{2^n}))$$

是一个长为 2^n 的 (0,1)-序列. 这样我们建立了 R^D 到 B^{2^n} 的一个映射, 显然这种映射是一一对应, 故 $|R^D| = |B^{2^n}|$. 对 $g \in R^D$, $(g(\sigma L_1), g(\sigma L_2), \cdots, g(\sigma L_{2^n}))$ 是一个长为 2^n 的 (0,1)-序列, 所以存在 $f \in R^D$ 使得

$$f(L_1, L_2, \cdots, L_{2^n}) = (g(\sigma L_1), g(\sigma L_2), \cdots, g(\sigma L_{2^n})).$$

因此 G 是作用在 R^D 上的 2^n 元置换群.

显然, 若 f 是对称的, 则包含 f 的 G-等价类中只含一个元素. 反之, 设一个 G-等价类中只含一个元素 f, 若有 $\pi \in G$ 使得

$$f(a_1, a_2, \cdots, a_n) \neq f(a_{\pi(1)}, a_{\pi(2)}, \cdots, a_{\pi(n)}),$$

则

$$f(L_1, L_2, \cdots, L_{2^n}) \neq (f(\pi L_1), f(\pi L_2), \cdots, f(\pi L_{2^n})).$$

因为 $(f(\pi L_1), f(\pi L_2), \cdots, f(\pi L_{2^n}))$ 是一个长为 2^n 的 (0,1)-序列, 所以存在 $g \in R^D$ 使得

$$g(L_1, L_2, \cdots, L_{2^n}) = (f(\pi L_1), f(\pi L_2), \cdots, f(\pi L_{2^n})).$$

于是 g 和 f 为 G-等价的, 矛盾. 因此, 对称 n 元布尔函数的个数是 R^D 的只含一个元素的 G-等价类的个数.

　　用 Polya 定理求对称 n 元布尔函数的个数较为困难. 下面用一种简便的方法求对称 n 元布尔函数的个数.

　　我们可直接求出 n 元对称布尔函数的个数是 2^{n+1}. 设 $(a_1, a_2, \cdots, a_n), (b_1, b_2, \cdots, b_n) \in R_n, f \in R^D$ 是 n 元对称布尔函数. 若 $(a_1, a_2, \cdots, a_n)$ 和 $(b_1, b_2, \cdots, b_n)$ 中非零坐标的个数相等, 则

$$f(a_1, a_2, \cdots, a_n) = f(b_1, b_2, \cdots, b_n).$$

所以一个 n 元对称布尔函数 f 完全由它在 B^n 中

$$(0, 0, \cdots, 0), (1, 0, \cdots, 0), (1, 1, 0, \cdots, 0), \cdots, (1, 1, 1, \cdots, 1)$$

这 $n+1$ 个 n 维布尔向量的取值唯一确定, 故 n 元对称布尔函数的总数为 2^{n+1}.

7.5* 拓展阅读——棋盘游戏

　　Polya 计数定理在密码学领域应用广泛, 如 7.4 节中应用举例的布尔函数计数问题. 此外, 图论领域中具有特殊性质的图计数问题已经成为图论的一个独立研究课题, 即图的计数理论. 图的计数理论核心就是由 Polya 发展起来的 Polya 计数理论.

　　图的计数问题中, 最早起源于树的计数, 主要应用起源是化学异构体的计数问题. 事实上, 图的计数可以认为是数学与化学交叉催生出的系统理论. 但是, 早期相关方法不够系统, 缺乏完善的理论支撑. Polya 计数理论利用置换群对相关结构进行分类, 思想深刻、构思精巧, 这是代数、组合与图论交叉渗透形成的结果. 1973 年, 哈拉里和帕尔默集众家所长, 合著《图的计数》著作, 给出了较为完整的图计数理论体系. 这也标志着图论的分支——计数图论的正式建立.

　　这里, 我们研究一个简单的棋类游戏——井字棋, 利用本章介绍的 Polya 计数定理, 计算其合法局面数.

如图 7.8 所示, 在 "井" 字形的棋盘上共有 9 个可以下子的位置. 基本规则是双方轮流下子, 双方棋子分别记为 "O" 和 "X", 任何一方在横线、竖线或者斜线上构成三子连线, 即为胜利. 如图 7.8 所示, 下子为 O 的一方获胜.

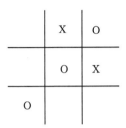

图 7.8 井字棋示意图

我们要研究的计数问题是, 在这个小游戏中, 一共有多少种合法的局面?

为了方便计数, 规定 O 先手. 我们可以先不考虑任何的输赢情况, 仅仅计算符合双方轮流下子条件的所有局面 (即双方都不下、1 个 O、1 个 O 和 1 个 X、2 个 O 和 1 个 X, 以此类推). 在此基础上, 再减去所有的非法局面 (即决出胜负后双方仍在下棋, 如图 7.9 所示, 显然 O 已经取得了胜利, 而 X 还在下, 合法局面下应该只有 2 个 X, 因为 O 先手), 这样即可计算出所有合法的局面数.

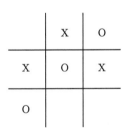

图 7.9 非法局面示意图

这个问题计数的难点在于, 棋盘可以旋转、可以翻转, 因此有些局面在本质上都是相同的. 我们称这些不引起棋盘本身发生变化的置换 (即操作) 为对称. 解决对称结构的计数问题, 恰好是 Polya 计数定理所擅长的. 下面, 我们就用本章知识来探索这个问题的答案.

为便于描述, 我们将棋盘的所有九个格子进行编号, 如图 7.10 所示.

可以看出, 棋盘的所有对称形式包括:

$$\sigma_0 = (1)(2)(3)(4)(5)(6)(7)(8)(9), \quad \text{棋盘保持不动,}$$

$$\sigma_1 = (1 \quad 3)(2)(4 \quad 6)(5)(7 \quad 9)(8), \quad \text{关于 2-8 轴对称,}$$

$$\sigma_2 = (1 \quad 7)(2 \quad 8)(3 \quad 9)(4)(5)(6), \qquad \text{关于 4-6 轴对称},$$

$$\sigma_3 = (1 \quad 9)(2 \quad 6)(3)(4 \quad 8)(5)(7), \qquad \text{关于 3-7 轴对称},$$

$$\sigma_4 = (1)(2 \quad 4)(3 \quad 7)(5)(6 \quad 8)(9), \qquad \text{关于 1-9 轴对称},$$

$$\sigma_5 = (1 \quad 3 \quad 9 \quad 7)(2 \quad 6 \quad 8 \quad 4)(5), \qquad \text{顺时针旋转}90°,$$

$$\sigma_6 = (1 \quad 9)(2 \quad 8)(3 \quad 7)(4 \quad 6)(5), \qquad \text{顺时针旋转}180°,$$

$$\sigma_7 = (1 \quad 7 \quad 9 \quad 3)(2 \quad 4 \quad 8 \quad 6)(5), \qquad \text{顺时针旋转}270°.$$

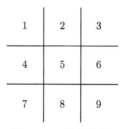

图 7.10　棋盘编号

可以验证, 这些对称的形式 (置换) 构成一个 8 元置换群. 同样令 $C_k(\sigma)$ 表示置换 σ 中 k 阶循环的个数, 则有

$$C_1(\sigma_0) = 9, \quad C_1(\sigma_1) = C_2(\sigma_1) = 3, \quad C_1(\sigma_2) = C_2(\sigma_2) = 3,$$

$$C_1(\sigma_3) = C_2(\sigma_3) = 3, \quad C_1(\sigma_4) = C_2(\sigma_4) = 3, \quad C_1(\sigma_5) = C_1(\sigma_7) = 1,$$

$$C_4(\sigma_5) = C_4(\sigma_7) = 2, \quad C_1(\sigma_6) = 1, \quad C_2(\sigma_6) = 4, \quad \text{其余 } C_k(\sigma_i) = 0.$$

同时, 考虑棋盘上棋子情况, 我们可以对每个格子定义三个状态. a 表示该格为棋子 O; b 表示该格为棋子 X; c 表示该格为空 (无棋子).

从以上分析可以看出, 此时棋盘合法局面的计数问题其实就是本章讨论的染色问题. 这里相当于是用 a, b, c 三种颜色对 9 个对象 (棋盘格子) 染色, 在排除某些着色方案 (不合法的局面) 后, 求所有可行方案 (局面) 的集合.

结合定理 7.11 可知, 不同的局面 (着色方案) 可以通过如下表达式计算

$$\begin{aligned}
P(R) &= \frac{1}{|R|} \sum_{\sigma \in R} \prod_{k=1}^{n} s_k^{C_k(\sigma)} \\
&= \frac{1}{8}[(a+b+c)^9 + 4(a^2+b^2+c^2)^3(a+b+c)^3
\end{aligned}$$

$$+ 2(a^4 + b^4 + c^4)^2(a + b + c) + (a^2 + b^2 + c^2)^4(a + b + c)],$$

将表达式展开后, 可得

$$
\begin{aligned}
P(R) =\,& a^9 + 3a^8b + 8a^7b^2 + 16a^6b^3 + 23a^5b^4 + 23a^4b^5 + 16a^3b^6 + 8a^2b^7 + 3ab^8 + b^9 \\
& + 3a^8c + 12a^7bc + 38a^6b^2c + 72a^5b^3c + 89a^4b^4c + 72a^3b^5c + 38a^2b^6c + 12ab^7c \\
& + 3b^8c + 8a^7c^2 + 38a^6bc^2 + 108a^5b^2c^2 + 174a^4b^3c^2 + 174a^3b^4c^2 + 108a^2b^5c^2 \\
& + 38ab^6c^2 + 8b^7c^2 + 16a^6c^3 + 72a^5bc^3 + 174a^4b^2c^3 + 228a^3b^3c^3 + 174a^2b^4c^3 \\
& + 72ab^5c^3 + 16b^6c^3 + 23a^5c^4 + 89a^4bc^4 + 174a^3b^2c^4 + 174a^2b^3c^4 + 89ab^4c^4 \\
& + 23b^5c^4 + 23a^4c^5 + 72a^3bc^5 + 108a^2b^2c^5 + 72ab^3c^5 + 23b^4c^5 + 16a^3c^6 \\
& + 38a^2bc^6 + 38ab^2c^6 + 16b^3c^6 + 8a^2c^7 + 12abc^7 + 8b^2c^7 + 3ac^8 + 3bc^8 + c^9.
\end{aligned}
$$

根据表达式即可得到每种着色 (局面) 的数量, 例如 a^5b^4 前的系数为 23, 则表示棋盘上为 5 个 O、4 个 X 的局面数为 23.

此时, 我们得到的是棋盘上可能出现的所有局面, 并没有对双方轮流落子以及其他非法局面进行排除. 我们需要进一步分析, 寻找正确的计数对象.

由于是 O 先手, 所以有如下几种符合基本的棋子个数条件的局面:

不下, 1 个 O, 1 个 O 和 1 个 X, 2 个 O 和 1 个 X, 2 个 O 和 2 个 X, $\cdots$, 4 个 O 和 4 个 X, 5 个 O 和 4 个 X.

按照我们定义的局面描述方法, 上述局面表达可以记为

$$c^9,\ ac^8,\ abc^7,\ a^2bc^6,\ a^2b^2c^5,\ a^3b^2c^4,\ a^3b^3c^3,\ a^4b^3c^2,\ a^4b^4c,\ a^5b^4.$$

结合代数表达式, 可以找到上述每一项对应的系数分别为: 1, 3, 12, 38, 108, 174, 228, 174, 89, 23. 对这些系数求和, 即可得到符合棋子个数条件的局面数

$$1 + 3 + 12 + 38 + 108 + 174 + 228 + 174 + 89 + 23 = 850.$$

下面, 我们需要对所有的非法局面数进行排除.

什么样的局面是非法的呢? 分析可知, 如果 O 胜利, O, X 数量相等的局面为非法局面; 如果 X 胜利, O 比 X 数量多 1 的局面是非法局面.

显然这些非法局面都是在胜利基础上进行分析, 所有我们在胜利的局面上进行计数.

由于上述局面本质上是不同的, 所以在处理非法局面时, 我们可以令棋盘朝某个特定的方向放置, 并规定 1, 2, 3 或 4, 5, 6 或 1, 5, 9 相同即胜利. 在这样的

规定下, 诸如 7, 8, 9 或 3, 5, 7 等胜利局面都可以通过上述三种胜利方式旋转翻转得到.

由于 O, X 在胜利的取得上是等地位的, 所以我们统一用 △ 代表胜利的一方. 根据 △ 所在的位置 (1, 2, 3; 4, 5, 6; 1, 5, 9), 可以得到三个棋盘, 如图 7.11 至图 7.13 所示.

△1	△2	△3
4	5	6
7	8	9

图 7.11　三个棋盘之一

1	2	3
△4	△5	△6
7	8	9

图 7.12　三个棋盘之二

△1	2	3
4	△5	6
7	8	△9

图 7.13　三个棋盘之三

在这三个棋盘上, 实际能落子的空格有 6 个. 如果要表示 O 胜利, 对于剩下的 6 个格子, O 的个数就会少 3 个, 同样地也可以表示 X 胜利.

在此基础上, 如何刻画对称呢? 事实上, 在考虑符号 △ 的基础上, 我们可以对之前给出的空棋盘对应的 8 个置换进行修改, 并结合 Polya 计数定理给出对应的计数方案表达式.

棋盘一

$(4)(5)(6)(7)(8)(9)$，　　棋盘保持不动，

$(4\quad 6)(5)(7\quad 9)(8)$，　关于 2-8 轴对称.

对应多项式为

$$\frac{1}{2}\left[(a+b+c)^6+(a^2+b^2+c^2)^2(a+b+c)^2\right].$$

棋盘二

$(1)(2)(3)(7)(8)(9)$，　　棋盘保持不动，

$(1\quad 3)(2)(7\quad 9)(8)$，　关于 2-8 轴对称，

$(1\quad 7)(2\quad 8)(3\quad 9)$，　关于 4-6 轴对称，

$(1\quad 9)(2\quad 8)(3\quad 7)$，　顺时针旋转180°.

对应多项式为

$$\frac{1}{4}\left[(a+b+c)^6+(a^2+b^2+c^2)^2(a+b+c)^2+2(a^2+b^2+c^2)^3\right].$$

棋盘三

$(2)(3)(4)(6)(7)(8)$，　　棋盘保持不动，

$(2\quad 6)(3)(4\quad 8)(7)$，　关于 3-7 轴对称，

$(2\quad 4)(3\quad 7)(6\quad 8)$，　关于 1-9 轴对称，

$(2\quad 8)(3\quad 7)(4\quad 6)$，　顺时针旋转180°.

对应多项式为

$$\frac{1}{4}\left[(a+b+c)^6+(a^2+b^2+c^2)^2(a+b+c)^2+2(a^2+b^2+c^2)^3\right].$$

结合上述分析, 我们对非法局面进行计数, 具体计数对象为

(1) O 胜利的情形.

3 个 O 和 3 个 X、4 个 O 和 4 个 X, 去掉无法落子的 3 个 O, 即 3 个 X, 1 个 O 和 4 个 X.

(2) X 胜利的情形.

4 个 O 和 3 个 X、5 个 O 和 4 个 X, 去掉无法落子的 3 个 X, 即 4 个 O, 5 个 O 和 1 个 X.

对应多项式项为

$$b^3c^3, \quad ab^4c, \quad a^4c^2, \quad a^5b,$$

对三类棋盘对应的多项式进行展开计数, 对应上述四项得到系数分别为

$$12, 16, 9, 4; \quad 6, 8, 6, 2; \quad 6, 8, 6, 2.$$

求和可得非法局面数为 85, 符合棋子个数条件的局面数为 850, 因此所有合法局面数为 $850 - 85 = 765$ 种.

习　题　7

7.1　设 $G = \{1,3,7,9\}$. 在 G 上定义两个元素 x 和 y 的乘积是数字乘积 xy 的个位数字. 分析 G 是否构成一个群.

7.2　一张卡片分为 4×2 的方格, 每格用红、黄两种颜色着色, 不同的着色方案有几种?

7.3　一根棍子分成 n 段, 用 m 种颜色进行染色, 求不同的染色方案数量.

7.4　用三种颜色染正方形的四条边, 求不同的染色方案数量.

7.5　八个相同的骰子构成一个正方体, 求不同的方案有几种.

7.6　在一个 3×3 的正方形棋盘上, 用红、黄两种颜色染色, 如果要求两个格子为红色, 其余为蓝色, 共有多少不同的方案?

7.7　一串项链有 7 颗珠子, 珠子颜色为两红、三黄、两蓝, 列举出所有不同的项链.

7.8　在一个正方体的每个面上分别做一条对角线, 计算不同的方案, 并列举.

7.9　一串项链上有 n 颗珠子, 用 n 种颜色着色, 求颜色数量不少于 n 的方案数.

7.10　在对称群 S_4 中, 求 $(2)^2$ 所属共轭类置换数量并给出所有共轭置换.

7.11　对称群 S_5 中, 计算不同格式共轭类的个数.

7.12　在一个骰子的六个面分别刻有 1, 2, 3, 4, 5, 6 个点, 一共有多少种不同的方案?

7.13　给定两个不相交的非空集合, 以及集合上的置换群 G_1 和 G_2, 证明所有不同置换对构成的集合 $G = \{(\sigma_1, \sigma_2) | \sigma_1 \in G_1, \sigma_2 \in G_2\}$ 在置换的合成运算下构成一个群.

7.14　用 7 种颜色给正六边形的六个顶点着色, 求所用颜色数量至少为 4 的方案数.

7.15　用边长为 1 的 n 种颜色正方形单面瓷砖砌边长为 m 的正方形图案, 一共可以有多少种不同方案?

7.16　对五边形的顶点染四种颜色, 如果五边形只可以在平面上旋转, 有多少种方案? 如果允许旋转和翻转, 有多少方案?

7.17　有一个圆盘, 均匀地分成 15 个相等的扇形, 用三种颜色染这 15 个扇形, 可以有多少种不同的染色方案? (这个圆盘可以旋转, 但不能翻转).

7.18　在一个有 7 匹马的旋转木马上, 用 n 种颜色染色, 问有多少种可供选择的染色方案? (旋转木马也只能旋转而不能翻转).

7.19　在一个有七匹木马的旋转木马上染色, 使成为 (1) 三蓝, 二红, 一黄; (2) 三蓝, 两红, 两黄. 求染色方案数.

7.20　将三个红球, 二个白球及一个黑球放入三个不同的盒子里, 有多少种分配方法?

参 考 文 献

布鲁迪. 2012. 组合数学. 5 版. 冯速, 等译. 北京：机械工业出版社

曹汝成. 2000. 组合数学习题解答. 武汉：华南工学院出版社

曹汝成. 2012. 组合数学. 2 版. 武汉：华南理工大学出版社

陈景林, 阎满富. 2000. 组合数学与图论. 北京：中国铁道出版社

陈景润. 1988. 组合数学简介. 天津：天津科学技术出版社

陈庆华. 1989. 组合最优化技术及其应用. 长沙：国防科技大学出版社

范林特 J H, 威尔森 R M. 2007. 组合数学教程. 刘振宏, 赵振江, 译. 北京：机械工业出版社

冯荣权, 宋春伟. 2015. 组合数学. 北京：北京大学出版社

姜建国, 张文博, 周文宏, 等. 2014. 组合数学：学习指导及习题精解. 西安：西安电子科技大学
    出版社

柯召, 魏万迪. 1981. 组合论：上册. 北京：科学出版社

李乔. 1993. 组合数学基础. 北京：高等教育出版社

刘炯朗. 1987. 组合数学导论. 魏万迪, 译. 成都：四川大学出版社

刘振宏. 1993. 应用组合论. 北京：国防工业出版社

娄姗姗, 李炘. 2021. 国内外数学奥林匹克试题精选 (2012-2017)：组合数学部分. 杭州：浙江
    大学出版社

卢光辉, 孙世新, 杨国武. 2014. 组合数学及其应用. 北京：清华大学出版社

卢开澄, 卢华明. 2016. 组合数学. 5 版. 北京：清华大学出版社

帕帕季米特里乌 C H, 施泰格利茨 K. 1988. 组合最优化：算法和复杂性. 刘振宏, 蔡茂诚, 译.
    北京：清华大学出版社

屈婉玲. 1998. 代数结构与组合数学. 北京：北京大学出版社

屠规彰. 1981. 组合计数方法及其应用. 北京：科学出版社

许胤龙, 孙淑玲. 2010. 组合数学引论. 2 版. 合肥：中国科学技术大学出版社

杨胜良. 2006. 组合数学引论. 兰州：兰州大学出版社

杨振生. 1997. 组合数学及其算法. 合肥：中国科学技术大学出版社

Grimaldi R P. 2021. 离散及组合数学. 5 版. 北京：科学出版社

Knuth, Donald Ervin. 2012. The art of computer programming: Volume 4a   Combinatorial
    algorithms, Part 1 [计算机程序设计艺术：卷 4a   组合算法 (一)]. 北京：人民邮电出版社

Roberts F S, Tesman B. 2007. 应用组合数学. 北京：机械工业出版社

Stanley R P. 2009. 计数组合学：第 1 卷. 北京：高等教育出版社

Thomas H C . 2007. 算法导论. 2 版. 北京：机械工业出版社

Tucker A, 2009. 应用组合数学. 5 版. 冯速, 译. 北京：人民邮电出版社